节能材料检测技术

李江华　李晓峰　主编

中国建材工业出版社

图书在版编目（CIP）数据

节能材料检测技术/李江华，李晓峰主编．—北京：中国建材工业出版社，2019.8

ISBN 978-7-5160-2628-1

Ⅰ．①节… Ⅱ．①李… ②李… Ⅲ．①节能-建筑材料-检测 Ⅳ．①TU55

中国版本图书馆 CIP 数据核字（2019）第 156713 号

内 容 简 介

全书由 7 个任务组成，包括节能检测行业认知、建筑传热过程、热量测量、保温材料检测、墙体保温隔热系统检测、非透光围护结构检测、门窗检测。

本书既可作为高职院校建筑材料检测技术专业的教学用书，又可作为建筑节能检测行业技术人员的参考及培训用书。

节能材料检测技术

Jieneng Cailiao Jiance Jishu

李江华　李晓峰　主编

出版发行：中国建材工业出版社
地　　址：北京市海淀区三里河路 1 号
邮　　编：100044
经　　销：全国各地新华书店
印　　刷：北京雁林吉兆印刷有限公司
开　　本：787mm×1092mm　1/16
印　　张：18.5
字　　数：450 千字
版　　次：2019 年 8 月第 1 版
印　　次：2019 年 8 月第 1 次
定　　价：56.00 元

本社网址：www.jccbs.com，微信公众号：zgjcgycbs

序　言

自2008年以来，涉及建筑材料及建筑工程检测的第三方检测机构逐年增多，检测人员的需求与日俱增，使得建筑材料检测技术专业的学生就业机会大为增加。就行业发展而言，检测机构的业务范围已逐步由单一转为多项。目前，检测项目主要有：建筑节能检测（包括建筑物主体、节能材料、智能化建筑检测等）、环境检测（包括室内外空气中有害物质、水质检测等）、常规材料检测（包括水泥、混凝土检测等）、钢结构检测（包括钢材、钢结构性能检测等）、公路检测等，不同的检测机构因各种因素影响，其检测项目也存在差异。

为了全面提高检测人员的检测理论和检测技术水平，特组织编写了《节能材料检测技术》一书。本书不仅适用于高职建筑材料检测技术专业课程教学，也可用于建筑节能检测行业从业人员技术培训用书。该书主要目标是：让学习者理解建筑传热过程及方式，全面地形成建筑节能检测行业认知，掌握保温材料、建筑围护结构、外保温系统、建筑门窗等建筑用材料及构件的节能评价参数的测量原理与方法；熟悉各参数的检测标准，并在标准的要求下独立完成检测任务；正确地对检测仪表进行调试、操作、检定及维护等；完整地编写各检测项目符合标准及行业要求的检测报告。

全书分为7个任务，分别是：任务1节能检测行业认知、任务2建筑传热过程、任务3热量测量、任务4保温材料检测、任务5墙体保温隔热系统检测、任务6非透光围护结构检测、任务7门窗检测。

本书在编写过程中，得到了山西华建建筑工程检测有限公司和山西职业技术学院的大力帮助与支持，在此表示衷心的感谢。

由于检测新技术不断涌现，检测标准与检测设备不断更新，智能化程度不断提高，同时因编者的水平有限，书中难免有错漏之处，恳请各位读者对书中的不当之处提出批评指正，以便再版时进行修正。

编　者

2019年3月

本书编委会

主　　编： 李江华　李晓峰

编　　委： 李山峰　李志军　任美香　宋　炜　高世孝
梁彦平　刘　科　王续瑞　胡　毅　胡金凤
郑慧娟　张宏娟　智　坤

主编单位： 山西华建建筑工程检测有限公司

参编单位： 山西职业技术学院

目　　录

任务1　节能检测行业认知

1.1　建筑节能的意义

1.1.1　我国建筑能耗的状况与特点

建设节约型社会是我国当前的基本国策，节能降耗、节能减排是各个行业发展中的重要课题。建筑能耗与工业能耗、交通能耗是我国当前的能耗大户。由于全球能源的日趋紧张，建筑节能成为当今世界性课题，越来越引起人们的重视。加强建筑节能工作不仅是经济建设的需要，更是社会发展的需要，是一项重要的、刻不容缓的工作。

1. 我国能耗现状

从储藏量来看：我国化石能源探明储量中，90%以上是煤炭，人均储量仅为世界平均水平的1/2；石油为11%；天然气为4.5%。我国能源消费总量已居世界前列。近几十年我国能源消费总量如表1-1所示。

表1-1　中国主要年份能源消费总量及构成统计表

年份	能源消费总量（万吨标准煤）	占能源消费总量的比重（%）			
		煤炭	石油	天然气	水电、核电、风电
1978年	57144	70.7	22.7	3.2	3.4
1980年	60275	72.2	20.7	3.1	4.0
1985年	76682	75.8	17.1	2.2	4.9
1990年	98703	76.2	16.6	2.1	5.1
1995年	131176	74.6	17.5	1.8	6.1
2000年	146964	68.5	22.0	2.2	7.3
2005年	261369	72.4	17.8	2.4	7.4
2009年	336126	71.6	16.4	3.5	8.5
2010年	360648	69.2	17.4	4.0	9.4
2011年	387043	70.2	16.8	4.6	8.4
2012年	402138	68.5	17.0	4.8	9.7
2013年	416913	67.4	17.1	5.3	10.2
2014年	425806	65.6	17.4	5.7	11.3
2015年	429905	63.7	18.3	5.9	12.1
2016年	435819	62.0	18.5	6.2	13.3
2017年	449000	60.4	18.8	7.0	13.8

2. 我国建筑能耗的现状

我国建筑能耗的现状是能耗大、能效低。房屋建筑在全寿命周期中，消费了全国1/3的钢材，60%～70%的水泥，1/3的城市建设用地，1/3的城市用水，40%～50%的能源，对能源、资源、环境影响巨大，是生态文明建设的重要领域。

同时，建筑承载了人们对更加健康舒适的美好居住空间的需求，新时代对建筑领域绿色低碳发展的要求将进一步提高。建筑节能是我国实现碳排放达峰目标的关键。相关研究表明：到2050年，建筑部门减排潜力高达74%，将为碳排放提前达峰贡献约50%的节能量。我国建筑能耗情况见表1-2。

表1-2 我国近年来的建筑能耗情况

年份		2009	2010	2011	2012	2013	2014	2015	2016
能源消耗量（亿tce）	全国能源消耗总量	33.61	36.06	38.70	40.21	41.69	42.58	42.99	43.58
	建筑能耗总量	6.06	6.39	6.92	7.40	7.91	8.14	8.57	8.99
	建筑能耗比重	18.02%	17.73%	17.89%	18.41%	18.98%	19.12%	20.00%	20.60%
	公共建筑能耗	2.33	2.51	2.79	3.02	3.19	3.26	3.41	3.46
	城镇居住建筑能耗	2.36	2.43	2.53	2.68	2.88	3.01	3.2	3.39
	农村居住建筑能耗	1.37	1.46	1.60	1.70	1.84	1.87	1.97	2.14
建筑面积（亿m^2）	建筑面积合计	452.78	471.08	504.22	532.54	568.35	605.50	613	635
	公共建筑	70.80	75.10	80.45	86.79	94.31	100.81	113	115
	城镇居住建筑	150.98	166.98	185.77	207.75	233.04	259.69	248	279
	农村居住建筑	231.00	229.00	238.00	238.00	241.00	245.00	252	241
北方城镇集中供热	供热能耗（亿tce）	0.90	0.99	0.96	1.01	1.09	1.13	1.93	—
	供热面积（亿m^2）	37.96	43.57	47.38	51.84	57.17	61.12	129	—

注：该表格数据来源于中国建筑能耗研究年度报告。

我国正处于工业化、信息化、城镇化和新农村建设快速发展的历史时期，新增基础设施、公共服务设施以及工业与民用建筑投资对建筑业需求巨大。随着建筑面积的扩大和居民生活水平的不断提升，建筑领域将成为未来20年我国用能的主要增长点。这是因为：

（1）既有建筑达600多亿m^2，多数为高能耗建筑。每年全国城乡新增房屋建筑面积近20亿m^2，单位建筑面积采暖能耗为同等气候条件发达国家的3倍以上。

（2）随着我国城市化进程的加速，预计到2020年，全国56%以上的人口将生活在城市里，相应的建筑物和设施也将成倍增加。

（3）人们对建筑热舒适性的要求越来越高。冬天室温由12℃、16℃提高到18℃，甚至20℃；夏天的室温由32℃、30℃，降至28℃、26℃，甚至24℃、22℃。对应的采暖和制冷用能不断增加。

（4）2016年，我国有115亿m^2的公共建筑，耗能量为3.46亿tce，高于当年279亿m^2居住建筑的耗能量3.39亿tce，是建筑能源消耗的高密度领域。

（5）我国城镇的住宅总面积约为279亿m^2。除采暖外的住宅能耗包括照明、炊事、生活热水、家电、空调等，用电总量也很大。近年来我国建筑用电情况见表1-3。

表1-3　近年来我国建筑用电情况

年份		2009	2010	2011	2012	2013	2014
能源消耗量（亿tce）	公共建筑能耗	1.56	1.68	1.86	2.01	2.08	2.10
	其中：用电（亿kWh）	3696.90	4184.55	4765.19	5324.35	5875.06	6246.12
	城镇居住建筑能耗	1.65	1.81	1.87	1.97	2.12	2.24
	其中：用电（亿kWh）	2955.40	3134.97	3371.69	3742.41	4060.00	4144.99
	农村居住建筑能耗	0.95	1.04	1.13	1.20	1.25	1.27
	其中：用电（亿kWh）	2040.16	2136.57	2418.06	2659.62	3129.35	3242.96
能耗强度（$kgce/m^2$）	公共建筑能耗	21.96	22.35	23.18	23.13	22.11	20.83
	其中：电耗kWh/m^2	52.22	55.72	59.23	61.35	62.30	61.96
	城镇居住建筑	10.94	10.82	10.07	9.46	9.09	8.62
	其中：电耗kWh/m^2	19.57	18.77	18.15	18.01	17.42	15.96
	农村居住建筑	4.11	4.53	4.76	5.03	5.18	5.17
	其中：电耗kWh/m^2	8.83	9.33	10.16	11.17	12.98	13.24

（6）农村能源消费情况。我国农村建筑面积约为241亿m^2，相比较城镇能源消费水平而言，目前我国农村的煤炭、电力等商品能源消耗量很低，使用初级生物质能源在能源消费中占较大比例。但随着我国改善农民生活状况的三农政策和新农村建设的实施，农民的生活水平会逐渐提高，生活水平提高后相应的人们要求的居住质量必然提高，能源消耗水平就会提高，并且初级生物质能源陆续被燃煤、液化石油气等常规商品能源所替代。如果这类非商品能源完全被常规商品能源所替代，则我国建筑能耗将增加1倍。

（7）长江流域建筑能耗状况。以往的建筑设计都没有考虑我国长江流域建筑采暖，目前夏季空调已广泛普及，而建设采暖系统、改善冬季室内热环境的要求也日益增长。预计到2020年，长江流域地区将有50亿m^2左右的建筑面积需要采暖，每年将新增采暖煤1亿tce，接近目前我国北方建筑每年的采暖能耗总和。

（8）建筑系统绝大部分时间处于部分负荷的运行状态，能效比较低。

（9）部分经济发达城市的能耗总量已接近发达国家水平，其中空调能耗呈上升趋势。

我国建筑能耗已与工业能耗、交通能耗一起被列为重点节能的行业，并且参照发达国家的经验，随着城市发展，建筑将超越工业、交通等其他行业而最终居于社会能源消耗的首位，达到33%左右。我国城市化进程如果按照发达国家发展模式，使人均建筑能耗接近发达国家的人均水平，需要消耗全球目前消耗的能源总量的1/4来满足中国建筑的用能要求。因此，必须探索一条适合中国国情的建筑节能途径，大幅度降低建筑能耗，实现城市建设的可持续发展。

3. 我国建筑耗能的特点

从总体上看，我国的建筑能耗有如下特点：

(1) 不同地区耗能方式不同。北方以供暖耗能为主，而且以集中采暖方式为主，南方以空调照明耗能为主。

(2) 不同建筑耗能方式不同。居住建筑中以采暖、空调能耗为主，公共建筑能耗以电力消耗为主。

(3) 不同城市建筑节能技术与要求存在差异。经济发达城市的能耗水平已接近发达国家水平。

(4) 建筑系统绝大部分时间处于部分负荷的运行状态，能效比较低。

4. 建筑节能“十三五”规划目标

住房城乡建设部发布《建筑节能与绿色建筑发展“十三五”规划》，旨在建设节能低碳、绿色生态、集约高效的建筑用能体系，推动住房和城乡建设领域供给侧结构性改革。规划提出，“十三五”时期，建筑节能与绿色建筑发展的总体目标是：建筑节能标准加快提升，城镇新建建筑中绿色建筑推广比例大幅提高，既有建筑节能改造有序推进，可再生能源建筑应用规模逐步扩大，农村建筑节能实现新突破，使我国建筑总体能耗强度持续下降，建筑能源消费结构逐步改善，建筑领域绿色发展水平明显提高。

具体目标如下：

(1) 到 2020 年，城镇新建建筑能效水平比 2015 年提升 20%，部分地区及建筑门窗等关键部位建筑节能标准达到或接近国际现阶段先进水平；

(2) 城镇新建建筑中绿色建筑面积比重超过 50%，绿色建材应用比重超过 40%；

(3) 完成既有居住建筑节能改造面积 5 亿 m^2 以上，公共建筑节能改造 1 亿 m^2，全国城镇既有居住建筑中节能建筑所占比例超过 60%；

(4) 城镇可再生能源替代民用建筑常规能源消耗比重超过 6%；

(5) 经济发达地区及重点发展区域农村建筑节能取得突破，采用节能措施比例超过 10%。

1.1.2 建筑节能的含义

建筑能耗指建筑使用能耗，是建筑物建成后，在正常使用过程中用于维持适合人类居住的室内环境耗费的能量，主要是采暖、空调、热水供应、炊事、照明、家用电器等设施耗费的能量，不包括建筑物建造过程中耗费的能量和用于建筑物的建筑材料的生产能耗。它与工业、农业、交通运输能耗并列，属于民生能耗。

自从 20 世纪 70 年代发生世界性的石油危机以后，为了节约能源、降低消耗，人们提出了“建筑节能”的概念。在国际上“建筑节能”的提法经历了三个发展阶段：

第一阶段叫 Energy saving in building，直译为“建筑节能”，意思是节约能源。

第二阶段叫 Energy conseyvation in building，直译为“在建筑中保持能源”，意思是减少建筑中能量的散失。

第三阶段叫 Energy efficiency in building，直译为“提高建筑中的能源利用效率”，不是消极意义上的节省，而是积极意义上的提高利用效率。

在我国，现在仍然通称为建筑节能，与国际上交流时中文也用这个词，但是它的含义是第三阶段的意思，翻译为英文时用Energy efficiency in building，即在建筑中合理使用和有效利用能源，不断提高能源利用效率。

同时，业内有时会提到建筑节能和节能建筑的概念，这两个概念是不同的。

其一，涵盖的范围不一样。建筑节能包括了建筑用能的所有范围，对于集中采暖的住宅来说主要是从锅炉房到管道输送系统然后到用能建筑物的效率。这部分节能的主要内容包括锅炉的燃烧转换效率、管道输送效率、建筑物的耗热量。

节能建筑是针对建筑物本身的耗热性能提出的概念，自身被包含在建筑节能的范围内。

其二，评价指标不同。建筑节能的评价指标是耗煤量指标，也叫采暖能耗，为保持室内温度需由采暖设备供给，用于建筑物采暖所消耗的煤量（简称采暖耗煤量），同时包括采暖供热系统运行所消耗的电能，单位是kg标准煤/m^2。第二步节能50%、第三步节能65%就是根据这个指标计算的。

节能建筑是按有关的建筑节能设计标准设计并按标准施工建造的建筑物，评价节能建筑的指标是建筑物的耗热量指标，单位是W/m^2。

其三，计算方法不同。建筑物耗热量指标与建筑物耗煤量指标的计算公式不同。

1.1.3 我国建筑节能检测工作的进展

20世纪80年代，我国的建筑科技工作者就开始对建筑物的能耗进行检测，工作属于研究性质，主要由大专院校和科研单位实施。由中国建筑科学研究院主编、哈尔滨工业大学土木工程学院和北京市建筑设计研究院参与编写的《采暖居住建筑节能检验标准》（JGJ 132—2001）自2001年6月1日起施行。该标准的颁布实施一举改变了10多年来采暖居住建筑节能效果检测评定无法可依的局面，首次提出现场对建筑节能的效果进行实际检测评定，也标志着我国建筑节能检测工作的正式开展。这个标准对推进我国建筑节能工作的深入开展具有重要的现实意义。

现在建筑节能检测依据的标准规范由三大部分构成：

（1）综合性标准

综合性标准主要是国家标准《建筑节能工程施工质量验收规范》（GB 50411—2007）和行业标准《居住建筑节能检测标准》（JGJ/T 132—2009）[该标准是我国第一部建筑节能检测标准《采暖居住建筑节能检验标准》（JGJ 132—2001）的修订版]、《公共建筑节能检测标准》（JGJ/T 177—2009）。

（2）专业标准

建筑工程上节能材料、节能建筑构件和用能设备等的检测依据是各个行业的专业技术标准。如采暖锅炉的效率检测标准《生活锅炉热效率及热工试验方法》（GB/T 10820—2011）；门窗的气密性、水密性和保温性能检测标准《建筑外门窗气密、水密、抗风压性能分级及检测方法》（GB/T 7106—2008）、《建筑外窗气密、水密、抗风压性能现场检测方法》（JG/T 211—2007）等；建筑节能构件传热性能的检测标准《绝热-稳态传热性质的测定　标定和防护热箱法》（GB/T 13475—2008）；节能材料导热性能检测标准《绝热材料稳态热阻及有关特性的测定　防护热板法》（GB/T 10294—2008）、《绝热材料稳态热阻及有关特性的测

定 热流计法》(GB/T 10295—2008) 等。

(3) 地方标准

在建筑节能工作进展较好的地方都编制发布了地方性的建筑节能检测验收标准或规范,如北京市地方标准《民用建筑节能现场检验标准》(DB11/T 555—2008)、《公共建筑节能施工质量验收规程》(DB11/510—2007);上海市工程建设规范《住宅建筑节能检测评估标准》(DG/TJ 08-19801—2004);江苏省工程建设标准《民用建筑节能工程现场热工性能检测标准》(DGJ 32/J 23—2006)。

1.1.4 建筑节能影响因素

建筑节能是一个系统工程,影响建筑物能耗的因素很多,从大的方面来讲有三个方面是决定性的:所处环境、自身构造、运行过程。所以谈建筑能耗的时候必须明确指出这三个要素,否则是不准确的。具体讲,与建筑物所处的地理位置、所处区域的建筑气候特征、建筑物本身的构造特点、供热供冷系统、建筑物运行管理等有关,相同面积、相同构造、相同节能措施的建筑物在不同的地方具有不同的能耗指标,不能进行简单的数值比较。对于一个既定区域的建筑物而言,影响建筑能耗的因素如下:

(1) 区域建筑气候特征

由于我国地域广阔,地形复杂,气候差异很大,同一个时间从南方到北方可能经历四季天气特征。

(2) 建筑物小区环境

建筑物小区环境是建筑物的外部环境对建筑能耗的影响因素,主要有建筑物朝向、建筑物布局、建筑形态等。这些因素除了影响建筑各外表面可受到的日照程度外,还将影响建筑周围的空气流动。冬季建筑物外表面风速不同会使散热量有5%~7%的差别,建筑物两侧形成的压差还会造成很大的冷风渗透;夏季室内自然通风程度也在很大程度上取决于小区布局;小区绿化率、水景等,将改变地面对阳光的反射,从而使夏季室内热环境有较大差异;建筑外表面色彩导致对阳光的吸收不同,从而影响室内热环境;建筑形状及内部划分,将在很大程度上影响自然通风。

(3) 建筑物构造

建筑物是建筑耗能的主体,它本身的构造对建筑能耗影响因素主要有体形系数,窗墙比,门窗热工性能(气密性、传热系数),屋顶、地面、外墙的传热系数。建筑外墙、屋顶、地面的保温方式及传热系数,窗墙比,窗的形式,光透过性能及遮阳装置等,都会对冬季耗热量及夏季空调耗冷量有影响。在不影响建筑风格和使用功能的前提下,采取的节能措施主要是选取体形系数较小(一般<0.3为好,不宜超过0.35)、窗墙比较小(北向<0.25,东西向<0.30,南向<0.35)、传热系数小和气密性好的门窗等。

(4) 采暖系统

采暖系统对建筑能耗的影响因素主要是锅炉效率、管道系统的效率、采暖方式。采暖系统是建筑物采暖过程中能量转换和输送的部分,将煤、天然气等初级能源转换成热能,然后由热力管网输送到用户。锅炉效率和管网效率直接影响建筑物的采暖能耗,由于设施集中节能潜力大,是建筑节能的重要内容。在分步实施的建筑节能目标中,采暖系统承担的任务都比较重:第一步节能30%的目标中承担10%,第二步节能50%的目标中承担20%。

（5）运行管理

在以上影响因素中，小区环境等影响因素在建筑设计人员的设计过程中形成，而有些影响因素是建筑物在建造过程中决定的，如墙体、屋面、地面的传热性能等；采暖系统的影响则依赖于优化设计和系统在运行中的管理。

运行管理属于“行为节能”的范畴，在建筑物建成投入使用后，建筑能耗决定于建筑物的运行管理水平。我国现在建成了一定量的节能建筑，但同时发现了“节能建筑不节能”的现象，就是从技术上说采取各种措施建成的建筑物的能耗水平较低，虽然达到了现行的建筑节能设计标准的要求，但是在使用过程中由于热计量等措施的不完善或奖罚措施不到位，致使建筑物总的能耗量并没有降下来。在北方采暖地区由于冬季室内温度太高，开窗降温的事情时有发生，这是典型的节能建筑不节能的实例。因此，建筑物建成交付使用后，运行管理在建筑能耗中起决定性的作用。

对于竣工验收环节，节能检测主要是检测在建筑物建造过程中形成的因素，作为督促手段，加强建设各方按图施工，达到建筑设计师的意图，建造出节能建筑。

1.2 节能标准及行业要求

1.2.1 建筑节能检测的内容

建筑节能检测从检测场合来分有实验室检测和现场检测两部分，主要是建筑结构材料、保温隔热材料、建筑构件的实验室检测，建筑构件、建筑物、供热供冷系统的现场检测；从检测对象分有覆盖材料、建筑构件、建筑物实体三部分；从建筑物性质分有居住建筑和公共建筑两部分。实验室检测部分由于有完善的检测标准、规程，设备固定，实验条件易于控制等有利条件，相对容易完成；现场检测部分由于起步较晚，技术上的积累和经验较少，现场条件复杂，不易控制，是当前建筑节能检测工作的重点内容，也是难点。

由于我国地域广阔，地形复杂，气候差异很大，同一个时间从南方到北方可能经历四季天气特征。从建筑气候的角度分，我国有五个大的建筑气候区：严寒地区、寒冷地区、夏热冬冷地区、夏热冬暖地区、温和地区。每个地区对建筑节能的要求不一样，实施建筑节能的技术措施不一样，应用的节能材料也不一样，验收和检测的项目不同，技术指标不同，采用的方法也不同。表1-4为不同热工分区的指标和节能设计要求。

表1-4 建筑热工设计分区指标及节能设计要求

分区名称	分区指标		设计要求
	主要指标	辅助指标	
严寒地区	最冷月平均温度≤−10℃	日平均温度≤5℃的天数≥145d	必须充分满足冬季保温要求，一般可不考虑夏季防热
寒冷地区	最冷月平均温度−10～0℃	日平均温度≤5℃的天数90～145d	应满足冬季保温要求，部分地区兼顾夏季防热
夏热冬冷地区	最冷月平均温度0～10℃，最热月平均温度25～30℃	日平均温度≤5℃的天数0～90d，日平均温度≥25℃天数40～110d	必须满足夏季防热要求，兼顾冬季保温

续表

分区名称	分区指标		设计要求
	主要指标	辅助指标	
夏热冬暖地区	最冷月平均温度>10℃，最热月平均温度 25～29℃	日平均温度≥25℃天数 100～200d	必须充分满足夏季防热要求，一般可不考虑冬季保温
温和地区	最冷月平均温度 0～13℃，最热月平均温度 18～25℃	日平均温度≤5℃天数 0～90d	部分地区应考虑冬季保温，一般可不考虑夏季防热

注：本表的依据为《民用建筑热工设计规范》(GB 50176—2016)。

(1) 严寒地区和寒冷地区建筑节能主要考虑节约冬季采暖能耗，兼顾夏季空调制冷能耗，因此采用高效保温材料和高热阻门窗作建筑物的围护结构，以求达到最佳的保温效果，这类工程节能验收的主要内容是检测墙体、屋面的传热系数。

(2) 夏热冬暖地区建筑节能主要考虑夏季空调能耗，采取的技术措施是为了提高围护结构的热阻以求达到最佳的隔热性能，这类工程节能验收的主要内容是围护结构传热系数和内表面最高温度。

(3) 夏热冬冷地区则既要考虑节约冬季采暖能耗又要降低夏季空调能耗，建筑节能的检测就更复杂一些。同时，同一气候区域的建筑物又有几种形式，检测内容也不同。

居住建筑耗能的主要用途是改善建筑的热舒适度，因此对其而言建筑节能检测的主要内容是建筑物的保温性能和隔热性能。公共建筑除热舒适度外还有另一项大的耗能项目就是照明系统，相应的公共建筑的检测内容增加了照明系统和中央空调系统的性能检测。

1.《公共建筑节能检测标准》(JGJ/T 177—2009) 规定的公共建筑节能检测内容。

(1) 建筑物室内平均温度、湿度检测；

(2) 非透光外围护结构热工性能检测；

(3) 透光外围护结构热工性能检测；

(4) 外围护结构气密性能检测；

(5) 采暖空调水系统性能检测；

(6) 空调风系统性能检测；

(7) 建筑物年采暖空调能耗及年冷源系统能效系数检测；

(8) 供配电系统检测；

(9) 照明系统检测；

(10) 监测与控制系统性能检测。

2.《居住建筑节能检测标准》(JGJ/T 132—2009) 规定的居住建筑节能检测内容。

(1) 平均室温；

(2) 外围护结构热工缺陷；

(3) 外围护结构热桥部位内表面温度；

(4) 围护结构主体部位传热系数；

(5) 外窗窗口气密性能；

(6) 年采暖耗热量；

(7) 年空调耗冷量；

（8）外围护结构隔热性能；
（9）室外管网水力平衡度；
（10）采暖系统补水率；
（11）室外管网热损失率；
（12）采暖锅炉运行效率，
（13）采暖系统耗电输热比；
（14）建筑物外窗遮阳设施；
（15）单位采暖耗热量指标；
（16）室外气象参数。

在对具体的建筑物进行建筑节能检测时，除了执行上述标准的有关规定外，还应参照《建筑节能工程施工质量验收规范》（GB 50411—2007）的相关要求。

3. 建筑节能分项工程与节能工程用材料、设备的主要检测内容（表 1-5）。

表 1-5　建筑节能分项工程与节能工程用材料、设备的主要检测内容

序号	分项工程	节能工程用材料与设备的主要检测项目
1	墙体节能工程	（1）保温材料：导热系数、密度、抗压或拉伸强度、燃烧性能和保温浆料的软化系数和凝结时间等； （2）粘结材料：粘结强度； （3）增强网：力学性能、抗腐蚀性能
2	幕墙节能工程	（1）保温材料：导热系数、密度和燃烧性能； （2）幕墙玻璃：可见光透射比、传热系数、遮阳系数、中空玻璃露点； （3）隔热型材：抗拉强度、抗剪强度
3	门窗节能工程	（1）严寒、寒冷地区：气密性、传热系数和露点； （2）夏热冬冷地区：气密性、传热系数； （3）夏热冬暖地区：气密性、传热系数、玻璃透过率、可见光透射比
4	屋面节能工程	保温材料：导热系数、密度、压缩强度、燃烧性能
5	地面节能工程	保温材料：导热系数、密度、压缩强度、燃烧性能
6	采暖节能工程	（1）保温材料：导热系数、密度、吸水率； （2）散热设备的热工性能（单片散热量、金属热强度等）； （3）室内温度
7	通风与空气调节节能工程	（1）风机盘管机组的供冷（供热）量、风量、出口静压、噪声及功率； （2）绝热材料：导热系数、密度、吸水率
8	空调与采暖系统的冷热源和附属设备及管网节能工程	（1）绝热材料：导热系数、密度、吸水率； （2）供热系统室外管网的水力平衡度； （3）供热系统的补水率； （4）室外管网的热输送效率； （5）空调机组的水流量； （6）空调系统冷热水、冷却水总流量

续表

序号	分项工程	节能工程用材料与设备的主要检测项目
9	配电与照明节能工程	（1）照明系统：照明设备谐波含量、灯具分布光度、照度、照明功率密度、灯具效率、系统节电率； （2）附属装置：镇流器的能效、功率因数、谐波含量及自身功耗；低压配电电线、电缆导体电阻，导体直径； （3）低压配电电源质量检测：①三相电压不平衡；②谐波电压和电流；③功率因数；④电压偏差
10	监测与控制节能工程	（1）送回风温度、湿度监控； （2）空调冷源水系统压差控制； （3）风机盘管变水量控制； （4）照明、动力设备监控

1.2.2 建筑节能检测流程

1. 建筑节能检测的前提条件

对建筑物进行现场节能检验时，应在下列有关技术文件准备齐全的基础上进行。

（1）审图机构对工程施工图节能设计的审查文件；

（2）工程竣工设计图纸和技术文件；

（3）由具有建筑节能相关检测资质的检测机构出具的对从施工现场随机抽取的外门（含阳台门）、户门、外窗及保温材料所做的性能复验报告（即门窗传热系数、外窗的气密性能等级、玻璃及外窗的遮阳系数、保温材料的导热系数、密度、比热容和强度等）；

（4）热源设备、循环水泵的产品合格证和性能检测报告；

（5）热源设备、循环水泵、外门（含阳台门）、户门、外窗及保温材料等生产厂商的质量管理体系认证书；

（6）外墙墙体、屋面、热桥部位和采暖管道的保温施工做法或施工方案；

（7）有关的隐蔽工程施工质量的中间验收报告。

2. 建筑节能检测方法

建筑节能检测是竣工验收的重要内容，其目的是通过实测来评价建筑物的节能效果。由于建筑节能的最终效果是节约建筑物使用过程中消耗的能量，因而评价建筑节能是否达标，首先要得到建筑物的耗能量指标。目前得到建筑物耗能量指标可以采用两种方法：直接法和间接法。

（1）直接法

在热源（冷源）处直接测取采暖耗煤量指标（耗电量指标），然后求出建筑物的耗热量（耗冷量）指标的方法称为热（冷）源法，又称为直接法。

直接法主要测定试点建筑和示范小区，评价对象是试点建筑和示范小区。根据检测对象的使用状况，分析评定试点建筑和示范小区的建筑所采用的设计标准、所使用的建筑材料、结构体系、建筑形式等各因素对能耗的影响，进而分析建筑物、室外管网、锅炉等耗能目标物的耗能率、能量输送系统的效率、能量转换设备的效率，计算能量转换、能量输送、耗能目标物占采暖（制冷）过程总能耗的比率，分析各个环节的运行效率和节能的潜力。

直接法检测的内容较多，不仅要检测建筑物、能量转换、输送系统的技术参数，还要检测记录当地气候数据，内容繁多复杂，并且耗时长，一般要贯穿整个采暖季或空调季。因为试点建筑和示范小区带有一种“试验”的性质，它是就某种材料或是某种结构体系或是设计标准等某种特定目的实验的工程项目，既然是试点示范工程，就担负着推广普及前的试验责任，根据这些试验工程的测试结果来验证试验的目的是否达到，为下一步能否推广普及提出结论性意见及应该采取的修订措施。因此，对这种类型建筑工程的检测以直接法为主进行全面检测，目的是获得一个正确、全面、系统的试验结果，这个结果是试验工程项目投资的目的，也是推广普及的依据。

（2）间接法

在建筑物处，通过检测建筑物热工指标和计算获得建筑物的耗热量（耗冷量）指标，然后参阅当地气象数据、锅炉和管道的热效率，计算出所测建筑物的采暖耗煤量（耗电量）指标的方法称为建筑热工法，又称为间接法。

间接法建筑节能检测流程如图 1-1 所示。

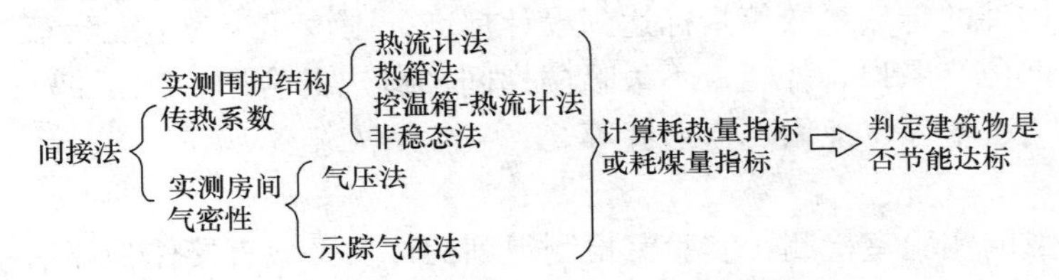

图 1-1　间接法建筑节能检测流程

应用间接法获得建筑物耗热量指标时有两部分内容，通过三个步骤完成。两部分内容：一部分是实际测量，另外一部分是根据热工规范的要求进行计算。三个步骤：第一步实测建筑物围护结构传热系数，主要是墙体、屋顶、地下室顶板；第二步实测建筑物气密性；第三步根据标准规范给出的建筑物耗热量计算公式算出所测建筑物的耗热量指标和耗煤量指标。

间接法主要测定一般的建筑工程，按现行的建筑设计标准和设计规范进行取值设计，建筑节能现场检测的目的是探究施工过程是否严格按施工图设计方案进行，采用的墙体材料和保温材料的有关参数是否符合设计取值，施工质量是否合格。因此，这种检测是工程验收的一部分，所测对象的结果具有单件性，只是对自身有效，不会对别的工程有影响。所以对这类工程项目的检测方法要求简捷实用、耗时短，检测内容以关键部位为主。目前建筑节能检测大多是采用间接法。

1.2.3　建筑物节能达标的判定

建筑物是否节能的判定思路是通过现场及实验室检测或建筑能耗计算软件得出建筑构件的传热性能指标或建筑物的能耗指标，将其与现行的建筑节能设计规范和标准的规定值进行比较，满足要求即可判定被测建筑物是节能的，反之则是不节能的。

目前有四种方法可用来判定目标建筑物的节能性能，分别是耗热量指标法、规定性指标法、性能性指标法、比较法。四种方法运用的指标不尽相同，在实际工作中针对具体的建筑物特点可以选择相应的方法。

1. 耗热量指标法

耗热量指标法判定的依据是建筑物的耗热量指标，就是根据直接法与相关标准方法得到建筑物的耗热量指标，然后按如下规定进行判定：

用直接法测量建筑物耗热量指标时，如测得的建筑物耗热量指标（q_F）符合建筑节能设计标准要求，评定该建筑物为符合建筑节能设计标准，反之为不符合建筑节能设计标准。

用间接法检测和计算得到建筑物耗热量指标时，采用实测建筑物围护结构传热系数和房间气密性，计算在标准规定的室内外计算温差条件下建筑物单位耗热量，如符合建筑节能设计标准要求，评定该建筑物为符合建筑节能设计标准，反之为不符合建筑节能设计标准。

建筑物耗热量指标也可以用专门的软件计算得到。软件计算宜符合以下要求：

（1）计算前对构件热工性能进行检验；

（2）建筑节能评估计算采用国家认可的软件进行。

2. 规定性指标法

规定性指标法（也叫构件指标法），是指建筑物的体形系数和窗墙面积比符合设计要求时，围护结构各构件的传热系数等指标达到设计标准，则该建筑为节能建筑。

主要的构件部位有屋顶、外墙、不采暖楼梯间、窗户（含阳台门上部）、阳台门下部门芯板、楼梯间外门、地板、地面、变形缝等。

（1）屋顶

屋顶传热系数的实验室检测：实验室检测得到的传热系数直接作为评估屋顶传热系数的依据。

屋顶传热系数的现场检测：现场检测得到的传热系数，应按式（1-1）计算评估用屋顶传热系数。

$$K' = \frac{1}{R_i + R + R_e} \tag{1-1}$$

式中 K'——屋顶传热系数，W/（$m^2 \cdot K$）；

R_i——屋顶内表面换热阻，$m^2 \cdot K/W$；

R——被测屋顶的热阻，$m^2 \cdot K/W$；

R_e——屋顶外表面换热阻，$m^2 \cdot K/W$。

具体的检测方法见本书 6.3 节围护结构传热系数现场检测。

（2）外墙（包括不采暖楼梯间隔墙）

外墙传热系数实验室检测：可按《绝热稳态传热性质的测定 标定和防护热箱法》（GB/T 13475—2008）规定的方法或采用热流计法（或控温箱热流计法）测量主墙体传热系数，然后通过计算平均传热系数 K_m，作为外墙传热系数评估依据。

外墙传热系数现场检测：应检测主墙体的传热系数后，按式（1-2）计算评估用外墙传热系数。

$$K'_p = \frac{1}{R_i + R + R_e} \tag{1-2}$$

式中 K'_p——墙体平均传热系数，W/($m^2 \cdot K$)；

R_i——墙体内表面换热阻，$m^2 \cdot K/W$；

R——被测墙体的热阻，$m^2 \cdot K/W$；

R_e——墙体外表面换热阻，$m^2 \cdot K/W$。

具体的检测方法见本书6.3节围护结构传热系数现场检测。

(3) 外窗

外窗传热系数应采用实验室检测数据作为评估依据。具体的检测方法见门窗性能检测。由于现场检测很复杂，且不能与窗框墙体有效传热隔绝，故不采用现场检测的方法。

外窗气密性应采用实验室检测数据或者现场检测数据作为评估气密性是否达标的依据。

(4) 外门

外门传热系数应采用实验室检测数据作为评估依据，不采用现场检测。

外门气密性应采用实验室检测数据或现场检测数据作为评估气密性是否达标的依据。

(5) 地板

地板的检测与评估参照外墙检测部分。

3. 性能性指标法

性能性指标由建筑热环境的质量指标和能耗指标两部分组成，对建筑的体形系数、窗墙面积比、围护结构的传热系数等不做硬性规定。设计人员可自行确定具体的技术参数，建筑物同时满足建筑热环境质量指标和能耗指标的要求，即为符合建筑节能要求。

4. 比较法

在对构件的热工性能检测后，按建筑节能设计标准最低档参数（窗墙面积比，窗户、屋顶、外墙传热系数等），计算出标准建筑物的耗热量、耗冷量或者耗能量指标；然后将测得的构件传热系数代入同样的计算公式，计算出建筑物的耗热量、耗冷量或者耗能量指标。如果建筑物的指标小于标准建筑指标值，则该建筑即为节能达标建筑。

1.2.4 建筑节能检测机构

1. 机构资质

根据国家工程质量检测管理的有关规定，检测机构是具有独立法人资格的中介机构。国务院建设主管部门负责对全国质量检测活动实施监督管理，并负责制定检测机构资质标准。省、自治区、直辖市人民政府建设主管部门负责对本行政区域内的质量检测活动实施监督管理，并负责检测机构的资质审批。市、县人民政府建设主管部门负责对本行政区域内的质量检测活动实施监督管理。

检测机构应当按规定取得相应的资质证书，从事检测资质规定的质量检测业务。检测机构未取得相应的资质证书，不得承担相关规定的质量检测业务。检测机构资质按照其承担的检测业务内容分为专项检测机构资质和见证取样检测机构资质。

建筑节能检测机构是工程检测机构中从事建筑节能检测、建筑能效评定的专业机构，有的是新成立的专门进行建筑节能检测的机构（站或中心、所、公司等），也有的是原来从事建筑工程检测的机构增购设备、培训人员扩项从事建筑节能检测业务。不论哪种形式的机构，在从事建筑节能检测业务之前必须取得相应的资质。

建筑节能检测机构的资质证书主要有两个：一个是建设主管部门核发的专项业务检测资质，要求机构具备机构能够开展业务范围资质证书；另一个是质量技术监督部门核发的计量认证证书，要求机构运行的能力和质量保证措施。

2. 人员资格

建筑节能检测机构的检测人员必须满足所从事工作的数量和能力的需要。建筑节能专项资质管理部门要求主要管理人员具有相关专业工作经验并具有工程师以上职称，技术（质量）负责人具有一定时间的相关专业工作经验并具有高级工程师以上职称；操作人员必须进行专门的专业培训，培训内容有建筑热工基础知识、常用建筑材料（包括墙体主体材料和保温系统材料）的性能、检测基础知识、仪器设备工作原理及操作知识、相关的技术规范标准等内容，经过考核合格后方可从事其岗位工作。在工作中所有检测人员必须持证上岗。

3. 设备配备

建筑节能检测机构的设备配备应能够满足开展建筑节能检测业务的要求，主要设备包括实验室检测设备和现场检测设备。其中实验室检测设备包括材料导热系数检测设备和建筑构件热阻、耐候性、门窗性能等检测设备。现场检测设备包括墙体传热系数、热工缺陷、门窗性能等检测设备，见表1-6。

表1-6　建筑节能检测机构基本设备配备表

序号	仪器名称	检测内容	序号	仪器名称	检测内容
1	导热系数测定仪	材料导热系数	9	外保温系统耐候性试验装置	—
2	墙体保温性能试验装置	墙体热阻、传热系数	10	数据采集仪	温度、热流值采集储存
3	电子天平	—	11	外窗三性现场检验设备	抗风压、气密性、水密性
4	万能试验机	—	12	红外热像仪	热工缺陷
5	便携式粘接强度检测仪	—	13	热流计	热流量
6	电热鼓风干燥箱	—	14	温度传感器	温度
7	低温箱	—	15	热球风速仪	风速
8	门窗保温性能试验装置	门窗传热系数	16	流量计	流量

4. 资质申请程序

（1）建筑节能专项检测资质

申请建筑节能检测资质的机构应当向省、自治区、直辖市人民政府建设主管部门提交下列申请材料：

①《检测机构资质申请表》一式三份，申请表要求的基本内容有检测机构法定代表人声明；检测机构基本情况；法定代表人基本情况；技术负责人基本情况；检测类别、内容及具备相应注册工程师资格人员情况；专业技术人员情况总表；授权审核、签发人员一览表；主要仪器设备（检测项目）及其检定/校准一览表；审查审批情况。

② 工商营业执照原件及复印件。

③ 与所申请检测资质范围相对应的计量认证证书原件及复印件。

④ 主要检测仪器、设备清单。

⑤ 技术人员的职称证书、身份证和社会保险合同的原件及复印件。

⑥ 检测机构管理制度及质量控制措施。

（2）计量认证

建筑节能检测机构在取得建设主管部门的专项检测资质后，按下面的要求和程序申请计量资质，然后才能够开展检测业务。国家对检测机构申请计量认证和审查认可的相关文件规定，取得检测资质的检测机构必须申请计量认证和审查认可。检测机构在向国家认监委和地方质检部门申请首次认证、复查换证时，应遵循以下办事程序：

① 受理范围。从事以下活动的机构应当通过资质认定：为行政机关做出的行政决定提供具有证明作用的数据和结果的；为司法机关做出裁决提供具有证明作用的数据和结果的；为仲裁机构做出仲裁决定提供具有证明作用的数据和结果的；为社会公益活动提供具有证明作用的数据和结果的；为经济或者贸易关系人提供具有证明作用的数据和结果的；其他法定需要资质认定的。

② 许可依据。依据《中华人民共和国计量法》及《中华人民共和国计量法实施细则》《中华人民共和国标准化法》《中华人民共和国标准化法实施条例》《中华人民共和国产品质量法》《中华人民共和国认证认可条例》《实验室和检查机构资质认定管理办法》等。

（3）申请条件

① 申请单位应依法设立，独立、客观、公正地从事检测、校准活动，能承担相应的法律责任，建立并有效运行相应的质量体系；

② 具有与其从事检测、校准活动相适应的专业技术人员和管理人员；

③ 具有固定的工作场所，工作环境应当保证检测、校准数据和结果的真实、准确；

④ 具有正确进行检测、校准活动所需要的并且能够独立调配使用的固定和可移动的检测、校准设备设施；

⑤ 满足《实验室资质认定评审准则》的要求。

（4）申请材料的主要内容

① 实验室概况；

② 申请类型及证书状况；

③ 申请资质认定的专业类别；

④ 实验室资源：实验室总人数、实验室资产情况、实验室总面积、申请资质认定检测能力表等；

⑤ 主要信息表：授权签字人申请表、组织机构框图、实验室人员一览表、仪器设备（标准物质）配置一览表等；

⑥ 主要文件：典型检测报告，质量手册，程序文件，管理体系内审质量记录，管理评审记录，其他证明文件，独立法人、实验室法人地位证明文件（首次，复查），法人授权文件，实验室设立批文，最高管理者的任命文件，固定场所证明文件（适用时），检测/校准设备独立调配的证明文件（适用时），专业技术人员、管理人员劳动关系证明（适用时），从事特殊检测/校准人员资质证明，实验室声明，法律地位证明等。

（5）许可工作程序

① 申请：全国性的产品质量检验机构，应向国务院计量行政部门提出计量认证申请；地方性产品质量检验机构，应向省、自治区、直辖市人民政府计量行政部门提出计量认证申请。

② 申请单位必须提供的资料：计量认证/审查认可（验收）申请书、产品质量检验机构

仪器设备一览表。

1.2.5 建筑能效测评与标识

1. 基本概念

随着能源危机意识的增强，各个领域均采取措施进行节能，是否采用先进技术提高用能产品的能源利用效率成为衡量产品性能的一项重要指标，也是商家凸显其研发能力和新产品优越性能的一个卖点。在这种大背景下，用能产品的能源利用系数成为人们关注的焦点，人们需要知道购买的用能产品的节能性能即耗能指标，能效标识活动应运而生。能效标识是标识用能产品能源效率等级等性能指标的一种信息标识，它直观地明示了用能产品的能源效率等级，属于产品符合性标志的范畴。我们熟悉的能效标识的产品有电冰箱、空调等。能效标识采取生产者自我声明、备案，使用监督管理的模式。为建设资源节约型和环境友好型社会，大力发展节能省地型居住和公共建筑，缓解我国能源短缺与社会经济发展的矛盾，建设领域推行民用建筑能效测评标识活动。

建筑能效测评标识指按照建筑节能相关标准和技术要求以及统一的测评方法和工作程序，通过检测或评估等手段，对建筑物能源消耗量及其用能系统效率等性能指标给出其所处水平并以信息标识的形式进行明示的活动。建筑物用能系统是指与建筑物同步设计、同步安装的用能设备和设施。居住建筑主要是指采暖空调系统，公共建筑主要是指采暖空调系统和照明两大类；设施一般是指与设备相配套的、为满足设备运行需要而设置的服务系统。民用建筑能效水平按照测评结果，划分为 5 个等级，并以星为标志。

为了建筑能效测评标识工作的顺利开展，国家制定发布了有关建筑能效测评的政策和技术性文件，如《民用建筑能效测评标识管理规定》《民用建筑能效测评机构管理暂行办法》《民用建筑能效测评质量管理办法》《民用建筑能效测评标识技术导则》等。

2. 测评机构

民用建筑能效测评机构（以下简称测评机构）是指依据《民用建筑能效测评机构管理暂行办法》（以下简称《机构管理办法》）的规定得到认定的、能够对民用建筑能源消耗量及其用能系统效率等性能指标进行检测、评估工作的机构。测评机构实行国家和省级两级管理。住房城乡建设部负责对全国建筑能效测评活动实施监督管理，并负责制定测评机构认定标准和对国家级测评机构进行认定管理。省、自治区、直辖市建设主管部门依据《机构管理办法》，负责本行政区域内测评机构监督管理，并负责省级测评机构的认定管理。国家级测评机构的设置依照全国气候区划分，在东北、华北、西北、西南、华南、东南、中南 7 个地区各设 1 个，省、自治区、直辖市建设主管部门，结合各自建设规模、技术经济条件等实际情况，确定省级测评机构的认定数量，原则上每个省级行政区域测评机构数量不应多于 3 个。

测评机构按其承接业务范围，分能效综合测评、围护结构能效测评、采暖空调系统能效测评、可再生能源系统能效测评及见证取样检测。《机构管理办法》对能效测评机构的注册资本金、从业人员技术素质、机构资质等做了具体的规定，其基本条件如下：

（1）应当具有独立法人资格。

（2）国家级测评机构注册资本金不少于 500 万元；省级测评机构注册资本金不少于 200 万元。

（3）具有一定规模的业务活动固定场所和开展能效测评业务所需的设施及办公条件。

（4）应当取得计量认证和国家实验室认可。认可资格、授权检验范围及通过认证的计量检测项目应当满足《民用建筑能效测评标识技术导则》所规定内容的需要。

（5）测评机构应设有专门的检测部门，并具备对检测结果进行评估分析的能力。测评机构人员的数量与素质应与所承担的测评任务相适应。

测评机构工作人员，应熟练掌握有关标准规范的规定，具备胜任本岗位工作的业务能力，技术人员的比例不得低于70％，工程师以上人员比例不得低于50％，其中，从事本专业3年以上的业务人员不少于30％。

（6）应当有近两年来的建筑节能相关检测业绩。

（7）有健全的组织机构和符合相关要求的质量管理体系。

（8）技术经济负责人为本机构专职人员，具有10年以上检测评估管理经验，具有高级技术或经济职称。

测评机构及其工作人员应当独立于委托方进行，不得与测评项目存在利益关系，不得受任何可能干扰其测评结果因素的影响。

国家级测评机构主要承担的业务：起草民用建筑能效测评方法等技术文件；国家级示范工程的建筑能效测评；三星级绿色建筑的能效测评；所在地区建筑节能示范工程的能效测评；住房城乡建设部委托的工作。

省级建筑测评机构主要承担的业务：所在省、市建筑工程的能效测评；一星、二星级绿色建筑的能效测评；所在省、市建筑节能示范工程的能效测评。

3. 测评程序

（1）测评对象

对于一些大型的耗能建筑，采取先进技术并意欲推广的建筑物应当进行建筑能效测评，《民用建筑能效测评标识管理暂行办法》中规定下列建筑物应当进行能效测评与标识：

① 新建（改建、扩建）国家机关办公建筑和大型公共建筑（单体建筑面积为2万m^2以上的）；

② 实施节能综合改造并申请财政支持的国家机关办公建筑和大型公共建筑；

③ 申请国家级或省级节能示范工程的建筑；

④ 申请绿色建筑评价标识的建筑；

⑤ 社会各方提出的其他建筑物。

（2）测评程序

根据工程实施的进度，民用建筑能效测评分两个阶段。

第一阶段为建筑能效理论值，是指建筑工程竣工验收合格后，建设单位或建筑所有权人根据工程设计、施工情况，通过所在地建设主管部门向省级建设主管部门提出民用建筑能效测评标识申请，提出测评该建筑的建筑能效理论值。省级建设主管部门依据该建筑能效理论值核发建筑能效测评标识。建筑能效理论值标识有效期为1年。

第二阶段为建筑能效实测值，是指建筑项目投入使用一定期限内，建设单位或建筑所有权人应当委托有关建筑能效测评单位对该项目的采暖空调、照明、电气等能耗情况进行统计、监测，对建筑实际能效进行为期不少于1年的现场连续实测，获得建筑能效的实测值。根据实测结果对建筑能效理论值标识进行修正，给出建筑能效实测值标识结果。建筑项目取得建筑能效实测值后，建设单位或建筑所有权人通过该建筑所在地建设主管部门向省级建设主管部门申请更新能效测评标识。省级建设主管部门依据建筑能效实测值核发建筑能效测评标识。该标识有效期为 5 年。

(3) 申请建筑能效理论值标识时，委托方应提供的资料：项目立项、审批等文件；建筑施工设计文件审查报告及审查意见；全套竣工验收合格的项目资料和一套完整的竣工图纸；与建筑节能相关的设备、材料和部品的产品合格证；由国家认可的检测机构出具的项目围护结构部品热工性能及产品节能性能检测报告或建筑门窗节能性能标识证书和标签以及《建筑门窗节能性能标识测评报告》；节能工程及隐蔽工程施工质量检查记录和验收报告；采暖空调系统运行调试报告；应用节能新技术的情况报告；建筑能效理论值，内容包括基础项、规定项和选择项的计算和测评报告。

(4) 申请建筑能效实测值标识时应提供的材料：采暖空调能耗计量报告；与建筑节能相关的设备、材料和部品的运行记录；应用节能新技术的运行情况报告；建筑能效实测值，内容包括基础项、规定项和选择项的运行实测检验报告。

4. 测评内容

(1) 基本规定

民用建筑从大方面分为两类：居住建筑和公共建筑，在进行能效测评时分别进行。建筑物在建设工程中应选用质量合格并符合使用要求的材料和产品，严禁使用国家或地方管理部门禁止、限制和淘汰的材料和产品。

在具体进行能效测评时，应以单栋建筑为对象，包括与该建筑相连的为该建筑服务的用能系统（如管网和冷热源设备）。

(2) 测评内容

民用建筑能效的测评标识内容包括基础项、规定项与选择项。

基础项：按照国家现行建筑节能标准的要求和方法，计算或实测得到的建筑物单位面积采暖空调耗能量；规定项：除基础项外，按照国家现行建筑节能标准要求，围护结构及采暖空调系统必须满足的项目；选择项：对高于国家现行建筑节能标准的用能系统和工艺技术加分的项目。居住建筑实际能效测评内容如图 1-2 所示，公共建筑实际能效测评内容如图 1-3 所示。

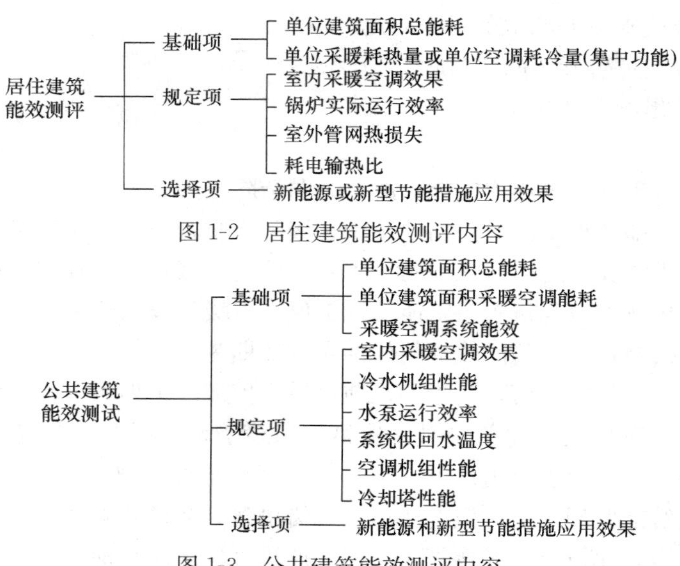

图 1-2　居住建筑能效测评内容

图 1-3　公共建筑能效测评内容

5. 测评方法

不管是理论能效测评阶段还是实际能效测评阶段，民用建筑能效测评的主要方法包括4种：软件评估、文件审查、现场检查及性能测试。建筑能耗计算分析软件的功能和算法必须符合建筑节能标准的规定；文件审查主要针对文件的合法性、完整性及时效性进行审查；现场检查为设计符合性检查，对文件、检测报告等进行核对；性能测试方法和抽样数量按节能建筑相关检测标准和验收标准进行。性能测试内容如下，其中已有的检测项目，提供相关报告，不再重复进行：

（1）墙体、门窗、保温材料的热工性能；

（2）围护结构热工缺陷检测；

（3）外窗及阳台门气密性等级检测；

（4）平衡阀、采暖散热器、恒温控制阀、热计量装置检测，抽样数量为至少抽查0.5%，并不得小于3处，不足3处时，应全数检查；

（5）冷热源设备的能效检测，抽样数量为至少抽查1/3；

（6）太阳能集热器的效率检测；

（7）水力平衡度检测。

在对相关文件资料、部品和构件性能检测报告审查以及现场抽查检验的基础上，结合建筑能耗计算分析及实测结果，综合进行测评。

建筑能效理论值标识阶段，当基础项达到节能50%～65%，且规定项均满足要求时，标识为一星；当基础项达到节能65%～75%，且规定项均满足要求时，标识为二星；当基础项达到节能75%～85%，且规定项均满足要求时，标识为三星；当基础项达到节能85%以上，且规定项均满足要求时，标识为四星；若选择项所加分数超过60分（满分100分），则再加一星。

建筑能效实测值标识阶段，将基础项（实测能耗值及能效值）写入标识证书，但不改变建筑能效理论值标识等级；规定项必须满足要求，否则取消建筑能效理论值标识结果；根据选择项结果对建筑能效理论值标识等级进行调整。

6. 测评报告

能效测评机构完成被委托建筑物的能效测评和标识工作后，应当出具测评报告。根据《民用建筑能效测评标识技术导则》的要求，报告应当包括下述内容，各机构可根据具体情况附加其他内容。

（1）民用建筑能效理论值标识报告应包括：民用建筑能效测评汇总表；民用建筑能效标识汇总表；建筑物围护结构热工性能表；建筑和用能系统概况；基础项计算说明书，包括计算输入数据、软件名称及计算过程等；测评过程中依据的文件及性能检测报告；民用建筑能效测评标识机构联系方式（联系人、电话和地址等）。

（2）民用建筑能效实测值标识报告应包括的内容：建筑和用能系统概况；基础项实测检验报告；规定项实测检验报告；选择项测试评估报告；测评过程中依据的文件及性能检测报告；民用建筑能效测评标识联系方式即联系人、电话和地址等。

满足对应条目要求，选择项为所加分数；备注为各项所对应的条目。

1.3 术语与名词

1.3.1 建筑节能基本术语及标准

根据中华人民共和国住房和城乡建设部公告（第999号），批准《建筑节能基本术语标准》为国家标准，编号为GB/T 51140—2015，自2016年8月1日起实施。

1. 通用术语

（1）建筑节能：建筑规划、设计、施工和使用维护过程中，在满足规定的建筑功能要求和室内环境质量的前提下，通过采取技术措施和管理手段，实现提高能源利用效率、降低运行能耗的活动。

（2）建筑能耗：建筑在使用过程中由外部输入的能源总量。

（3）建筑节能率：基准建筑年能耗与设计建筑年能耗的差占基准建筑年能耗的百分比。

（4）绿色建筑：在全寿命期内，最大限度地节约资源（节能、节地、节水、节材）、保护环境、减少污染，为人们提供健康、适用和高效的使用空间，与自然和谐共生的建筑。

（5）建筑热工设计气候分区：为使建筑热工设计与气候条件相适应而做出的气候区划。

（6）室内环境质量：建筑室内的热湿环境、光环境、声环境和室内空气品质的总体水平。

（7）城市热岛效应：同一时期内，城市区域空气温度值大于郊区的现象。

（8）建筑用能规划：以城市规划为依据，对建设区域内的建筑用能需求进行预测并对能源供应方式进行优化配置的活动。

（9）可再生能源建筑应用：在建筑物中合理利用太阳能、浅层地热能等非化石能源，改善用能结构，降低常规能源消耗量的活动。

（10）建筑合同能源管理：通过为用户提供节能诊断、融资、改造等服务，减少建筑运行中的能源费用，分享节能效益以实现回收投资和获得合理利润的一种市场化服务方式。

（11）建筑节能工程：在建筑的规划、设计、施工和使用过程中，各种节能措施的总称。

（12）行为节能：通过人为设定或采用一定技术手段或做法，使供电、供暖、供水等能耗系统按每天每个家庭的起居规律适时调整运行、以人为本、按需分配的一种节能方式。

2. 建筑节能技术

（1）建筑

① 被动式建筑节能技术：充分利用自然条件和建筑设计手段实现降低建筑物能耗的节能措施。

② 建筑热工设计：从建筑物室内外热湿作用对围护结构和室内热环境的影响出发，通过改善建筑物室内热环境，满足人们工作和生活的需要或降低供暖、通风、空气调节等负荷而进行的专项设计。

③ 建筑节能热工计算：按建筑节能相关标准规定的方法对建筑围护结构的规定性指标或性能性指标进行计算的活动。

④ 外保温系统：由保温层、防护层和固定材料构成，位于建筑围护结构外表面的非承重保温构造总称。

⑤ 内保温系统：由保温层、防护层和固定材料构成，位于建筑围护结构内表面的非承重保温构造总称。

⑥ 自保温系统：以墙体材料自身的热工性能来满足建筑围护结构节能设计要求的构造系统。

⑦ 保温结构一体化：保温层与建筑结构同步施工完成的构造技术。

⑧ 保温隔热屋面：采用保温、隔热措施，能够在冬季防止热量散失、夏季防止热量流入的屋面。

⑨ 体形系数：建筑物与室外大气接触的外表面面积与其所包围的体积之比，外表面面积不包括地面和不供暖楼梯间内墙的面积。

⑩ 窗墙面积比：窗户洞口面积与房间立面单元面积之比。

⑪ 遮阳：为减少太阳辐射对建筑的热作用而采取的遮挡措施。

⑫ 围护结构：建筑物及房间各面的围挡物的总称。

⑬ 建筑保温：为减少冬季室内外温差传热，在建筑围护结构上采取的技术措施。

⑭ 建筑隔热：为减少夏季太阳辐射热量向室内传递，在建筑外围护结构上采取的技术措施。

⑮ 垂直绿化：沿建筑物高度方向布置植物的绿化方式。

⑯ 屋顶绿化：在建筑物屋顶布置植物的绿化方式。

⑰ 围护结构热工参数：用于描述围护结构热工性能的物理量，主要包括导热系数、蓄热系数、热阻、传热系数、热惰性指标等。

⑱ 遮阳系数：在给定条件下，太阳辐射透过玻璃、门窗或玻璃幕墙构件所形成的室内得热量，与相同条件下透过标准玻璃（3mm 厚透明玻璃）所形成的太阳辐射得热量之比。

⑲ 太阳得热系数：通过玻璃、门窗或透光幕墙成为室内得热量的太阳辐射部分与投射到玻璃、门窗或透光幕墙构件的太阳辐射照度的比值。成为室内得热量的太阳辐射部分包括太阳辐射通过辐射透射的得热量和太阳辐射被构件吸收再传入室内的得热量两部分。也称太阳光总透射比，简称 SHGC。

⑳ 热桥：围护结构中局部的传热系数明显大于主体传热系数的部位。

㉑ 建筑物耗能量指标：为满足室内环境设计条件，单位时间内单位建筑面积消耗的需由能源设备供给的能量。

㉒ 度日数：某一时段内，日平均温度低于或高于某一基准温度时，日平均温度与基准温度之差的代数和。

㉓ 天然采光：利用自然光进行建筑采光的方法。

㉔ 自然通风：依靠室外风力造成的风压和室内外空气温差造成的热压，促使室外空气流动与交换的通风方式。

（2）供暖、通风与空气调节

① 供暖：用人工方法通过消耗一定能源向室内供给热量，使室内保持生活或工作所需温度的技术、装备、服务的总称。供暖系统由热媒制备（热源）、热媒输送和热媒利用（散热设备）三个主要部分组成。

② 集中供暖：热源和散热设备分别设置，用热媒管道相连接，由热源向多个热用户供给热量的供暖系统，又称为集中供暖系统。

③ 热电联产：热电厂同时生产电能和可用热能的联合生产方式。

④ 冷热电三联供：以一次能源用于发电，并利用发电余热制冷和供热，向用户输出电能、热（冷）源的分布式能源供应方式。

⑤ 热计量：对供热系统的热源供热量、热用户的用热量进行的计量。

⑥ 分户热计量：以用户为单位，采用直接计量或分摊计量方式计量用户的供热量。

⑦ 锅炉运行效率：锅炉实际运行中产生的有效利用的热量与其燃烧的燃料所含热量的比值。

⑧ 室外管网输送效率：管网输出总热量与输入管网的总热量的比值。

⑨ 空调冷（热）水系统耗电输冷（热）比：设计工况下，空调冷（热）水系统循环水泵总功耗与设计冷（热）负荷的比值。

⑩ 集中供暖系统耗电输热比：设计工况下，集中采暖系统循环水泵总功耗与设计热负荷的比值。

⑪ 空气调节：使服务空间内的空气温度、湿度、清洁度、气流速度和空气压力梯度等参数达到给定要求的技术。

⑫ 空调系统能效比：以建筑整个空调系统为对象，空调系统的制冷量或制热量与系统总输入能量之比。

⑬ 通风：采用自然或机械方法对建筑空间进行换气，以使室内空气环境满足卫生和安全等要求的技术。

（3）可再生能源建筑应用

① 可再生能源替代率：建筑中使用可再生能源所形成的常规能源替代量或节约量在建筑总能源消费中所占的比率。

② 太阳能建筑一体化：太阳能系统与建筑功能、建筑结构和建筑用能需求有机结合，与建筑外观相协调，并与建筑工程同步设计、施工和验收。

③ 太阳能光热系统：将太阳能辐射能转换成热能，并在必要时与辅助热源配合使用以提供热需求的系统。

④ 太阳能光热保证率：太阳能光热系统中由太阳能提供的能量占该系统一定时间段内总需能量的百分率。

⑤ 太阳能光伏系统：利用太阳能电池的光伏效应将太阳辐射能直接转换成电能的系统。

⑥ 太阳能光伏系统效率：太阳能光伏系统输出功率占入射到电池板受光平面几何面积上的全部光功率的百分比。

⑦ 被动式太阳房：通过建筑朝向和周围环境的合理布置、内部空间和外部形体的处理以及建筑材料和结构的匹配选择，使其在冬季能集取、蓄存和分配太阳热能的一种建筑物。

⑧ 热泵：以消耗能量为代价，使热能从低温热源向高温热源传递的一种装置。

⑨ 热泵系统能效比：热泵系统制热量（或制冷量）与系统总耗能量的比值。系统总耗能量包括热泵主机、各级循环泵的耗能量。

（4）电气、设备与材料

① 绿色照明：在满足建筑功能要求的前提下，采用能耗低、效率高、安全稳定的照明方式。

② 照明节能：在满足建筑室内视觉舒适度要求的前提下，通过采用节能灯具、智能控

制等措施有效降低照明能耗的活动。

③ 电梯节能：通过改进机械传动和电力拖动系统、照明系统和控制系统等技术有效降低电梯能耗的活动。

④ 遮阳装置：安装在建筑围护结构上，用于遮挡或调节进入室内太阳辐射热或自然光透过量的装置。

⑤ 热回收装置：在空调、供暖、通风设备或系统上所加装的，并将运行时所排出的热量进行回收利用的装置。

⑥ 蓄能设备和装置：充分利用某些物质的物理化学性能，对冷、热、电等能量进行存储、释放的设备和装置。

⑦ 冷/热量计量装置：冷/热量表以及对冷/热量表的计量值进行分摊的、用以计量用户消耗能量的仪表。

⑧ 给水排水节能技术：在充分满足建筑用水和排水要求的基础上，能够有效降低建筑给水和排水日常运行能耗的技术。

⑨ 变频调速技术：通过改变电动机工作电源频率从而改变电机转速，以达到节能效果的技术。

⑩ 建筑保温材料：导热系数小于0.3W/(m·K)、用于建筑围护结构对热流具有显著阻抗性的材料或材料复合体。

⑪ 建筑隔热材料：表面太阳辐射反射率较高、用于建筑围护结构外表面减少太阳辐射热进入室内的材料。

⑫ 绿色建材：采用清洁生产技术，不用或少用天然资源和能源，大量使用工农业或城市固态废弃物生产的无毒害、无污染、无放射性，且使用周期后可回收利用，有利于环境保护和人体健康的建筑材料。

3. 建筑节能管理

(1) 建筑节能设计：在保证建筑功能和室内环境质量的前提下，通过采取技术措施，降低机电系统和设备的能耗所开展的活动。

(2) 建筑节能设计专项审查：对建筑工程施工图设计文件是否满足相关建筑节能法规政策和标准规范要求所进行的审查活动。

(3) 建筑节能工程施工：按建筑工程施工图设计文件和施工方案要求，针对建筑节能措施所开展的建造活动。

(4) 建筑节能工程检验：对建筑节能工程中的材料、产品、设备、施工质量及效果等进行检查和测试，并将结果与设计文件和标准进行比较和判定的活动。

(5) 建筑节能工程验收：在施工单位自行质量检查评定的基础上，由参与建设活动的有关单位共同对建筑节能工程的检验批、分项工程、分部工程的质量进行抽样复验，并根据相关标准以书面形式对工程质量是否合格进行确认的活动。

(6) 建筑能耗统计：按统一的规定和标准，对民用建筑使用过程中的能源消耗数据进行采集、处理分析和报送的活动。

(7) 建筑能源审计：依据国家有关节能法规和标准对建筑能源利用效率、能源消耗水平、能源经济和环境效果进行检测、核查、分析和评价的活动。

(8) 建筑节能诊断：通过现场调查、检测以及对能源消费账单和设备历史运行记录的统计分析等，发掘再节能的空间，为建筑物的节能优化运行和节能改造提供依据的过程。

（9）建筑能耗监测：通过能耗计量装置实时采集建筑能耗数据，并对采集数据进行在线监测、查看和动态分析等的活动。

（10）建筑能耗分类分项计量：针对建筑物使用能源的种类和建筑物用能系统类型实施的能源消费计量方式。

（11）用能系统调试：通过设计、施工验收和运行维护阶段的全过程监督和管理，保证建筑物能够按设计和用户要求，实现安全、高效地运行和控制的工作程序和方法。

（12）建筑能效测评：对反映建筑物能源消耗量及建筑物用能系统效率等性能指标进行检测、计算，并给出其所处水平的活动。

（13）建筑节能量评估：对建筑采取节能措施而减少能源消耗量进行评价的活动。

（14）建筑能效标识：依据建筑能效标识技术标准，对反映建筑物能源消耗量及建筑物用能系统等性能指标以信息标识的形式进行明示的活动。

（15）绿色建筑标识：依据绿色建筑评价标准，对建筑物达标等级进行评定，并以信息标识的形式进行明示的活动。

（16）建筑能耗基准线：为评价建筑物用能水平，以建筑能耗实测值或模拟值为基础，而设置的一种情景能耗水平。

（17）建筑能耗限额：在所规定的时期内（通常为一年或一个月），依据同类型建筑能源消耗的社会水平所确定的、实现使用功能所允许消耗的建筑能源数量的限值。

1.3.2 节能检测名词及参数

建筑节能检测范围包括建筑物所采用保温隔热材料性能检测、建筑物构件性能检测、建筑供能系统效果评价、节能设计相关气象参数、新能源应用等多个领域。下面将分类介绍检测过程中应用较为广泛的名词、术语。

1. 保温隔热材料性能相关参数

（1）导热系数（λ）：稳态条件下，1m 厚的材料，两侧表面温差为 1K 时，1h 内通过 $1m^2$ 面积所传递的热量，单位为 W/(m·K)。

（2）导温系数（热扩散系数）：材料的导热系数与其比热容和密度乘积的比值。表征物体在加热或冷却时各部分温度趋于一致的能力，其值越大温度变化的速度越快。

（3）比热容（比热）：1kg 的物质，温度升高或降低 1℃所需吸收或放出的热量。

（4）密度：$1m^3$ 物体所具有的质量。块体材料常用表观密度表示，松散材料常用堆积密度表示。

（5）材料蓄热系数（S）：当某一足够厚的单一材料层一侧受到谐波热作用时，表面温度将按同一周期波动，通过表面的热流波幅与表面温度波幅的比值，即为该材料的蓄热系数。其值越大，材料的热稳定性越好。

（6）总的半球发射率（e）：也称为黑度，它是指物体表面总的半球发射密度与相同温度黑体的总的半球发射密度之比。

2. 建筑物构件及性能相关参数

（1）围护结构：建筑物及房间各面的围挡物，如墙体、屋顶、门窗、楼板和地面等。按是否同室外空气直接接触以及在建筑物中的位置，又可分为外围护结构和内围护结构。

（2）外围护结构：与室外空气直接接触的围护结构，如外墙、屋顶、外门和外窗等。

（3）内围护结构：不与室外空气直接接触的围护结构，如隔墙、楼板、内门和内窗等。

（4）建筑采光顶：太阳光可直接投射入室内的屋面。

（5）透光外围护结构：外窗、外门、透明幕墙和采光顶等太阳光可直接投射入室内的建筑物外围护结构。

（6）热桥：在金属材料构件或钢筋混凝土梁（圈梁）、柱、窗口梁、窗台板、楼板、屋面板、外墙的排水构件及附墙构件（如阳台、雨罩、空调室外机搁板、附壁柱、靠外墙阳台栏板、靠外墙阳台分户墙）等与外围护结构的结合部位，在室内外温差作用下，出现局部热流密集的现象。在室内采暖条件下，该部位内表面温度较其他主体部位低，而在室内空调降温条件下，该部位的内表面温度又较其他主体部位高。具有这种热工特征的部位，称为热桥。

（7）围护结构传热系数（K）：也称为总传热系数，它是指稳态条件下，围护结构两侧表面温差为1K时，1h内通过$1m^2$面积所传递的热量，单位为$W/(m^2 \cdot K)$。

（8）围护结构传热系数的修正系数（ε_i）：不同地区、不同朝向的围护结构，因受太阳辐射和天空辐射的影响，使得其在两侧空气温差同样为1K的情况下，在单位时间内通过单位面积围护结构的传热量要改变。这个改变后的传热量与未受太阳辐射和天空辐射影响的原有传热量的比值，即为围护结构传热系数的修正系数。

（9）外墙平均传热系数（K_m）：外墙包括主体部位和周边热桥（构造柱、圈梁以及楼板伸入外墙部分等）部位在内的传热系数平均值。按外墙各部位（不包括门窗）的传热系数对其面积的加权平均计算求得，单位为$W/(m^2 \cdot K)$。

（10）热阻（R）：表征物体阻抗热传导能力大小的物理量，单位为$m^2 \cdot K/W$。

（11）传热阻（总热阻）：表征围护结构（包括两侧表面空气边界层）阻抗传热能力的物理量，为结构热阻与两侧表面换热阻之和。传热阻为传热系数的倒数，单位为$m^2 \cdot K/W$。

（12）最小传热阻（最小总热阻）：特指设计计算中容许采用的围护结构传热阻的下限值。规定最小传热阻的目的是限制通过围护结构的传热量过大，防止内表面冷凝以及限制内表面与人体之间的辐射换热量过大而使人体受凉，单位为$m^2 \cdot K/W$。

（13）经济传热阻（经济热阻）：围护结构单位面积的建造费用（初次投资的折旧费）与使用费用（由围护结构单位面积分摊的采暖运行费和设备折旧费）之和达到最小值时的传热阻，单位为$m^2 \cdot K/W$。

（14）热导（G）：在稳定传热条件下，平板材料两表面之间温差为1K，在单位时间内通过单位面积的传热量，有时也称热导率（Λ）。其值等于通过物体的热流密度除以物体两表面的温度差，单位为$W/(m^2 \cdot K)$。

（15）热惰性指标（D）：表征围护结构对温度波衰减快慢程度的无量纲指标。单一材料围护结构，$D=RS$；多层材料围护结构，$D=\sum RS$。其中，R为围护结构材料层的热阻；S为相应材料层的蓄热系数。D值越大，温度波在其中衰减越快，围护结构的热稳定性越好。

（16）围护结构的热稳定性：在周期性热作用下，围护结构本身抵抗温度波动的能力。围护结构的热惰性是影响其热稳定性的主要因素。

（17）房间的热稳定性：在室内外周期性热作用下，整个房间抵抗温度波动的能力。房间的热稳定性主要取决于内外围护结构的热稳定性。

（18）内表面换热系数：围护结构内表面温度与室内空气温度之差为1℃，1h内通过$1m^2$表面积所传递的热量，有时也称内表面热转移系数或热绝缘系数。

（19）内表面换热阻（内表面热转移阻）：内表面换热系数的倒数。

（20）外表面换热系数（外表面热转移系数）：围护结构外表面温度与室外空气温度之差为1℃，1h内通过$1m^2$表面积所传递的热量。

（21）外表面换热阻（外表面热转移阻）：外表面换热系数的倒数。

3. 气象相关参数

（1）累年：特指整编气象资料时，所采用的以往一段连续年份（不少于3年）的累计。

（2）设计计算用采暖期天数：累年日平均温度低于或等于5℃的天数。

（3）采暖度日数（*HDD*）：采暖度日数是一个按照建筑采暖要求反映某地气候寒冷程度的参数。每个地方每天都有一个日平均温度，规定一个室内基准温度（例如18℃），当某天室外日平均温度低于18℃时，将该日平均温度与18℃的温度差乘以1d，得到一个数值，其单位为℃·d，将所有这些数值累加起来，就得到了某地以18℃为基准的采暖度日数，用*HDD*18表示，单位为℃·d。同样的道理，也可以统计出以其他温度为基准的采暖度日数，如*HDD*20等。将统计的时间从一年缩短到一个采暖期，就得到采暖期的采暖度日数。采暖度日数越大表示该地越寒冷，例如哈尔滨的*HDD*18为4928℃·d，北京的*HDD*18为2450℃·d，兰州的*HDD*18为2746℃·d。

（4）空调度日数（*CDD*）：空调度日数是按照建筑空调制冷要求反映某地气候炎热程度的参数。每个地方每天都有一个日平均温度，规定一个室内基准温度（例如26℃），当某天室外日平均温度高于26℃时，将该日平均温度与26℃的温度差乘以1d，得到一个数值，其单位为℃·d，将所有这些数值累加起来，就得到了某地以26℃为基准的空调度日数，用*CDD*26表示，单位为℃·d。将统计时间从一年缩短到一个夏季，就得到夏季的空调度日数。空调度日数越大表示该地越炎热，北京的*CDD*26为103℃·d，南京的*CDD*26为151℃·d。

（5）制冷度时数（*CDH*）：类似空调度日数，一年有8760h，每个小时都有一个平均温度，如果用每水时的平均温度代替空调度日数中每天的平均温度做计算统计，就可以得到当地制冷度时数，其单位为℃·h。用制冷度时数来估算夏季空调降温的时间长短，比用空调度日数更为准确。尤其对于昼夜温差大的地方更合理，如某日日平均气温低于26℃，用空调度日数统计时，当天不需要开空调降温，但是中午前后几个小时比较热，需要开空调降温。

4. 建筑节能及评价相关参数

（1）建筑物耗热量指标（q_h）：在采暖期室外平均温度条件下，为保持室内计算温度，$1m^2$建筑面积，在1h内，需由采暖设备供给的热量，单位为W/m^2。

（2）采暖耗煤量指标：在采暖期室外平均温度条件下，为保持室内计算温度，单位建筑面积在一个采暖期内消耗的标准煤量，单位为kg/m^2。

（3）窗墙面积比（*X*）：窗户洞口面积与房间立面单元面积（即房间层高与开间定位线围成的面积）的比值。

（4）门窗气密性：表征门窗在关闭状态下，阻止空气渗透的能力。用单位缝长空气渗透量表示，单位为$m^3/(m \cdot h)$，或用单位面积空气渗透量表示，单位为$m^3/(m^2 \cdot h)$。

（5）房间气密性（空气渗透性）：表征空气通过房间缝隙渗透的性能，用换气次数表示。

（6）室内活动区域：在居住空间内，由距地面或楼板面为100mm和1800mm，距内墙内表面300mm，距外墙内表面或固定的采暖空调设备600mm的所有平面所围成的区域。

（7）房间平均室温：在某房间室内活动区域内一个或多个代表性位置测得的，不少于24h检测持续时间内，室内空气温度逐时值的算术平均值。

（8）户内平均室温：由住户内除厨房、设有浴盆或淋浴器的卫生间、淋浴室、储物间、封闭阳台和使用面积不足5m^{2}的空间外的所有其他房间的平均室温，通过房间建筑面积加权而得到的算术平均值。

（9）建筑物平均室温：由同属于某居住建筑物的代表性住户或房间的户内平均室温通过户内建筑面积（仅指参与室温检测的各功能间的建筑面积之和）加权而得到的算术平均值，代表性住户或房间的数量应不少于总户数或总间数的10%。

（10）小区平均室温：由随机抽取的同属于某居住小区的代表性居住建筑的建筑平均室温，通过楼内建筑面积加权而得到的算术平均值，代表性居住建筑的面积应不少于小区内居住建筑总面积的30%。

（11）外窗窗口单位空气渗透量（Q_a）：在标准状态下，当窗内外压差为10Pa、外窗所有可开启窗扇均已正常关闭的条件下，单位窗口面积单位时间内由室外渗入的空气量，单位为m^3/(m^2·h)。该渗透量中既包括经过窗本身的缝隙渗入的空气量，也包括经过外窗与围护结构之间的安装缝隙渗入的空气量。

（12）附加渗透量（Q_f）：在标准状态下，当窗内外压差为10Pa时，单位时间内通过受检外窗以外的缝隙渗入的空气量，单位为m^3/h。

（13）红外热像仪：基于表面辐射温度原理，能产生热像的红外成像系统。

（14）热像图：用红外热像仪拍摄的表示物体表面表观辐射温度的图片。

（15）噪声当量温度差（*NETD*）：在热成像系统或扫描器的倍噪比为1时，黑体目标与背景之间的目标-背景温度差，也称温度分辨率。

（16）参照温度：在被测物体表面测得的用来标定红外热像仪的物体表面温度。

（17）环境参照体：用来采集环境温度的物体，它并不一定具有当时的真实环境温度，但具有与被测物相似的物理属性，并与被测物处于相似的环境之中。

（18）热工缺陷：当保温材料缺失、受潮、分布不均，或其中混入灰浆或围护结构存在空气渗透的部位时，则称该围护结构在此部位存在热工缺陷。

（19）热流计法：用热流计进行热阻测量并计算传热系数的测量方法。

（20）热箱法：用标定或防护热箱法对建筑构件进行热阻测量并计算传热系数的测量方法。

（21）控温箱-热流计法：用控温箱人工控制温差，用热流计进行热流密度测量并计算传热系数的测量方法。

（22）水力平衡度（*HB*）：在集中热水采暖系统中，整个系统的循环水量满足设计条件时，建筑物热力入口处循环水量（质量流量）的测量值与设计值之比。

（23）采暖系统补水率（R_{mp}）

热水采暖系统在正常运行工况下，检测持续时间内，该系统单位建筑面积单位时间内的补水量与该系统单位建筑面积单位时间理论循环水量的比值。该理论循环水量等于热源的理论供热量除以系统的设计供回水温差。

（24）正常运行工况：处于热态运行中的集中采暖系统同时满足以下条件时，则称该系统处于正常运行工况。

① 所有采暖管道和设备均处于供热状态；

② 在任意相邻的两个24h内，第二个24h内系统补水量的变化值不超过第一个24h内系统补水量的10％；

③ 采用定流量方式运行时，系统的循环水量为设计值的100％～110％；

④ 采用变流量方式运行时，系统的循环水量和扬程在设计规定的运行范围内。

（25）静态水力平衡阀：阀体上具有测压孔、开启刻度和最大开度锁定装置，且借助专用二次仪表，能手动定量调节系统水流量的调节阀。

（26）采暖设计热负荷指标（q_b）：在采暖室外计算温度条件下，为保持室内计算温度，单位建筑面积在单位时间内需由室内散热设备供给的热量，单位为W/m^2。

（27）供热设计热负荷指标（q_q）：在采暖室外计算温度条件下，为保持室内计算温度，单位建筑面积在单位时间内需由锅炉房或其他采暖设施通过室外管网集中供给的热量，单位为W/m^2。

（28）居住小区采暖设计耗煤量指标（q_{cq}）：在采暖室外计算温度条件下，为保持室内计算温度，单位建筑面积在单位时间内需由锅炉房燃烧的折合标准煤量，单位为$kg/(m^2 \cdot h)$。

（29）采暖年耗热量（AHC）：按照设定的室内计算条件，计算出的单位建筑面积在一个采暖期内所消耗的、需由室内采暖设备供给的热量，单位为$MJ/(m^2 \cdot a)$。

（30）空调年耗冷量（ACC）：按照设定的室内计算条件，计算出的单位建筑面积从5月1日—9月30日所消耗的、需由室内空调设备供给的冷量，单位为$MJ/(m^2 \cdot a)$。

（31）室外管网热输送效率（η_{ht}）：管网输出总热量（即采暖系统用户侧所有热力入口处输出的热量之和）与管网输入总热量（即采暖热源出口处输出的总热量）的比值。室外管网热输送效率综合反映了室外管网的保温性能和水密程度。

（32）冷源系统能效系数（EER_{sys}）：冷源系统单位时间供冷量与单位时间冷水机组、冷水泵、冷却水泵和冷却塔风机能耗之和的比值。

（33）检验批：具有相同的外围护结构（包括外墙、外窗和屋面）构成的建筑物。

（34）同条件试样：根据工程实体的性能取决于内在材料性能和构造的原理，在施工现场抽取一定数量工程实体组成材料，按同工艺、同条件的方法，在实验室制作能够反映工程实体热工性能的试样。

（35）抗结露因子：预测门、窗阻抗表面结露能力的指标，是在稳定传热状态下，门、窗热侧表面与室外空气温度差和室内外空气温度差的比值。

（36）入住率（PO）：居住建筑已入住的户数与该建筑物总户数之比。

（37）体形系数（S）：建筑物与室外大气接触的外表面面积与其所包围的体积的比值。外表面面积中不包括地面和不采暖（或空调）楼梯间隔墙和户门的面积。当居住建筑物附带地下室或半地下室时，应以首层地面以上作为计算对象。对于首层为商铺的居住建筑物，应以扣除商铺后的剩余部分作为计算对象。

（38）设计建筑：正在设计的、需要进行节能设计判定的建筑。

（39）参照建筑：对围护结构热工性能进行权衡判断时，将设计建筑各部分围护结构的传热系数和窗墙比改为符合节能设计标准的限值，用以确定设计建筑物传热耗热量限值的假想建筑。

（40）居住建筑：以为人们提供生活、休息场所为主要目的的建筑，如住宅建筑（包括普通住宅、公寓、连体别墅和独栋别墅）、集体宿舍、旅馆、幼托建筑。

（41）试点居住建筑：已被列入国家或省市级计划，以推广建筑节能新技术、新理念、新工艺、新材料为目的而建造的带有示范或验证性质的单栋居住建筑物或建筑物群。

（42）非试点居住建筑：除试点居住建筑物以外的其他单栋居住建筑物或建筑物群，均称为非试点居住建筑物。

（43）试点居住小区：已被列入国家或省市级计划，以推广建筑节能新技术、新理念、新工艺、新材料为目的而建造的带有示范或验证性质的，采用锅炉房、换热站或其他供热装置集中采暖的居住小区。

（44）非试点居住小区：除试点居住小区以外的其他采用锅炉房、换热站或其他供热装置集中采暖的居住小区，均称为非试点居住小区。

（45）公共建筑：包含办公建筑（包括写字楼、政府部门办公楼等）、商业建筑（如商场、金融建筑等）、旅游建筑（如旅馆饭店、娱乐场所等）、科教文卫建筑（包括文化、教育、科研、医疗、卫生、体育建筑等）、通信建筑（如邮电通信、广播用房等）以及交通运输用房（如机场、车站建筑等）。

（46）中小型公共建筑：单栋建筑面积小于或等于2万m^2的公共建筑。

（47）大型公共建筑：单栋建筑面积大于2万m^2的公共建筑。

（48）建筑能效标识：将反映建筑物能源消耗量及其用能系统效率等性能指标以信息标识的形式进行明示。

（49）建筑能效测评：对反映建筑物能源消耗量及其用能系统效率等性能指标进行检测、计算，并给出其所处水平。

（50）建筑物用能系统：与建筑物同步设计、同步安装的用能设备和设施。居住建筑的用能设备主要是指采暖空调系统，公共建筑的用能设备主要是指采暖空调系统和照明两大类；设施一般是指与设备相配套的、为满足设备运行需要而设置的服务系统。

任务 2 建筑传热过程

2.1 建筑传热基础

在实际生产和生活中，热量传递是一系列、复杂的过程。如北方地区冬季采暖过程中，散热器将热量传递给室内空气从而提高室内温度，这类传热过程在生活或生产中是必需的、有益的，应予强化；而因室内外温差存在，总有一部分热量经墙体传递给室外空气，造成一定的热损失，此类传热过程对生活或生产是无益的，应当采取一定的措施，使此类损失减到最小。

研究传热学的目的是，运用各种有效的方法强化对生活或生产有益的传热过程，削弱对生活或生产无益的传热过程，最大限度地提高热效率，提高人们生活的舒适度，或是实现优质、低耗的生产。因此，学习传热的基本原理，掌握传热的方式及过程，具有十分重要的意义。

2.1.1 传热的基本条件

由于热量总是从温度高处传向温度低处，因此温度差是传热的基本条件，是传热的推动力，有了温度差，就必然会发生传热过程。传热既然有推动力，就必然也有阻碍传热的另一面，我们把它称为传热阻力或热阻。单位面积、单位时间的传热量 q 与传热的推动力 Δt 成正比，与热阻 R_t 成反比，其关系式表示如下：

$$q = K\frac{\Delta t}{R_t} \tag{2-1}$$

式中 q——热流量，W/m^2；

Δt——温度差，℃；

R_t——热阻，$m^2 \cdot ℃/W$；

K——传热系数。

2.1.2 传热的基本方式

传热是一个复杂的过程，为了便于分析与研究，根据传热过程中不同的传热机理和不同的传热规律将其分为三种基本类型，即传导传热、对流传热和辐射传热。

1. 传导传热

传导传热简称热传导（或导热），它是依靠物体中微观粒子（分子、原子及电子）热运动传递热量的过程。温度较高的物体，其微观粒子的热运动动能较大，热运动也较激烈，当它与温度较低、热运动动能较小的物体接触时，便进行能量传递，高温物体的粒子动能传向低温物体，这种定向的能量转移过程，称为传导传热。对于金属来说，除分子、原子间动能传递外，还通过自由电子的运动传递热量。

传导传热的特点是物体各部分之间不发生宏观的相对位移，例如，墙体内表面温度高于墙体外表面温度，热量便从墙体内表面一直向墙体外表面进行传递，这种传热就是传导传热。

2. 对流传热

对流传热简称热对流，它是在流体内部依靠流体质点的宏观位移，将热量从高温处传向低温处的过程。当热量的传递是由于流体内部冷热部分的密度不同而产生的，称为自然对流传热；当热量的传递是由于外力（如风机或泵的推力）作用而产生的，则称为强制对流传热。

对流传热发生在流体内部。但实际生活或生产中常见的流体与固体表面的传热，它既包括流体内部质点位移而产生的对流传热，也包括流体与固体表面接触处的层流底层中的传导传热。这两者的综合过程，我们称为对流给热或对流换热。

3. 辐射传热

辐射传热简称热辐射，其热量传递过程中不借助任何物质为媒介，直接以电磁波的方式从高温物体传向低温物体。辐射传热与传导传热和对流传热有着本质的区别，辐射传热不仅要产生能量的转移，而且伴随着能量形式之间的转化，从热能转化为辐射能或从辐射能转化为热能。任何物体只要在绝对温度零度（0K）以上，都会向周围放射辐射能。如夏天我们站在室外能够感觉到太阳光直射的热量，这便是以辐射方式进行传热的。

4. 综合传热

不同的传热方式有不同的传热规律，研究每一种传热规律是非常重要的。但在实际生产中，很少存在着某种单一方式的传热，常常是一种传热方式伴随着另外一种传热方式同时出现。如夏天太阳光直射窗户上，热量由玻璃透射（辐射传热）和玻璃传导两种方式进入室内，又因室内气体流动使得室内整体温度升高。由此可见，在实际生活或生产中的传热过程往往是三种基本传热方式的复杂组合，我们称其为综合传热。

2.1.3 传热的基本概念

物体的传热和温度分布有着密切的关系，因此在研究传热问题时，需首先建立与温度分布有关的传热基本概念。

1. 温度场

在所研究的传热系统中，空间各个点上都有各自的温度；在一般情况下，每一点的温度是该点坐标（x，y，z）与时间 τ 的函数，即

$$t = f(x, y, z, \tau) \tag{2-2}$$

所谓温度场，是指在传热系统中某瞬间空间各点的温度分布情况。温度场有两类；一类是不稳定温度场，式（2-2）就是三维不稳定温度场的数学表达式。式中温度 t 不仅和位置有关，而且和时间有关。另一类是稳定温度场，即温度不随时间而变化，其数学表达式为

$$t = f(x, y, z) \tag{2-3}$$

实际上绝对稳定的温度场是不存在的。但是如果在所研究的时间内，温度相对保持稳定，则可近似视为稳定温度场。

如果稳定温度场只与一个坐标有关，则称为一维稳定温度场，其数学表达式为

$$t = f(x) \tag{2-4}$$

一维稳定温度场的传热是我们研究热量传递的主要方法。

2. 等温面与等温线

在温度场中，把同一瞬间具有相同温度的各点相连接，得到一个面称为等温面。等温面与任一平面相交的交线称为等温线。不同的等温面与同一平面相交，则在这个平面上得到一组相应的等温线。

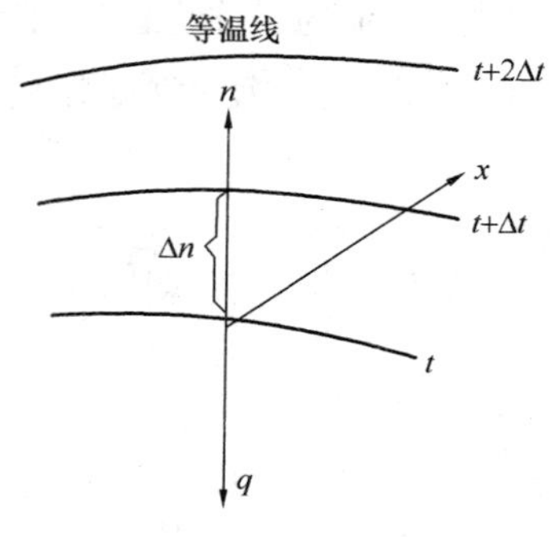

图 2-1 温度梯度示意图

温度场中同一瞬间同一点上不可能同时存在两个不同的温度，所以不同温度的等温面或等温线彼此是不会相交的。在同一等温面上没有温度变化，因此也就没有热量的传递，热量传递只发生在不同的等温面之间。

3. 温度梯度

在温度场中只有穿过等温面的方向才能观察到温度的变化，显然在单位长度上温度变化最显著的方向是沿着等温面的法线方向如图 2-1 所示的 n 方向。t、$t+\Delta t$，$t+2\Delta t$ 分别为三个温度依次升高的等温面，其温度差为 Δt，沿着法线方向两等温面之间的距离为 Δn，温度差 Δt 对于沿法线方向两等温面之间的距离 Δn 的比值的极限，叫温度梯度，其数学表达式为

$$\lim_{\Delta n \to 0} \frac{\Delta t}{\Delta n} = \frac{\mathrm{d}t}{\mathrm{d}n} (℃/\mathrm{m}) \tag{2-5}$$

温度梯度说明沿着等温面的法线方向，单位距离的温度变化。温度梯度是沿着等温面法线方向的矢量，它的正方向朝着温度升高的方向。

4. 稳定传热和不稳定传热

发生在稳定温度场内的传热，称为稳定传热。其特点是传热量不随时间而变化，即：$\frac{\mathrm{d}t}{\mathrm{d}\tau}=0$，$\frac{\mathrm{d}q}{\mathrm{d}\tau}=0$。稳定传热时，进入的热量必等于离开的热量。

发生在不稳定温度场内的传热，称为不稳定传热。其特点是传热量随时间而变化，即 $\frac{\mathrm{d}t}{\mathrm{d}\tau}\neq 0$，$\frac{\mathrm{d}q}{\mathrm{d}\tau}\neq 0$。

稳定传热和不稳定传热具有不同的规律，在研究传热过程时应首先研究温度场与传热方式。

2.1.4 建筑传热过程

建筑物借助围护结构而与外界环境隔开，并通过房间采暖和空气调节在室内创造出一定的热湿环境和空气条件。建筑物在使用过程中其内部的热环境受到室外环境的影响，如空气湿度、温度、太阳辐射强度、风向、风速等因素。这些因素通过围护结构和空气交换影响室内的热湿状态。围护结构主要指外墙、屋顶、地面、门窗；空气交换主要指为保持室内空气卫生指标而主动的开窗、开门通风换气和正常使用条件下门窗缝隙空气渗漏。外界因素通过围护结构的热传递，以传导、辐射、对流三种方式，对室内热湿环境产生影响。

建筑上考虑传热的出发点有两个：一个是保温，主要针对降低严寒地区、寒冷地区、夏热冬冷地区的采暖能耗和提高居住环境的热舒适性；另一个是隔热，主要针对降低夏热地区、夏热冬冷地区的空调制冷能耗和提高居住环境的质量。保温和隔热都是为了提高居住环

境的热舒适度，在建筑设计、施工、评价指标等方面都不同，但这两个出发点都有一个共同的要求，就是提高围护结构的热阻，即降低其传热系数。

2.1.5 建筑稳定传热

在房屋建筑中，当室内外温度不等时，在外墙和屋顶等围护结构中就会有传热现象发生，热量总是从温度较高的一侧传向较低的一侧。如果室内外气温都不随时间而变，围护结构的传热就属于稳定传热过程。下面就以冬季采暖建筑物的传热情况为例来看一下传热过程的规律。

在建筑物围护结构中，散热主要发生在墙体、屋顶、地面和门窗等部位。墙体、屋顶、地面等是在建筑物建造过程中形成的，材料应用量大，变化因素多；而门窗是一个定型的产品，其形状在使用前后不会发生改变，热工性能是一个定值，所以主要研究墙体、屋顶、地面的传热。在建筑热工学中，为了简化计算，墙体、屋顶、地面的传热考虑同一个问题——平壁稳定传热，这时墙体的传热由墙体内表面吸热、墙体导热、墙体外表面散热三个过程组成，热量传递过程如图 2-2 所示。

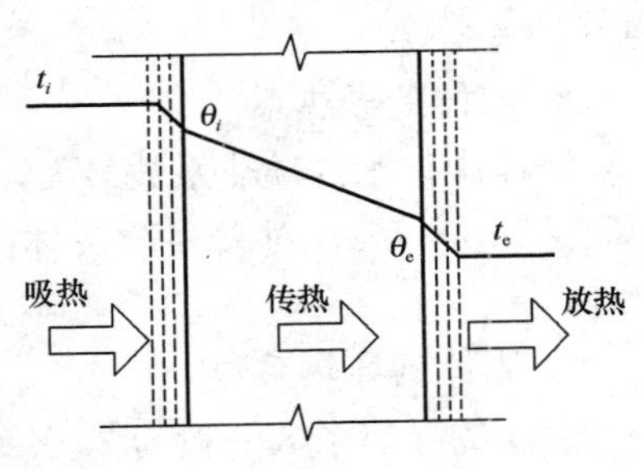

图 2-2 室内热量扩散示意图

2.2 传导传热

2.2.1 导热的基本定律

法国数学家傅里叶（Fourier）在研究导热现象时指出：单位时间、单位面积上通过的热量与温度梯度成正比。在单向稳定温度场中其数学表达式为

$$q=\frac{Q}{F}=-\lambda\frac{\mathrm{d}t}{\mathrm{d}x} \tag{2-6}$$

式中 q——单位时间、单位面积上通过的热量，即热流量，$\mathrm{W/m^2}$；

Q——单位时间沿 x 轴方向通过面积 F 传递的热量，W；

F——与热流量方向垂直的传热面积，$\mathrm{m^2}$；

λ——比例系数，即导热系数，W/（m·℃）；

$-\frac{\mathrm{d}t}{\mathrm{d}x}$——在 x 轴方向上的温度梯度，℃/m，负号表示热流方向与温度梯度方向相反。

2.2.2 导热系数

导热系数是衡量物质导热能力的物理量，由式（2-6）可得

$$\lambda=\frac{q}{-\frac{\mathrm{d}t}{\mathrm{d}x}}\quad[\mathrm{W/(m\cdot ℃)}]$$

导热系数的物理意义是当物体内温度梯度为−1℃/m 时，单位时间、单位面积上的导

热量，其单位是 W/(m·℃)。

不同的物质导热系数相差很大，一般来说，固体中纯金属的导热系数最大，合金次之，之后依次为非金属材料和液体，而气体导热系数最小。

1. 气体的导热系数

在气体中，氢气的导热系数最大，为 0.6 W/(m·℃)，其他气体的导热系数一般为 0.01～0.5W/(m·℃)。当温度升高时，气体分子的热运动速度加快，导热系数增大。因此气体的导热系数随温度升高而增大。在相当大的压力范围内，压力对气体的导热系数无明显影响。只有当压力很低（＜2.7kPa）或很高（＞200MPa）时，导热系数才随压力增加而增大。

2. 液体的导热系数

液体中，水的导热系数最大，为 0.6 W/(m·℃) 左右，一般液体的导热系数为 0.1～0.5 W/(m·℃)。对大多数液体来说，当温度升高时，导热系数略为减小，但水和甘油例外。

3. 固体的导热系数

金属的导热系数一般为 2.3～427W/(m·℃)。其中纯银的导热系数最大，常温下可达 427W/(m·℃)，其次是纯铜、铝等。纯金属的导热系数一般随温度升高而减小。如铝在常温固态时，导热系数为 230W/(m·℃)；但在 700℃的熔融状态下，导热系数为92W/(m·℃)。当金属内含有杂质时，其导热系数降低很多，因此合金的导热系数比纯金属低。

4. 建筑材料的导热系数

建筑材料的导热系数为 0.2～3.0W/(m·℃)。这类材料的导热系数大多随温度升高而增大，并且与材料的结构、孔隙率、湿度、密度等有关。比如，保温材料的结构多为纤维状或多孔结构，因其孔隙率大，所以密度小、导热系数低，有较好的保温性能。但保温材料的多孔结构，容易吸收水分，使导热系数增大，造成保温性能变差。一般优质保温材料的导热系数为 0.035～0.07W/(m·℃)。常用建筑材料的导热系数见表 2-1。

表 2-1 常用建筑材料和耐火材料的导热系数

材料名称	密度（kg/m³）	导热系数 λ_0 [W/(m·℃)]	温度系数 b
硅藻土砖	450	0.063	0.12×10^{-3}
	650	0.100	0.196×10^{-3}
膨胀蛭石	60～280	0.057～0.07	0.27×10^{-3}
水玻璃蛭石砖	400～450	0.081～0.105	0.22×10^{-3}
硅藻土石棉粉	450	＜0.069	0.27×10^{-3}
石棉绳	800	0.073	0.27×10^{-3}
石棉板	1150	0.057	0.16×10^{-3}
矿渣棉	150～180	0.052～0.058	0.135×10^{-3}
矿渣棉砖	350～450	0.07	0.135×10^{-3}
红砖	1750～2100	0.465	0.44×10^{-3}
珍珠岩制品	220	0.052	0.025×10^{-3}

5. 导热系数的计算

建筑材料、保温材料及耐火材料在一定温度范围内，其导热系数与温度呈线性关系。即

$$\lambda_t = \lambda_0 + bt \tag{2-7}$$

式中 λ_t——t℃时材料的导热系数，W/(m・℃)；

λ_0——0℃时材料的导热系数，W/(m・℃)；

b——温度系数，b值有正有负，当为负值时说明该材料的导热系数随温度升高而减小，否则相反。

在实际计算中，公式（2-7）所采用的温度是取材料两极端温度（最高和最低温度）的算术平均值。例如：求温度为t_1和t_2之间的平均导热系数，可用下式：

$$\lambda_t = \lambda_0 + b\frac{t_1 + t_2}{2} \tag{2-8}$$

2.2.3 平壁稳定导热量的计算

1. 单层平壁的导热

当平壁面积较大而厚度较薄时，可忽略向周边的传热，此时可认为平壁的温度只沿着垂直于壁面的x轴方向发生变化，属于单向导热。设平壁两表面温度为t_1和t_2，平壁厚度为s，如图2-3所示。

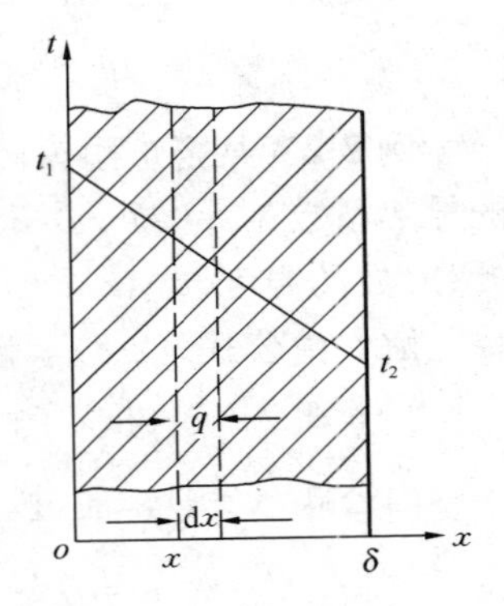

图2-3 单层平壁导热

根据傅里叶定律：$q = -\lambda \dfrac{dt}{dx} = -(\lambda_0 + bt)\dfrac{dt}{dx}$

将上式分离变量并积分：

$$q\int_{x_1}^{x_2} dx = \int_{t_1}^{t_2} -(\lambda_0 + bt)dt$$

$$q(x_2 - x_1) = \int_{t_2}^{t_1} \lambda_0 dt + \int_{t_2}^{t_1} bt\,dt$$

$$qs = \lambda_0(t_1 - t_2) + \frac{b}{2}(t_1^2 - t_2^2)$$

$$= (t_1 - t_2)\left(\lambda_0 + b\frac{t_1 + t_2}{2}\right)$$

$$= (t_1 - t_2)\lambda$$

$$q = \lambda\frac{t_1 - t_2}{s}(\text{W/m}^2) \tag{2-9}$$

由式（2-9）可见，单层平壁导热的热流量与两壁面的温度差成正比，与平壁的厚度成反比，并与平壁材料的导热系数有关。

利用式（2-9）可以解决一些工程实际问题：

（1）计算炉墙向外界的散热损失（已知λ、s、t_1和t_2，计算q和Q）；

（2）计算不同材料的导热系数（已知q、s、t_1和t_2，计算λ）；

（3）给定允许的热损失，计算所需的保温层厚度（已知q、λ、t_1和t_2，计算s）；

（4）推算炉壁不同厚度处的温度。设在炉壁内x处取一与表面平行的平面，此面上的温度为t_x，因为是稳定传热，通过s厚层和x厚层的热流量是相等的，根据式（2-9）可得

$$q = \lambda \frac{t_1 - t_2}{s} = \lambda \frac{t_1 - t_x}{x}$$

$$t_x = t_1 - q \frac{x}{\lambda}$$

或
$$t_x = t_1 - \frac{t_1 - t_2}{s} x \tag{2-10}$$

例 2-1 现有一厚度为 240mm 的传热砖墙，内壁温度为 600℃，外壁温度为 150℃。试求单位面积向外散热量。已知红砖的导热系数 $\lambda_t = 0.465 + 0.44 \times 10^{-3} t$。

解： 由公式（2-8），红砖的导热系数为

$$\lambda_t = 0.465 + 0.44 \times 10^{-3} t = 0.465 + 0.44 \times 10^{-3} \times \frac{600 + 150}{2} = 0.63 [\mathrm{W/(m \cdot ℃)}]$$

由公式（2-9），单位面积向外散热量为

$$q = \lambda \frac{t_1 - t_2}{s} = 0.63 \times \frac{600 - 150}{0.24} = 1181.25 (\mathrm{W/m^2})$$

例 2-2 某窑炉耐火砖的厚度为 0.5m，内壁温度为 1000℃，外壁温度为 60℃，耐火砖的导热系数 $\lambda_t = 0.7 + 0.55 \times 10^{-3} t$，试求通过炉壁的热流量及炉壁内 0.1m、0.2m、0.3m、0.4m 处的温度。

解： 由公式（2-8），耐火砖的导热系数为

$$\lambda_t = 0.7 + 0.55 \times 10^{-3} t = 0.7 + 0.55 \times 10^{-3} \times \frac{1000 + 60}{2} = 0.9915 [\mathrm{W/(m \cdot ℃)}]$$

由公式（2-9），通过炉壁向外散热量为

$$q = \lambda \frac{t_1 - t_2}{s} = 0.9915 \times \frac{1000 - 60}{0.5} = 1864.02 (\mathrm{W/m^2})$$

由公式（2-10），炉壁内 0.1m、0.2m、0.3m、0.4m 处的温度分别为

$$t_{0.1} = t_1 - \frac{t_1 - t_2}{s} x = 1000 - \frac{1000 - 60}{0.5} \times 0.1 = 812 (℃)$$

$$t_{0.2} = t_1 - \frac{t_1 - t_2}{s} x = 1000 - \frac{1000 - 60}{0.5} \times 0.2 = 624 (℃)$$

$$t_{0.3} = t_1 - \frac{t_1 - t_2}{s} x = 1000 - \frac{1000 - 60}{0.5} \times 0.3 = 436 (℃)$$

$$t_{0.4} = t_1 - \frac{t_1 - t_2}{s} x = 1000 - \frac{1000 - 60}{0.5} \times 0.4 = 248 (℃)$$

2. 多层平壁的导热

由几层不同材料组成的平壁叫作多层平壁。在实际生产中经常遇到的是多层平壁的导热。

比如，窑墙就是由几种材料分层砌筑而成。图 2-4 表示的就是由三层材料组成的平壁。假设层与层之间接触良好，相接触两表面具有相同的温度，即第一层与第二层之间和第二层与第三层之间的接触面温度分别为 t_2 和 t_3；各材料层的厚度分别为 s_1、s_2、s_3；导热系数分别为 λ_1、λ_2、λ_3。

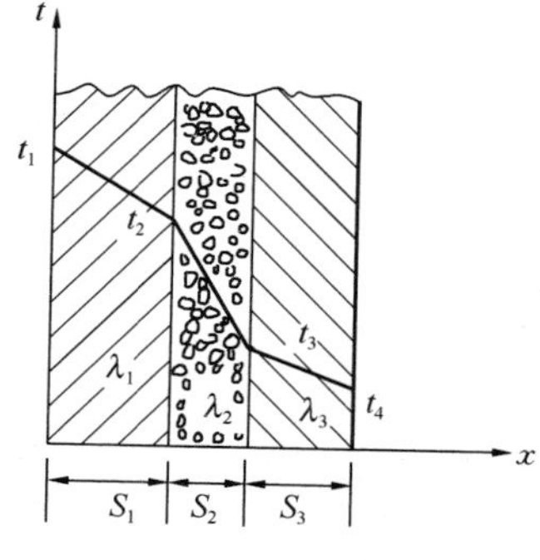

图 2-4 多层平壁导热

因为是稳定导热，通过各层的热流量相等，即 $q = q_1 = q_2 = q_3$

$$又\ q_1=\lambda_1\frac{t_1-t_2}{s_1},q_2=\lambda_2\frac{t_2-t_3}{s_2},q_3=\lambda_3\frac{t_3-t_4}{s_3}$$

将上述三式整理如下：

$$(t_1-t_2)=q_1\frac{s_1}{\lambda_1}=q\frac{s_1}{\lambda_1},(t_2-t_3)=q_2\frac{s_2}{\lambda_2}=q\frac{s_2}{\lambda_2},(t_3-t_4)=q_3\frac{s_3}{\lambda_3}=q\frac{s_3}{\lambda_3}$$

将三式相加得 $(t_1-t_4)=q\left(\frac{s_1}{\lambda_1}+\frac{s_2}{\lambda_2}+\frac{s_3}{\lambda_3}\right)$

$$q=\frac{t_1-t_4}{\frac{s_1}{\lambda_1}+\frac{s_2}{\lambda_2}+\frac{s_3}{\lambda_3}} \tag{2-11}$$

依此类推，n 层平壁的导热计算公式为

$$q=\frac{t_i-t_{n+1}}{\sum\limits_{i=1}^{n}\frac{s_i}{\lambda_i}} \tag{2-12}$$

式中 $\sum\limits_{i=1}^{n}\frac{s_i}{\lambda_i}$ ——n 层平壁的总热阻。

从式（2-12）可看出，导热过程中 $q=\frac{\Delta t}{\Sigma\frac{s}{\lambda}}$，其中 q 为热流，Δt 为温度差，$\Sigma\frac{s}{\lambda}$ 为总热阻。

在应用公式（2-11）、式（2-12）时应注意，因导热系数与温度有关，而中间层的温度 t_2 与 t_3 为未知数，各层导热系数 λ_1、λ_2、λ_3 就无法求得。因此必须先假设 t_2 与 t_3，根据假设的温度求出 λ_1、λ_2、λ_3，再计算热流量。根据求出的热流量按下式求出 t_2 与 t_3：

$$t_2=t_1-q\frac{s_1}{\lambda_1};t_3=t_1-q\left(\frac{s_1}{\lambda_1}+\frac{s_2}{\lambda_2}\right)$$

再与假设的温度进行比较，若误差在 5%以上，则须重算。

例 2-3 设有一窑墙，用黏土砖和红砖两种材料砌成，厚度均为 200mm，内壁温度为 1200℃，外壁温度为 100℃，红砖的使用温度为 800℃，试求通过每平方米窑墙的热损失。在此条件下红砖能否使用？已知红砖的导热系数 $\lambda_t=0.465+0.44\times10^{-3}t$，黏土砖的导热系数 $\lambda_t=0.665+0.54\times10^{-3}t$。

解：先假设两层砖交界面处的温度为 600℃，则黏土砖和红砖的导热系数分别为

$$\lambda_1=0.665+0.54\times10^{-3}t=0.665+0.54\times10^{-3}\times\frac{1200+600}{2}=1.151[\mathrm{W/(m\cdot ℃)}]$$

$$\lambda_2=0.465+0.44\times10^{-3}t=0.465+0.44\times10^{-3}\times\frac{600+100}{2}=0.619[\mathrm{W/(m\cdot ℃)}]$$

通过窑墙的热流量为：$q=\frac{t_1-t_3}{\frac{s_1}{\lambda_1}+\frac{s_2}{\lambda_2}}=\frac{1200-100}{\frac{0.2}{1.151}+\frac{0.2}{0.619}}=2213.9(\mathrm{W/m^2})$

校核交界面处的温度：$t_2=t_1-q\frac{s_1}{\lambda_1}=1200-2213.9\times\frac{0.2}{1.151}=815(℃)$

与假设温度相比较：误差 $=\frac{815-600}{600}\times100\%=35.8\%$，误差超过 5%，故重新设交界面温度为 815℃。

$$\lambda_1 = 0.665 + 0.54 \times 10^{-3} t = 0.665 + 0.54 \times 10^{-3} \times \frac{1200 + 815}{2} = 1.21[\text{W}/(\text{m} \cdot ℃)]$$

$$\lambda_2 = 0.465 + 0.44 \times 10^{-3} t = 0.465 + 0.44 \times 10^{-3} \times \frac{815 + 100}{2} = 0.666[\text{W}/(\text{m} \cdot ℃)]$$

$$q = \frac{t_1 - t_3}{\frac{s_1}{\lambda_1} + \frac{s_2}{\lambda_2}} = \frac{1200 - 100}{\frac{0.2}{1.21} + \frac{0.2}{0.666}} = 2363(\text{W/m}^2)$$

校核：$t_2 = t_1 - q\frac{s_1}{\lambda_1} = 1200 - 2363 \times \frac{0.2}{1.21} = 809(℃)$

与假设温度相比较：误差$=\frac{815-809}{809}\times 100\%=0.74\%$

误差小于5%，故第二次假设正确。通过每平方米窑墙的热损失为2363W/m^2，由于交界面处的温度高于红砖的使用温度，故红砖不能使用。

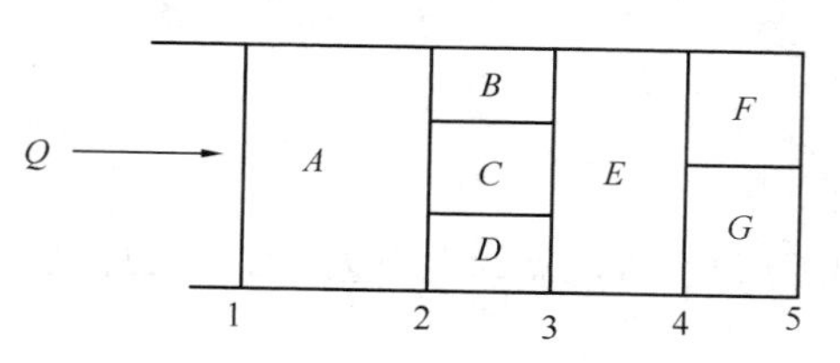

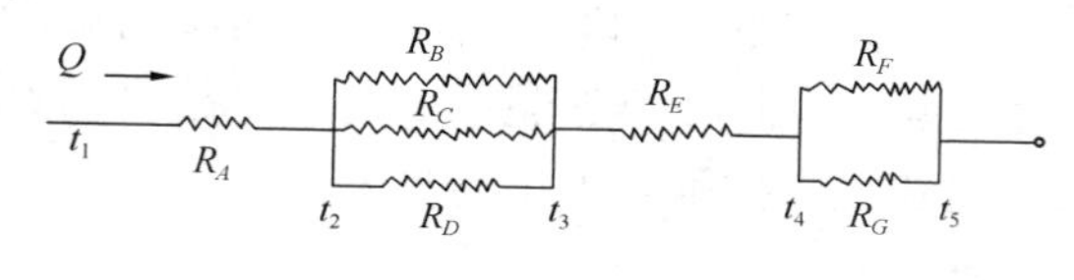

图 2-5 复合平壁导热

3. 复合平壁的导热

在窑炉中，还经常遇到另一种类型的平壁，在它的高度和宽度方向上，由几种不同材料砌成，这种炉壁称为复合壁，如图2-5所示。

由于不同材料的热阻不同，热流沿垂直于壁面方向上的分布是不均匀的，在热阻较小的部位传导的热量较多，在热阻较大的部位传导的热量较少。对于解决这样的导热问题，应用电热模拟是比较方便的，利用热阻串联和并联原则，可以确定总热阻$\sum R$，然后根据传热方程，可求出传热量，即$Q=\frac{\Delta t}{\sum R}$。

但应当注意，只有B、C、D三种材料的导热系数相差不太大时，才能按一维稳定传热方程来求解。

2.3 对流换热

2.3.1 对流换热的基本概念

1. 对流传热与对流换热

对流传热是在流体内部依靠流体质点的宏观位移，把热量从高温处向低温处传递的过程。而对流换热是流体和固体壁面直接接触时彼此之间的换热过程。它既包括流体位移时所产生的对流，又包括流体分子间的导热作用，因此，对流换热是导热和对流共同作用的结果，而在实际生产中遇到的多是对流换热问题。

2. 边界层

对流换热常发生在流体与固体之间。现以高温采暖散热器与低温空气之间的对流换热为例，来分析这个传热过程。

由流体力学知识可知，流体在流动时，紧靠固体壁面处总存在一层做层流运动的边界层称层流底层，层流底层中的流体质点只做平行于壁面的流动，而没有横向的相对位移，因此热量通过层流底层时，只能以传导的方式来进行热量传递。即高温壁面的热量首先以传导的方式通过层流底层，然后传入层流底层外的紊流主流区，热量在紊流主流区内就以对流的方式进行传递，这是一个依次发生的串联过程，它包括层流底层区的导热和紊流主流区的对流。

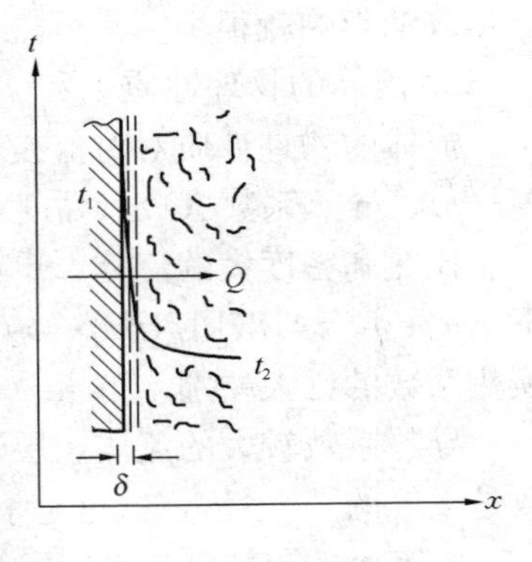

图 2-6　对流换热

对稳定传热而言，以传导方式传递的热量，必等于以对流方式传递的热量，而传热的总热阻也必等于层流底层热阻（δ/λ，δ 为层流底层厚度）和空气对流热阻之和。由于空气的导热系数 λ 很小，所以层流底层的热阻很大。高温壁与低温空气接触时，温度降在层流底层也最大，如图 2-6 所示。由此可见，层流底层的热阻是决定对流换热量大小的主要因素。

由于层流底层的热阻为 δ/λ，所以其热阻与层流底层的厚度 δ 成正比，而层流底层的厚度又与流体的流速等有关。流速增加，紊流程度强，能使层流底层变薄，对流加强热阻减小，否则相反。由此说明了对流换热与流体流动状况密切相关。

2.3.2　影响对流换热的因素

对流换热是一种很复杂的过程，影响对流换热的因素有很多，主要有以下几个方面。

1. 流体的流动状态

在流体力学中将流体的流动状态分成两种：层流与紊流。由于层流和紊流的物理状态不同，所以层流与紊流热量转移规律也不同。因此，在研究对流换热问题时，首先区分层流和紊流具有十分重要的意义。层流时，热量的传递主要依靠传导；而紊流时，热量的传递除传导外，还同时有紊流扰动的对流传热，此时的换热强度主要取决于边界层中的热阻，因为这部分的热阻和紊流部分的热阻相比要重要得多。

2. 流体流动的动力

流体的运动分为自然流动和强制流动两大类。凡是受外力影响，如泵、鼓风机的作用所发生的运动称为强制对流；凡是由于流体内部因温度不同造成密度不同而引起的流动，称为自然流动或自然对流。自然对流时，单位质量流体产生的浮力（动力）与温度差及流体的体积膨胀系数成正比。

设 ρ、ρ_1 分别代表流体在温度为 t、t_1 时两点上的密度，单位体积流体产生的浮升力为 $\rho g-\rho_1 g$，又因为：$\rho=\rho_1(1+\beta\Delta t)$，$\Delta t=t_1-t$ 则 $\rho g-\rho_1 g=[\rho_1(1+\beta\Delta t)-\rho_1]g=\rho_1\beta g\Delta t$。

单位质量流体产生的浮力为

$$\frac{\rho g-\rho_1 g}{\rho_1}=\frac{\rho_1 g\beta\Delta t}{\rho_1}=g\beta\Delta t$$

式中　g——重力加速度，m/s^2；

　　　β——流体的体积膨胀系数，1/℃。

应当指出，流体做强制流动时，也会同时发生自然流动，流体内各部分间温度差越大，以及强制流动速度越小，则自然流动的相对影响也越大。但当强制流动相当强烈时，附加的自然流动影响就很小，常可略去不计。

3. 流体的物理性质

流体的物理性质对对流换热有很大的影响，影响对流换热的物理性质有比热（c_p）、密度（ρ）、导热系数（λ）、黏度（μ）等。

比热和密度大的流体，单位体积能携带更多的热量，对流转移热量的能力也大。如常温下水的$c_p\rho=4187$kJ/(m^3·℃)，空气的$c_p\rho=121$kJ/(m^3·℃)，两者相差很多，造成它们对流换热系数的巨大差别。

导热系数较大的流体，层流底层的热阻较小，换热就强。以水和空气为例，水的导热系数是空气的20多倍，这也是水的对流换热系数远比空气大的主要原因之一。

黏度大的流体，流动时黏性剪应力大，边界层增厚，换热系数将减小。除了由于流体种类不同而黏度不同外，还要注意温度对黏度的影响。液体的黏度随温度增高而降低，气体的黏度则随温度的增高而加大，都会影响对流换热系数的大小。

4. 换热面的形状和位置

换热面的形状和位置对于换热过程的影响也很大，即便是一些最简单形状的换热面，例如平板，也因平放、竖放或斜放而影响对流换热过程的强弱。换热面的形状、大小、表面粗糙度等均能影响对流换热系数的大小。

2.3.3 对流换热基本定律

从对流换热过程的分析可知，对流换热是一个相当复杂的过程，对其做精确的理论计算比较困难。目前常采用牛顿冷却定律作为对流换热计算的基础。

牛顿提出下列公式计算对流换热量：

$$Q=\alpha(t_1-t_2)F=\alpha\Delta tF \tag{2-13}$$

式中 Q——对流换热量，W；

t_1——固体壁面温度，℃；

t_2——固体周围流体（主流）的温度，℃；

F——流体与固体接触的面积，m^2；

α——对流换热系数，W/(m^2·℃)。

由式（2-13）得$\alpha=\dfrac{Q}{\Delta tF}$，所以，对流换热系数的定义为：单位时间内，当流体与固体表面间温差为1℃时，通过单位面积所传递的热量，单位为W/(m^2·℃)。

牛顿冷却定律指出，对流换热量与换热面积成正比，与流体和固体壁面温度差成正比。牛顿冷却定律也可以写成以下形式：

$$Q=\frac{\Delta t}{\dfrac{1}{\alpha F}} \tag{2-14}$$

即对流换热量与流体和固体壁面温度差成正比，与对流换热热阻成反比。$\dfrac{1}{\alpha F}$即为对流换热热阻。从表面上看，对流换热计算很简单，实际上是把复杂的影响因素都归纳到对流换

热系数 α 中去了，因此对流换热系数 α 的计算就成了关键。

2.3.4 对流换热准数方程

由影响对流换热的因素分析可知，影响对流换热系数的因素很多，它们之间的关系可用下列函数表示：

$$\alpha = f(l, \rho, \mu, \lambda, \nu, c_p, g\beta\Delta t) \tag{2-15}$$

式中 α——流体的对流换热系数，W/(m²·℃)；

l——流体流动管道尺寸，m；

ρ——流体的密度，kg/m³；

μ——流体的黏度，Pa·s；

λ——流体的导热系数，W/(m·℃)；

ν——流体的流速，m/s；

c_p——流体的比热，J/(kg·℃)；

$g\beta\Delta t$——流体内部的浮力。

由以上函数式可以看出，影响对流换热系数的因素很多，要从理论上推导一个普遍适用的公式计算不同情况下的对流换热系数是非常困难的。目前常用的方法是用相似理论设计实验，找出在各特定情况下的对流换热系数与各有关因素的关系，从而整理出一些半经验公式来计算不同情况下的对流换热系数。

2.3.5 对流换热量的计算

准数方程式（2-15）在不同情况下可简化。

当流体做强制流动，自然流动影响可忽略时：

$$Nu = f(Re, Pr) \tag{2-16}$$

当流体做自然对流，Re 的影响可忽略时：

$$Nu = f(Pr, Gr) \tag{2-17}$$

将上述函数式写成幂函数的形式：强制流动 $Nu = c'(Re^{m'} Pr^{n'})$；自然对流 $Nu = c(Gr, Pr)^n$。

上式中 c'、m'、n' 和 c、n 可用实验的方法求得。

利用准数方程可将一般函数关系大为简化，由式（2-15）的复杂函数式简化成 2～3 个准数之间的函数关系，这给通过实验确定函数关系创造了条件。

在进行对流换热量的计算时，必须选定两个参数以确定物理参数值，即定性温度与定性尺寸。

（1）定性温度

在准数方程中，各准数含有流体的物理参数，这些参数都受温度的影响，因此，必须选定一个合适的温度来确定物理参数值，这个决定物理参数值的温度称定性温度。定性温度可取壁面温度、流体的平均温度或流体与壁面的平均温度。

（2）定性尺寸

对流体流动有决定性意义的固体壁与流体相接触的几何尺寸称为定性尺寸。工程上常用的定性尺寸，如：流体在管内流动，定性尺寸为管内径；非圆管用当量直径；流体横向掠过单管或管簇，取管外径为定性尺寸；流体纵向掠过平板，取流动方向的壁面长度为定性尺寸。

2.4 辐射传热

2.4.1 辐射传热的基本概念

1. 辐射传热的本质和特点

辐射传热是利用电磁波中的热射线进行热量传递的。物体发射电磁波是由于物体原子中电子振动的结果。当物体温度升高时，它的原子核外围的某些电子吸收了热能，由能级较低的一层跳到离原子核较远的能级较高的一层，这些跃出的电子不稳定，在它们跳回去的过程中，原来吸收的能量以电磁波的形式释放出来，形成热辐射。电磁波具有各种不同的波长，按不同的波段分类，并给以专门名称，如图 2-7 所示。

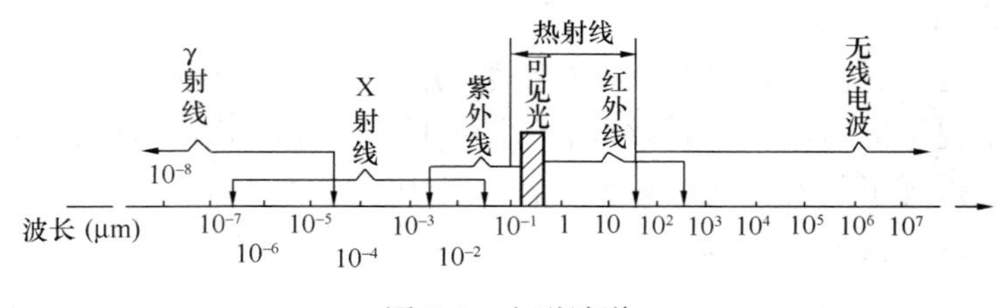

图 2-7 电磁波谱

各种电磁波都会产生不同程度的热效应。其中以波长为 0.8～1000μm 的红外线投射到物体表面上时，最易转变为热能，所以，一般又把红外线称为热射线，它是辐射传热的主要研究对象。

红外线又有近红外和远红外之分，大体上以 4μm 为界限，把波长 4μm 以下的红外线称为近红外线，4μm 以上的红外线称为远红外线。但两者的物理作用并无本质的差异，也无区分界限的统一规定。远红外热技术就是利用远红外辐射元件放射出以远红外线为主的电磁波，对物料进行加热。在加热某些物料时，它具有效能高、能量消耗低的显著优越性。与热传导、对流换热比较，辐射传热有三个特点：

（1）热辐射不仅进行能量的转移，而且还伴随着能量形式的转化，即从热能转化为辐射能，又从辐射能转化为热能。

（2）辐射能不仅从高温物体向低温物体放射，同时也从低温物体向高温物体放射，但最终结果还是高温物体放射的多，吸收的少，热量传向低温物体。

（3）热射线的传播和可见光的传播一样，服从光学中的投射、折射和反射的规律，在传播中不需中间介质，在真空中也能进行。例如太阳距地球有 1.5 亿 km，它们之间近乎真空状态，太阳能就是以辐射方式穿过真空，将热量传到地球上的。

2. 吸收、反射和透过

热射线的传播具有与光传播同样的特性，因此光学中投射、折射和反射的规律，在此同样适用。

投射到物体上的总辐射能 Q_0 可分为三部分：一部分能量 Q_A 被物体吸收，一部分能量

Q_R被物体反射，还有一部分能量Q_D透过物体，如图2-8所示。

$$Q_A + Q_R + Q_D = Q_0 \tag{2-18}$$

上式也可写成：

$$\frac{Q_A}{Q_0} + \frac{Q_R}{Q_0} + \frac{Q_D}{Q_0} = 1$$

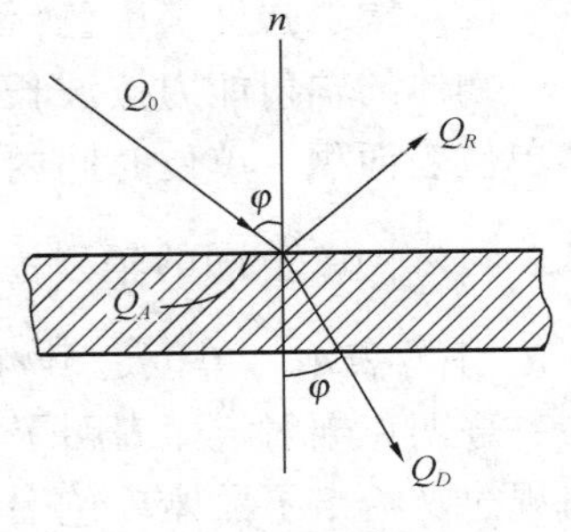

图2-8　落在物体上的辐射能分布

式中　$\frac{Q_A}{Q_0}=A$——物体的吸收率；

$\frac{Q_R}{Q_0}=R$——物体的反射率；

$\frac{Q_D}{Q_0}=D$——物体的透过率。

A、R、D都表示比值，是无因次的，其数值总在0～1之间变化。如果投射到物体上的辐射能全被该物体吸收，$A=1$，$R=D=0$，该物体叫绝对黑体（简称黑体）；如果投射到物体上的辐射能全部被该物体反射，$R=1$，$A=D=0$，该物体叫绝对白体（漫反射时，简称白体），或叫绝对镜体（镜面反射时，简称镜体）；如果投射到物体上的辐射能全部透过该物体时，$D=1$，$A=R=0$，该物体叫绝对透热体（简称透热体）。

自然界中，绝对黑体、绝对白体、绝对透热体都是不存在的，即各种物体的A、R、D值都小于1。物体A、R和D的数值大小随物体的物理性质、温度、表面粗糙程度和射线波长等而变化。一般固体和液体（除石英玻璃等少数物体外），热射线是不透过的，即$D=0$，$A+R=1$，单原子或双原子的气体（如Ar、H_2、N_2、O_2、干空气等）可近似地看作透热体$D=1$、$R=0$、$A=0$；具有辐射能力的气体（如CO_2、H_2O、SO_2和烟气等）实际上是不具有反射能力，$R=0$，$A+D=1$。一般说来，表面越粗糙，吸收率越大，如油烟的吸收率$A=$0.9～0.95。

3. 黑体辐射模型

自然界中虽不存在绝对黑体，但它在理论和实践上都很重要，研究问题时往往以它为标准，从中找出辐射传热所遵循的规律，从而解决辐射传热实验和计算问题，因此要建立起绝对黑体的概念。

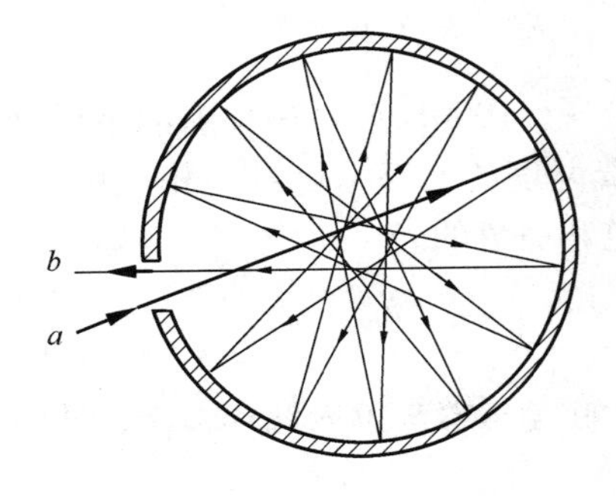

图2-9　黑体模型

用人工方法可得到黑体模型，在空心球体的壁上开一小孔，此小孔就具有黑体的性质，所有进入小孔的辐射能，在多次反射的过程中被空洞内壁所吸收（图2-9中a）；同时温度均匀的空洞壁也可从各方面把辐射能和反射的辐射能投向小孔，这就可把小孔看作黑体辐射（图2-9中b）。

2.4.2　辐射传热的基本定律

1. 普朗克辐射定律

为了阐明普朗克辐射定律，先说明两个概念。

（1）辐射能力（全辐射能力）

物体在单位表面积、单位时间内，向半球空间辐射出的波长从0～∞范围的总能量，称为物体的辐射能力。用E表示，单位为W/m^2，对于黑体用E_0表示。

（2）辐射强度（单色辐射能力）

物体的辐射能力按波长的分布是不均匀的，如果物体单位表面积、单位时间内，向半球空间辐射出的波长从 λ 到 $\lambda+d\lambda$ 范围的辐射能力为 dE，则 $\frac{dE}{d\lambda}$ 称为辐射强度，用 E_λ 表示，单位是 W/m^3。

普朗克辐射定律表明了黑体辐射强度按照波长的分布规律，给出了黑体单色辐射能力随波长和温度而变化的函数关系。普朗克定律的数学表达式如下：

$$E_{0\lambda}=\frac{c_1\lambda^{-5}}{e^{\frac{c_2}{\lambda T}}-1} \quad (2\text{-}19)$$

式中 $E_{0\lambda}$——黑体的单色辐射能力，W/m^3；

λ——波长，m；

e——自然对数的底，2.718；

T——黑体的绝对温度，K；

c_1——常数，$c_1=3.74\times10^{-16}$，$W\cdot m^2$；

c_2——常数，$c_2=1.4387\times10^{-2}$，$m\cdot K$。

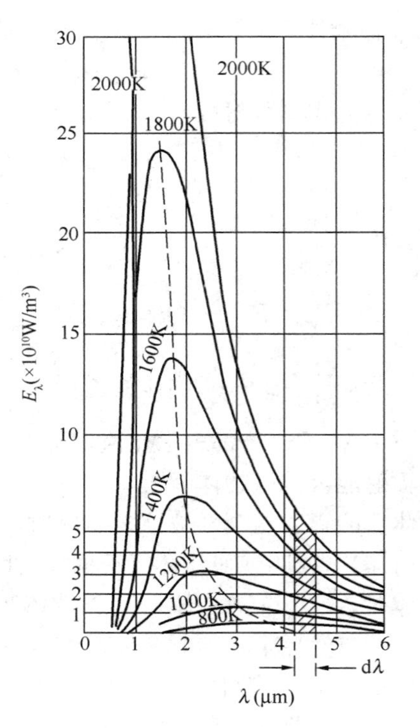

图 2-10　黑体辐射强度与波长

以不同波长及温度代入式（2-19）可得图 2-10，可更清楚地显示出不同温度下黑体的辐射强度按波长分布的情况。

（1）在某一温度下，黑体的辐射强度 $E_{0\lambda}$ 因波长不同而异，开始是随波长增加而增加，达到最高值后，又随波长增加而减小。

（2）对同一波长来说，温度越高，辐射强度越大。

（3）温度越高，最大辐射强度的波长越短。

（4）可见光的波长为 0.4～0.8μm，由图 2-10 可见，当 $T<1000$K 时，在辐射能中可见光的比例是很微弱的，当 $T>2000$ K 时也只有约 2%，随着温度的升高，可见光相应增多，亮度也逐渐增强，最先出现红色光，以后依次为橙色、黄色和白色的光。

工业生产上常依据窑炉中物料的颜色和亮度来判断其温度。

2. 维恩偏移定律

具有最大辐射强度的波长与绝对温度的乘积为一常数，此关系称为维恩偏移定律，其数学式为

$$T\lambda_m=2896 \quad (2\text{-}20)$$

式中 T——物体的绝对温度，K；

λ_m——在该温度下辐射强度最大时的波长，μm。

通过测定 λ_m，可应用维恩偏移定律推算出一些难以测定的物体温度。例如测得太阳的 $\lambda_m=0.5\mu$m，则可推算太阳的表面温度 $T=5792$K。

严格地说，此定律仅适用于黑体，对实际物体会有差异。

3. 斯蒂芬-波尔茨曼定律

此定律说明黑体的辐射能力与其绝对温度的四次方成正比，其关系式由 $E_{0\lambda}=\frac{c_1\lambda^{-5}}{e^{\frac{c_2}{\lambda T}}-1}$ 积

分而得

$$E_0 = \sigma_0 T^4 = C_0 \left(\frac{T}{100}\right)^4 \tag{2-21}$$

式中 σ_0——黑体的辐射常数 5.77×10^{-8}，W/(m^2·K^4)；

C_0——黑体的辐射系数 5.77，W/(m^2·K^4)。

由此可见，当绝对温度提高一倍时，黑体的辐射能力将增加 15 倍。

斯蒂芬-波尔茨曼定律是辐射传热的一条基本定律，是整个辐射传热计算的基础。

4. 灰体的特性

工程上最重要的是确定实际物体的辐射能力。在同一温度下，实际物体的辐射能力 E 恒小于黑体的辐射能力 E_0，不同物体的辐射能力也有很大差别。通常用黑体的辐射能力 E_0 作为基准，引进物体的黑度 ε 的概念，表示为

$$\varepsilon = \frac{E}{E_0} \tag{2-22}$$

即实际物体的辐射能力与同温度下黑体的辐射能力之比称为黑度。它表示物体的辐射能力接近黑体的程度，其值恒小于 1。实验证明，物体的黑度不仅与物体的种类、表面温度及表面状况（如粗糙度、氧化程度等）有关，严格地讲还与波长有关。物体的黑度是物体的一种性质，只与物体本身情况有关，而与外界因素无关，其值可由实验测定。

为了使一般的工程计算辐射传热问题得以简化，引入灰体的概念。所谓灰体，就是对各种波长辐射能具有相同吸收率的理想化物体。

实验表明，大多数工程材料，对于波长为 0.76～20μm 的辐射能（此波长范围内辐射能为工业上应用最多的辐射能），其吸收率随波长变化不大，故可将这些工程材料视为灰体。

灰体的辐射能力可用下式计算：

$$E = \varepsilon E_0 = \varepsilon C_0 \left(\frac{T}{100}\right)^4 \tag{2-23}$$

式中 E——温度为 T 时灰体的辐射能力，W/m^2；

E_0——同温度时黑体的辐射能力，W/m^2；

ε——灰体的黑度；

C_0——黑体的辐射系数 5.77，W/m^2·K^4；

T——灰体的绝对温度，K。

2.4.3 遮热原理

从辐射传热的计算公式可知，要削弱辐射换热或减少辐射热损失，必须降低辐射物的温度或减小系统的导来黑度。如果辐射物的温度不能改变，可以采用遮热板或遮热罩来削弱辐射换热。这种措施称为辐射隔热。

设有两块无限大平行平板 1 和 2，它们的温度、黑度分别为 T_1、ε_1 和 T_2、ε_2，且 $T_1 > T_2$。如图 2-11 所示，在未加遮热板时的辐射换热量为

$$q_{12} = \frac{C_0}{\frac{1}{\varepsilon_1} + \frac{1}{\varepsilon_2} - 1}\left[\left(\frac{T_1}{100}\right)^4 - \left(\frac{T_2}{100}\right)^4\right]$$

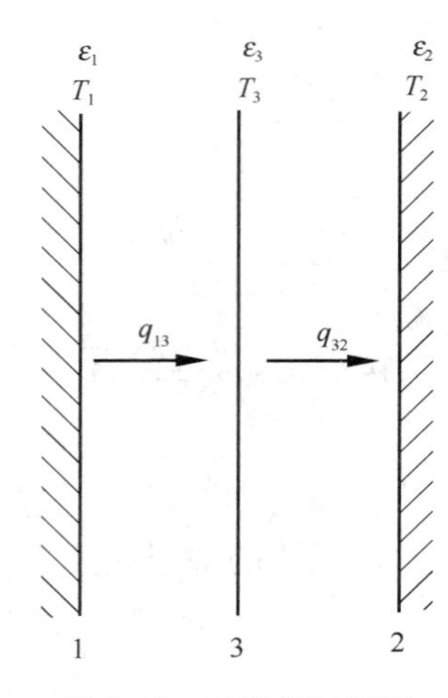

图 2-11　遮热板示意图

当在两平板之间加入遮热板 3 以后，情况将发生变化。假定放入的遮热板是选用导热系数很大而且很薄的材料制成，可以认为遮热板两面的温度都等于 T_3，它的黑度为 ε_3。由于遮热板并不发热，也不带走热量，它仅在热量传递过程中附加了阻力，此时，热量不再是由板 1 通过辐射直接传给板 2，而是先由板 1 辐射给遮热板 3，再由遮热板 3 辐射给板 2，因此，可以分别写出板 1 与板 3 和板 3 与板 2 和辐射换热量 q_{13} 和 q_{32}：

$$q_{13}=\frac{C_0}{\frac{1}{\varepsilon_1}+\frac{1}{\varepsilon_3}-1}\left[\left(\frac{T_1}{100}\right)^4-\left(\frac{T_3}{100}\right)^4\right]$$

$$q_{32}=\frac{C_0}{\frac{1}{\varepsilon_3}+\frac{1}{\varepsilon_2}-1}\left[\left(\frac{T_3}{100}\right)^4-\left(\frac{T_2}{100}\right)^4\right]$$

在稳定辐射换热时，$q_{13}=q_{32}=q$。为了便于比较，假定三块平板的黑度均相等，即 $\varepsilon_1=\varepsilon_2=\varepsilon_3$，可得 $q=\frac{C_0}{2\left(\frac{1}{\varepsilon_1}+\frac{1}{\varepsilon_2}-1\right)}\left[\left(\frac{T_1}{100}\right)^4-\left(\frac{T_2}{100}\right)^4\right]$，也就是 $q=\frac{1}{2}q_{12}$。

这说明在加入一块黑度与板面黑度相同的遮热板后，可使壁面的辐射换热量减少到原来的 1/2。可以推论，当加入 n 块黑度均相同的遮热板时，则热量将减少为原来的 $1/(n+1)$。这表明遮热板层数越多，遮热效果越好。另外，减小遮热板的黑度，也能降低辐射换热量。例如，当两平行平面和遮热板的黑度均为 0.8 时，可使辐射换热量减少一半，但若遮热板的黑度为 0.05 时，则辐射换热量仅为原来的 1/27。因此，在生产实践中，常选用磨光过的具有高反射系数（即黑度小）的金属板作为遮热板。

例 2-4　在厂房内铺设有蒸汽管道，已知管外保温层的黑度 $\varepsilon_1=0.9$，保温层外径 $d=583\text{mm}$，保温层外表面温度 $t_1=50℃$，室温 $t_2=20℃$，求每米长管道表面辐射散热损失。

解：因蒸汽管道铺设在厂房内，属于一物体被另外一物体包围时的辐射传热，

$$\varphi_{12}=1,\ \varphi_{21}=\frac{F_1}{F_2},\ \varepsilon_n=\frac{1}{\varphi_{12}\left(\frac{1}{\varepsilon_1}-1\right)+1+\varphi_{21}\left(\frac{1}{\varepsilon_2}-1\right)}$$

因管道表面相对于厂房周围壁面来说是很小的，即 $F_1\ll F_2$，所以 $F_1/F_2\approx 0$，$\varepsilon_n=\varepsilon_1$。

$$Q_{12}=\varepsilon_n C_0\left[\left(\frac{T_1}{100}\right)^4-\left(\frac{T_2}{100}\right)^4\right]\varphi_{12}F_1=\varepsilon_1 C_0\left[\left(\frac{T_1}{100}\right)^4-\left(\frac{T_2}{100}\right)^4\right]\pi dl$$

因此，每米长管道表面辐射散热损失为

$$q_l=\varepsilon_1 C_0\left[\left(\frac{T_1}{100}\right)^4-\left(\frac{T_2}{100}\right)^4\right]\pi d$$

$$=0.9\times5.67\times\left[\left(\frac{273+50}{100}\right)^4-\left(\frac{273+20}{100}\right)^4\right]\times3.14\times0.583=328.3(\text{W/m}^2)$$

例 2-5　某管状电炉，外径为 0.5m，长为 0.8m，外壁温度为 200℃，周围空气温度为 20℃，炉壁黑度 $\varepsilon_1=0.9$，试求其辐射散热损失。若在炉壁外面围一通用铝薄板作为遮热罩，

直径为0.6m，黑度$\varepsilon_3=0.05$，试计算此时辐射散热损失较前面减少的百分数。

解：(1) 因为炉壁被房间包围，所以属于一物体被另外一物体包围时的辐射传热，$\varphi_{12}=1$，又$F_1 \ll F_2$，所以$\varphi_{21}=\frac{F_1}{F_2}=0$，导来黑度$\varepsilon_n=\frac{1}{\frac{1}{\varepsilon_1}+\frac{F_1}{F_2}\left(\frac{1}{\varepsilon_2}-1\right)}=\varepsilon_1$

辐射散热损失

$$
\begin{aligned}
Q_{12} &= \varepsilon_n C_0\left[\left(\frac{T_1}{100}\right)^4-\left(\frac{T_2}{100}\right)^4\right]\varphi_{12}F_1 \\
&= 0.9\times 5.67\times\left[\left(\frac{200+273}{100}\right)^4-\left(\frac{20+273}{100}\right)^4\right]\times 3.14\times 0.5\times 0.8 \\
&= 2736(\mathrm{W})
\end{aligned}
$$

(2) 加遮热罩后，炉壁向遮热罩辐射的热量等于遮热罩向房间辐射的热量。

$$
Q_{13}=\varepsilon_{13}C_0\left[\left(\frac{T_1}{100}\right)^4-\left(\frac{T_3}{100}\right)^4\right]\varphi_{13}F_1,\ Q_{32}=\varepsilon_{32}C_0\left[\left(\frac{T_3}{100}\right)^4-\left(\frac{T_2}{100}\right)^4\right]\varphi_{32}F_3
$$

$$
\varphi_{13}=\varphi_{32}=1,\ \varepsilon_{13}=\frac{1}{\frac{1}{\varepsilon_1}+\frac{F_1}{F_3}\left(\frac{1}{\varepsilon_3}-1\right)}=\frac{1}{\frac{1}{0.9}+\frac{\pi\times 0.5\times L}{\pi\times 0.6\times L}\left(\frac{1}{0.05}-1\right)}=0.058
$$

再求出遮热罩表面的温度T_3，由于$Q_{13}=Q_{32}$

$$
\varepsilon_{13}C_0\left[\left(\frac{T_1}{100}\right)^4-\left(\frac{T_3}{100}\right)^4\right]\varphi_{13}F_1=\varepsilon_{32}C_0\left[\left(\frac{T_3}{100}\right)^4-\left(\frac{T_2}{100}\right)^4\right]\varphi_{32}F_3
$$

$$
0.058\times\left[\left(\frac{200+273}{100}\right)^4-\left(\frac{T_3}{100}\right)^4\right]\times 0.5\times 0.8=0.05\times\left[\left(\frac{T_3}{100}\right)^4-\left(\frac{273+20}{100}\right)^4\right]\times 0.6\times 0.8
$$

$$
T_3=411(\mathrm{K})
$$

$$
\begin{aligned}
Q_{13} &= \varepsilon_{13}C_0\left[\left(\frac{T_1}{100}\right)^4-\left(\frac{T_3}{100}\right)^4\right]\varphi_{13}F_1 \\
&= 0.058\times 5.67\times\left[\left(\frac{473}{100}\right)^4-\left(\frac{411}{100}\right)^4\right]\times 3.14\times 0.5\times 0.8 \\
&= 89(\mathrm{W})
\end{aligned}
$$

加遮热罩后，辐射散热损失较前面减少的百分数为

$$
1-\frac{Q_{13}}{Q_{12}}=\left(1-\frac{89}{2736}\right)\times 100\%=96.7\%
$$

2.5 综合传热

在实际生产或日常生活中，往往不是一种传热方式单独存在，而是两种或三种传热方式同时存在，因此必须考虑综合传热规律。

2.5.1 传热的统一公式

传导传热与对流传热公式基本类似，辐射传热则复杂得多，但也可以将它们的传热量、

热流量及传热阻力转换成统一的形式。

1. 传导传热计算公式

传热量：$Q_d = \dfrac{\lambda(t_1 - t_2)F}{s} = \dfrac{t_1 - t_2}{\dfrac{s}{\lambda F}}$（W）

热流量：$q_d = \dfrac{t_1 - t_2}{\dfrac{s}{\lambda}}$（W/m^2）

导热阻力：$R_d = \dfrac{s}{\lambda}$

2. 对流换热计算公式

传热量：$Q_c = \alpha(t_g - t_w)F = \dfrac{t_g - t_w}{\dfrac{1}{\alpha F}}$（W）

热流量：$q_c = \alpha(t_g - t_w) = \dfrac{t_g - t_w}{\dfrac{1}{\alpha}}$（W/m^2）

导热阻力：$R_c = \dfrac{1}{\alpha}$

3. 辐射传热计算公式

（1）固体与固体之间的辐射传热

传热量：$Q_R = \varepsilon_n C_0 \left[\left(\dfrac{T_1}{100}\right)^4 - \left(\dfrac{T_2}{100}\right)^4\right]\varphi_{12} F_1$（W）

热流量：$q_R = \varepsilon_n C_0 \left[\left(\dfrac{T_1}{100}\right)^4 - \left(\dfrac{T_2}{100}\right)^4\right]\varphi_{12}$（W/m^2）

辐射传热系数：$\alpha_R = \dfrac{1}{t_1 - t_2}\left\{\varepsilon_n C_0 \left[\left(\dfrac{T_1}{100}\right)^4 - \left(\dfrac{T_2}{100}\right)^4\right]\varphi_{12}\right\}$

辐射热阻：$R_R = \dfrac{1}{\alpha_R}$

（2）气体与固体之间的辐射传热

传热量：$Q_R = \varepsilon'_w \varepsilon_g C_0 \left[\left(\dfrac{T_g}{100}\right)^4 - \left(\dfrac{T_w}{100}\right)^4\right]F$（W）

热流量：$q_R = \varepsilon'_w \varepsilon_g C_0 \left[\left(\dfrac{T_g}{100}\right)^4 - \left(\dfrac{T_w}{100}\right)^4\right]$（W/m^2）

辐射传热系数：$\alpha_R = \dfrac{1}{t_g - t_w}\left\{\varepsilon'_w \varepsilon_g C_0 \left[\left(\dfrac{T_g}{100}\right)^4 - \left(\dfrac{T_w}{100}\right)^4\right]\right\}$

辐射热阻：$R_R = \dfrac{1}{\alpha_R}$

2.5.2 单层平壁的综合传热

平壁两侧的流体温度为 t_1 与 t_2，固体两侧表面温度各为 t'_1 与 t'_1，在稳定传热情况下，各处温度不随时间而改变，如图 2-12 所示。此时，热流体以辐射及对流方式传热给器壁一侧，再以传导方式传至另一侧，又以辐射及对流的方式传热给冷流体，这是辐射、对流、导热三种方式同时存在的综合传热现象。

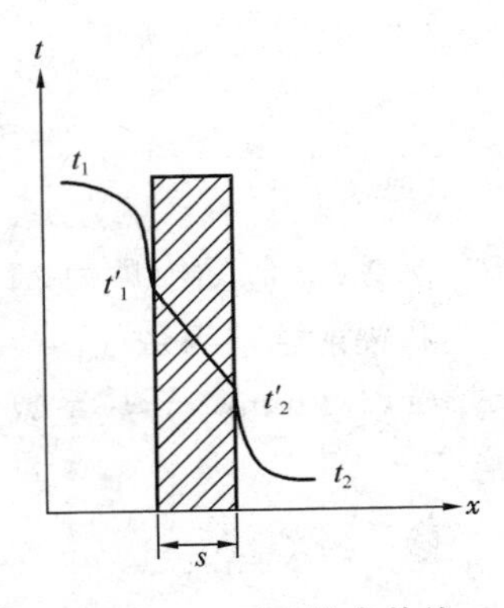

图 2-12 平壁综合传热

设平壁厚度为 s，导热系数为 λ，传热面积为 F，上述三步传热计算式如下。

1. 热流体以辐射及对流换热方式传热给器壁

$$q_1=(\alpha_{R1}+\alpha_1)(t_1-t'_1)=\alpha_{g1}(t_1-t'_1)$$

式中　α_{g1}——由流体到器壁的给热系数，等于辐射传热系数 α_{R1} 与对流换热系数 α_1 之和。

$$\alpha_{g1}=\alpha_{R1}+\alpha_1[\mathrm{W/(m^2\cdot ℃)}]$$

2. 平壁内部导热

$$q'=\frac{\lambda}{s}(t'_1-t'_2)$$

3. 以辐射及对流的方式传热给冷流体

$$q_2=(\alpha_{R2}+\alpha_2)(t'_2-t_2)=\alpha_{g2}(t'_2-t_2)$$

式中　α_{g2}——由平壁到冷流体的给热系数，等于辐射传热系数 α_{R2} 与对流换热系数 α_2 之和。

$$\alpha_{g2}=\alpha_{R2}+\alpha_2[\mathrm{W/(m^2\cdot ℃)}]$$

因此，$t_1-t'=\dfrac{q_1}{\alpha_{g1}}$，$t'_1-t'_2=\dfrac{q'}{\dfrac{\lambda}{s}}$，$t'_2-t_2=\dfrac{q_2}{\alpha_{g2}}$

因属稳定传热，综合传热的热流量 $q=q_1=q'=q_2$

将上述三式相加得 $t_1-t_2=q\left(\dfrac{1}{\alpha_{g1}}+\dfrac{s}{\lambda}+\dfrac{1}{\alpha_{g2}}\right)$

则

$$q=\frac{t_1-t_2}{\dfrac{1}{\alpha_{g1}}+\dfrac{s}{\lambda}+\dfrac{1}{\alpha_{g2}}}$$

其综合传热量为 $Q=\dfrac{t_1-t_2}{\dfrac{1}{\alpha_{g1}}+\dfrac{s}{\lambda}+\dfrac{1}{\alpha_{g2}}}F=K(t_1-t_2)F(\mathrm{W})$

式中　K——综合传热系数，$\mathrm{W/(m^2\cdot ℃)}$。

$$K=\frac{1}{\dfrac{1}{\alpha_{g1}}+\dfrac{s}{\lambda}+\dfrac{1}{\alpha_{g2}}}$$

综合传热系数的倒数又称热阻，为 $\dfrac{1}{K}=\dfrac{1}{\alpha_{g1}}+\dfrac{s}{\lambda}+\dfrac{1}{\alpha_{g2}}$。

由此可见，这种条件下的传热可以看成三段传热过程的串联，其热阻的构成与串联电路类似，即总热阻等于各分段热阻之和。

2.5.3　多层平壁的综合传热

按上述概念和方法可推导出多层平壁的综合传热公式。设平壁由 n 层组成，各层的厚度分别为 s_1，s_2，…，s_n，各层的导热系数分别为 λ_1，λ_2，…，λ_n，多层平壁两侧流体温度为 t_1、t_2，则通过该壁的综合热流量为

$$q=\frac{t_1-t_2}{\dfrac{1}{\alpha_{g1}}+\dfrac{s_1}{\lambda_1}+\dfrac{s_2}{\lambda_2}+,\cdots,+\dfrac{s_n}{\lambda_n}+\dfrac{1}{\alpha_{g2}}}=\frac{t_1-t_2}{\dfrac{1}{\alpha_{g1}}+\sum\limits_{i=1}^{n}\dfrac{s_i}{\lambda_i}+\dfrac{1}{\alpha_{g2}}}(\mathrm{W/m^2})$$

综合传热系数为

$$K=\frac{1}{\frac{1}{\alpha_{g1}}+\sum_{i=1}^{n}\frac{s_i}{\lambda_i}+\frac{1}{\alpha_{g2}}}[W/(m^2\cdot℃)]$$

例 2-6 已知锅炉内烟气的温度为 1000℃，锅炉内水的温度为 200℃，从烟气到炉壁的对流和辐射给热系数 $\alpha_{g1}=116W/(m^2\cdot℃)$，从壁面到水的给热系数 $\alpha_{g2}=2320W/(m^2\cdot℃)$，锅炉壁厚 20mm，导热系数 $\lambda=58W/(m\cdot℃)$，求烟气到水的综合热流量及锅炉两表面的温度。

解：综合热流量：$q=\frac{t_1-t_2}{\frac{1}{\alpha_{g1}}+\frac{s}{\lambda}+\frac{1}{\alpha_{g2}}}=\frac{1000-200}{\frac{1}{116}+\frac{0.02}{58}+\frac{1}{2320}}=85138(W/m^2)$

又 $q=\alpha_{g1}(t_g-t_{w1})$，锅炉内表面温度：$t_{w1}=t_g-\frac{q}{\alpha_{gq}}=1000-\frac{85138}{116}=266(℃)$

由 $q=\frac{\lambda}{s}(t_{w1}-t_{w2})$ 可知，锅炉外表面温度：

$$t_{w2}=t_{w1}-\frac{q}{\frac{\lambda}{s}}=266-\frac{85138\times0.02}{58}=237(℃)$$

例 2-7 上题中，如果在锅炉壁的外侧覆盖一层烟灰，厚 0.5mm，导热系数 $\lambda_1=0.10W/(m\cdot℃)$，而锅炉壁内侧结有一层水垢，厚 2mm，$\lambda_3=1.16W/(m\cdot℃)$，试计算综合热流量。

解：综合热流量：

$$\begin{aligned}q&=\frac{t_1-t_2}{\frac{1}{\alpha_{g1}}+\frac{s_1}{\lambda_1}+\frac{s_2}{\lambda_2}+\frac{s_3}{\lambda_3}+\frac{1}{\alpha_{g2}}}\\&=\frac{1000-200}{\frac{1}{116}+\frac{0.0005}{0.10}+\frac{0.02}{58}+\frac{0.002}{1.16}+\frac{1}{2320}}\\&=49626(W/m^2)\end{aligned}$$

由于锅炉积灰、结垢，热流量较以前减少了 $1-\frac{49626}{85138}\times100\%=41.7\%$。

任务3　热 量 测 量

在建筑节能检测过程中，不仅要检测温度、流量、热流量、导热系数等热工参数，而且还要求能自动、连续地检测出与产品质量直接相关的物理性质参数，以便指导建筑节能检测工作的不断推进。本任务中主要介绍温度、热流量的基本概念与检测方法，以及检测仪表的结构组成、使用方法与检定方法。

3.1　温度测量基础

温度是表征物体冷热程度的物理量，而物体的冷热程度又是由物体内部分子热运动的激烈程度即分子的平均动能所决定。因此，严格地说，温度是物体分子平均动能大小的标志。

3.1.1　温标

温标就是用来度量温度高低的标尺，是用数值来表示温度的一种方法。它规定了温度读数的起点和测量的基本单位。各种温度的刻度均由温标确定。

温标的种类很多，目前常用的有摄氏温标、华氏温标、热力学温标和国际实用温标。

1. 摄氏温标（单位为℃）

规定在标准大气压下冰的熔点为0℃，水的沸点是100℃，在0～100℃间划分100等份，每一等份为1℃，以摄氏温标记录的温度，通常以t表示。

2. 华氏温标（单位为℉）

规定在标准大气压下冰的熔点是32℉，水的沸点是212℉，中间划分为180等份，每一等份为1℉，通常以t表示。

华氏温标与摄氏温标的关系见式（3-1）和式（3-2）：

$$t(℃)=\frac{5}{9}[t(℉)-32] \tag{3-1}$$

或

$$t(℉)=1.8t(℃)+32 \tag{3-2}$$

以上两种温标都是根据液体（水银）受热后体积膨胀的性质实现的，即依据物质的物理性质建立起来的，所测得的数值将随物理性质，如测量液体（水银）的纯度，以及温度计用玻璃管材料的不同而不同。这样，就不能保证世界各国所采用的基本测温单位完全一致，不便于科学技术的交流，为此迫切需要建立一个基本温标来统一温度的测量，这个温标就是热力学温标。

3. 热力学温标（单位为K）

规定分子运动停止（即没有热存在）时的温度为绝对零度，通过气体温度计来实现热力学温标，即由充满理想气体的温度计在一定介质中体积膨胀的性质，根据理想气体状态方程推导出温度值。热力学温标也称绝对温标或开氏温标，通常以T表示。开氏温度值只与热量有关而与物理性质无关。

但由于绝对理想的气体是不存在的，所以由实际气体温度计建立起来的温标还必须引入表示实际气体与理想气体之间差别的修正值。此外，由于气体温度计装置复杂，不能直接读数，因而不适用于实际应用。

4. 国际温标

国际温标是用来复现热力学温标的，我国于1994年1月1日起全面实施1990年国际温标。

（1）温度的单位为K；

（2）选择一些纯物质的平衡态温度（三相点、沸点、凝固点等）作为温标基准点，并用气体温度计来定义这些点的温度值；

（3）规定不同范围内的基准仪器，如铂热电阻温度计、铂铑-铂热电偶和光学高温计等。

国际实用温标 T 与摄氏温标 t 之间的关系为：

$$T(\mathrm{K}) = t(℃) + 273.15 \tag{3-3}$$

目前我国在许多方面采用摄氏温标，西方国家多采用华氏温标，但采用国际温标是未来的发展趋势。

3.1.2 温度计类型

温度计可分为接触式和非接触式两大类。接触式的感受元件直接与被测介质接触，非接触式的感温元件不与被测介质直接接触。常用的温度计分类见表3-1。

表3-1 常用温度计分类

温度计的分类			工作原理	常用测量范围
接触式	膨胀式温度计	液体式 固体式	利用液体或固体受热时产生热膨胀的特性	−200～700℃
	压力式温度计	气体式、液体式、蒸气式	利用封闭在一定容积中的气体、液体或某些液体的饱和蒸气受热时其体积或压力变化的性质	0～300℃
	热电式温度计	热电阻温度计	利用导体或半导体受热后电阻值变化的性质	−200～650℃
		热电偶温度计	利用物体的热电性质	0～1600℃
非接触式	辐射式温度计	光学式、比色式、红外式	利用物体辐射能随温度变化的性质	60～2000℃

3.1.3 膨胀式温度计

膨胀式温度计是利用物质热胀冷缩的原理来测量温度的一种仪表，它是利用热胀冷缩性质与温度的固有关系为基础来测温的。

膨胀式温度计按选用的物质不同可分为液体、气体和固体三种膨胀式温度计。膨胀式温度计的测量范围一般在−200～500℃。它具有结构简单、制造容易、使用方便、价格低以及精度高等特点。但它存在不便于远距离测温（压力式温度计除外），结构脆弱、易坏等缺点。

1. 玻璃管液体温度计

玻璃管液体温度计是一种常用的膨胀式温度计。当温度计插入温度高于温度计初始温度的被测介质后，工作液受热膨胀，使工作液柱在玻璃毛细管内上升。另一方面，感温泡也因受热膨胀而容积增大，使工作液柱下降。由于工作液的膨胀系数远大于玻璃的膨胀系数，其结果是工作液柱上升了一段距离。工作液与玻璃的体膨胀之差称为视膨胀系数，因此也可以说玻璃管温度计测温的基本原理是基于工作液对玻璃的视膨胀。

当忽略玻璃体积变化时，则玻璃液体温度计有式（3-4）所示的体积变化关系；

$$V_t = V_0 + V_0\beta t \tag{3-4}$$

式中 V_0——0℃时温度计填充液体的体积，m^3；

V_t——t℃时温度计填充液体的体积，m^3；

β——工作液体与玻璃的相对膨胀系数；

t——温度计示值，℃。

因温度升高，填充工作液体膨胀而增加的体积按式（3-5）计算：

$$V'_t = V_t - V_0 = V_0\beta t \tag{3-5}$$

此体积在毛细管内形成液体柱，其升降显示出 V'_t 的变化，如将此液体柱的变化长度按温标进行分度，就构成了一支温度计。

图3-1是玻璃管液体温度计的结构图。从图中可知，玻璃管液体温度计是由装有工作液的感温泡、玻璃毛细管和刻度标尺等三部分组成。感温泡或直接由玻璃毛细管加工制成（称拉泡），或由焊接一段薄壁玻璃制成（称接泡）。玻璃毛细管上有安全泡，有的玻璃管液体温度计还有中间泡。

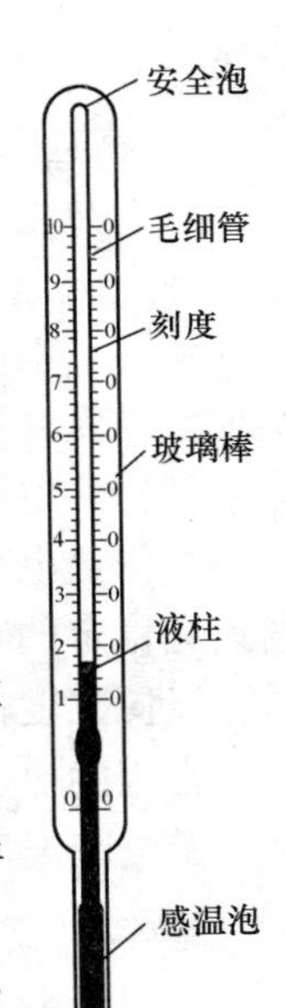

图3-1 玻璃管液体温度计

玻璃管液体温度计可分为标准温度计、实验室用温度计和工业用温度计。

玻璃管液体温度计按结构形式分有棒式、内标尺式和外标尺式三种。其外形有直形、90°角形和135°角形。

建筑节能热工检测用的玻璃管液体温度计多数是水银温度计和酒精温度计。

水银温度计利用水银作为填充物质。水银的体积膨胀系数虽然不很大，但因它具有不粘玻璃、不易氧化、传热快和纯度高等优点，并且在标准大气压下，水银在－38.87～356.58℃温度范围内为液态，在200℃以下几乎和温度呈线性关系，所以，水银温度计能做到刻度均匀，能测量－30～300℃的温度。在热工检测中，水银温度计大多用于检测液体、气体和粉状固体的温度。

2. 压力式温度计

压力式温度计属于气体膨胀式温度计，是利用密闭容积内工作介质的压力随温度变化的性质来测量温度的一种机械式测温仪表。它具有结构简单、价格便宜、可实现就地指示或远距离测量、仪表刻度清晰、对使用环境条件要求不高，以及维修工作量少等特点。但它的时间常数较大，准确度不是很高。

压力式温度计适用于对温泡材料无腐蚀作用的液体、气体和蒸气的温度检测、自动记录、信号远传，以及报警、控制和自动调节。

3. 双金属温度计

双金属温度计属于固体膨胀式温度计。它是由两种不同膨胀系数彼此牢固结合的双金属作为感温元件的温度计。它具有结构简单、紧凑、牢固可靠、刻度清晰、便于读数、价格低、便于维护和较好的抗振特性。它没有汞害，因而可以部分取代玻璃管液体温度计。

双金属温度计的检测范围一般在－80～600℃，最低可达－100℃，精度一般为1～2.5级，最高可达0.5级。

3.1.4 热电式温度计

热电式温度计利用当温度变化时材料的电特性发生变化的性质来检测温度。其中一种方法是利用金属或半导体材料的正、负电阻值的变化（热电阻计）来检测温度，另一种是利用两种不同金属焊在一起所产生的热电势值的变化（热电偶计）来检测温度，基本上可以解决所有的测温问题。这种温度计，由于要处理电信号，因而费用和价格较高。但测量精度、测量范围以及测量动态特性很好，还可以远距离传送。根据这类测温方法所制成的温度计称为热电式温度计，又叫热电式温度传感器，主要有热电阻温度计和热电偶温度计两大类。

1. 热电阻温度计

（1）热电阻温度计测温原理

热电阻温度计是利用电阻与温度呈一定函数关系的金属导体或半导体材料制成的。当温度变化时，电阻随温度变化而变化，将变化的电阻值作为信号输入显示仪表及调节器，从而实现对被测介质温度的检测或调节。

（2）热电阻材料及常用热电阻

制作热电阻的材料一般需要满足电阻温度系数要大，有较大的电阻率，在整个温度范围内具有稳定的物理化学性质和良好的复现性，电阻值与温度最好呈线性关系即光滑曲线关系，以便刻度标尺分度和读数等这些特点。目前常用的金属热电阻材料为铂和铜。

常用的热电阻有铂电阻、铜电阻及热敏电阻。

铂电阻温度与电阻之间的关系为分段函数，在－200～0℃范围内按式（3-6）计算：

$$R_t = R_0[1 + At + Bt^2 + C(t-100)t^3] \tag{3-6}$$

在0～850℃范围内按式（3-7）计算：

$$R_t = R_0(1 + At + Bt^2) \tag{3-7}$$

式中 R_t——温度为t℃时的电阻值，Ω；

R_0——温度为0℃时的电阻值，Ω；

A、B、C——系数，$A=3.9083\times10^{-3}$℃$^{-1}$；$B=-5.775\times10^{-7}$℃$^{-2}$；$C=4.183\times10^{-12}$℃$^{-4}$。

在－50～150℃范围内，铜电阻与温度之间的关系为

$$R_t = R_0(1 + a_0 t) \tag{3-8}$$

式中 R_t——温度为t℃时的电阻值，Ω；

R_0——温度为0℃时的电阻值，Ω；

a_0——0℃下铜电阻温度系数，为4.28×10^{-3}℃$^{-1}$。

热电阻温度计具有体积小、热惯性小、结构简单、化学稳定性好、机械性能强、准确度

高、使用方便等优点，它与显示仪表或调节器配合，可以远距离显示、记录和控制。缺点是复现性和互换性差，非线性严重，测温范围窄，目前只能达到−50～300℃。

近年来，还出现了用一些超导材料、陶瓷材料，以及用铟、铅、康铜等金属丝来制作的温度计。但是，这类温度计的测温准确度和性能还有待于提高，当前还难以推广使用。目前广泛用于热工检测的电阻温度计仍然是热敏电阻温度计、铂电阻温度传感器、铜电阻温度传感器和镍热电阻温度计。

2. 热电偶温度计

由热电偶温度传感器、显示仪表和连接导线（通常用补偿导线）所组成的热电偶温度计可以用来检测−200～1300℃范围内的温度（图 3-2）。用特殊材料制成的热电偶温度计还可以检测高达 3000℃或低至 4K 的温度。

热电偶温度计具有性能稳定、结构简单、使用方便、经济耐用、体积小和容易维护等优点。通过热电偶温度计能将温度信号转换成电信号，便于信号远传和实现多点切换测量。因此，工业生产和科学研究领域都广泛使用热电偶温度计来检测温度。在建筑节能温度检测中，热电偶是用得最多的感温元件。

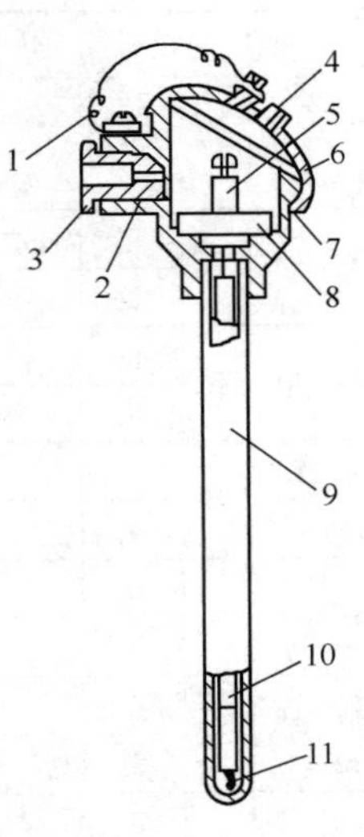

图 3-2　热电偶温度计
1—补偿导线；2—出线孔；3—金属链；4—盒盖固定螺钉；5—接线柱；6—盒盖；7—接线盒；8—接线柱；9—保护套管；10—绝缘管；11—热电极

（1）热电偶温度计测温的基本原理

热电偶温度计检测温度的基本原理是热电效应。将两种不同成分的金属导体首尾相连，形成闭合回路，如果两接点的温度不同，则在回路中就会产生热电动势，形成热电流，这就是热电效应。

热电偶就是将两种不同的金属材料一端焊接而成。焊接的一端叫作测量端，未焊接的一端叫作冷端。冷端在使用时通常恒定在一定的温度（如 0℃）。当对测量端加热时，在接点处有热电势产生。如冷端温度恒定，其热电势的大小和方向只与两种金属材料的特性和测量端的温度有关，而与热电极的粗细和长短无关。当测量端的温度改变后，热电势也随之改变，并且温度和热电势之间有一固定的函数关系，利用这个关系，就可以检测温度。因此，热电偶温度计是通过测量电势而实现测量温度的一种感温元件。它是一种变换器，能将温度信号转变成电信号，再由显示仪表显示出来。

（2）热电偶温度计的技术特性

热电偶温度计的技术特性主要包括热电偶热电势的允许偏差、热电偶的时间常数（表 3-2）、热电偶的工作压力、热电偶的最小插入深度、热电偶的绝缘电阻（表 3-3）等。

表 3-2　工业用热电偶的时间常数

热惰性级别	时间常数（s）	热惰性级别	时间常数（s）
Ⅰ	90～180	Ⅲ	10～30
Ⅱ	30～90	Ⅳ	<10

表 3-3 高温下热电偶的绝缘电阻

最高使用温度（℃）	试验温度（℃）	绝缘电阻不小于（kΩ/m）
600	最高使用温度	70
>600	600	70
≥800	800	25
>1000	1000	5

（3）常用热电偶

目前，国际上标准化热电偶有八种，其分度号及技术数据见表 3-4。

表 3-4 常用标准化热电偶技术数据

热电偶名称	分度号	热电极识别		E（100，0）（mV）	测温范围(℃)		对分度表允许偏差		
	新	极性	识别		长期	短期	等级	使用温度（℃）	允差
铂铑$_{10}$-铂	S	正	亮白较硬	0.646	0～1300	1600	Ⅲ	≤600	±1.5℃
		负	亮白柔软					>600	±0.25%t
铂铑$_{13}$-铂	R	正	较硬	0.647	0～1300	1600	Ⅱ	<600	±1.5℃
		负	柔软					>1100	±0.25%t
铂铑$_{30}$-铂铑$_{6}$	B	正	较硬	0.033	0～1600	1800	Ⅲ	600～800	±4℃
		负	柔软					>800	±0.5%t
镍铬-镍硅	K	正	不亲磁	4.096	0～1200	1300	Ⅱ	−40～1300	±2.5℃
		负	稍亲磁				Ⅲ	−200～40	
镍铬硅-镍铬	N	正	不亲磁	2.774	−200～1200	1300	Ⅰ	−40～1100	±1.5℃
		负	稍亲磁				Ⅱ	−40～1300	±2.5℃
镍铬-康铜	E	正	暗绿	6.319	−200～760	850	Ⅱ	−40～900	±2.5℃
		负	亮黄				Ⅲ	−200～40	
铜-康铜	T	正	红色	4.729	−200～350	400	Ⅱ	−40～350	±1℃
		负	银白色				Ⅲ	−200～40	
铁-康铜	J	正	亲磁	5.269	−40～600	750	Ⅱ	−40～750	±2.5℃
		负	不亲磁						

注：表中 t 为被测温度。

此外，还有一些非标准化的热电偶，主要有铂铑系、铱铑系、钨錸系及金铁热电偶、双铂钼热电偶等，如铠装热电偶温度计是由热电极、绝缘材料和金属套管三部分组成并经拉伸而成的坚实组合体，也称套管热电偶。

专用热电偶温度计是指专门用于特殊环境、特殊条件、特殊介质下测温用的热电偶温度计。专用热电偶温度计主要有表面热电偶、测熔融金属的热电偶、测量气流温度的热电偶、多点式热电偶和薄膜热电偶温度计等。

3.1.5 红外热像仪

近 30 年来，红外技术得到了迅速的发展，它的应用领域已从医疗卫生、军事领域发展到工业、农业、建筑等，特别是在建筑节能检测中得到了广泛的应用。在工业方面，温度的检测和温度控制是红外技术应用的一个很显著的成就，红外技术研究的初级阶段就是从红外测温开始的，采用的主要仪器——红外热像仪如图 3-3 所示。

图 3-3　红外热像仪

一般地讲，凡是利用物体辐射的红外光谱测温的技术都可称为红外测温，这种仪表就称为红外测温仪表。目前应用的红外测温仪的形式很多，但其原理结构可概括为如图 3-4 所示的方框图。红外测温作为辐射式测温的一个组成部分来说，其特点仅仅是所用的敏感元件是红外元件，或者是对可见光敏感的元件。这样，红外测温就有可能将测温下限延伸到－50℃以下的低温，红外测温还有可能避免气体介质的吸收对检测准确度的影响。如果选择适当的敏感元件，使仪表的工作波段避开了水蒸气、碳酸气等气体的吸收峰，其抑制气体介质的干扰作用将比一般光学高温计、全辐射高温计等仪表好得多。此外，运用红外技术的热像仪，可以探测整个温度场的温度分布情况，是目前建筑节能检测中热工缺陷检测的重要手段。

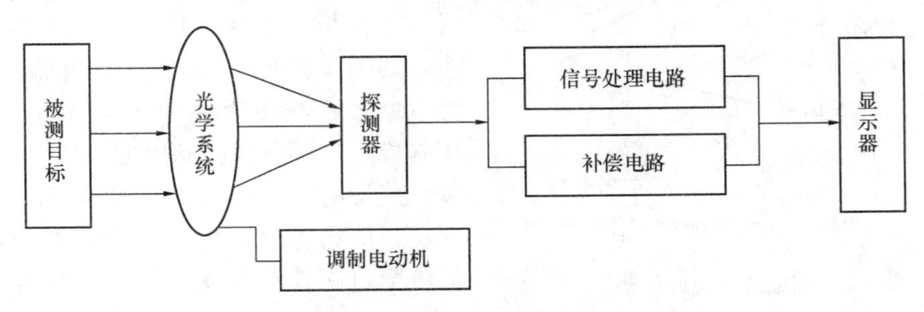

图 3-4　红外测温系统结构

3.1.6　温度采集记录器

单点温度采集记录器是近年来出现的一种自记式温度计(图 3-5)，它采用先进的芯片技术，集合了温度传感、记录、传输功能，无须专门的电源和显示设备，体积小巧，能够适应

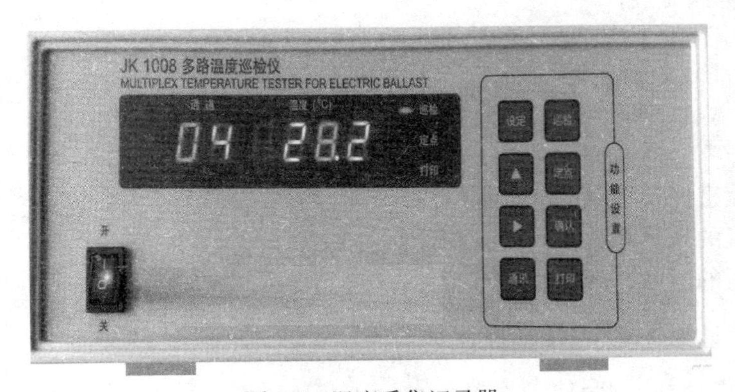

图 3-5　温度采集记录器

不同的环境。主要适用于建筑节能、环境监测、建材、化工、食品等领域的温度测量和采集。

测量时先打开开关，采集记录器指示灯闪烁，表示采集记录器已经开始工作；将随机配备的通信电缆插头分别插入采集记录器通信插口和PC串行接口；打开PC，运行专用软件。按照屏幕的中文提示，采用问答方式，输入有关参数；采集记录器现场安装之前，需设定开始工作时间、采样周期；设定完成后方可使用；当测量完毕将测量数据一次全部读入PC存储、显示、处理。

3.2 热流量测量仪表

目前研究和使用的热流计主要以传导热流计和辐射热流计为主。下面介绍常用辅壁式传导热流计。

辅壁式热流计(也叫Schmit热流计或热阻式热流计)是一种传导热流计，在节能技术中经常被使用，主要用于工业设备、建筑节能检测和管道热量损失的监测和控制。

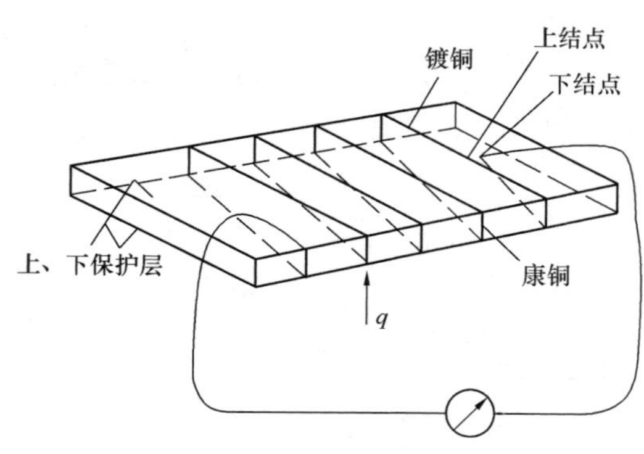

图3-6 辅壁式热流计探头

辅壁式热流计的传感器为由某种材料制成的薄基板，其基本形式是一种薄片状的探头，如图3-6所示。有很多热电偶串联而成的热电堆布置在薄片的上下表面内，并用电镀法制成，表层有橡胶制成的保护层。

测量时，将热流计薄片探头贴于待测壁面，当传热达到稳定后，待测壁面的散热热流将穿过热流计探头，热流计的热电堆测出热流计探头上下两面产生的温差。这个温差使装在基板内的热电堆产生一定的热电势E，热电势与温差存在着函数关系：

$$E = e_0 n \Delta t \tag{3-9}$$

式中 E——热电势；

e_0——热电偶的热电系数；

n——热电偶对数；

Δt——热流计上下两面产生的温差。

则流过平板的热流密度为

$$q = \frac{\lambda}{\delta}\Delta t = \frac{\lambda E}{\delta e_0 n} = CE \tag{3-10}$$

式中 q——热流密度，W/m²；

λ——平板的导热系数，W/(m·K)；

δ——平板的厚度，m；

C——热流计探头输出系数，$C = \dfrac{\lambda}{\delta e_0 n}$。

输出系数的含义是：当垂直通过热流计探头的热流密度大小为C（W/m²）时，探头产生1mV的电势。C越小则热流计探头的灵敏度越高，它主要取决于制造传感器的材质、结构和尺寸，当探头制成后，C即为确定的常数。

3.3 建筑物温度现场检测

建筑物温度现场检测包括室内温度、外围护结构热桥部位内表面温度、室外温度等的检测。

3.3.1 室内温度检测

室内温度是衡量建筑物热舒适度的重要指标，是判定建筑物系统供热（供冷）质量的决定性指标，也是供热计量收费的基础指标，因此室内温度的检测非常重要。

1. 检测方法

建筑物平均室温应以户内平均室温的检测为基础，以房间室温计算出户内室温，进而计算出建筑物平均室温。户内平均室温的检测时段和持续时间应符合表3-5的规定。如果该项检测是为了配合其他物理量的检测而进行的，则其检测的起止时间和要求应符合有关规定。

表3-5 户内平均室温检测时段和持续时间

序号	范围分类	时段	持续时间
1	试点居住建筑/试点居住小区	整个采暖期	整个采暖期
2	非试点居住建筑/非试点居住小区	冬季最冷月	≥72h

2. 仪器仪表

检测室内温度用的仪表主要是温度传感器和温度记录仪。温度传感器一般用铜-康铜热电偶。用于温度测量时，不确定度应小于0.5℃；用一对温度传感器直接测量温差时，不确定度应小于2%；用两个温度值相减求取温差时，不确定度应小于0.2℃。

近期出现的单点自记式温度记录仪具有温度传感器和数据记录仪的功能，电池供电、温度采集时间可调，数据存储量大，特别适合于电力不能保证环境的现场检测室内外温度。

3. 检测对象确定

（1）检测面积不应少于总建筑面积的0.5%；总建筑面积不足200m^{2}时，应全额检测；总建筑面积大于200m^{2}时，应随机抽取受检房间或受检住户，但受检房间或受检住户的建筑面积之和不应少于200m^2。

（2）3层以下的居住建筑，应逐层布置测点；3层和3层以上的居住建筑，首层、中间层和顶层均应布置测点。

（3）每层至少选取3个代表房间或代表户。

（4）检测户内平均室温时，除厨房、设有浴盆或淋浴器的卫生间、淋浴室、储物间、封闭阳台和使用面积不足5m^{2}的自然间外，其他每个自然间均应布置测点，单间使用面积大于或等于30m^{2}的宜设置两个测点。

（5）户内平均室温应以房间平均室温的检测为基础。房间平均室温应采用温度巡检仪进行连续检测，数据记录时间间隔最长不得超过60min。

（6）房间平均室温测点应设于室内活动区域内且距楼面700～1800mm的范围内恰当的

位置，但不应受太阳辐射或室内热源的直接影响。

4. 室温计算

建筑物平均室温通过检测和计算得到。先对随机抽样的住户房间直接检测得到房间的室温，然后计算出该住户的平均室温，再通过计算得到该建筑物平均室温，计算过程应按式（3-11）～式（3-13）进行。

$$t_{\rm rm}=\frac{\sum_{i=1}^{p}\left(\sum_{j=1}^{n}t_{i,j}\right)}{p\cdot n} \tag{3-11}$$

$$t_{\rm hh}=\frac{\sum_{k=1}^{m}t_{{\rm rm},k}\cdot A_{{\rm rm},k}}{\sum_{k=1}^{m}A_{{\rm rm},k}} \tag{3-12}$$

$$t_{\rm ia}=\frac{\sum_{l=1}^{M}t_{{\rm hh},l}\cdot A_{{\rm hh},l}}{\sum_{l=1}^{M}A_{{\rm hh},l}} \tag{3-13}$$

式中 $t_{\rm ia}$——检测持续时间内建筑物平均室温，℃；

$t_{\rm hh}$——检测持续时间内户内平均室温，℃；

$t_{\rm rm}$——检测持续时间内房间平均室温，℃；

$t_{{\rm hh},i}$——检测持续时间内第 i 户受检住户的户内平均室温，℃；

$t_{{\rm rm},k}$——检测持续时间内第 k 间受检房间的房间平均室温，℃；

$t_{i,j}$——检测持续时间内某房间内第 j 个测点第 i 个逐时温度检测值，℃；

n——检测持续时间内某一房间某一测点的有效检测温度值的个数，℃；

p——检测持续时间内某一房间布置的温度检测点的数量；

m——某一住户内受检房间的个数；

M——某栋居住建筑内受检住户的个数；

$A_{{\rm rm},k}$——第 k 间受检房间的建筑面积，$\rm m^2$；

$A_{{\rm hh},l}$——第 l 户受检住户的建筑面积，$\rm m^2$；

i——某受检房间内布置的温度检测点的顺序号；

j——某温度巡检仪记录的逐时温度检测值的顺序号；

k——某受检住户中受检房间的顺序号；

l——居住建筑中受检住户的顺序号。

5. 结果评定

（1）合格指标

建筑物冬季平均室温应在设计范围内，且所有受检房间逐时平均温度的最低值不应低于 16℃（已实行按热量计费、室内散热设施装有恒温阀且住户出于经济的考虑，自觉调低室内温度者除外），同时检测持续时间内房间平均室温不得大于 23℃。

（2）结果评定

若受检居住建筑的建筑物平均室温检测结果满足上述规定，则判该受检居住建筑合格。若所有受检居住建筑的建筑物平均室温均检验合格，则判该申请检验批的居住建筑合格，否则判不合格。

3.3.2 热桥部位内表面温度检测

1. 检测方法

热桥部位内表面温度直接采用热电偶等温度传感器贴于受检表面进行检测。室内外计算温度条件下热桥部位内表面温度应按式（3-14）计算得到。

$$\theta_{\mathrm{I}} = t_{\mathrm{di}} - \frac{t_{\mathrm{m}} - \theta_{\mathrm{Im}}}{t_{\mathrm{rm}} - t_{\mathrm{em}}}(t_{\mathrm{di}} - t_{\mathrm{de}}) \tag{3-14}$$

式中 θ_{I}——室内外计算温度下热桥部位内表面温度,℃；

θ_{m}——检测持续时间内热桥部位内表面温度逐次测量值的算术平均值,℃；

t_{em}——检测持续时间内室外空气温度逐次测量的算术平均值,℃；

t_{di}——室内计算温度,℃，应根据具体设计图纸确定或按《民用建筑热工设计规范》（GB 50176—2016）规定采用；

t_{de}——室外计算温度,℃，应根据具体设计图纸确定或按《民用建筑热工设计规范》（GB 50176—2016）规定采用；

t_{rm}——意义同前。

2. 检测仪器

检测热桥部位内表面温度用的仪表主要是温度传感器和温度记录仪。温度传感器一般用铜-康铜热电偶。用于温度测量时，不确定度应小于0.5℃；用一对温度传感器直接测量温差时，不确定度应小于2%；用两个温度值相减求取温差时，不确定度应小于0.2℃。

温度记录仪应采用巡检仪，数据存储方式应适用于计算机分析。测量仪表的附加误差应小于4μV或0.1℃。

3. 检测对象的确定

（1）检测数量应以一个检验批中住户套数或间数为单位进行随机抽取确定。

（2）对于住宅，一个检验批中的检测数量不宜超过总套数的1%，对于住宅以外的其他居住建筑，不宜超过总间数的0.2%，但不得少于3套（间）；当检验批中住户套数或间数不足3套（间）时，应全额检测，顶层不得少于1套（间）。

（3）检测部位应在受检住户或房间内综合选取，每一受检住户或房间的检测部位不得少于1处。

（4）检测热桥部位内表面温度时，内表面温度测点应选在热桥部位温度最低处，具体位置可采用红外热像仪协助确定。

（5）热桥部位内表面温度检测应在采暖系统正常运行工况下进行，检测时间宜选在最冷月，并应避开气温剧烈变化的天气。检测持续时间不应少于72h，数据应每小时记录一次。

4. 检测步骤

室内空气温度测点布置参见本书3.3.1节中房间室温的检测部分。室外空气温度检测按本书3.3.3节中的规定进行。内表面温度传感器（铜-康铜热电偶）连同0.1m长引线应与受检表面紧密接触，传感器表面的辐射系数应与受检表面基本相同。

5. 结果判定

在室内外计算温度条件下，围护结构热桥部位的内表面湿度不应低于室内空气相对湿度按 60%计算时的室内空气露点温度。当所有受检部位的检测结果均分别满足上述规定时，则判定该申请检验批合格，否则判定不合格。

3.3.3 室外空气温度检测

室外空气温度的测量应采用温度巡检仪，逐时采集和记录。采样时间间隔宜短于传感器最小时间常数，数据记录时间间隔不应长于 20min。

室外空气温度传感器应设置在外表面为白色的百叶箱内，百叶箱应放置在距离建筑物 5～10m范围内。当无百叶箱时，室外空气温度传感器应设置防辐射罩，安装位置距外墙外表面应大于 0.20m，且宜在建筑物两个不同方向同时设置测点。超过 10 层的建筑宜在屋顶加设 1～2 个测点。温度传感器距地面的高度宜为 1.5～2m，且应避免阳光直接照射和室外固有冷热源的影响。在正式开始采集数据前，温度传感器在现场应有不少于 30min 的环境适应时间。

3.3.4 围护结构层温度及冷凝计算

1. 围护结构内表面温度计算

围护结构内表面温度如图 3-7 所示，应按式（3-15）计算。

$$\theta_m = t_i - \frac{t_i - t_e}{R_0} R_i \tag{3-15}$$

式中 θ_m——围护结构内表面温度,℃；

t_i——室内计算温度,℃；

t_e——室外计算温度,℃；

R_0——围护结构传热阻，$m^2 \cdot K/W$；

R_i——内表面换热阻，$m^2 \cdot K/W$。

2. 围护结构内部层间温度计算

围护结构内部第 m 层内部温度如图 3-8 所示，应按式（3-16）计算。

$$t_m = t_i - \frac{t_i - t_e}{R_0}(R_i + \Sigma R_{m-1}) \tag{3-16}$$

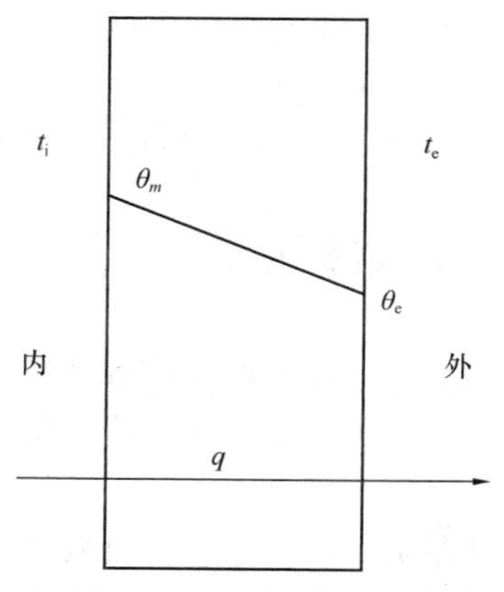

图 3-7 围护结构内表面温度计算示意图

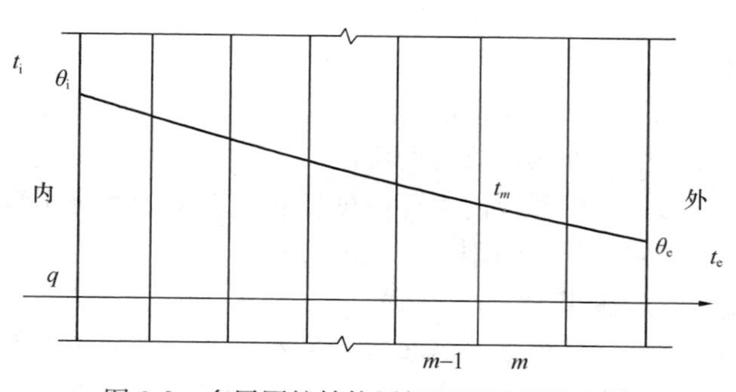

图 3-8 多层围护结构层间温度计算示意图

式中 t_i——室内计算温度,℃;

t_e——和室外计算温度,℃;

R_0——围护结构传热阻,$m^2 \cdot K/W$;

R_i——围护结构内表面换热阻,$m^2 \cdot K/W$;

$\sum R_{m-1}$——第 $1 \sim m-1$ 层热阻之和,$m^2 \cdot K/W$。

3. 围护结构冷凝计算

(1) 围护结构冷凝判别

围护结构内部某处的水蒸气分压力 P_m 大于该处的饱和水蒸气分压力值时,可能会出现冷凝。判别方法:

① 根据 t_i、t_e 求各界面的温度 t_m,并作分布线;

② 求与这些界面温度相应的饱和水蒸气分压力 P_s,并作分布线;

③ 求各界面上实际的水蒸气分压力 P_m,按式(3-17)并作分布线;

④ 若 P_m 线与 P_s 线不相交,则内部不会出现冷凝,若两线相交,则内部可能出现冷凝(图 3-9)。

$$P_m = P_i - \frac{P_i - P_e}{H_0}(H_1 + H_2 + \cdots + H_{m-1}) \tag{3-17}$$

式中 P_i、P_e——内表面和外表面水蒸气分压力,取室内和室外空气的水蒸气分压力,Pa;

H_1、H_2、…、H_{m-1}——各层的水蒸气渗透阻,$m^2 \cdot h \cdot Pa/g$;

H_0——结构的总水蒸气渗透阻,$m^2 \cdot h \cdot Pa/g$。

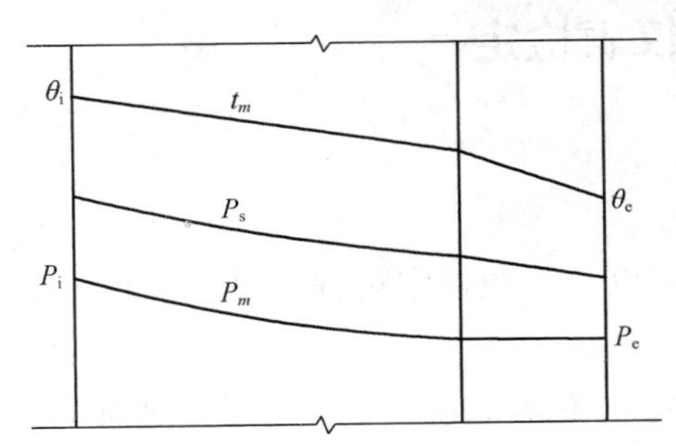

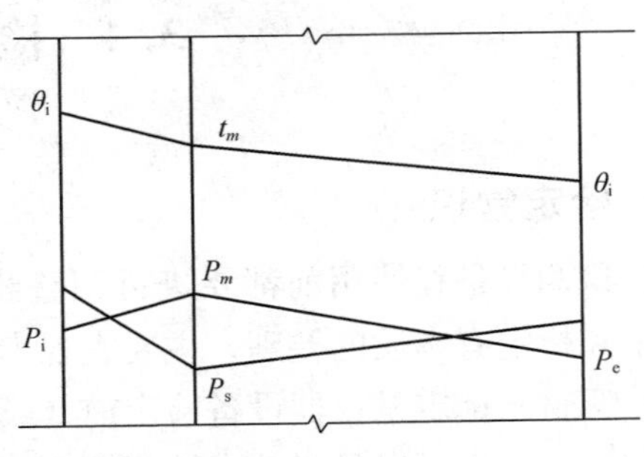

图 3-9 围护结构冷凝判别示意图

材料层的水蒸气渗透阻:

$$H = \frac{\delta}{\mu} \tag{3-18}$$

多层结构的水蒸气渗透阻:

$$H_0 = \frac{\delta_1}{\mu_1} + \frac{\delta_2}{\mu_2} + \cdots + \frac{\delta_n}{\mu_n} \tag{3-19}$$

式中 δ——材料层厚度,m;

μ——材料的蒸气渗透系数,$m^2 \cdot h \cdot Pa/g$。

(2) 围护结构冷凝位置和冷凝计算界面温度

围护结构层间结露情况判断位置一般为保温层与外侧密实层的交界处,如图 3-10 所示。

其冷凝计算界面温度应按式（3-20）计算。

$$\theta_c = t_i - \frac{t_i - \bar{t}_e}{R_0}(R_i + R_{0,i}) \tag{3-20}$$

式中 θ——冷凝计算界面温度，℃；

t_i——室内计算温度，℃；

t_e——采暖期室外平均温度，℃；

R_0——围护结构传热阻，$m^2 \cdot K/W$；

R_i——围护结构内表面换热阻，$m^2 \cdot K/W$；

$R_{0,i}$——冷凝计算界面至围护结构内表面之间的热阻，$m^2 \cdot K/W$。

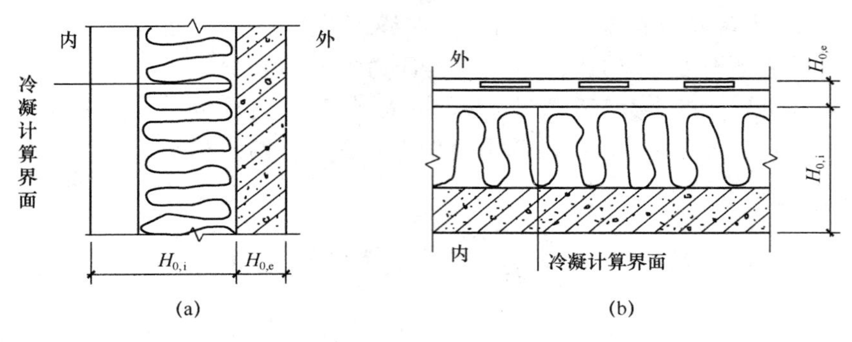

图 3-10　围护结构冷凝计算界面示意图

（a）外墙；（b）屋顶

3.4　检测仪表检定

3.4.1　检定常识

任何检测设备在使用前都要进行调整和标定以及按照检定规程对设备进行检定，但调整、标定和检定有本质的差别，主要表现为：

（1）调整、标定是仪器设备检定前（或使用前）的调整和校准，它可以是对单个仪表进行调整和标定，也可以是对整个检测系统或检测装置进行调整和标定，而检定是对单个检测仪表进行检定。

（2）调整和标定所进行的工作是个人行为，所提供的数据仅供参考，而检定是按照计量检定规程规定的计量性能要求、技术要求、环境条件要求和检定方法进行，它具有法律效力，所出具的报告数据，任何单位和个人都必须认可。

（3）调整、标定一般是对仪表的主要技术指标进行粗略的查对，其目的是检查仪表存在的故障，为仪表检修提供可参考的信息，所以一般项目比较少，方法也比较简单，对环境条件要求比较低。但检定必须符合检定规程的要求，检定结果必须按照规定的方法进行处理。

（4）调整、标定的人员只要具备相关专业方面的知识，懂得对仪表调整和标定的方法就可以了。而检定的工作人员必须经过上级授权的计量部门对他们进行专业技术培训并考试合格，获得法定计量部门颁发的计量人员上岗证，才能进行检定工作。

虽然调整、标定和检定有着本质的区别，但在实际使用中定期的检定是必不可少的。同样，检修中的调整、标定也是不可缺少的。

3.4.2 温度检测仪表的检定与校验

温度检测仪表属于计量器具，在节能检测中频繁使用，由于使用环境等影响，可能失去原有的精度，从而影响量值的准确性，给检测带来损失。因此，必须对各类温度检测仪表进行周期性检定。

1. 玻璃管液体温度计的检定

玻璃管液体温度计根据分度值和测量范围的不同分为精密温度计和普通温度计，见表3-6。

表 3-6 温度计的分度值及测温范围

	精密温度计		普通温度计	
分度值（℃）	0.1，0.2	0.5，1	0.5，1	2，5
温度范围（℃）	−60～300	300～500	−100～300	−30～600

玻璃管液体温度计的检定是按国家检定规程《工作用玻璃液体温度计》（JJG 130—2011）的要求进行的。检定时用二等标准温度计（水银温度计、二等标准铂电阻温度计及配套电测设备）或标准铜-康铜热电偶及配套电测设备，用比较法在表3-7中规定的恒温槽内进行。

表 3-7 检定温度计用恒温槽或恒温装置

设备名称	温度范围（℃）	精密温度计用温度均匀性		普通温度计用温度均匀性		温度稳定性 $(10\text{min})^{-1}$
		工作区域最大温差				
恒温槽或恒温装置	−100～<−30	0.05	0.10	0.20	0.10	±0.05
	−30～100	0.02	0.04	0.10	0.05	±0.02
	>30～100	0.04	0.08	0.20	0.10	±0.05
	>300～600	0.10	0.20	0.40	0.20	

玻璃管液体温度计应在规定条件下检定。玻璃管液体温度计露出液柱的温度修正，在特殊条件下检定应按表3-8中的公式进行修正。

表 3-8 特殊条件下对玻璃管液体温度的修正

温度计类型	规定条件	特殊条件及示值修正	
		特殊条件	示值修正公式
全浸温度计	露出液柱长度应不大于15mm	局浸使用	$\Delta t=K_n(t-t_1)$ $t^*=t+\Delta t$
局浸温度计	露出液柱环境温度符合检定规程规定	露出液柱环境温度不符合规定	$\Delta t=K_n(t_0-t_1)$ $t^*=t+\Delta t$

注：Δt——露出液柱的温度修正值；K——温度计中感温液体的视膨胀系数（水银：0.00016，酒精：0.00103，煤油：0.00093），$℃^{-1}$；n——露出液柱的长度在温度计上相对应的温度数，℃；t_0——规定露出液柱的环境温度，℃；t_1——辅助温度计测的露出液柱环境温度（辅助温度计放在露出液柱的下部1/4位置上，应与被检温度计充分热接触），℃；t——被检温度计温度示值，℃；t^*——被检温度计修正后的温度值，℃。

玻璃管液体温度计的检定分为首次检定、后续检定和使用中的校准。首次检定是出厂检定，后续检定是仪表使用中的周期检定。首次检定的项目较多，要完全按检定规程规定的项目检查，后续检定可不做示值稳定性的检定，而使用中的校准一般只校准示值误差。

玻璃管液体温度计的检定点及间隔见表 3-9。

表 3-9　温度计检定间隔　（℃）

分度值	检定点间隔	分度值	检定点间隔
0.1	10	0.5	50
0.2	20	1，2，5	100

当按表 3-9 所选择的温度计的检定点少于 3 个时，则应对下限、上限和中间任意点进行检定。后续检定的温度计也可根据用户要求进行校准或测试。首次检定的温度计要对两个规定检定点间的任意点进行抽检，其示值误差应符合全浸和局浸温度计示值误差限的规定。

玻璃管液体温度计的检定周期一般不超过一年，也可以根据使用情况确定。经检定合格的温度计应发给检定证书；检定不合格的温度计发给检定结果通知书，并注明不合格项目。如按用户要求对温度计某些温度点进行校准或测试，应发给校准证书或测试证书。

2. 热电式温度传感器的检定

热电式温度传感器包括热电偶温度计和热电阻温度计，它们都有各自的检定规程。由于这类仪表的种类较多，应用范围较广，检定方法也各不相同，这里只以《标准铂铑 10-铂热电偶》（JJG 75—1995）的检定为例进行介绍。

（1）检定所用的标准仪器和配套设备

所用的标准仪器为比被检定热电偶高一等级的标准热电偶。

配套设备有电测设备、比较法分度炉、退火炉、热电偶转换开关、冰点恒温器、热电偶通电退火装置和热电偶焊接装置等。

（2）检定方法

① 外观检查。按照 JJG 75—1995 中的要求进行外观检查。

② 检定前的准备。被检热电偶必须按规定进行清洗、退火和稳定性检查。

③ 将标准热电偶和被检热电偶用铂丝捆成一束（总数不超过 5 支），同轴置于分度炉内，要求插入恒温箱深度相同，为 100～150mm。

④ 分度检定。被检热电偶在锌（419.527℃）、铝（660.323℃）或锑（630.63℃）、铜（1084.62℃）3 个固定点温度附近分度。分度时炉温偏离固定点不超过±5℃。

双极法是最基本的比较分度法，适用于检定各种型号热电偶，其分度原理如图 3-11 所示。

检定时，把炉温升到预定的分度点，保持数分钟，使热电偶的测量端达到热平衡，当观测到炉温变化小于 0.1℃/min 时，即开始测量。

⑤ 检定结果的处理。用比较法检定热电偶时，被检热电偶在各固定点上的热电势 $E_{被}(t)$ 采用下式进行计算：

$$E_{被}(t) = E_{标证}(t) + \Delta e(t) \tag{3-21}$$

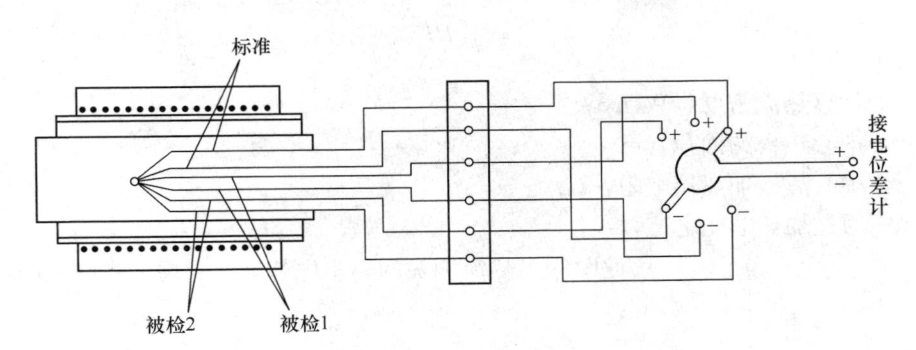

图 3-11　双极法分度原理图

式中　$E_{标证}(t)$ ——标准热电偶证书中固定点上的热电动势，mV；

$\Delta e(t)$ ——检定时测得的被测热电偶和标准热电偶的热电动势平均值的差值，mV。

双极法标定时，有

$$\Delta e(t)=\overline{E}_{被}(t)-\overline{E}_{标}(t) \tag{3-22}$$

式中　$\overline{E}_{被}(t)$ ——检定时测得被检热电偶的热电动势的平均值，mV；

$\overline{E}_{标}(t)$ ——检定时测得的标准热电偶的热电动势的平均值，mV。

标准铂铑 10-铂热电偶的检定周期为一年。

3.4.3　热流量检测仪表的检定与校验

热流计作为一种检测热流的仪表，其测量结果的准确与否是它可否信赖的关键。热流计测头使用一段时间后，要进行标定。另外，热流计测头在使用时，常常粘贴在被测物体的表面或埋设在被测物体内部，这都会影响被测物体原有的传热状况。为了对这个影响有一个准确的估计，就要知道热流测头自身的热阻等性能，这需要在标定过程中加以确定。常用的标定方法有平板直接法、平板比较法和单向平板法三种。

1. 平板直接法

平板直接法是采用测量绝热材料的保护热板式导热仪作为标定热流测头用的标准热流发生器。两个热流测头分别放在主热板两侧，再放上两块绝热缓冲块，外侧用冷板夹紧。中心热板用稳定的直流电源加热，冷板是以恒温水套，如图 3-12 所示。

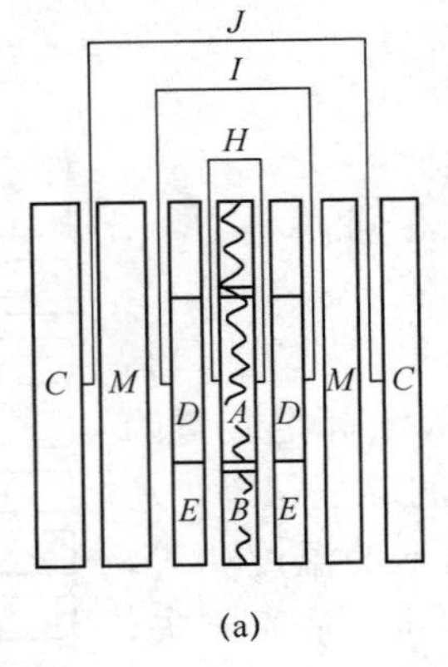

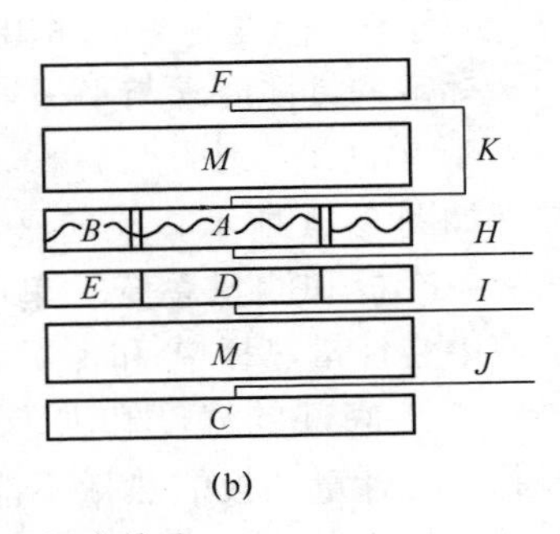

图 3-12　平板直接法

(a) 双平板；(b) 单平板

根据不同的工况确定中心加热器的加热功率和恒温水的温度，调整保护圈加热器的加热功率，使保护圈表面均热板的温度和中心均热板表面的温度一致，从而在热板和冷板之间建立起一个垂直于冷、热板面（也垂直于热流测头表面）的稳定的一维热流场。主加热器发出的热流均匀垂直地通过热流测头。热流密度由式（3-23）求得：

$$q = \frac{RI^2}{2A} \tag{3-23}$$

式中 q——计算热流密度，W/m^2；

A——中心热板的面积，m^2；

R——中心热板加热器电阻，Ω；

I——通过加热器的电流，A。

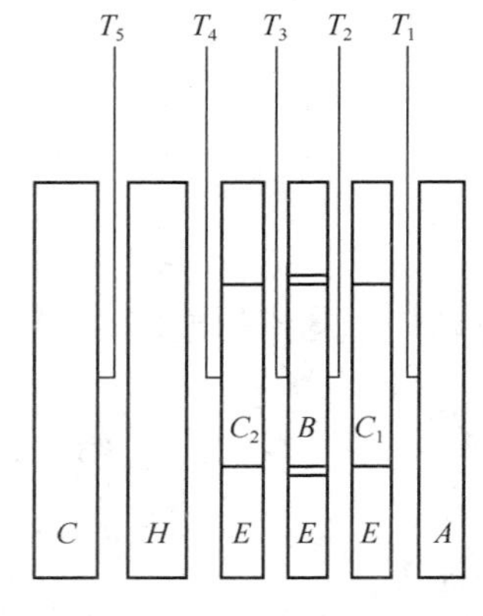

图 3-13 平板比较法

此时测出热流测头的输出电势 E，利用下式即可确定测头系数 C：

$$C = \frac{q}{E} \tag{3-24}$$

在标定时，应保证冷热板之间温差大于 10℃。进入稳定状态后，每隔 30min 连续测量测头和热缓冲板两侧温差、测头输出电势及热流密度。4 次测量结果的偏差小于 1%且不是单方向变化时，标定结束。在相同温度下，每块测头应至少标定两次（第二次标定时，两块测头的位置应互换），取两次平均值作为该温度下测头标定系数 C。

2. 平板比较法

如图 3-13 所示，平板比较法的标定装置包括热板、冷板和测量系统。

把待标定的热流计测头与经平板直接法标定过的测头作为标准的热流测头以及绝缘材料做成的缓冲块一起，放在表面温度保持稳定均匀的热板和冷板之间。热板和冷板用电加热或恒温水槽的形式控温。利用标准热流测定的系数 C_1、C_2 和输出电势 E_1、E_2，就可以算出热流密度 q，从而能确定热流测头系数 C。

$$C = \frac{q}{E} = \frac{C_1E_1 + C_2E_2}{2E} \tag{3-25}$$

式中 C——被标测头的系数，$W/(m^2 \cdot mV)$；

C_1、C_2——标准测头的系数，$W/(m^2 \cdot mV)$；

q——热流密度，W/m^2；

E——被标测头的输出电势，mV；

E_1、E_2——标准测头的输出电势，mV。

标定的具体要求与平板直接法相同。

3. 单向平板法

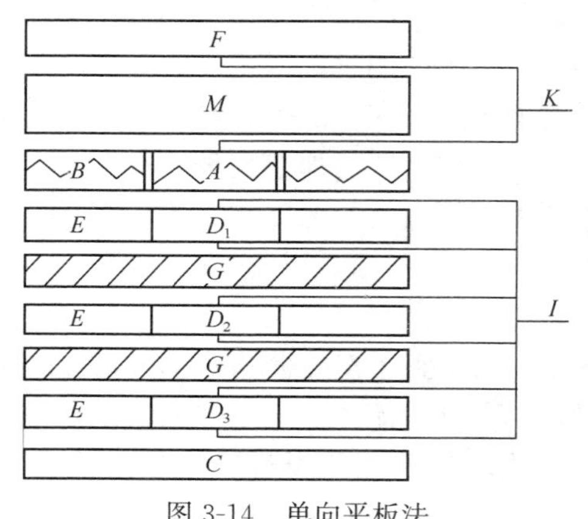

图 3-14 单向平板法

如图 3-14 所示，单向平板法的标定装置包括热板、冷板和测量系统。单向平板法标定装置除了使中心计量热板 A 和保护板 B 的温度相等，还要使 A 板底部的温度和 B 保护板下的温度相等，因此中心计量热板的热量不能向周围及底部损失，唯一可传递的方向是热流测头，保证了一维稳定热流的条件。由于热流只是向一个方向流出，因

此热流密度为

$$q=\frac{RI^2}{A} \tag{3-26}$$

式中 q——计算热流密度，W/m^2；

R——中心热板加热器电阻，Ω；

I——通过加热器的电流，A；

A——中心热板的面积，m^2。

此时测出热流测头的输出电势 E，由式（3-24）即可确定测头系数 C。

任务4　保温材料检测

保温隔热材料是绝热材料之一，通常绝热材料是一种质轻、疏松、多孔、热导率小的材料。建筑物外保温材料是保温隔热材料的一大分支，而且随着外保温体系优点的不断显现和该体系性能研究的不断发展，保温节能材料已成为保温材料发展的主流。

4.1　保温材料的概述

保温材料是一种减缓由传导、对流、辐射产生的热传递速率的材料或复合材料。由于材料具有高热阻，保温材料能阻碍热流进出建筑物。根据《设备及管道绝热技术通则》(GB/T 4272—2008)的规定，在平均温度为298K(25℃)时，保温材料的热导率值应小于0.080W/(m·K)。保温材料的主要优点如下：

(1) 从经济效益角度看，使用保温材料不仅可以大量节约能源花费，而且减小了机械设备（空调、暖气）规模，节约设备花费；

(2) 从环境效益角度看，使用保温材料不仅可节约能源，而且由于减少了机械设备，使得设备排放的污染气体量也相应减少；

(3) 从舒适度角度看，保温材料可以减小室内温度的波动，尤其是在季节交替时，更可以保持室温的平稳，并且保温材料普遍具有隔声性，受外界噪声干扰减小；

(4) 从保护建筑物的角度看，剧烈的温度变化会破坏建筑物的结构，而使用保温材料可以保持温度平稳变化，延长建筑物的使用寿命，保持建筑物结构的完整性。同时使用和安装保温材料有助于隔热和阻燃，减少人员伤亡和财物损失。

4.1.1　保温材料的现状

保温材料的保温原理主要是利用处于静止状态的空气及大部分气体（如二氧化碳、氮气等，其热导率都很低），采用固体材料通过特殊的结构来限制空气的对流和透红外线性能，从而达到保温的目的。这一原理决定了保温材料通常具有质轻、疏松、多孔的特点。

1. 膨胀珍珠岩及制品

膨胀珍珠岩制品是以膨胀珍珠岩为骨料，配合适量胶粘剂，如水玻璃、水泥、磷酸盐等，经搅拌、成型、干燥、焙烧（一般为650℃）或养护而成的具有一定形状的产品。其研究应用比玻璃棉、矿棉晚，但发展速度较快。膨胀珍珠岩在一段时期曾受到矿棉产品的冲击。但由于其价格和施工性能上所具有的优势，仍在建筑和工业保温材料中占有较大的比重，约为44%。白云质泥岩的焙烧熟料和膨胀珍珠岩，添加少量的煅烧高岭石或粉煤灰，制备膨胀珍珠岩保温材料的表观密度为320～350kg/m^3，抗压强度为0.48～0.62MPa，质量含水率为2.1%～2.7%，热导率为0.076～0.086W/(m·K)。另外，以膨胀珍珠岩作骨料，水玻璃作胶粘剂，高岭土、混凝土、粉煤灰和石灰作添加剂，可制得一种很好的保温材料，制品的表观密度为284～340kg/m^3，热导率为0.065～0.074W/(m·K)，吸水率为

0.24%～0.36%。

2. 复合硅酸盐保温材料

复合硅酸盐保温材料是一种固体基质联系的封闭微孔网状结构材料，主要是采用火山灰玻璃、白云石、玄武石、海泡石、膨润土、珍珠岩等矿物材料和多种轻质非金属材料，运用静电原理和湿法工艺复合制成的憎水性复合硅酸盐保温材料。其具有可塑性强、热导率低、重度小、粘接性强、施工方便、不污染环境等特点，是新型优质保温绝热材料。复合硅酸盐保温材料在75%相对湿度、环境温度为28℃时的吸湿率为1.8%。其抗压强度大于0.6MPa，抗折强度大于0.4MPa，在高温600℃下抗拉强度大于0.05MPa。这种材料的粘接强度大，保温层在任何场合都不会因自重而脱落。其中海泡石[$Mg_8(H_2O)_4(Si_6O_{15})_2(OH)_4 \cdot 8H_2O$]保温涂料是一种新兴的保温材料，具有易吸附空气而使之处于相对稳定状态的链层结构，是一种很好的保温基料。与其他辅料合理配合，即形成硅酸盐保温涂料。海泡石有以下优点：热导率低，一般小于0.070W/(m·K)（常温），保温涂层薄、有整体性、无毒、无尘、无污染、不腐蚀；适应温度范围为－40～800℃，防水、耐酸碱、不燃；施工方便，可喷涂、涂抹，冷热施工均可；不需包扎捆绑，尤其便于异型设备内（如阀门、泵体）的保温，粘接性好；干燥后呈网状结构，有弹性、不开裂、不粉化，可用于运转振动的设备保温。将海泡石应用于实际生产，可取得很好的经济效益。

3. 酚醛树脂泡沫保温材料

酚醛树脂泡沫具有热导率低、力学性能好、尺寸稳定性优、吸水率低、耐热性好、电绝缘性优良、难燃等优点，尤其适合在某些特殊场合作隔热保温材料或其他功能性材料。酚醛树脂可以长期在130℃下工作，瞬时工作温度可达200～300℃，这与聚苯乙烯发泡材料的最高使用温度70～80℃相比，具有极大的优越性。同时，在耐热方面，它也优于聚氨酯发泡材料。合成的酚醛树脂可通过控制发泡剂、固化剂和表面活性剂的量而控制发泡体的质量。酚醛树脂与其他材料共混改性，可以制备出性能极其优良的复合保温材料。如以酚醛泡沫塑料为胶粘剂，泡沫聚苯乙烯颗粒为填料，结合其他添加剂合成具有力学性能好、难燃、工艺简单和成本低等优良特性的复合材料，它的耐久系数可达到0.82，使用年限可达20年，欧洲、美国、日本等国家和地区在这方面的研究应用已比较成熟。

4. 聚苯乙烯泡沫保温材料

聚苯乙烯泡沫（EPS）是由聚苯乙烯（1.5%～2%）和空气（98%～98.5%）作原料，以戊烷作为推进气，经发泡制成。其具有密度范围宽、价格低、保温隔热性优良、吸水性小、水蒸气渗透性低、吸收冲击性好等优点。聚苯乙烯泡沫板及其复合材料由于价格低、绝热性能好，热导率小于0.041W/(m·K)，而成为外墙绝热及饰面系统的首选绝热材料。经多次试验已知，平均温度越低，真空聚苯乙烯泡沫的节能百分数越高，保温节能效果越好，这个结果正是制冷保温所需要的。同时聚苯乙烯泡沫主要由碳和氢两种元素组成。这种聚合物在相当低的温度下（350℃）就开始降解，发生断链，形成可燃的单体、一聚物或其他低分子量碎片。因此需要加入阻燃剂以改善聚苯乙烯泡沫易燃的性质。参考聚苯乙烯特殊的燃烧机理，阻燃剂一般使用有机溴化物（如六溴环十二烷、四溴乙烷、四溴丁烷等）或是磷系阻燃剂（如三异丙基苯基磷酸酯、二甲基苯基磷酸酯、卤代磷酸三酯、卤代弧磷酸二酯等，卤素多为溴等），同时加入Sb_2O_3作为协同剂。研究表明，使用十溴二苯乙烷作阻燃剂，可以取得不错的阻燃效果。由于阻燃剂的加入不仅提高生产成本，而且提高热导率，所以在加入阻燃剂时应注意试剂的用量。

5. 硬质聚氨酯泡沫保温材料

硬质聚氨酯泡沫(PURF)的热导率仅为0.020～0.023W/(m·K)，因此将该材料应用于建筑物的屋顶、墙体、地面，作为节能保温材料，其节能效果非常显著。如以异氰酸酯、多元醇为基料，适量添加多种助剂的硬质聚氨酯防水保温材料，其表观密度为35～40kg/m³，抗压强度为0.2～0.3MPa。

6. 纳米孔硅保温材料

随着纳米技术的不断发展，纳米材料越来越受到人们的青睐。纳米孔硅保温材料就是纳米技术在保温材料领域新的应用，组成材料内的绝大部分气孔尺寸均小于50nm。根据分子运动及碰撞理论，气体的热量传递主要是通过高温侧的较高速度的分子与低温侧的较低速度的分子相互碰撞传递能量。由于空气中的主要成分（氮气和氧气）的自由程度均在70nm左右，纳米孔硅质绝热材料中的二氧化硅（SiO_2）微粒构成的微孔尺寸小于这一临界尺寸时，材料内部就消除了对流，从本质上切断了气体分子的热传导，从而可获得比无对流空气更低的热导率。纳米孔硅的生产工艺一般比较复杂，例如超临界干燥法、Kistler法等。现已以正硅酸四乙酯（TEOS）为硅源，通过溶胶凝胶及超临界干燥过程制备了SiO_2气凝胶样品，同时在常温下也制备了具有纳米多孔结构的SiO_2气凝胶样品。

除上述保温材料外，膨胀蛭石、泡沫石棉、泡沫玻璃、膨胀石墨保温材料、铅酸盐纤维以及保温涂料等在我国也有少量生产和应用，但由于在性能、价格、用途诸方面的竞争力稍差，在保温材料行业中只起补充与辅助的作用。

4.1.2 保温材料的主要性能

保温材料的选用应该引起各行各业的重视，因保温材料的性能直接影响建筑、食品、化工、轻纺工业的保冷、绝热、能耗、承重荷载，施工的周期速度、经济性、消防、后期的运行管理等。在高寒冷、高温差地区，因材料选用和设计不当，造成的后期隐患已屡见不鲜，企业技术和设计人员一定要予以高度重视。

1. 保温材料的基本要求

(1) 保温材料应具有明确的随温度变化的热导率方程式、图或表。对于松散或可压缩的保温材料，应有在使用密度下的热导率值、图或表。

(2) 保温材料的主要物理化学性能除应符合国家现行有关产品标准外，其热导率和密度还应符合表4-1的要求。

表4-1 保温材料的热导率和密度最大值

项目	介质温度（℃）	热导率最大值[W/(m²·K)]	密度最大值	
			硬质保温制品	软质材料及其半硬质制品
指标	450～600	0.10	220	150
	<450	0.09		

注：热导率最大值是指保温结构外表面温度为50℃时。

(3) 保温材料及其制品应符合优选规定，见《火力发电厂保温油漆设计规程》(DL/T 5072—2007)。

（4）保温材料应选用不燃类材料（A级）。

（5）保温设计采用的保温材料物理化学性能的检验报告必须是由国家、部委指定的检测机构按国家标准检验而提供的原始文件。

2. 保温材料的主要性能指标

保温材料的性能指标主要有热导率、表观密度、最高使用温度、抗压强度、含水率、线膨胀系数、抗折强度和pH值等。以下就设计中常用的保温材料性能加以论述。

（1）热导率（导热系数）

保温材料传递热量的性质称为导热性。它是保温材料传递热量能力大小的参数，反映了材料的导热能力，是保温材料的主要热物理特性。热导率与材料的其他一些物理性能（如密度和含水率）密切相关，还与材料的内部结构有关，也与保温层尺寸有关。热导率可由热导率方程式、图或表得出。

（2）表观密度

在温度为110℃时经过烘干且呈松散状态的保温材料，其单位体积的质量即为该材料的表观密度。它存在一个最佳表观密度值的问题，即在最佳表观密度下，材料才具有较小的热导率和较好的保温效果。在工程中为节约能源和减少保温管道支吊架结构荷重，应尽量采用表观密度小的保温材料。一般软质和半硬质材料的表观密度不得大于150kg/m^3，硬质材料的表观密度不得大于220kg/m^3。

（3）最高使用温度

最高使用温度是指保温材料长期安全可靠地工作所能承受的极限温度。一般保温材料的使用温度是指保温材料在该温度下长期使用，其理化性能稳定，符合设计和运行的技术要求。

（4）抗压强度和抗折强度

抗压强度是材料受到压缩力作用而破损时，每单位原始横截面上承受的最大压力负荷。材料的抗压强度与加工工艺、材料孔隙率等有密切关系。《设备及管道绝热技术通则》（GB/T 4272—2008）规定硬质制品抗压强度不应小于0.3MPa。对于软质、半硬质及松散状绝热材料，一般受到压缩荷载时不会损坏，因此抗压强度未做规定。

抗折强度是材料在受到弯曲负荷作用下破坏时，单位面积上所受的力偶矩。

（5）含水率

保温材料吸收水的性质称为吸水性。材料单位体积吸水的程度用吸水率来表示。保温材料的吸水性对其保温效果有很大的影响，吸收的水蒸气遇冷会凝聚成水或结为冰，从而大大地提高其热效率，甚至引起材料开裂，破坏保温结构。另外，为了降低保温材料吸收的水分，除了在施工中应注意防水外，还可以适当地在保温材料中加入憎水剂，如憎水矿棉板和憎水珍珠岩等。

（6）线膨胀系数

保温材料受热时的膨胀特性可用线膨胀系数表示。保温材料的线膨胀系数与材料的热稳定性有密切的关系。如材料的线膨胀系数较大，则保温结构受热后，内部因变形会产生较大的应力，当温度变化剧烈时，保温结构便会受到破坏。设计保温结构时，应根据材料的线膨胀系数的大小预留一定尺寸的膨胀缝。

（7）pH值

热力设备及管道使用的保温材料对金属表面不应有化学腐蚀作用。一般要求保温材料必须属于中性或 pH 值大于 7，不得含有可溶性氯化物，硫氧化物的含量不允许大于 0.06%。材料使用前应处于干燥状态。

(8) 防火性能

可用燃烧性能、烟密度、毒性指标等表示。目前的材料都具有一定的防火性能，属不燃物，高温时不会产生有毒气体。

(9) 吸声系数

吸声系数是材料吸收的声能与入射声能的比值。这个指标对设备、建筑的噪声有相当影响。如建筑物的空调系统，通过设备、管道的复合保温，选用吸声系数高的材料，将大大降低噪声的危害。另一方面因空调设备的外板一般为钢板，其内部粘贴一层多孔的保温材料，因阻尼作用，将增强外板隔声效果，但要注意，不同的复合板隔声性能还需计算及试验确定。

(10) 其他方面的性能

保温材料还必须有一定的抗化学性能，以便采用不同的有机胶粘贴都不会变形，也可以称为本身的防腐性能。保温材料应具有一定的耐老化性能，耐老化性能是指保温材料不易因老化、脆化而失去发泡之机能，一般采用紫外线照射试验来衡量，紫外线照射 200h 为自然暴露一年。保温材料还要求受环境影响时性能变化较小，这方面的性能是指原材料能经受得住环境和人类的长期影响，包括对大气臭氧层的破坏及温室效应等。

保温材料的工艺性能包括保温材料要便于施工，对人体无害，同时应该考虑采用这种保温材料有可能改进或提高被保温设备的工艺性。保温材料还要求其尺寸具有稳定性。一般都在常温下施工，如果线膨胀系数过大，在遇冷、热时易收缩或膨胀产生缝隙，所以要求该参数在规定范围内。最后，应该考虑保温材料的价格，因为保温材料的成本关系到投资的经济性。

4.1.3 保温材料在建筑中的应用

1. 保温材料在墙体及围护结构中的应用

墙体的保温基本上有三种形式：内保温、外保温和夹芯保温。实心砖已普遍被空心砌块和多孔砖所替代。在空心砌块的墙体中，为了提高墙体的保温性能，隔断在砌块之间形成的空心通道的气流，还要向空隙中添加膨胀珍珠岩、散状玻璃棉或散状矿物棉等松散填充绝热保温材料。在建筑物的围护结构中，不论是商用建筑还是民用建筑，全部采用轻质高效的玻璃棉、岩棉、泡沫塑料等保温材料。

2. 保温材料在屋顶上的应用

民用建筑屋顶一般采用尖顶较多，在尖顶的阁楼空间紧接屋顶的下面都装有供空气流通的通道，既能解决空气的流通，又可起到一定的保温隔热作用。同时在顶棚的上面，一般都要铺设玻璃棉或矿物棉毡、垫，或在此空间直接吹入松散的保温棉，有的直接吊装由玻璃棉或岩棉等保温材料和装饰贴面复合而成的顶棚。

3. 住宅气渗透技术在建筑中的应用

在建筑物中，空气的渗透是影响节能效果的一个重要因素，在建筑物内产生的水蒸气可以在建筑结构、墙体屋顶渗透，聚集式结露会造成保温材料功能的下降，从而降低保温节能的效果。所以建筑结构设计都很重视阻断水蒸气向墙体和屋顶的渗透，采用的一般办法有两种：一种是在玻璃棉或岩棉板材的一面复合一层塑料薄膜或金属薄膜，使该层薄膜朝向在取暖季节里温度较高的一面；另一种是将塑料薄膜直接铺设在已放置好的保温材料上，其朝向也是朝向温度较高的一面。

4. 保温材料在地面中的应用

大部分建筑都有地下室和地下空间，居住和活动空间的地板并不是直接暴露在外界环境中，这就为生活空间的保温创造了有利条件，但是如果地下室和地下空间不是采暖空间时，尤其是在冬季，仍会有相当多的热量通过一楼的地板传出。因此，在建筑物的一楼地板下面，仍然需要填充高密度的保温材料。同时，一般在地下室的混凝土地坪和地基与土壤之间铺设一定厚度的刚性和半刚性保温材料。

4.2 保温材料的选用及标准

推广建筑节能，主要是为了提高建筑围护结构（包括墙、门窗、屋顶、地面等）的保温性能。在建筑围护结构中，墙体在采暖能耗中所占的比例最大，占总能耗的32.1%～36.2%。改善墙体的保温性能是建筑节能工作的重中之重。在未采用采暖、空调设备时，人们对采暖能耗问题并没有引起足够的重视。随着采暖、空调设备的大量使用，人们才发现，在整个围护结构中，墙体传热耗费的能源最多，如果在墙的外面加上一层薄薄的高效保温隔热材料，则墙体的保温性能将会得到根本改善。正是基于这一认识，人们开始在住宅建设中采用保温效果好、节能效率高的新型墙体材料来降低墙体的热耗指标。

4.2.1 保温材料选择的基本原则

保温层的材料对于建筑物保温系统非常重要，其关系到系统的保温隔热性能。建议选用热阻值高即热导率小于0.055W/(m·K)的高效保温材料。对保温层的基本要求主要有吸湿率低、黏结性能好、收缩率小和外形尺寸稳定性好。在设计建筑绝热工程的保温系统时，对保温材料的选择应遵循如下原则：

（1）不同的结构形式选择不同性能的外墙保温材料。在竹、木结构的建筑中禁止使用有机材料制成的外墙保温隔热材料；在钢结构（轻钢结构）的建筑中应优先选用无机材料制成的外墙保温隔热材料和无机材料与有机材料制成的复合墙体；在混凝土结构的建筑中无机材料、有机材料制成的外墙保温隔热材料均可选用。在既有建筑的改造中应选用具有装饰功能的复合保温隔热墙板来达到装饰与保温隔热的双重功能。

（2）根据使用温度范围选择外墙保温隔热材料。在建筑绝热工程中，保温隔热材料一般都是在常温或低温下使用，所以选用保温隔热材料时一定要使其满足设计的使用工况条件，保证达到设计保温隔热效果和设计使用寿命。相同温度范围内有不同的材料可以选择时，应选用热导率小、密度小、造价低、易于施工的材料制品，同时应进行综合比较，经济效益高者应优先选用。

（3）选用高效优质的外墙保温隔热材料。为确保建筑绝热工程的节能效果，务必选用高效优质的外墙保温隔热材料。一般将热导率小于或等于0.050W/(m·K)的称为高效保温隔热材料。在这个范围内的保温隔热材料主要有聚苯乙烯泡沫塑料（EPS、XPS）、硬质聚氨酯泡沫塑料、酚醛泡沫塑料、聚乙烯泡沫塑料等。

（4）密度要满足建筑绝热工程的要求。保温隔热材料与墙体复合后要承受一定的荷载（风、雨、雪、施工人员），或承受设备压力或外力撞击，所以在这种情况下，要求保温隔热材料有一定的密度，以承受或缓解外力的作用。

（5）具有良好的化学稳定性。

（6）使用年限要与被保温隔热主体的正常维修期基本相适应。

（7）首先选用不燃的或者难燃的保温隔热材料。在防火要求不高或有良好的防护隔离层时也可选用阻燃好的保温隔热材料。不应选用易燃、不阻燃或燃烧过程中产生有毒物质的保温隔热材料。

（8）外墙外保温隔热材料应选用吸水率小的材料。首选不吸水的保温隔热材料，其次是选用防水或憎水保温隔热材料。若选用易吸水、易受潮的保温隔热材料，一定要采取有效可靠的防水、防潮措施。

（9）外墙外保温隔热材料在施工安装时应方便易行，既操作简便，又易于保证绝热工程质量。

（10）具有保温隔热性能的复合墙体将逐步替代单一的内保温形式，从长远发展来看，它必将是今后建筑保温隔热的主流势头和主导方向。

4.2.2 绝热用模塑聚苯乙烯泡沫塑料标准

标准为《绝热用模塑聚苯乙烯泡沫塑料》（GB/T 10801.1—2002）。

1. 范围

本标准规定了绝热用模塑聚苯乙烯泡沫塑料板材的分类、要求、试验方法、检验规则和标志、包装、运输、贮存。

本标准适用于可发性聚苯乙烯珠粒经加热预发泡后，在模具中加热成型而制得的具有闭孔结构的使用温度不超过75℃的聚苯乙烯泡沫塑料板材，也适用于大块板材切割而成的材料。

2. 分类

绝热用模塑聚苯乙烯泡沫塑料按密度分为Ⅰ、Ⅱ、Ⅲ、Ⅳ、Ⅴ、Ⅵ类，其密度范围见表4-2。绝热用模塑聚苯乙烯泡沫塑料分为阻燃型和普通型。

表4-2 绝热用模塑聚苯乙烯泡沫塑料密度范围 （kg/m^3）

类别	Ⅰ	Ⅱ	Ⅲ	Ⅳ	Ⅴ	Ⅵ
密度范围	≥15～<20	≥20～<30	≥30～<40	≥40～<50	≥50～<60	≥60

3. 要求

（1）规格尺寸和允许偏差

规格尺寸由供需双方商定，允许偏差应符合表4-3的规定。

表4-3 规格尺寸和允许偏差 （mm）

长度、宽度尺寸	允许偏差	厚度尺寸	允许偏差	对角线尺寸	对角线差
<1000	±5	<50	±2	<1000	5
1000～2000	±8	50～75	±3	1000～2000	7
2000～4000	±10	75～100	±4	2000～4000	13
>4000	正偏差不限，10	>100	供需双方决定	>4000	15

(2) 外观色泽

色泽：均匀，阻燃型应掺有颜色的颗粒，以示区别。外形：表面平整，无明显收缩变形和膨胀变形。熔结：熔结良好。杂质：无明显油渍和杂质。

(3) 物理机械性能

物理机械性能应符合表 4-4 的要求。

表 4-4　物理机械性能

<table>
<tr><th colspan="3" rowspan="2">项目</th><th rowspan="2">单位</th><th colspan="6">性能指标</th></tr>
<tr><th>Ⅰ</th><th>Ⅱ</th><th>Ⅲ</th><th>Ⅳ</th><th>Ⅴ</th><th>Ⅵ</th></tr>
<tr><td colspan="2">表观密度</td><td>≥</td><td>kg/m^3</td><td>15.0</td><td>20.0</td><td>30.0</td><td>40.0</td><td>50.0</td><td>60.0</td></tr>
<tr><td colspan="2">压缩强度</td><td>≥</td><td>kPa</td><td>60</td><td>100</td><td>150</td><td>200</td><td>300</td><td>400</td></tr>
<tr><td colspan="2">导热系数</td><td>≤</td><td>W/(m·K)</td><td colspan="2">0.041</td><td colspan="4">0.039</td></tr>
<tr><td colspan="2">尺寸稳定性</td><td>≤</td><td>%</td><td>4</td><td>3</td><td>2</td><td>2</td><td>2</td><td>1</td></tr>
<tr><td colspan="2">水蒸气透过系数</td><td>≤</td><td>Ng/(Pa·m·s)</td><td>6</td><td>4.5</td><td>4.5</td><td>4</td><td>3</td><td>2</td></tr>
<tr><td colspan="2">吸水率(体积分数)</td><td>≤</td><td>%</td><td>6</td><td>4</td><td colspan="4">2</td></tr>
<tr><td rowspan="2">烧结性[a]</td><td>断裂弯曲负荷</td><td>≥</td><td>N</td><td>15</td><td>25</td><td>35</td><td>60</td><td>90</td><td>120</td></tr>
<tr><td>弯曲变形</td><td>≥</td><td>mm</td><td colspan="3">20</td><td colspan="3"></td></tr>
<tr><td rowspan="2">燃烧性能[b]</td><td>氧指数</td><td>≥</td><td>%</td><td colspan="6">30</td></tr>
<tr><td colspan="2">燃烧分级</td><td></td><td colspan="6">达到 B_2 级</td></tr>
</table>

a　断裂弯曲负荷或弯曲变形有一项能符合指标要求即合格。

b　普通型聚苯乙烯泡沫塑料板材不要求。

4.2.3　绝热用挤塑聚苯乙烯泡沫塑料标准

标准为《绝热用挤塑聚苯乙烯泡沫塑料》(GB/T 10801.2—2018)。

1. 范围

本标准规定了绝热用挤塑聚苯乙烯泡沫塑料（XPS）的分类、规格、要求、试验方法、检验规则、标志、包装、运输、贮存。本标准适用于使用温度不超过 75℃绝热用挤塑聚苯乙烯泡沫塑料（XPS），包括添加石墨等红外阻隔剂的挤塑聚苯乙烯泡沫塑料，也包括带有表皮和不带表皮的挤塑聚苯乙烯泡沫塑料、带有特殊边缘结构和表面处理的挤塑聚苯乙烯泡沫塑料；也适用于预制构件和复合保温系统的绝热用挤塑聚苯乙烯泡沫塑料。

2. 定义

挤塑聚苯乙烯泡沫塑料（rigid extruded polystyrene foam board）：以聚苯乙烯树脂或其共聚物为主要成分，添加少量添加剂，通过加热挤塑成型而制得的具有闭孔结构的硬质泡沫塑料。

3. 分类

(1) 按制品压缩强度 p 和表皮分为 12 个的等级。

① X150-$p \geqslant$150kPa，带表皮；

② X200-$p \geqslant$200kPa，带表皮；

③ X250-$p \geqslant$250kPa，带表皮；

④ X300-$p \geqslant$300kPa，带表皮；

⑤ X350-p≥350kPa，带表皮；
⑥ X400-p≥400kPa，带表皮；
⑦ X450-p≥450kPa，带表皮；
⑧ X500-p≥500kPa，带表皮；
⑨ X700-p≥700kPa，带表皮；
⑩ X900-p≥900kPa，带表皮；
⑪ W200-p≥200kPa，不带表皮；
⑫ W300-p≥300kPa，不带表皮。

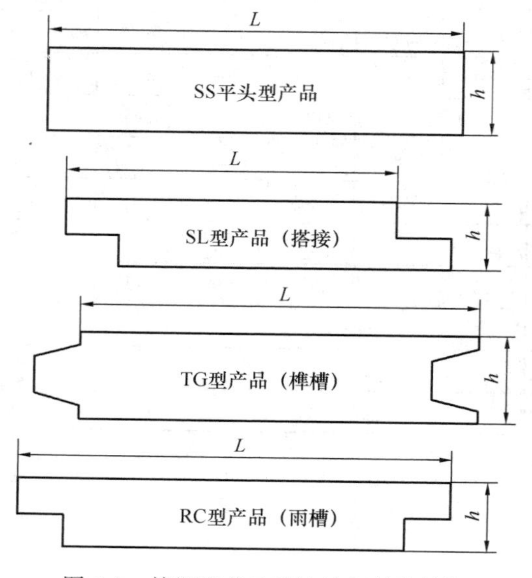

图 4-1 挤塑聚苯乙烯泡沫塑料的结构

注意，其他表面结构的产品，由供需双方商定。

（2）按燃烧性能分为 2 级：B_1 级、B_2 级。

（3）按绝热性能分为 3 级：024 级、030 级、034 级。

（4）按制品边缘结构分为 SS 平头型产品、SL 型产品（搭接）、TG 型产品（榫槽）和 RC 型产品（雨槽），如图 4-1 所示。

4. 产品标记

标记方法：产品名称-类别-边缘结构形式-阻燃等级-绝热等级-标准号。

标记示例：类别为 X250、边缘结构为两边搭接、阻燃等级 B_1 级、绝热等级为 024 级的挤塑聚苯乙烯泡沫塑料标记：XPS-X250-SL-B1-024-GB/T 10801.2—2018。

5. 要求

（1）规格尺寸

产品主要规格尺寸见表 4-5，其他规格由供需双方商定。

表 4-5 规格尺寸

（mm）

长度 L	宽度 B	厚度 H
600，1200，1800，2400	600，900，1200	10，20，25，30，40，50，75，100，120，150

（2）允许偏差

产品的厚度、长度、宽度和对角线差允许偏差应符合表 4-6 的规定。

表 4-6 允许偏差

（mm）

厚度 H		长度 L 和宽度 B		对角线差 T	
尺寸	允许偏差	尺寸	允许偏差	尺寸 T	对角线差
H<75	−1～+2	L/B<1000	±5.0	T<1000	≤5.0
		1000≤L/B<2000	±7.5	1000≤T<2000	≤7.0
H≥75	−1～+3	L/B≥2000	±10.0	T≥2000	≤13.0

(3) 外观质量

产品表面平整，无夹杂物，颜色均匀。不应有影响使用的可见缺陷，如起泡、裂口、变形等，产品表面状态（如有无表皮、是否开槽等）应在产品检测报告中准确描述。

(4) 物理力学性能和绝热性能

产品的物理力学性能和绝热性能应符合表 4-7 的规定。

表 4-7 物理力学性能和绝热性能

<table>
<tr><td rowspan="7">力学性能</td><td rowspan="3">项目</td><td rowspan="3">单位</td><td colspan="12">性能指标</td></tr>
<tr><td colspan="10">带表皮</td><td colspan="2">不带表皮</td></tr>
<tr><td>X150</td><td>X200</td><td>X250</td><td>X300</td><td>X350</td><td>X400</td><td>X450</td><td>X500</td><td>X700</td><td>X900</td><td>W200</td><td>W300</td></tr>
<tr><td>压缩强度</td><td>kPa</td><td>≥150</td><td>≥200</td><td>≥250</td><td>≥300</td><td>≥350</td><td>≥400</td><td>≥450</td><td>≥500</td><td>≥700</td><td>≥900</td><td>≥200</td><td>≥300</td></tr>
<tr><td>吸水率，浸水 96h</td><td>%（体积分数）</td><td>≤2.0</td><td>≤1.5</td><td colspan="8">≤1.0</td><td>≤2.0</td><td>≤1.5</td></tr>
<tr><td>透湿系数，(23±1)℃，相对湿度 0～(50±2)%</td><td>ng/(m·s·Pa)</td><td colspan="2">≤3.5</td><td colspan="3">≤3.0</td><td colspan="5">≤2.0</td><td>≤3.5</td><td>≤3.0</td></tr>
<tr><td>尺寸稳定性 (70±2)℃，48h</td><td>%</td><td colspan="8">≤1.5</td><td colspan="2">≤3.0</td><td colspan="2">≤1.5</td></tr>
<tr><td rowspan="5">绝热性能</td><td colspan="2">等级</td><td colspan="5">024 级</td><td colspan="5">030 级</td><td colspan="2">034 级</td></tr>
<tr><td rowspan="2">导热系数 [W/(m·K)]</td><td>平均温度 10℃</td><td colspan="5">≤0.022</td><td colspan="5">≤0.028</td><td colspan="2">≤0.032</td></tr>
<tr><td>平均温度 25℃</td><td colspan="5">≤0.024</td><td colspan="5">≤0.030</td><td colspan="2">≤0.034</td></tr>
<tr><td rowspan="2">热阻 [(m²·K)/W]</td><td>厚度 25mm 时，平均温度 10℃</td><td colspan="5">≥1.14</td><td colspan="5">≥0.89</td><td colspan="2">≥0.78</td></tr>
<tr><td>厚度 25mm 时，平均温度 25℃</td><td colspan="5">≥1.04</td><td colspan="5">≥0.83</td><td colspan="2">≥0.74</td></tr>
</table>

(5) 燃烧性能

燃烧性能应满足 GB 8624—2012 中 B_1 级或 B_2 级的要求。

4.2.4 建筑绝热用硬质聚氨酯泡沫塑料标准

标准为《建筑绝热用硬质聚氨酯泡沫塑料》(GB/T 21558—2008)。

1. 范围

本标准规定了建筑绝热用硬质聚氨酯泡沫塑料的分类、要求、试验方法、检验规则和标志、运输、贮存。本标准适用于建筑绝热用硬质聚氨酯泡沫塑料，不适用于喷涂硬质聚氨酯泡沫塑料和管道用硬质聚氨酯泡沫塑料。

2. 分类

（1）产品分类

产品按用途分为三类：Ⅰ类——适用于无承载要求的场合；Ⅱ类——适用于有一定承载要求，且有抗高温和抗压缩蠕变要求的场合，本类产品也可用于Ⅰ类产品的应用领域；Ⅲ类——适用于有更高承载要求，且有抗压、抗压缩蠕变要求的场合，本类产品也可用于Ⅰ类和Ⅱ类产品的应用领域。

（2）产品分级

产品按燃烧性能根据《建筑材料及制品燃烧性能分级》（GB 8624—2012）的规定分为B、C、D、E、F级。

3. 要求

（1）板材产品长度和宽度极限偏差应符合表4-8要求。

表4-8　长度和宽度极限偏差　（mm）

长度或宽度	极限偏差[a]	对角线差[b]
＜1000	±8	≤5
≥1000	±10	≤5

a　其他极限偏差要求，由供需双方协商。

b　基于板材的长宽面。

（2）板材产品厚度极限偏差应符合表4-9要求。

表4-9　厚度极限偏差　（mm）

厚度	极限偏差[a]
≤50	±2
50～100	±3
＞100	供需双方协商

a　其他极限偏差要求，由供需双方协商。

（3）板材产品外观表面基本平整，无严重凹凸不平。

（4）产品的物理力学性能应符合表4-10要求。

表4-10　物理力学性能

项目		单位	性能指标		
			Ⅰ类	Ⅱ类	Ⅲ类
芯密度	≥	kg/m³	25	30	35
压缩强度或形变10%压缩应力		kPa	80	120	180
导热系数 初期导热系数					
平均温度10℃、28d或	≤	W/(m·K)	—	0.022	0.022
平均温度23℃、28d	≤	W/(m·K)	0.026	0.024	0.024
长期热阻180d	≥	(m²·K)/W	供需双方协商	供需双方协商	供需双方协商

续表

项目		单位	性能指标		
			Ⅰ类	Ⅱ类	Ⅲ类
尺寸稳定性					
高温尺寸稳定性 70℃、48h 长、宽、厚	≤	%	3.0	2.0	2.0
低温尺寸稳定性 −30℃、48h 长、宽、厚	≤	%	2.5	1.5	1.5
压缩蠕变					
80℃、20kPa、48h 压缩蠕变	≤	%	—	5	—
70℃、40kPa、7d 压缩蠕变	≤	%	—	—	5
水蒸气透过系数 (23℃/相对湿度梯度 0%～50%)	≤	ng/(Pa·m·s)	6.5	6.5	6.5
吸水率	≤	%	4	4	3

4.2.5 绝热用硬质酚醛泡沫制品标准

标准为《绝热用硬质酚醛泡沫制品》(GB/T 20974—2014)。

1. 范围

本标准规定了绝热用硬质酚醛泡沫制品（PF）的术语和定义、分类和标记、要求，试验方法、检验规则及标志、包装、运输和贮存。本标准适用于建筑、设备和管道绝热用硬质酚醛泡沫制品（PF）。

2. 定义

硬质酚醛泡沫制品（rigid phenolic foam）：英文简称 PF，由苯酚和甲醛的缩聚物（如酚醛树脂）与固化剂、发泡剂、表面活性剂和填充剂等混合制成的多孔型硬质泡沫塑料。

3. 分类

按制品的压缩强度和外形分为以下三类：Ⅰ类——管材或异型构件，压缩强度不小于 0.10MPa（用于管道、设备、通风管道等）；Ⅱ类——板材，压缩强度不小于 0.10MPa（用于墙体、空调风管、屋面、夹芯板等）；Ⅲ类——板材、异型构件，压缩强度不小于 0.25 MPa（用于地板、屋面、管道支撑等）。

4. 标记

除异型构件外，制品应按以下方式标记：产品名称-类-长度×宽度×厚度（内径×壁厚×长度）-执行标准号。其中产品名称可以 PF 表示，类型只需标注Ⅰ、Ⅱ、Ⅲ，长度、宽度和厚度（内径和壁厚）以 mm 为单位。

示例 1：内径为 60mm，壁厚为 30mm、长度为 1000mm 的管材制品可标记为“PF-Ⅰ-Φ60×30×1000-GB/T 20974”；

示例 2：长度为 1200mm、宽度为 600 mm，厚度为 50mm 的板材制品可标记为“PF-Ⅲ-1200×600×50- GB/T 20974”。

5. 要求

(1) 外观

制品外观应表面清洁，无明显收缩变形和膨胀变形，无明显分层、开裂，切口平直，切面整齐。

（2）表观密度及其允许偏差

制品的表观密度由供需双方协商确定，表观密度允许偏差为标称值的±10%以内。

（3）规格尺寸及尺寸允许偏差、对角差允许值、平面度、直线度和垂直度

规格尺寸及尺寸允许偏差：制品的规格尺由供需双方协商确定。管材的尺寸允许偏差应符合表4-11的规定，板材的尺寸允许偏差应符合表4-12的规定，其他制品尺寸允许偏差由供需双方协商确定。

表4-11　管材的尺寸允许偏差　（mm）

项目		允许偏差
长度 L		±5
内径 d	d≤100	$^{+2}_{0}$
	100<d≤300	$^{+3}_{0}$
	D>300	$^{+4}_{0}$
壁厚 t	t≤50	±2
	T>50	±3

表4-12　板材的尺寸允许偏差　（mm）

项目		允许偏差
长度 L	L≤1000	±5
	L>1000	±7.5
宽度 W	W≤600	±3
	W>600	±5
壁厚 t	t≤50	±2
	t>50	±3

对角线差允许值：长度不大于1000mm的板材对角线差允许值不大于3mm，长度大于1000mm的板材对角线差允许值不大于5mm。

平整度：板材的表面应平整，平整度不大于2mm/m。

直线度：板材侧边应平直，长度和宽度方向直线度不大于3mm/m。

垂直度：管材的端面垂直度不大于5mm。

（4）物理力学性能

制品的物理力学性能应符合表4-13的规定。

表4-13　物理力学性能

序号	项目	Ⅰ	Ⅱ	Ⅲ
1	压缩强度（MPa）	≥0.10		≥0.25
2	弯曲断裂力（N）	≥15		≥20

续表

<table>
<tr><th>序号</th><th colspan="2">项目</th><th>Ⅰ</th><th>Ⅱ</th><th>Ⅲ</th></tr>
<tr><td>3</td><td colspan="2">垂直板面的拉升强度(MPa)[a]</td><td>—</td><td>≥0.08</td><td>—</td></tr>
<tr><td>4</td><td>压缩蠕变(%)</td><td>(80±2)℃，20kPa 荷载 48h</td><td>—</td><td>—</td><td>≤3</td></tr>
<tr><td rowspan="3">5</td><td rowspan="3">尺寸稳定性(%)</td><td>(−40±2)℃，7d</td><td colspan="3">≤2.0</td></tr>
<tr><td>(70±2)℃，7d</td><td colspan="3">≤2.0</td></tr>
<tr><td>(130±2)℃，7d</td><td colspan="3">≤2.0</td></tr>
<tr><td rowspan="2">6</td><td rowspan="2">导热系数
[W/(m·K)]</td><td>平均温度(10±2)℃</td><td colspan="2">≤0.032</td><td>≤0.038</td></tr>
<tr><td>或平均温度(25±2)℃</td><td colspan="2">≤0.034</td><td>≤0.040</td></tr>
<tr><td rowspan="2">7</td><td rowspan="2">透湿系数
[ng/(Pa·s·m)]</td><td rowspan="2">(23±1)℃，相对湿度(50±2)%</td><td rowspan="2">≤8.5</td><td>≤8.5</td><td rowspan="2">≤8.5</td></tr>
<tr><td>2.0～8.5[b]</td></tr>
<tr><td>8</td><td colspan="2">体积吸水率 V/V(%)</td><td colspan="3">≤7.0</td></tr>
<tr><td>9</td><td colspan="2">甲醛释放量(mg/L)[b]</td><td colspan="3">≤1.5</td></tr>
</table>

a 用于墙体时。

b 用于有人长期居住室内时。

4.3 基本性能检测

4.3.1 表观密度的测定

标准为《泡沫塑料及橡胶 表观密度的测定》(GB/T 6343—2009)。

1. 范围

本标准规定了测定泡沫塑料及橡胶的表观总密度和表观芯密度的试验方法。模制或自由发泡或挤出时形成表皮的材料表观总密度、表观芯密度可用本标准测试。术语“表观总密度”不适用于在模制时未形成表皮的材料。对于不规则形状的产品应采用浮力法等方法进行测定。

2. 术语和定义

下列术语和定义适用于本标准：表观总密度（apparent overall density）；单位体积泡沫材料的质量，包括模制时形成的全部表皮；表观芯密度（apparent core density），去除模制时形成的全部表皮后，单位体积泡沫材料的质量。

3. 仪器

天平称量精确度为 0.1%；量具符合《泡沫塑料与橡胶 线性尺寸的测定》(GB/T 6342—1996) 规定。

4. 试样

(1) 试样尺寸

试样的形状应便于体积计算。切割时，应不改变其原始泡孔结构。试样总体积至少为 100cm^3，在仪器允许及保持原始形状不变的条件下，尺寸尽可能大。对于硬质材料，用从大样品上切下的试样进行表观总密度的测定时，试样和大样品的表皮面积与体积之比应相同。

（2）试样数量

至少测试5个试样。在测定样品的密度时会用到试样的总体积和总质量。试样应制成体积可精确测量的规整几何体。

（3）试样状态调节

测试用样品材料生产后，应至少放置72h，才能进行制样。如果经验数据表明，材料制成后放置48h或16h测出的密度与放置72h测出的密度相差小于10%，放置时间可减少至48h或16h。样品应在下列规定的标准环境或干燥环境（干燥器中）下至少放置16h，这段状态调节时间可以是在材料制成后放置的72h中的一部分。

标准环境条件应符合《塑料试样状态调节和试验的标准环境》（GB/T 2918—1998）：(23±2)℃，(50±10)%；(23±5)℃，(50^{+20}_{-10})%；(27±5)℃，(65^{+20}_{-10})%。干燥环境：(23±2)℃或(27±2)℃。

5. 试验步骤

（1）按GB/T 6342—1996的规定测量试样的尺寸，单位为毫米（mm）。每个尺寸至少测量三个位置，对于板状的硬质材料，在中部每个尺寸测量五个位置。分别计算每个尺寸平均值，并计算试样体积。

（2）称量试样，精确到0.5%，单位为克（g）。

6. 结果计算式

（1）由式（4-1）计算表观密度，取其平均值，并精确至0.1kg/m³。

$$\rho = \frac{m}{V} \times 10^6 \tag{4-1}$$

式中 ρ——表观密度（表观总密度或表观芯密度），kg/m³；

m——试样的质量，g；

V——试样的体积，m³。

对于一些低密度闭孔材料（如密度小于15kg/m³的材料），空气浮力可能会导致测量结果产生误差，在这种情况下表观密度应用式（4-2）计算：

$$\rho_a = \frac{m + m_a}{V} \times 10^6 \tag{4-2}$$

式中 ρ_a——表观密度（表观总密度或表观芯密度），kg/m³；

m——试样的质量，g；

m_a——排出空气的质量，g；

V——试样的体积，m³。

注意，m_a指在常压和一定温度时的空气密度(g/mm³)乘以试样体积(mm³)。当温度为23℃，大气压为101325Pa时，空气密度为1.220×10^{-6} g/mm³；当温度为27℃，大气压为101325Pa时，空气密度为1.1955×10^{-6}g/mm³。

（2）标准偏差估计值S由式（4-3）计算，取两位有效数字。

$$S = \sqrt{\frac{\sum x^2 - n\bar{x}^2}{n-1}} \tag{4-3}$$

式中 S——标准偏差估计值；

x——单个测试值；

$\overline{x}$——一组试样的算术平均值；

n——测定个数。

7. 精确度

（1）本任务给出的值只来自使用硬质材料并经72h状态调节后得到的数据。对于其他材料和其他状态调节时间，其数值的有效性还有待确定。

（2）对个别材料，本试验方法在实验室间与实验室内精确度预计不同。对于特定材料而言，5个实验室的对比试验结果显示，在实验室内所测得的绝对密度误差可以控制在1.7%（置信水平为95%）内。在不同的实验室间，对同一试样测量出的绝对密度误差可以控制在2.6%（置信水平为95%）内。

8. 试验报告

试验报告应包括的各项：采用标准编号；试验材料的完整的标识；状态调节的温度和相对湿度；试样是否有表皮和表皮是否被除去；有无僵块、条纹及其他缺陷；各次试验结果，详述试样情况（形状、尺寸和取样位置）；表观密度（表观总密度或表观芯密度）的平均值和标准偏差估计值；是否对空气浮力进行补偿，如果已补偿，给出修正量，试验时的环境温度，相对湿度及大气压；任何与本标准规定步骤不符之处。

4.3.2 压缩性能的测定

标准为《硬质泡沫塑料　压缩性能的测定》（GB/T 8813—2008）。

1. 范围

本标准规定了测定硬质泡沫塑料的压缩强度及其相对形变、相对形变为10%时的压缩应力及压缩弹性模量的方法。

2. 术语和定义

相对形变ε（relative deformation），试样厚度的缩减量与其初始厚度之比。注意，ε以百分数表示；ε_m是对应于σ_m的相对形变。

压缩强度σ_m，相对形变$\varepsilon<10\%$时的最大压缩力F_m除以试样的初始横截面面积。相对形变为10%时的压缩应力σ_{10}：相对形变为10%（ε_{10}）时的压缩力F_{10}与试样的初始横截面面积之比。压缩弹性模量E（compressive modulus of clasticily）：在比例极限内，压缩应力除以其相对形变。

3. 原理

对试样垂直施加压力，可通过计算得出试样承受的应力。如果应力最大值对应的相对形变小于10%，称其为压缩强度。如果应力最大值对应的相对形变达到或超过10%，取相对形变为10%时的压缩应力为试验结果，称其为“相对形变为10%时的压缩应力”。

4. 设备

（1）压缩试验机

使用的压缩试验机，其力和位移的范围应满足本标准要求。需配有两块表面抛光且不会变形的方形或圆形的平行板，板的边长（或直径）至少为100mm，且大于试样的受压面，其中一块为固定的，另一块可按本标准第8章所规定的条件以恒定的速率移动。两板应始终保持水平状态。

（2）位移的测量

压缩试验机应装有一个能连续测量移动板位移量 x 的装置，准确度为±5%或±0.1mm，如果后者准确度更高则选择后者。

（3）力的测量

在压缩试验机的一块平板上安装一个力传感器，可连续测量试验时试样对平板的反作用力 F，准确度为±1%。传感器在测量时所产生的自身形变忽略不计。注意，推荐可以同时记录力 F 和位移 x 的装置，以获得 $F=f(x)$ 曲线，在曲线图上可以得到需要的 F、x 对应值，在满足本条款的准确度要求下提供制品特性的更多信息。

（4）校准

应定期检查压缩试验机力、位移的测量装置和图形记录装置（适用时）。该装置力值用一系列准确度高于±1%并符合试验力值范围的标准砝码校对，位移用准精度高于±0.5%或±0.1mm 的量块校准。

5. 测量试样尺寸的量具

测量试样尺寸的量具按 GB/T 6342—1996 规定。

6. 试样

（1）尺寸

试样厚度应为(50±1)mm，使用时需带有模塑表皮的制品，其试样应取整个制品的原厚，但厚度最小为 10mm，最大不得超过试样的宽度或直径。试样的受压面为正方形或圆形，最小面积为 $25cm^2$，最大面积为 $230cm^2$，首选使受压面为(100±1)mm×(100±1)mm 的正四棱柱试样。试样两平面的平行度误差不应大于 1%。不允许几个试样叠加进行试验。不同厚度的试样测得的结果不具可比性。

（2）制备

制取试样应使其受压面与制品使用时要承受压力的方向垂直。如需了解各向异性材料完整的特性或不知道各向异性材料的主要方向时，应制备多组试样。通常，各向异性体的特性用一个平面及它的正交面表示，因此考虑用两组试样。制取试样应不改变泡沫材料的结构，制品在使用中不保留模塑表皮的，应除去表皮。

（3）数量

从硬质泡沫塑料制品的块状材料或厚板中制取试样时，取样方法和数量应参照有关泡沫塑料制品标准的规定。在缺乏相关规定时，至少要取 5 个试样。

（4）状态调节

试样状态调节按 GB/T 2918—1998 规定：温度（23±2)℃，相对湿度（50±10)%，至少 6h。

7. 试验步骤

试验条件应与试样状态调节条件相同。按 GB/T 6342—1996 规定，测量每个试样的三维尺寸。将试样放置在压缩试验机的两块平行板之间的中心，尽可能以每分钟压缩试样初始厚度（h_0）10%的速率压缩试样，直到试样厚度变为初始厚度的 85%，记录在压缩过程中的力值。如果要测定压缩弹性模量，应记录力-位移曲线，并画出曲线斜率最大处的切线。每个试样按上述步骤进行测试。

8. 结果表示

（1）概述

根据情况计算 σ_m 和 ε_m［见压缩强度计算和图 4-2（a）］或 σ_{10}［见相对形变计算和图 4-2（b）］；如果材料在试验完成前屈服，但仍能抵抗住渐增的力时，三项性能需全部计算［见图 4-2（c）］。

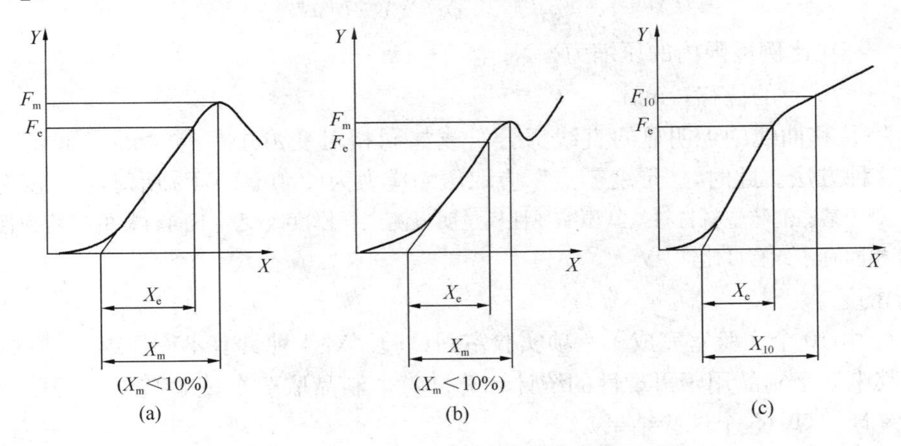

图 4-2　力-位移曲线图例

X—位移；Y—力

（2）压缩强度及其相对形变

压缩强度 σ_m（kPa），按式（4-4）计算：

$$\sigma_m = 10^3 \times \frac{F_m}{A_0} \tag{4-4}$$

式中　F_m——相对形变 $\varepsilon<10\%$时的最大压缩力，N；

A_0——试样初始横截面积，mm^2。

相对形变：将力-位移曲线上斜率最大的直线部分延伸至力零位线，其交点为“形变零点”。测位从“形变零点”至用来计算形变的整个位移。图 4-2 给出了这种方法的三个图例。

如果力-位移曲线上无明显的直线部分或用这种方法获得的“形变零点”为负值，则不采用这种方法。此时，“形变零点”应取压缩应力为(250±10)Pa 所对应的形变。

$$\varepsilon_m = \frac{X_m}{h_0} \times 100 \tag{4-5}$$

式中　X_m——达到最大压缩力时的位移，mm；

h_0——试样初始厚度，mm。

（3）相对形变为 10%时的压缩应力

相对形变为 10%时的压缩应力 σ_{10}（kPa），按式（4-6）计算：

$$\sigma_{10} = 10^3 \times \frac{F_{10}}{A_0} \tag{4-6}$$

式中　F_{10}——使试样产生 10%相对形变的力，N；

A_0——试样初始横截面面积，mm^2。

（4）压缩弹性模量

压缩弹性模量 E（kPa），按式（4-7）及式（4-8）计算：

$$E = \sigma_e \times \frac{h_0}{X_e} \tag{4-7}$$

$$\sigma_e = 10^3 \times \frac{F_e}{A_0} \tag{4-8}$$

式中 F_e——在比例极限内的压缩力，N；

X_e——F_e 时的位移，mm。

如果力-位移曲线中无明显的直线部分，或如同相对变形中一样“形变零点”为负值，则不采用这种方法。此时，“形变零点”应取压缩应力为(250±10)Pa 所对应的形变。

注意，对于某些泡沫塑料材料，其压缩弹性模量明显随试样厚度改变。不同材料的压缩弹性模量只能在试样厚度相同时才具有可比性。

9. 精密度

1993 年由 10 个实验室完成了一项实验室间试验。对 4 种具有不同压缩特性的制品进行了试验，其中 3 个制品用于再现性的统计计算（每个制品取 2 个试验结果），另一个制品用于重复性统计计算（5 个试验结果）。

结果按 ISO 5725 分析，见表 4-14 和表 4-15。

表 4-14 压缩强度 σ_m 或相对形变为 10%时的压缩应力

范围	95～230kPa
重复性变化的评估 S_r	0.5%
95%重复性限	2%
再现性变化的评估 S_R	3%
95%再现性限	9%

表 4-15 压缩弹性模量

范围	2500～8500kPa
重复性变化的评估 S_r	3%
95%重复性限	8%
再现性变化的评估 S_R	10%
95%再现性限	25%

10. 试验报告

试验报告应包括以下内容：

（1）本标准编号；

（2）完整识别试验样品的全部必要信息，包括生产日期；

（3）若试样未采用受压面为(100±1)mm×(100±1)mm，厚度为(50±1)mm 的正四棱柱，则应注明试样尺寸；

（4）施压方向与各向异性材料或制品形状的关系；

（5）试验结果的平均值，保留 3 位有效数字，表示为：压缩强度 σ_m 及其相对形变 ε_m，或相对形变为 10%时的压缩应力 σ_{10}，或类似图 4-2（c）的全部三项性能；当有要求时，增加压缩弹性模量 E；

（6）如各个试验结果之间的偏差大于 10%，则给出各个试验结果；

（7）试验日期；

（8）偏离本标准规定的操作。

4.4 导热系数检测

材料的导热系数（也称为热导率）是反映其导热性能的物理量，它不仅是评价材料热力学特性的依据，并且是材料在工程应用时的一个重要设计依据。建筑保温材料越来越广泛地应用于各种工程中，而这些材料具有一系列的热物理特性，在进行热工计算时，往往涉及这些热特性，为使计算准确可靠，就必须正确地选择材料热物理指标，使其与材料实际使用情况相符，否则，计算所得到的结果与实际情况仍然会有很大的差异。

材料的热物理特性受许多因素的影响，例如，材料的化学成分、密度、温度、湿度等，其中湿度对材料的影响很大，而在实际使用中，由于受气候、施工水分、生产和使用状况等各方面的影响，将会导致材料的保温性能下降。所以，在热工计算中必须考虑这个问题。因而，准确测定不同状态下材料的热物理特性有十分重要的意义。

目前检测材料导热系数的方法从大的方面来讲有两大类：稳态法和非稳态法。本项目将以《绝热材料稳态热阻及有关特性的测定　防护热板法》(GB/T 10294—2008)为依据，介绍建筑材料导热系数采用防护热板法检测实验装置、检测过程、试件要求及检测报告等内容。

4.4.1 检测原理及要求

1. 检测原理

防护热板法的检测设备是根据在一维稳态情况下通过平板的导热量 Q 和平板两面的温差 ΔT 成正比，和平板的厚度 d 成反比，以及和导热系数 λ 成正比的关系来设计的。

在稳态条件下，防护热板装置的中心计量区域内，在具有平行表面的均匀板状试件中，建立类似以两个平行匀温平板为界的无限大平板中存在的恒定热流。

为保证中心计量单元建立一维热流和准确测量热流密度，加热单元应分为在中心的计量单元和由隔缝分开的环绕计量单元的防护单元。并且需有足够的边缘绝热和外防护套，特别是在远高于或低于室温下运行的装置，必须设置外防护套。

我们知道，通过薄壁平板（壁厚壁长和壁宽的 1/10）的稳定导热量按式（4-9）计算：

$$Q = \frac{\lambda}{\delta} \cdot \Delta T \cdot A \tag{4-9}$$

式中 Q——通过薄壁平板的热量，W；

λ——薄壁平板的导热系数，W/(m·K)；

δ——薄壁平板的厚度，m；

A——薄壁平板的面积，m^2；

ΔT——薄壁平板的热端和冷端温差，℃。

测试时，如果将平板两面温差 $\Delta T = (t_R - t_L)$、平板厚度 δ、垂直于热流方向的导热面积 A 和通过平板的热流量 Q 测定以后，就可以根据式（4-10）得出导热系数。

$$\lambda = \frac{Q \cdot \delta}{\Delta T \cdot A} \tag{4-10}$$

需要指出的是，式（4-10）所得的导热系数是在当时的平均温度下材料的导热系数值，此平均温度按式（4-11）计算。

$$\bar{t}=\frac{1}{2}(t_{R}+t_{L}) \tag{4-11}$$

式中 $\bar{t}$——测试材料导热系数的平均温度，℃；

t_R——被测试件的热端温度，℃；

t_L——被测试件的冷端温度，℃。

2. 测量装置组成

根据上述原理可建造两种形式的防护热板装置：双试件式和单试件式。双试件装置中，在两个近似相同的试件中夹一个加热单元，试件的外侧各设置一个冷却单元。热流由加热单元分别经两侧试件传给两侧的冷却单元［图 4-3（a）］。单试件式装置中加热单元的一侧用绝热材料和背防护单元代替试件和冷却单元［图 4-3（b）］。绝热材料的两表面应控制温差为零，无热流通过。

防护热板法的测试装置如图 4-3 所示。

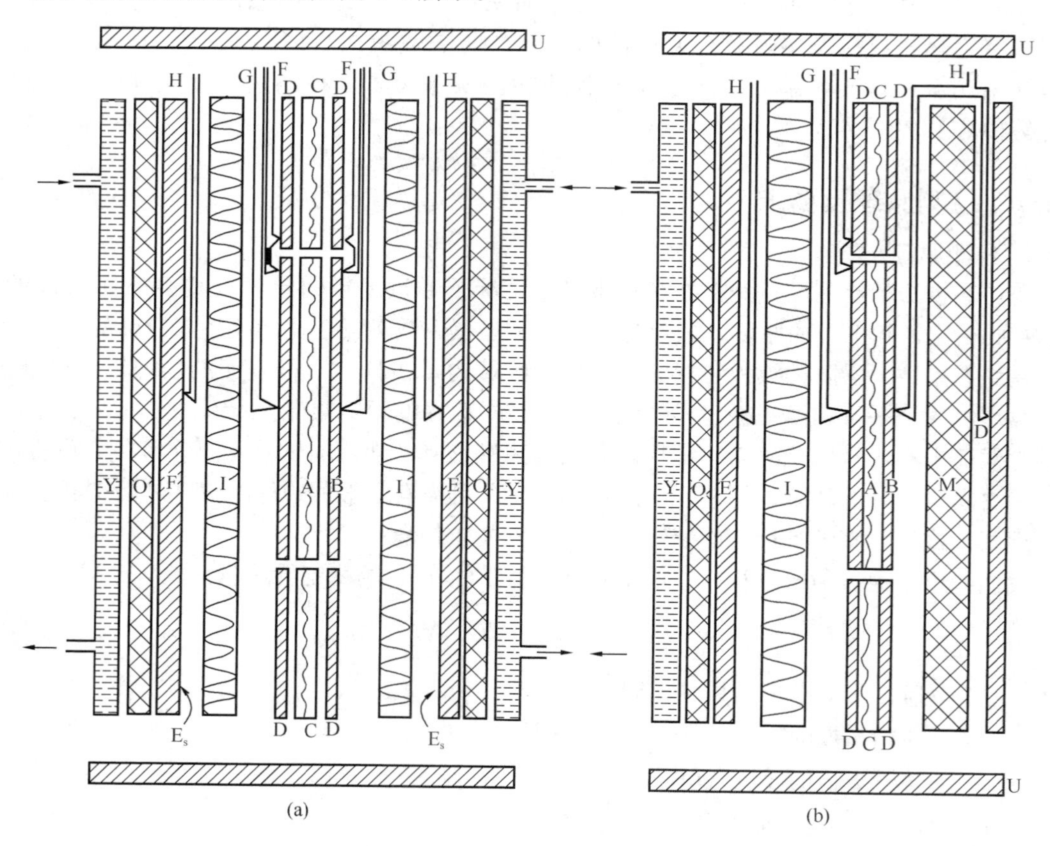

图 4-3 防护热板法装置组成

（a）双试件装置；（b）单试件装置

A—计量加热器；*B*—计量面板；*C*—防护加热器；*D*—防护面板；*E*—冷面加热器；E_s—冷却单元面板；*O*—绝热层；*Y*—冷却水套；*L*—背防护加热器；*M*—绝热层；*U*—防护外套；*I*—被测试件；*F*—平衡检测温差热电偶；*G*—加热单元表面测温热电偶；*H*—冷却单元表面测温热电偶；*M*—背防护单元温差热电偶

图 4-4 和图 4-5 是目前应用较广泛的利用防护热板法原理测试材料导热系数的两种典型的仪器。图 4-4 所示的仪器为圆形双试件（试件尺寸为 ϕ300mm，厚度为 20mm），图 4-5 所示的仪器为正方形双试件（试件边长为 300mm×300mm，厚度为 10～40mm）。

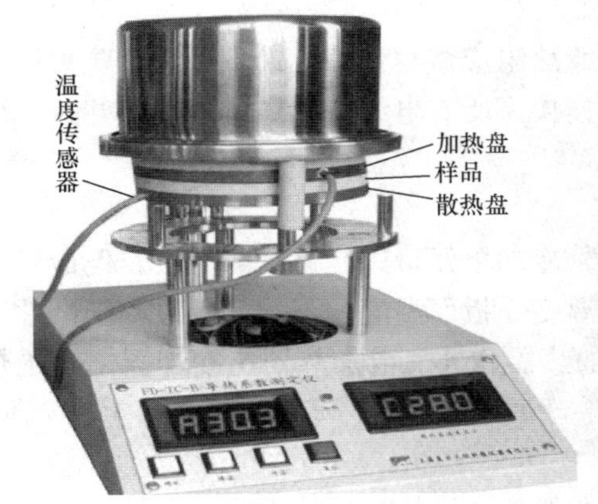

图 4-4　圆形双试件装置

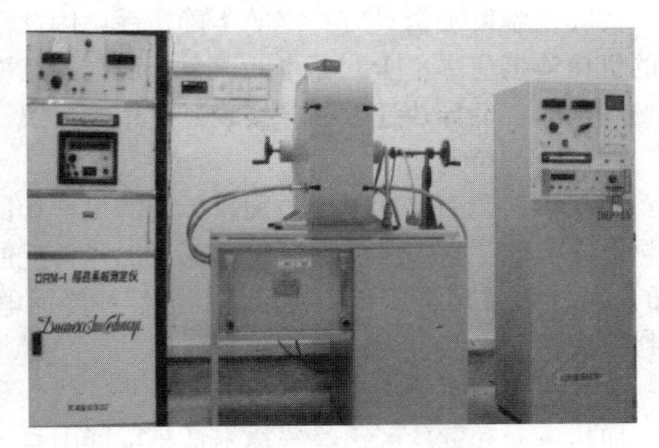

图 4-5　正方形双试件装置

3. 检测装置技术要求

(1) 加热单元

加热面板必须为一均匀的等温面，在试件的两表面形成稳定的温度场。加热单元包括计量单元和防护单元两部分。计量单元由一个计量加热器和两块计量面板组成。防护单元由一个（或多个）防护加热器及两倍于防护加热器数量的防护面板组成。面板通常由高导热系数的金属制成，其表面不应与试件和环境有化学反应。工作表面应加工成平面，在所有工作条件下，平面度应优于 0.025%（图 4-6）。在运行中面板的温度不均匀性应小于试件温差的 2%。双试件装置，在测定热阻大于 0.1m^2·K/W 的试件时加热单元的两个表面板之间的温差应小于±0.2K。所有工作表面应处理到在工作温度下的总半球辐射率大于 0.8。

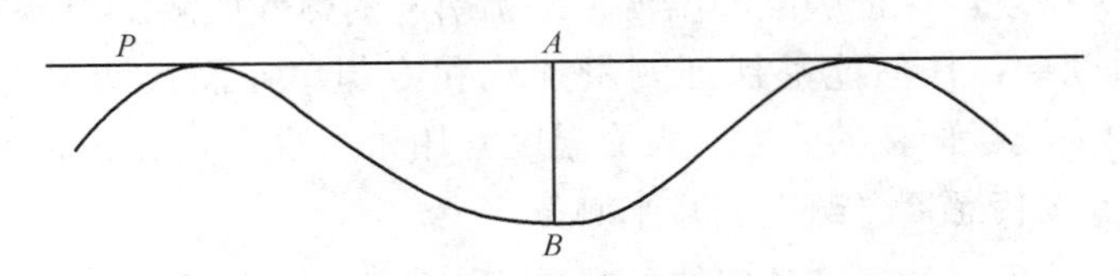

图 4-6　表面偏离真实平面示意图

① 隔缝和计量面积：加热单元的计量单元和防护单元之间应有隔缝，隔缝在面板平面上所占的面积不应超过计量单元面积的 5%。

计量面积（试件由计量单元供给热流量的面积）与试件厚度有关。厚度趋近零时，计量面板面积趋近等于计量单元面积。厚试件的计量面积为隔缝中心线包围的面积，为避免复杂的修正，若试件的厚度大于隔缝宽度的 10 倍，应采用中心线包围的面积。

② 隔缝两侧的温度不平衡：应采用适当的方法检测隔缝两侧的温度不平衡。通常采用多接点的热电堆，热电堆的接点应对金属板绝缘。在方形防护热板装置里，当仅用有限的温差热电偶时，建议检测平均温度不平衡的位置是沿隔缝距计量单元角的距离等于计量单元边长 1/4 的地方，应避开角部和轴线位置。当传感器装设在金属面板的沟槽里时，无论面对试

件还是面对加热器，除非经精密实验和理论校核证实，测温传感器与金属面板间热阻的影响可忽略，都应避免用薄片来支撑热电堆或类似的方法。温差热电偶应能记录沿隔缝边上存在的温度不平衡，而不是在计量单元和防护单元金属面板上某些任意点间存在的不平衡。建议隔缝边缘到传感器间的距离应小于计量单元边长的5%。

实际上温度平衡具有一定的不确定性，因此隔缝热阻应该尽量高。计量单元和防护单元间的机械连接应尽量少，尽可能避免金属或连续的连接。所有电线应斜穿过隔缝，并且应该尽量用细的、低导热系数的导线，避免用铜导线。

（2）冷却单元

冷却单元表面尺寸至少与加热单元的尺寸相同。冷却单元可以是连续的平板，但最好与加热单元类似。它应维持在恒定的低于加热单元的温度。板面温度的不均匀性应小于试件温差的2%。可采用金属板中通过恒温流体或冷面电加热器和插入电加热器与冷却器之间绝热材料组成。或者两种方法结合起来使用。

（3）边缘绝热和边缘热损失

加热单元和试件的边缘绝热不良是试件中热流场偏离一维热流场的根源。此外，加热单元和试件边缘上的热损失会在防护单元的面板内引起侧向温度梯度，因而产生附加热流场扭曲。应采用边缘绝热、控制周围环境温度、增加外防护套或线性温度梯度的防护套，或者这些方法结合使用以限制边缘热损失。

（4）背防护单元

单试件装置中背防护单元由加热器和面板组成。背防护单元面向加热单元的表面的温度应与所对应的加热单元表面的温度相等。防止任何热流流过插入其间的绝热材料。绝热材料的厚度应限制，防止因侧向热损失在加热单元的计量单元中引起附加的热流造成误差。因防护单元表面与加热单元表面温度不平衡以及绝热材料侧向热损失引起的测量误差应小于±0.5%。

（5）温度测量仪表

① 温度不平衡检测：测量温度不平衡的传感器常用直径小于0.3mm的热电偶组成的热电堆。检测系统的灵敏度应保证因隔缝温度不平衡引起的热性质测定误差不大于±0.5%。

② 装置内的温度差：任何能够保证测量加热和冷却单元面板间温度差的准确度达到±1%的方法都可用来测量面板的温度。表面温度常用永久性埋设在面板沟槽内或放在与试件接触的表面下的温度传感器（热电偶）来测量。

在计量单元面板上设置的温度传感器的数量应大于$N\sqrt{A}$或2（取大者），$N=10/\mathrm{m}$，A为计量单元一个表面的面积，以平方米计。推荐将一个传感器设置在计量面的中心。冷却单元面板上设置温度传感器的数量与计量单元的相同，位置与计量单元相对应。

③ 试件的温差：由于试件与装置的面板之间的接触热阻的影响，试件的温差用不同的方法确定。

方法一：表面平整、热阻大于$0.5\mathrm{m^2 \cdot K/W}$的非刚性试件，温差由永久性埋设在加热和冷却单元面板内的温度传感器（通常为热电偶）测量。

方法二：刚性试件则用适当的匀质薄片插入试件与面板之间。由薄片-刚性试件-薄片组成的复合试件的热阻按方法一确定。薄片的热阻不应大于试件热阻的1/10，并应在与测定时相同的平均温度、相同厚度和压力下单独测量薄片的热阻。总热阻与薄片热阻之差为刚性试件的热阻。

方法三：直接测量刚性试件表面温度的方法是在试件表面或在试件表面的沟槽内装设热电偶。这种方法应使用很细的热电偶或薄片型热电偶。热电偶的数量应满足装置内温度测量的要求。此时试件的厚度应为垂直试件表面方向（热流方向）上热电偶的中心距离。

比较方法二和方法三两种方法得到的结果，有助于减小测量误差。

④ 温度传感器的形式和安装：安装在金属面板内的热电偶，其直径应小于 0.6mm，较小尺寸的装置，宜用直径不大于 0.2mm 的热电偶。低热阻试件表面的热电偶宜埋入试件表面内，否则必须用直径更小的热电偶。

所有热电偶必须用标定过的热偶线材制作，线材应满足 GB/T 10294—2008 表 B.1 中专用级要求。如不满足，应对每支热电偶单独标定后筛选。因温度传感器周围热流的扭曲、传感器的漂移和其他特性引起的温差测量误差应小于±1%。使用其他温度传感器时，也应满足上述要求。

（6）厚度测量

测量试件厚度的准确度应小于±0.5%。由于热膨胀和板的压力，试件的厚度可能变化。建议在实际的测定温度和压力下测量试件厚度。

（7）电气测量系统

温度和温差测量仪表的灵敏度应不低于温差的±0.2%，加热器功率测量的误差应小于±0.1%。

（8）夹紧力

应配备可施加恒定夹紧力的装置，以改善试件与板的热接触或在板间保持一个准确的间距。可采用恒力弹簧、杠杆静重系统等方法。测定绝热材料时，施加的压力一般不大于 2.5kPa。测定可压缩的试件时，冷板的角（或边）与防护单元的角（或边）之间需垫入小截面的低导热系数的支柱以限制试件的压缩。

（9）围护结构

当冷却单元的温度低于室温或平均温度显著高于室湿时，防护热板装置应该放入封闭窗口中，以便控制箱内环境温度。当冷却单元的温度低于室温时，常设置制冷器控制箱内空气的露点温度，防止冷却单元表面结露。如需要在不同气体中测定，应具备控制气体及其压力的方法。

4.4.2 检测过程

1. 试件准备

（1）试件尺寸

根据所使用装置的形式从每个样品中选取一或两块试件。当需要两块试件时，它们应该尽可能一样，最好是从同一试样上截取，厚度差别应小于 2%。试件的尺寸要能够完全覆盖加热单元的表面。试件的厚度应是实际使用的厚度或大于能给出被测材料热性质的最小厚度。试件厚度应限制在不平衡热损失和边缘热损失误差之和小于 0.5%。试件的制备和状态调节应按照被测材料的产品标准进行，无材料标准时按下述方法调节。

（2）试件制备

① 固体材料。试件的表面应用适当方法加工平整，使试件与面板能紧密接触。刚性试件表面应制作得与面板一样平整，并且整个表面的不平行度应在试件厚度的±2%以内。

某些实验室将高热导率试件加工成与所用装置计量单元、防护单元尺寸相同的中心和环形两部分或将试件制成与中心计量单元尺寸相同，而隔缝和防护单元部分用合适的绝热材料代替。这些技术的理论误差应另行分析，在这种情况下，计算中所用的计量面积 A 应为

$$A = A_m + A_g \times \frac{1}{2} \times \frac{\lambda_g}{\lambda} \tag{4-12}$$

式中 A_m——计量部分面积，m^2；

A_g——隔缝面积，m^2；

λ_g——面对隔缝部分材料的导热系数，W/(m·K)；

λ——试件的导热系数，W/(m·K)。

由膨胀系数大而质地硬的材料制作的试件，在承受温度梯度时会极度翘曲。这会引起附加热阻、产生误差或毁坏测试装置。测定这类材料需要特别设计的装置。

② 松散材料。测定松散材料时，试件的厚度至少为松散材料中的颗粒直径的 10 倍。称取经状态调节过的试样，按材料产品标准的规定制成要求密度的试件。如果没有规定，则按下述方法之一制作，然后将试件很快放入装置中或留在标准实验室气氛中达到平衡。

方法一：当装置在垂直位置运行时采用。在加热面板和各冷却面板间设立要求的间隔柱，组装好防护热板组件。在周围或防护单元与冷却面板的边缘之间用适合封闭样品的低导热系数材料围绕，以形成一个（两个）顶部开口的盒子（加热单元两侧各一个）。把称重过的调节好的材料分成 4（8）个相等部分，每个试件 4 份。依次将每份材料放入试件的空间中。在此空间内振动、装填、压实，直到占据它相应的 1/4 的空间，制成密度均匀的试件。

方法二：当装置在水平位置运行时采用。用一（两）个外部尺寸与加热单元相同的由低导热系数材料做成的薄壁盒子，盒子的深度等于待测试件的深度。用厚度不超过 50μm 的塑料薄片和不反射的薄片（石棉纸或其他适当的均匀薄片材料）制作盒子开口面的盖子和底板，以粘贴或其他方法把底板固定到盒子的壁上。把具有一面盖子的盒子水平放在平整表面上，盒子内放入试件。注意使（两个）试件具有（相等并且）均匀的密度。然后盖上另一个盖板，形成封闭的试件。在放置可压缩的材料时，抖松材料使盖子稍凸起，这样能在要求的密度下使盖子与装置的板有良好的接触。从试件方向看，在工作温度下盖子和底板表面的半球辐射系数应大于 0.8。如盖子和底板有可观的热阻，可用在试件的温差中所述方法测定纯试件的热阻。

某些材料在试件准备过程中有材料损失，可能要求在测定前重称试件，这种情况下，测定后确定盒子和盖子的质量以计算测定时材料的密度。

（3）试件状态调节

测定试件质量后，必须把试件放在干燥器或通风烘箱里，以材料产品标准中规定的温度或对材料适宜的温度将试件调节到恒定的质量。热敏感材料（如 EPS 板）不应暴露在能改变试件性质的温度下，当试件在给定的温度范围内使用时，应在这个温度范围的上限、空气流动并控制的环境下调节到恒定的质量。

当测量传热性质所需时间比试件从实验室的空气中吸收显著水分所需要的时间短时（如混凝土试件），建议在干燥结束时，把试件快速放入装置中以防止吸收水分。反之（例如低密度的纤维材料或泡沫塑料试件），建议把试件留在标准的实验室空气［(296±1) K，50%±10%RH］中继续调节，直至与室内空气平衡。中间情况（例如高密度的纤维材料）调节过程取决于操作者的经验。

2. 测定参数

（1）测量质量

用合适的仪器测定试件质量，准确到±0.5%，称量后立即将试件放入装置中进行测定。

(2) 测量厚度

刚性材料试件（如混凝土试件）厚度的测定可在放入装置前进行；容易发生变形的软体材料试件（如泡沫塑料）厚度由加热单元和冷却单元位置确定，或记下夹紧力，在装置外重现测定时试件上所受压力后测定试件的厚度。

(3) 密度测定

由前面测定的试件质量、厚度及边长等数据计算确定试件的密度。有些材料（如低密度纤维材料）测量以计量区域为界的试件密度可能更准确，这样可得到较正确的热性质与材料密度之间的关系。

(4) 热流量测定

测量施加于计量面积的平均电功率，精确到±0.2%。输入功率的随机波动、变动引起的热板表面温度波动或变动，应小于热板和冷板间温差的±0.3%。调节并维持防护部分的输入功率，现在的测量仪器基本上采用自动控制，以得到符合要求的计量单元与防护单元之间的温度不平衡程度。

(5) 温差选择与检测

传热过程与试件的温差有关，应按照测定目的选择温差：

① 按照材料产品标准中的要求；

② 按被测定试件或样品的使用条件；

③ 确定温度与热性质之间的关系时，温差要尽可能小（5～10K）；

④ 当要求试件内的传质减到最小时，按测定温差所需的准确度选择最低温差。

温差检测：测量加热面板和冷却面板的温度或试件表面温度，以及计量与防护部分的温度不平衡程度。由试件温差测量的三种方法之一确定试件的温差。

3. 检测过程控制

(1) 环境条件

① 在空气中测定：调节环绕防护热板组件的空气的相对湿度，使其露点温度至少比冷却单元温度低 5K。当把试件封入气密性袋内避免试件吸湿时，封袋与试件冷面接触的部分不应出现凝结水。

② 在其他气体或真空中测定：如在低温下测定，装有试件的装置应该在冷却之前用干气体吹除空气；温度为 77～230K 时，用干气体作为填充气体，并将装置放入密封箱中；冷却单元温度低于 125K 时使用氮气，应小心调节氮气压力以避免凝结；温度为 21～77K 时，通常用氦气，有时使用氢气。

(2) 冷面控制

当使用双试件装置时，调节冷却面板温度使两个试件的温差相同（差异小于±2%）。采用水循环冷却的测量装置，调节流量计来控制。

4. 结果计算

(1) 密度

按式（4-13）计算测定时试件的密度 ρ：

$$\rho = m/V \tag{4-13}$$

式中　ρ——测定时干试件的密度，kg/m^3；

m——干燥后试件的质量，kg；

V——干燥后试件所占的体积，m^3。

（2）传热性质

热阻按式（4-14）计算：

$$R=\frac{A(T_1-T_2)}{Q} \tag{4-14}$$

导热系数按式（4-15）计算：

$$\lambda=\frac{Q\cdot d}{A(T_1-T_2)} \tag{4-15}$$

式中 R——试件的热阻，$m^2\cdot K/W$；

Q——加热单元计量部分的平均热流量，其值等于平均发热功率，W；

T_1——试件热面温度平均值，K；

T_2——试件冷面温度平均值，K；

d——试件测定时的平均厚度，m；

A——计量面积，m^2。

4.4.3 测试报告

测试报告应包括材料的名称、标志和物理性能；试件的制备过程和方法；试件的厚度。应注明由热、冷单元位置，确定或测量试件的实际厚度；状态调节的方法和温度；调节后材料的密度；测定时试件的平均温差及确定温差的方法；测定时的平均温度和环境温度；试件的导热系数；测试日期和时间。

4.5 燃烧性能检测

4.5.1 燃烧性能分级

标准为《建筑材料及制品燃烧性能分级》(GB 8624—2012)。

1. 范围

本标准适用于建设工程中使用的建筑材料、装饰装修材料及制品等的燃烧性能分级和判定。

2. 术语和定义

制品（product）：要求给出相关信息的建筑材料、复合材料或组件。

材料（material）：单一物质或均匀分布的混合物，如金属、石材、木材、混凝土、矿物纤维、聚合物。

管状绝热制品（linear pipe thermal insulation product）：具有绝热性能的圆形管道状制品，如橡塑保温管、玻璃纤维保温管。

匀质制品（homogeneous product）：由单一材料组成的，或其内部具有均匀密度和组分的制品。

非匀质制品（non-homogeneous product）：不满足匀质制品定义的制品。由一种或多种主要或次要组分组成的制品。

主要组分（substantial component）：非匀质制品的主要构成物质。如单层面密度≥1.0kg/m²或厚度≥1.0mm 的一层材料。

次要组分（non-substantial component）：非匀质制品的非主要构成物质。如单层面密度<1.0kg/m²且单层厚度<1.0mm 的材料。两层或多层次要组分直接相邻（中间无主要成分），当其组合满足次要组分要求时可视作一次要组分。

内部次要组分（intemal non-substantial component）：两面均至少接触一种主要组分的次要组分。

外部次要组分（extemal non-substantial component）：有一面未接触主要组分的次要组分。

铺地材料（flooring）：可铺设在地面上的材料或制品。

基材（substrate）：与建筑制品背面（或底面）直接接触的某种制品，如混凝土墙面等。

标准基材（standard substrate）：可代表实际应用基材的制品。

燃烧滴落物/微粒（flaming droplets/particles）：在燃烧试验过程中，从试样上分离的物质或微粒。

临界热辐射通量（critical heat flux，CHF）：火焰熄灭处的热辐射通量或试验 30min 时火焰传播到的最远处的热辐射通量。

燃烧增长速率指数（fire growth rate index，FIGRA）：试样燃烧的热释放速率值与其对应时间比值的最大值，用于燃烧性能分级。

$FIGRA_{0.2MJ}$：当试样燃烧释放热量达到 0.2MJ 时的燃烧增长速率指数。

$FIGRA_{0.4MJ}$：当试样燃烧释放热量达到 0.4MJ 时的燃烧增长速率指数。

烟气生成速率指数（smoke growth rate index，SMOGRA）：试样燃烧烟气产生速率与其对应时间比值的最大值。

烟气毒性（smoke toxicity）：烟气中的有毒有害物质引起损伤/伤害的程度。

损毁材料（damaged material）：在热作用下被点燃、碳化、熔化或发生其他损坏变化的材料。

热值（calorific value）：单位质量的材料完全燃烧所产生的热量，以 J/kg 表示。

总热值（gross calorific potential）：单位质量的材料完全燃烧，燃烧产物中所有的水蒸气凝结成水时所释放出来的全部热量。

持续燃烧（sustained flaming）：试样表面或其上方持续时间大于 4s 的火焰。

3. 燃烧性能等级

建筑材料及制品的燃烧性能等级见表 4-16。

表 4-16　建筑材料及制品的燃烧性能等级

燃烧性能等级	名　称
A	不燃材料（制品）
B_1	难燃材料（制品）
B_2	可燃材料（制品）
B_3	易燃材料（制品）

4. 建筑材料燃烧性能等级判据

（1）平板状建筑材料

平板状建筑材料及制品的燃烧性能等级和分级判据见表 4-17，表中满足 A_1、A_2 级即 A 级，满足 B 级、C 级即 B_1 级，满足 D 级、E 级即 B_2 级。

表 4-17　平板状建筑材料及制品的燃烧性能等级和分级判据

<table>
<tr><th colspan="2">燃烧性能等级</th><th colspan="2">试验方法</th><th>分级判据</th></tr>
<tr><td rowspan="5">A</td><td rowspan="2">A_1</td><td colspan="2">GB/T 5464[a]且</td><td>炉内温升 $\Delta T \leqslant 30℃$；
质量损失率 $\Delta m \leqslant 50\%$；
持续燃烧时间 $t_f = 0$</td></tr>
<tr><td colspan="2">GB/T 14402</td><td>总热值 PCS≤2.0MJ/kg[a,b,c,e]
总热值 PCS≤1.4MJ/m^2[d]</td></tr>
<tr><td rowspan="3">A_2</td><td>GB/T 5464[a]或</td><td rowspan="2">且</td><td>炉内温升 $AT \leqslant 50℃$；
质量损失率 $\Delta m \leqslant 50\%$；
持续燃烧时间 $t_f \leqslant 20s$</td></tr>
<tr><td>GB/T 14402</td><td>总热值 PCS≤3.0MJ/kg[a,e]
总热值 PCS≤4.0MJ/m^2[b,d]</td></tr>
<tr><td colspan="2">GB/T 20284</td><td>燃烧增长速率指数 $FIGRA_{0.2MJ} \leqslant 120W/s$；
火焰横向蔓延未到达试样长翼边缘；
600s 的总放热量 $THR_{600s} \leqslant 7.5MJ$</td></tr>
<tr><td rowspan="4">B_1</td><td rowspan="2">B</td><td colspan="2">GB/T 20284 且</td><td>燃烧增长速率指数 $FIGRA_{0.2MJ} \leqslant 120W/s$；
火焰横向蔓延未到达试样长翼边缘；
600s 的总放热量 $THR_{600s} \leqslant 7.5MJ$</td></tr>
<tr><td colspan="2">GB/T 8626
点火时间 30s</td><td>60s 内焰尖高度 $Fs \leqslant 150mm$；
60s 内无燃烧滴落物引燃滤纸现象</td></tr>
<tr><td rowspan="2">C</td><td colspan="2">GB/T 20284 且</td><td>燃烧增长速率指数 $FIGRA_{0.4MJ} \leqslant 250W/s$；
火焰横向蔓延未到达试样长翼边缘；
600s 的总放热量 $THR_{600s} \leqslant 15MJ$</td></tr>
<tr><td colspan="2">GB/T 8626
点火时间 30s</td><td>60s 内焰尖高度 $Fs \leqslant 150mm$；
60s 内无燃烧滴落物引燃滤纸现象</td></tr>
<tr><td rowspan="3">B_2</td><td rowspan="2">D</td><td colspan="2">GB/T 20284 且</td><td>燃烧增长速率指数 $FIGRA_{0.4MJ} \leqslant 750W/s$</td></tr>
<tr><td colspan="2">GB/T 8626
点火时间 30s</td><td>60s 内焰尖高度 $Fs \leqslant 150mm$；
60s 内无燃烧滴落物引燃滤纸现象</td></tr>
<tr><td>E</td><td colspan="2">GB/T 8626
点火时间 15s</td><td>20s 内焰尖高度 $Fs \leqslant 150mm$；
20s 内无燃烧滴落物引燃滤纸现象</td></tr>
<tr><td>B_3</td><td>F</td><td colspan="3">无性能要求</td></tr>
</table>

a　匀质制品或非匀质制品的主要组分。

b　非匀质制品的外部次要组分。

c　当外部次要组分的 PCS≤2.0 MJ/m^2时，若整体制品的 $FIGRA_{0.2MJ} \leqslant 20W/s$、LFS<试样边缘、$THR_{600s} \leqslant 4.0MJ$ 并达到 s_1 和 d_0 级，则达到 A_1 级。

d　非匀质制品的任一内部次要组分。

e　整体制品。

对墙面保温泡沫塑料，除符合表 4-17 规定外应同时满足以下要求：B_1 级氧指数值 $OI \geqslant 30\%$；B_2 级氧指数值 $OI \geqslant 26\%$。试验依据标准为《塑料　用氧指数法测定燃烧行为　第 2

部分：室温试验》（GB/T 2406.2—2009）。

（2）铺地材料

铺地材料的燃烧性能等级和分级判据见表 4-18。表中满足 A_1、A_2级即 A 级，满足 B 级、C 级即 B_1级，满足 D 级、E 级即 B_2级。

表 4-18　铺地材料的燃烧性能等级和分级判据

<table>
<tr><th colspan="2">燃烧性能等级</th><th colspan="2">试验方法</th><th>分级判据</th></tr>
<tr><td rowspan="5">A</td><td rowspan="2">A_1</td><td colspan="2">GB/T 5464[a]且</td><td>炉内温升 $\Delta T<30$℃；
质量损失率 $\Delta m\leq50\%$；
持续燃烧时间 $t_f=0$</td></tr>
<tr><td colspan="2">GB/T 14402</td><td>总热值 PCS≤2.0MJ/kg[a,b,d]
总热值 PCS≤1.4MJ/m^2[e]</td></tr>
<tr><td rowspan="3">A_2</td><td>GB/T 5464[a]或</td><td rowspan="2">且</td><td>炉内温升 $AT\leq50$℃；
质量损失率 $\Delta m\leq50\%$；
持续燃烧时间 $t_f\leq20$s</td></tr>
<tr><td>GB/T 14402</td><td>总热值 PCS≤3.0MJ/kg[a,d]
总热值 PCS≤4.0MJ/m^2 [b,e]</td></tr>
<tr><td colspan="2">GB/T 11785[a]</td><td>临界热辐射通量 CHF≥8.0kW/ m^2</td></tr>
<tr><td rowspan="4">B_1</td><td rowspan="2">B</td><td colspan="2">GB/T 11785[a]且</td><td>临界热辐射通量 CHF≥8.0kW/m^2</td></tr>
<tr><td colspan="2">GB/T 8626
点火时间 15s</td><td>20s 内焰尖高度 $Fs\leq150$mm</td></tr>
<tr><td rowspan="2">C</td><td colspan="2">GB/T 11785[a]且</td><td>临界热辐射通量 CHF≥4.5kW/m^2</td></tr>
<tr><td colspan="2">GB/T 8626
点火时间 15s</td><td>20s 内焰尖高度 $Fs\leq150$mm</td></tr>
<tr><td rowspan="4">B_2</td><td rowspan="2">D</td><td colspan="2">GB/T 11785[a]且</td><td>临界热辐射通量 CHF≥3.0kW/m^2</td></tr>
<tr><td colspan="2">GB/T 8626
点火时间 15s</td><td>20s 内焰尖高度 $Fs\leq150$mm</td></tr>
<tr><td rowspan="2">E</td><td colspan="2">GB/T 11785[a]且</td><td>临界热辐射通量 CHF≥2.2kW/m^2</td></tr>
<tr><td colspan="2">GB/T 8626
点火时间 15s</td><td>20s 内焰尖高度 $Fs\leq150$mm</td></tr>
<tr><td>B_3</td><td>F</td><td colspan="3">无性能要求</td></tr>
</table>

a　匀质制品或非匀质制品的主要组分。

b　非匀质制品的外部次要组分。

c　非匀质制品的任一内部次要组分。

d　整体制品。

e　试验最长时间 30min。

（3）管状绝热材料

管状绝热材料的燃烧性能等级和分级判据见表 4-19。表中满足 A_1、A_2级即 A 级，满足 B 级、C 级即 B_1级，满足 D 级、E 级即 B_2级。当管状绝热材料的外径大于 300mm 时，其燃烧性能等级和分级判据按表 4-17 的规定。

表 4-19　管状绝热材料燃烧性能等级和分级判据

燃烧性能等级		试验方法		分级判据
A	A_1	GB/T 5464[a]且		炉内温升 $\Delta T \leqslant 30℃$； 质量损失率 $\Delta m \leqslant 50\%$； 持续燃烧时间 $t_f=0$
		GB/T 14402		总热值 PCS≤2.0MJ/kg[a,b,d] 总热值 PCS≤1.4MJ/m²[e]
	A_2	GB/T 5464[a]或	且	炉内温升 $AT \leqslant 50℃$； 质量损失率 $\Delta m \leqslant 50\%$； 持续燃烧时间 $t_f \leqslant 20s$
		GB/T 14402		总热值 PCS≤3.0MJ/kg[a,d] 总热值 PCS≤4.0MJ/m² [b,c]
		GB/T 20284		燃烧增长速率指数 $FIGRA_{0.2MJ} \leqslant 270W/s$； 火焰横向蔓延未到达试样长翼边缘； 600s 的总放热量 $THR_{600s} \leqslant 7.5MJ$
B_1	B	GB/T 20284 且		燃烧增长速率指数 $FIGRA_{0.2MJ} \leqslant 270W/s$； 火焰横向蔓延未到达试样长翼边缘； 600s 的总放热量 $THR_{600s} \leqslant 7.5MJ$
		GB/T 8626 点火时间 30s		60s 内焰尖高度 $Fs \leqslant 150mm$； 60s 内无燃烧滴落物引燃滤纸现象
	C	GB/T 20284 且		燃烧增长速率指数 $FIGRA_{0.4MJ} \leqslant 460W/s$； 火焰横向蔓延未到达试样长翼边缘； 600s 的总放热量 $THR_{600s} \leqslant 15MJ$
		GB/T 8626 点火时间 30s		60s 内焰尖高度 $Fs \leqslant 150mm$； 60s 内无燃烧滴落物引燃滤纸现象
B_2	D	GB/T 20284 且		燃烧增长速率指数 $FIGRA_{0.4MJ} \leqslant 2100W/s$； 600s 的总放热量 $THR_{600s} < 100MJ$
		GB/T 8626 点火时间 30s		60s 内焰尖高度 $Fs \leqslant 150mm$； 60s 内无燃烧滴落物引燃滤纸现象
	E	GB/T 8626 点火时间 15s		20s 内焰尖高度 $Fs \leqslant 150mm$； 20s 内无燃烧滴落物引燃滤纸现象
B_3	F	无性能要求		

a　匀质制品或非匀质制品的主要组分。

b　非匀质制品的外部次要组分。

c　非匀质制品的任一内部次要组分。

d　整体制品。

5．建筑用制品燃烧性能等级判据

（1）建筑用制品分为四大类：窗帘幕布、家具制品装饰用织物；电线电缆套管、电器设备外壳及附件；电器、家具制品用泡沫塑料；软质家具和硬质家具。

（2）窗帘幕布、家具制品装饰用织物

窗帘幕布、家具制品装饰用织物等的燃烧性能等级和分级判据见表 4-20。耐洗涤织物在进行燃烧性能试验前，应按《纺织品　织物燃烧试验前的商业洗涤程序》（GB/T 17596—1998）的规定对试样进行至少 5 次洗涤。

（3）电线电缆套管、电气设备外壳及附件

电线电缆套管、电气设备外壳及附件的燃烧性能等级和分级判据见表 4-21。

（4）电器、家具制品用泡沫塑料

电器、家具制品用泡沫塑料的燃烧性能等级和分级判据见表 4-22。

（5）软质家具和硬质家具

软质家具和硬质家具的燃烧性能等级和分级判据见表 4-23。

表 4-20　窗帘幕布、家具制品装饰用织物燃烧性能等级和分级判据

燃烧性能等级	试验方法	分级判据
B_1	GB/T 5454 GB/T 5455	氧指数 $OI \geqslant 32.0\%$； 损毁长度≤150mm，续燃时间≤5s，阴燃时间≤15s； 燃烧滴落物未引起脱脂棉燃烧或阴燃
B_2	GB/T 5454 GB/T 5455	氧指数 $OI \geqslant 26.0\%$； 损毁长度≤200mm，续燃时间≤15s，阴燃时间≤30s； 燃烧滴落物未引起脱脂棉燃烧或阴燃
B_3	无性能要求	

表 4-21　电线电缆套管、电气设备外壳及附件的燃烧性能等级和分级判据

燃烧性能等级	制品	试验方法	分级判据
B_1	电线电缆套管	GB/T 2406.2 GB/T 2408 GB/T 8627	氧指数 $OI \geqslant 32.0\%$； 垂直燃烧性能 V-0 级； 烟密度等级 SDR≤75
	电气设备外壳及附件	GB/T 5169.16	垂直燃烧性能 V-0 级
B_1	电线电缆套管	GB/T 2406.2 GB/T 2408	氧指数 $OI \geqslant 26.0\%$； 垂直燃烧性能 V-1 级
	电气设备外壳及附件	GB/T 5169.16	垂直燃烧性能 V-1 级
B_3	无性能要求		

表 4-22　电器、家具制品用泡沫塑料燃烧性能等级和分级判据

燃烧性能等级	试验方法	分级判据
B_1	GB/T 16172[a] GB/T 8333	单位面积热释放速率峰值≤400kW/m^2； 平均燃烧时间≤30s，平均燃烧高度≤250mm
B_2	GB/T 8333	平均燃烧时间≤30s，平均燃烧高度≤250mm
B_3	无性能要求	

a　辐射照度设置为 30kW/m^2。

表 4-23　软质家具和硬质家具的燃烧性能等级和分级判据

燃烧性能等级	制品类别	试验方法	分级判据
B_1	软质家具	GB/T 27904 GB 17927.1	热释放速率峰值≤200kW； 5min 内总热释放置≤30MJ； 最大烟密度≤75%； 无有焰燃烧引燃或阴燃引燃现象
	软质床垫	标准附录 A	热释放速率峰值≤200kW； 10min 内总热释放量≤15MJ
	硬质家具[a]	GB/T 27904	热释放速率峰值≤200kW； 5min 内总热释放置≤30MJ； 最大烟密度≤75%
B_2	软质家具	GB/T 27904 GB 17927.1	热释放速率峰值≤300kW； 5min 内总热释放置≤40MJ； 试件未整体燃烧； 无有焰燃烧引燃或阴燃引燃现象
	软质床垫	附录 A	热释放速率峰值≤300kW； 10min 内总热释放量≤25MJ
	硬质家具	GB/T 27904	热释放速率峰值≤300kW； 5min 内总热释放置≤40MJ； 试件未整体燃烧
B_3	无性能要求		

a　塑料座椅的试验火源功率采用 20kW，燃烧器位于座椅下方的一侧，距离椅底部 300mm。

6. 燃烧性能等级标识

（1）经检验符合本标准规定的建筑材料及制品，应在产品上及说明书中冠以相应的燃烧性能等级标识：GB 8624 A 级；GB 8624 B_1 级；GB 8624 B_2 级；GB 8624 B_3 级。

（2）建筑材料及制品燃烧性能等级的附加信息

建筑材料及制品燃烧性能等级附加信息包括产烟特性、燃烧滴落物/微粒等级和烟气毒性等级。A_2 级、B 级和 C 级建筑材料及制品应给出的附加信息：产烟特性等级；燃烧滴落物/微粒等级（铺地材料除外）；烟气毒性等级。D 级建筑材料及制品应给出的附加信息：产烟特性等级；燃烧滴落物/微粒等级。产烟特性等级按 GB/T 20284 或 GB/T 11785 试验所获得的数据确定，见表 4-24。燃烧滴落物/微粒等级通过观察 GB/T 20284 试验中燃烧滴落物/微粒确定，见表 4-25。

表 4-24　产烟特性等级和分级判据

产烟特性等级	试验方法	分级判据	
s_1	GB/T 20284	除铺地制品和管状绝热制品外的建筑材料及制品	烟气生成速率指数 SMOGRA≤30m²/s²； 试验 600s 总烟气生成量 TSP_{600s}≤50m²
		管状绝热制品	烟气生成速率指数 SMOGRA≤105m²/s²； 试验 600s 总烟气生成量 TSP_{600s}≤250m²
	GB/T 11785	铺地制品	产烟量≤750%×min

续表

产烟特性等级	试验方法	分级判据	
s_2	GB/T 20284	除铺地制品和管状绝热制品外的建筑材料及制品	烟气生成速率指数 SMOGRA≤180m²/s²；试验600s总烟气生成量 TSP_{600s}≤200m²
		管状绝热制品	烟气生成速率指数 SMOGRA≤580m²/s²；试验600s总烟气生成量 TSP_{600s}≤1600m²
	GB/T 11785	铺地制品	未达到 s_1
s_3	GB/T 20284	未达到 s_2	

表4-25　燃烧滴落物/微粒等级和分级判据

燃烧滴落物/微粒等级	试验方法	分级判据
d_0	GB/T 20284	600s内无燃烧滴落物/微粒
d_1		600s内燃烧滴落物/微粒，持续时间不超过10s
d_2		未达到 d_1

（3）附加信息标识

当按照规定需要显示附加信息时，燃烧性能等级标识如下：

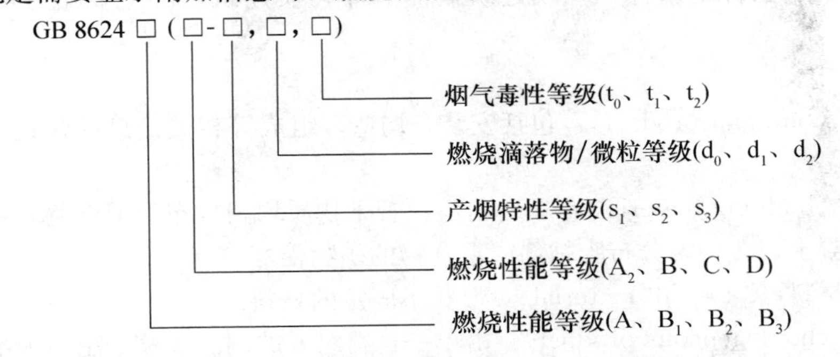

示例：GB 8624B_1（B-s_1，d_0，t_1），表示属于难燃B_1级建筑材料及制品，燃烧性能细化分级为B级，产烟特性等级为s_1级，燃烧滴落物/微粒等级为d_0级，烟气毒性等级为t_1级。烟气毒性等级按GB/T 20285试验所获得的数据确定，见表4-26。

表4-26　烟气毒性等级和分级判据

烟气毒性等级	试验方法	分级判据
t_0	GB/T 20285	达到准安全一级 ZA_1
t_1		达到准安全三级 ZA_3
t_2		未达到准安全三级 ZA_3

7. 分级检验报告

分级检验报告应包括的内容：检验报告的编号和日期；检验报告的委托方；发布检验报告的机构；建筑材料及制品的名称和用途；建筑材料及制品的详尽描述，包括对相关组分和组装方法等的详细说明或图纸描述；试验方法及试验结果；分级方法；结论：建筑材料及制品的燃烧性能等级；报告责任人和机构负责人的签名；检验报告相关说明。

建筑材料及制品的实际应用：试验安装由建筑材料及制品的最终应用状态确定，制品的燃烧性能等级与实际应用状态相关，应根据制品的最终应用条件，确定试验的基材及安装方式。试验应选用标准基材，当采用实际使用或代表其实际使用的非标准基材时，应明确应用范围，即试验结果仅限于制品在实际应用中采用相同的基材。对于粘结于基材的制品，试验结果的应用由粘结方式来确定，粘贴方式和胶粘剂的属性、用量等由试验委托单位提供。

试样厚度：对于在实际应用中有多种不同厚度的制品，当密度等可能影响燃烧性能的参数不变时，若最大厚度和最小厚度制品燃烧性能等级相同，则认为在中间厚度的制品也满足该燃烧性能等级，否则，应对每一厚度的制品进行判定。

特别说明：对于以下材料：混凝土、矿物棉、玻璃纤维、石灰、金属（铁、钢、铜），石膏、无有机混合物的灰泥、硅酸钙材料、天然石材、石板，玻璃、陶瓷，任何一种材料含有的均匀分散的有机物含量不超过1%（质量和体积），可不通过试验即认为满足 A_1 级的要求，对于由以上一种或多种材料分层复合的材料或制品，当胶水含量不超过0.1%（质量和体积）时，认为该制品满足 A_1级的要求。

4.5.2 建筑材料不燃性试验方法

标准为《建筑材料不燃性试验方法》（GB/T 5464—2010）。

1. 范围

本标准规定了在特定条件下匀质建筑制品和非匀质建筑制品主要组分的不燃性试验方法。

2. 术语和定义

建筑制品（building product）：包括安装、构造、组成等相关信息的建筑材料、构件或组件。

建筑材料（building material）：单一物质或若干物质均匀散布的混合物，例如金属、石材、木材、混凝土、含均匀分布胶粘剂或聚合物的矿物棉等。

松散填充材料（loose fill material）：形状不固定的材料。

匀质制品（homogeneous product）：由单一材料组成的制品或整个制品内部具有均匀的密度和组分。

非匀质制品（non-homogeneous product）：不满足匀质制品定义的制品。由一种或多种主要和/或次要组分组成。

主要组分（substantial component）：构成非匀质制品一个显著部分的材料，单层面密度≥1.0kg/m^2或厚度≥1.0mm的一层材料可视作主要组分。

3. 试验装置

（1）概述

① 试验装置应满足规定的条件，加热炉的典型设计参见标准附录B，其他满足规定的加热炉设计也可采用。

② 在下述试验装置中，除规定了公差外，全部尺寸均为公称值。

③ 装置为一加热炉系统。加热炉系统有电热线圈的耐火管，其外部覆盖有隔热层，锥形空气稳流器固定在加热炉底部，气流罩固定在加热炉顶部。

④ 加热炉安装在支架上，并配有试样架和试样架插入装置。

⑤ 应按规定布置热电偶测量炉内温度、炉壁温度。若要求测量试样表面温度和试样中

心温度，标准附录C给出了附加热电偶的详细信息。接触式热电偶应符合规定，并应沿其中心轴线测量炉内温度。

（2）加热炉、支架和气流罩

① 加热炉管应由表4-27规定的密度为(2800±300)kg/m³的铝矾土耐火材料制成，高(150±1)mm，内径(75±1)mm，壁厚(10±1)mm。

表4-27　加热炉管铝矾土耐火材料的组分　　（%）

材　料	含量（质量百分数）
三氧化二铝（Al_2O_3）	>89
二氧化硅和三氧化二铝（SiO_2，Al_2O_3）	>98
三氧化二铁（Fe_2O_3）	<0.45
二氧化钛（TiO_2）	<0.25
四氧化三锰（Mn_3O_4）	<0.1
其他微量氧化物（Na，K，Ca，Mg氧化物）	其他

② 加热炉管安置在一个由隔热材料制成的高150mm、壁厚10mm的圆柱管的中心部位，并配以带有内凹缘的顶板和底板，以便将加热炉管定位。加热炉管与圆柱管之间的环状空间内应填充适当的保温材料，典型的保温填充材料参见标准附录B。

③ 加热炉底面连接一个两端开口的倒锥形空气稳流器，其长为500mm，并从内径为(75±1)mm的顶部均匀缩减至内径为（10±0.5)mm的底部。空气稳流器采用1mm厚的钢板制作，其内表面应光滑，与加热炉之间的接口处应紧密、不漏气、内表面光滑。空气稳流器的上半部采用适当的材料进行外部隔热保温，典型的外部隔热保温材料参见标准附录B。

④ 气流罩采用与空气稳流器相同的材料制成，安装在加热炉顶部。气流罩高50mm、内径（75±1)mm，与加热炉的接口处的内表面应光滑。气流罩外部应采用适当的材料进行外部隔热保温。

⑤ 加热炉、空气稳流器和气流罩三者的组合体应安装在稳固的水平支架上。该支架具有底座和气流屏，气流屏用以减少稳流器底部的气流抽力。气流屏高550mm，稳流器底部高于支架底面250mm。

（3）试样架和插入装置

① 试样架如图4-7所示，采用镍/铬或耐热钢丝制成，试样架底部安有一层耐热金属丝网盘，试样架质量为（15±2)g。

② 试样架应悬挂在一根外径6mm、内径4mm的不锈钢管制成的支承件底端。

③ 试样架应配以适当的插入装置，能平稳地沿加热炉轴线下降，以保证试样在试验期间准确地位于加热炉的几何中心。插入装置为一根金属滑动杆，滑动杆能在加热炉侧面的垂直导槽内自由滑动。

④ 对于松散填充材料，试样架应为圆柱体，外径与规定的试样外径相同，采用类似规定的制作试样架底部的金属丝网的耐热钢丝网制作。试样架顶部应开口，且质量不应超过30g。

（4）热电偶

① 采用丝径为0.3mm，外径为1.5mm的K型热电偶或N型热电偶，其热接点应绝缘且不能接地。热电偶应符合《热电偶　第1部分：电动势规范和允差》（GB/T 16839.1—2018）规定的一级精度要求。铠装保护材料应为不锈钢或镍合金。

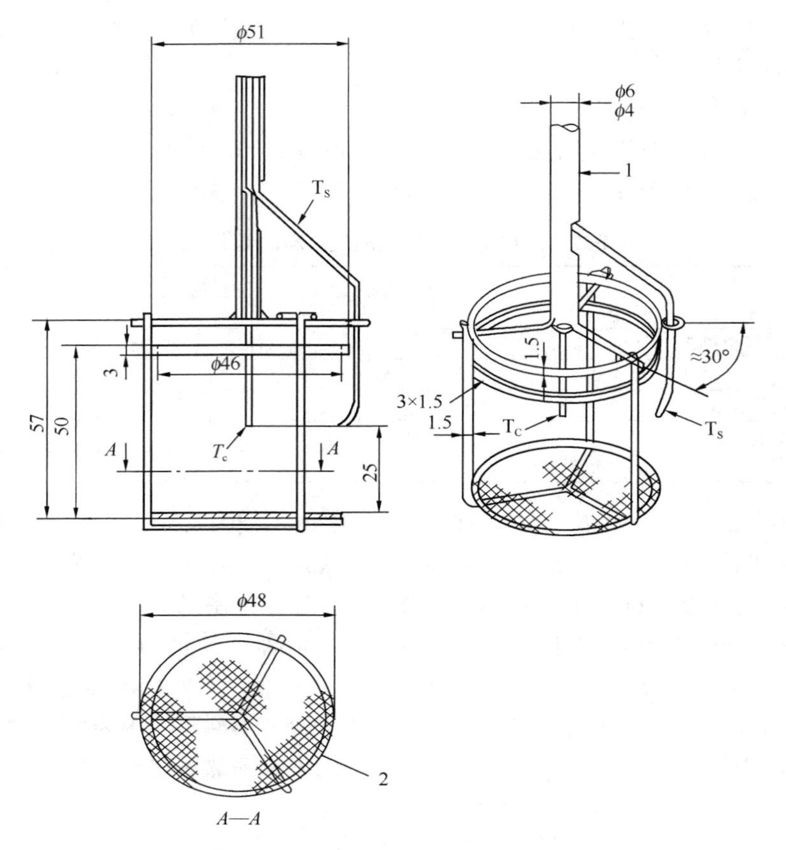

图 4-7 试样架

1—支承件钢管；2—网盘（网孔 0.9mm、丝径 0.4mm）。

T_C—试样表面热电偶；T_S—试样中心热电偶

注：对于 T_C 和 T_S 可任选使用。

② 新热电偶在使用前应进行人工老化，以减少其反射性。

③ 如图 4-8 所示，炉内热电偶的热接点应距加热炉管壁（10±0.5)mm，并处于加热炉管高度的中点。热电偶位置可采用图 4-9 所示的定位杆标定，借助一根固定于气流罩上的导杆以保持其准确定位。

④ 附加热电偶及其定位的详细信息参见标准附录 C。

（5）接触式热电偶

接触式热电偶应由规定型号的热电偶构成，并焊接在一个直径（10±0.2)mm 和高度(15±0.2)mm 的铜柱体上。

（6）观察镜

为便于观察持续火焰和保护操作人员的安全，可在试验装置上方不影响试验的位置设置一面观察镜。观察镜为正方形，其边长为 300mm，与水平方向呈 30°夹角，宜安放在炉上方 1m 处。

（7）天平

称量精度为 0.01g。

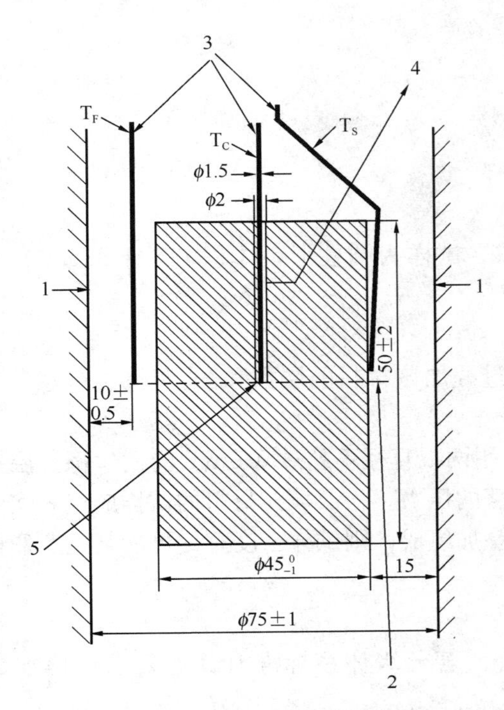

图 4-8　加热炉、试样和热电偶的位置

1—炉壁；2—中部温度；3—热电偶；4—直径 2mm 的孔；5—热电偶与材料间的接触；T_F—炉内热电偶；T_C—试样中心热电偶；T_S—试样表面热电偶

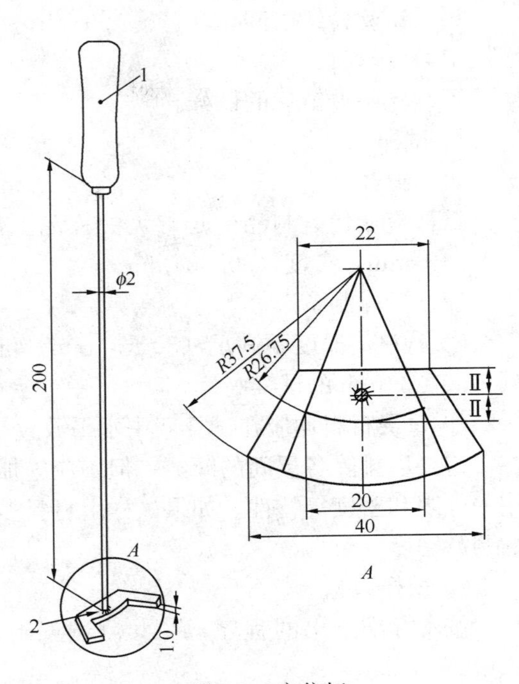

图 4-9　定位杆

1—手柄；2—焊接处

（8）稳压器

额定功率不小于 1.5kV·A 的单相自动稳压器，其电压在从零至满负荷的输出过程中精度应在额定值的±1%以内。

（9）调压变压器

控制最大功率应达 1.5kV·A，输出电压应能在零至输入电压的范围内进行线性调节。

（10）电气仪表

应配备电流表、电压表或功率表，以便对加热炉工作温度进行快速设定。这些仪表应满足规定的电量测定。

（11）功率控制器

可用来代替规定的稳压器、调压变压器和电气仪表，它的型式是相角导通控制，能输出 1.5kV·A 的可控硅器件。其最大电压不超过 100V，而电流的限度能调节至“100%功率”，即等于电阻带的最大额定值。功率控制器的稳定性约 1%，设定点的重复性为±1%，在设定点范围内，输出功率应呈线性变化。

（12）温度记录仪

温度显示记录仪应能测量热电偶的输出信号，其精度约 1℃或相应的毫伏值，并能生成间隔时间不超过 1s 的持续记录。记录仪工作量程为 10mV，在大约 700℃的测量范围内的测量误差小于±1℃。

（13）计时器

记录试验持续时间，其精度为1s/h。

（14）干燥皿

贮存状态调节后的试样。

4. 试样

（1）概要

试样应从代表制品的足够大的样品上制取。试样为圆柱形，体积（76±8）cm^3，直径（20～45)mm，高度（50±3)mm。

（2）试样制备

① 若材料厚度不满足（50±3)mm，可通过叠加该材料的层数和/或调整材料厚度来达到（50±3)mm的试样高度。

② 每层材料均应在试样架中水平放置，并用两根直径不超过0.5mm的铁丝将各层捆扎在一起，以排除各层间的间隙，但不应施加显著的压力。松散填充材料的试样应代表实际使用的外观和密度等特性。如果试样由材料多层叠加组成，则试样密度宜尽可能与生产商提供的制品密度一致。

③ 试样数量

按本标准给出的程序，一共测试五组试样。若分级体系标准有其他要求可增加试样数量。

5. 状态调节

试验前，试样应按照EN 13238的有关规定进行状态调节。然后将试样放入（60±5)℃的通风干燥箱内调节20～24h，然后将试样置于干燥皿中冷却至室温。试验前应称量每组试样的质量，精确至0.01g。

6. 试验步骤

（1）试验环境

试验装置不应设在风口，也不应受到任何形式的强烈日照或人工光照，以利于对炉内火焰的观察。试验过程中室温变化不应超过+5℃。

（2）试验前准备程序

试样架：将试样架及其支承件从炉内移开。热电偶：炉内热电偶应按规定进行布置，若要求使用附加热电偶，则按规定进行布置，所有热电偶均应通过补偿导线连接到温度记录仪上。电源：将加热炉管的电热线圈连接到稳压器、调压变压器、电气仪表或功率控制器，如图4-10所示。试验期间，加热炉不应采用自动恒温控制。在稳态条件下，电压约100V时，加热线圈通过（9～10)A的电流。为避免加热线圈过载，建议最大电流不超过11A。

对新的加热炉管，开始时宜慢慢加热，加热炉升温的合理程序是以约200℃分段，每个温度段加热2h。

炉内温度的平衡：调节加热炉的输入功率，使炉内热电偶测试的炉内温度平均值平衡在（750±5)℃至少10min，其温度漂移（线性回归）在10min内不超过2℃，并要求相对平均温度的最大偏差（线性回归）在10min内不超过10℃，并对温度做连续记录。

（3）校准程序

炉壁温度：当炉内温度稳定在规定的温度范围时，应使用规定的接触式热电偶和规定的温度记录仪在炉壁三条相互等距的垂直轴线上测量炉壁温度。对于每条轴线，记录其加热炉

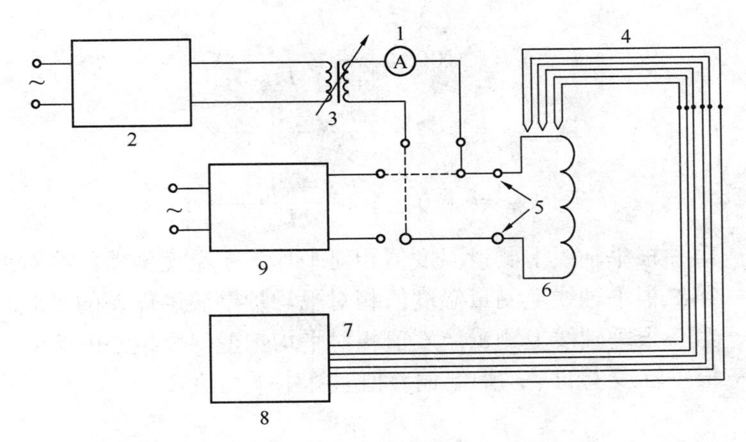

图 4-10　试验装置和附加设备的布置

1—电流表；2—稳压器；3—调压器；4—热电偶；5—接线端子；6—加热炉电阻带；
7—补偿导线；8—温度显示器；9—功率控制器

管高度中心处及该中心上下各 30mm 处三点的壁温（表 4-28）。采用合适的带有热电偶和隔热套管的热电偶扫描装置，可方便地完成对上述规定位置的测定过程，应特别注意热电偶与炉壁之间的接触保持良好，如果接触不好将导致温度读数偏低。在每个测温点，应待热电偶的记录温度稳定后，才读取该点的温度值。

表 4-28　炉壁温度读数

垂轴线	位置		
	a（30mm 处）	b（0mm 处）	c（−30mm 处）
1（0°）	$T_{1;a}$	$T_{1;b}$	$T_{1;c}$
2（+120°）	$T_{2;a}$	$T_{2;b}$	$T_{2;c}$
3（+240°）	$T_{3;a}$	$T_{3;b}$	$T_{3;c}$

计算并记录按规定测量的 9 个温度读数的算术平均值，将其作为炉壁平均温度 T_{avg}。

$$T_{\mathrm{avg}}=\frac{T_{1;a}+T_{1;b}+T_{1;c}+T_{2;a}+T_{2;b}+T_{2;c}+T_{3;a}+T_{3;b}+T_{3;c}}{9} \tag{4-16}$$

分别计算按规定测量的三根垂轴线上温度读数的算术平均值，将其作为垂轴上的炉壁平均温度。

$$T_{\mathrm{avg,axis1}}=\frac{T_{1;a}+T_{1;b}+T_{1;c}}{3} \tag{4-17}$$

$$T_{\mathrm{avg,axis2}}=\frac{T_{2;a}+T_{2;b}+T_{2;c}}{3} \tag{4-18}$$

$$T_{\mathrm{avg,axis3}}=\frac{T_{3;a}+T_{3;b}+T_{3;c}}{3} \tag{4-19}$$

式中　$T_{\mathrm{avg,axis1}}$——第一根垂轴线上温度读数的算术平均值，℃；

$T_{\mathrm{avg,axis2}}$——第二根垂轴线上温度读数的算术平均值，℃；

$T_{\mathrm{avg,axis3}}$——第三根垂轴线上温度读数的算术平均值，℃。

分别计算三根垂轴线上的测量温度值相对平均炉壁温度偏差的绝对百分数。

$$T_{\text{dev,axis1}} = 100 \times \left| \frac{T_{\text{avg}} - T_{\text{avg,axis1}}}{T_{\text{avg}}} \right| \tag{4-20}$$

$$T_{\text{dev,axis2}} = 100 \times \left| \frac{T_{\text{avg}} - T_{\text{avg,axis2}}}{T_{\text{avg}}} \right| \tag{4-21}$$

$$T_{\text{dev,axis3}} = 100 \times \left| \frac{T_{\text{avg}} - T_{\text{avg,axis3}}}{T_{\text{avg}}} \right| \tag{4-22}$$

式中 $T_{\text{dev,axis1}}$——第一根垂轴线上测量温度值相对平均炉壁温度偏差的绝对百分数；

$T_{\text{dev,axis2}}$——第二根垂轴线上测量温度值相对平均炉壁温度偏差的绝对百分数；

$T_{\text{dev,axis3}}$——第三根垂轴线上测量温度值相对平均炉壁温度偏差的绝对百分数。

计算并记录三根垂轴线上的平均炉温偏差值（算术平均值）。

$$T_{\text{avg,dev,axis1}} = \frac{T_{\text{avg,dev,axis1}} + T_{\text{avg,dev,axis2}} + T_{\text{avg,dev,axis3}}}{3} \tag{4-23}$$

计算按规定测量的三根垂轴线上同一位置的温度读数的算术平均值。

$$T_{\text{avg,level}a} = \frac{T_{1;a} + T_{2;a} + T_{3;a}}{3} \tag{4-24}$$

$$T_{\text{avg,level}b} = \frac{T_{1;b} + T_{2;b} + T_{3;b}}{3} \tag{4-25}$$

$$T_{\text{avg,level}c} = \frac{T_{1;c} + T_{2;c} + T_{3;c}}{3} \tag{4-26}$$

式中 $T_{\text{avg,level}a}$——三个垂轴线上位置 a 的温度读数的算术平均值，℃；

$T_{\text{avg,level}b}$——三个垂轴线上位置 b 的温度读数的算术平均值，℃；

$T_{\text{avg,level}c}$——三个垂轴线上位置 c 的温度读数的算术平均值，℃。

计算所测得的三根垂轴线上同一位置的温度值相对平均炉壁温度偏差的绝对百分数。

$$T_{\text{dev,level}a} = 100 \times \left| \frac{T_{\text{avg}} - T_{\text{avg,level}a}}{T_{\text{avg}}} \right| \tag{4-27}$$

$$T_{\text{dev,level}b} = 100 \times \left| \frac{T_{\text{avg}} - T_{\text{avg,level}b}}{T_{\text{avg}}} \right| \tag{4-28}$$

$$T_{\text{dev,level}c} = 100 \times \left| \frac{T_{\text{avg}} - T_{\text{avg,level}c}}{T_{\text{avg}}} \right| \tag{4-29}$$

式中 $T_{\text{dev,level}a}$——三根垂轴线上位置 a 的温度值相对平均炉壁温度偏差的绝对百分数；

$T_{\text{dev,level}b}$——三根垂轴线上位置 b 的温度值相对平均炉壁温度偏差的绝对百分数；

$T_{\text{dev,level}c}$——三根垂轴线上位置 c 的温度值相对平均炉壁温度偏差的绝对百分数。

计算并记录三根垂轴线上同一位置的平均炉壁温度偏差值（算术平均值）。

$$T_{\text{avg,level}} = \frac{T_{\text{dev,level}a} + T_{\text{dev,level}b} + T_{\text{dev,level}c}}{3} \tag{4-30}$$

三根垂轴线上的温度相对平均炉壁温度的偏差量（$T_{\text{avg,dev,axis}}$）不应超过 0.5%。三根垂轴上同一位置的平均温度偏差量相对平均炉壁温度的偏差量（$T_{\text{avg,level}}$）不应超过 1.5%。确认在位置（+30mm）处的炉壁温度平均值 $T_{\text{dev,level}a}$ 低于在位置−30mm 处的炉壁温度平均值 $T_{\text{dev,level}c}$。

炉内温度：在炉内温度稳定在规定的温度范围以及按规定校准炉壁温度后，使用规定的接触式热电偶和规定的温度记录仪沿加热炉中心轴线测量炉温。以下程序需采用一个合适的定位装置以对接触式热电偶进行准确定位。垂直定位的参考面应是接触式热电偶的铜柱体的上表面。

沿加热炉的中心轴线，在加热管高度中点位置记录该测温点的温度值。沿中心轴线上中点向下以不超过 10mm 的步长移动接触式热电偶，直至抵达加热炉管底部，待温度读数稳定后，记录每个测温点的温度值。沿加热炉中心轴线从最低点向上以不超过 10mm 的步长移动接触式热电偶，直至抵达加热炉管的顶部，待温度读数稳定后，记录每个测温点的温度值。沿加热炉中心轴线从顶部向下以不超过 10mm 的步长移动接触式热电偶，直至抵达加热炉管的底部，待温度读数稳定后，记录每个测温点的温度值。每个测温点均记录有两个温度值，其中一个是向上移动测量的温度值，另一个是向下移动时测量的温度值。计算并记录这些等距测温点的算术平均值。

位于同一高度位置的温度平均值应处于以下公式规定的范围，如图 4-11 所示。

$$T_{min} = 541653 + (5901 \times x) - (0.067 \times x^2) + (3375 \times 10^{-4} \times x^3) - (8553 \times 10^{-7} \times x^4) \tag{4-31}$$

$$T_{max} = 613906 + (5333 \times x) - (0.081 \times x^2) + (5779 \times 10^{-4} \times x^3) - (1767 \times 10^{-7} \times x^4) \tag{4-32}$$

式中　x——炉内高度，mm，$x=0$ 对应加热炉的底部，表 4-29 给出了图 4-11 中的数据。

表 4-29　炉内温度分布值

高度（mm）	T_{min}（℃）	T_{max}（℃）
145	639.4	671.0
135	663.5	697.5
125	682.8	716.1
115	697.9	728.9
105	709.3	737.4
95	717.3	742.8
85	721.8	745.9
75	722.7	747.0
65	719.6	746.0
55	711.9	742.5
45	698.8	735.5
35	679.3	723.5
25	652.2	705.0
15	616.2	677.5
5	569.5	638.6

校准周期：当使用新的加热炉或更换加热炉管、加热电阻带、隔热材料或电源时，应执行规定的程序。

（4）标准试验步骤

① 按规定使加热炉温度平衡。如果温度记录仪不能进行实时计算，最后应检查温度是

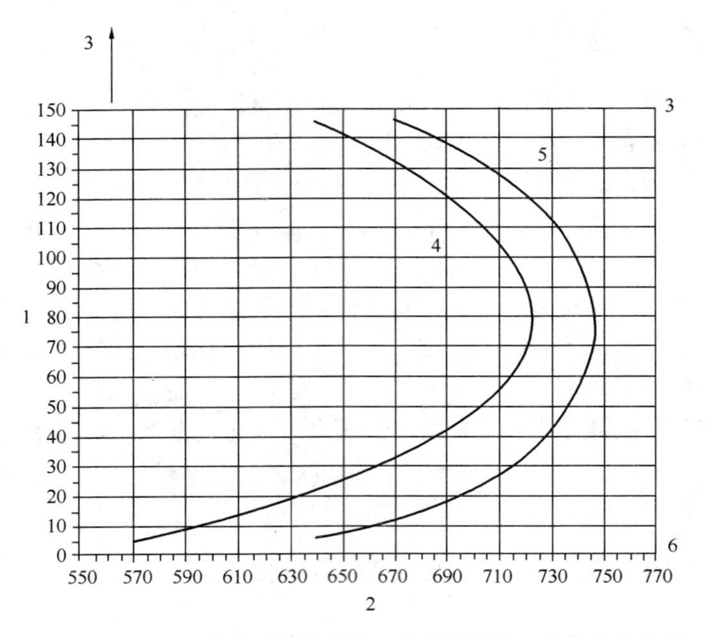

图 4-11　采用热传感器沿炉内中心轴线测量的温度曲线分布图

1—炉体高度（mm）；2—温度（℃）；3—炉体顶部；4—温度下限（T_{min}）；5—温度上限（T_{max}）；6—炉体底部

否平衡。若不能满足规定的条件，应重新试验。

② 试验前应确保整台装置处于良好的工作状态，如空气稳流器整洁畅通、插入装置能平稳滑动、试样架能准确位于炉内规定位置。

③ 将一个按规定制备并经状态调节的试样放入试样架，试样架悬挂在支承件上。

④ 将试样架插入炉内规定位置，该操作时间不应超过 5s。

⑤ 当试样位于炉内规定位置时，立即启动计时器。

⑥ 记录试验过程中炉内热电偶测量的温度，如要求测量试样表面温度和中心温度，对应温度也应予以记录。

⑦ 进行 30min 试验。

如果炉内温度在 30min 时达到了最终温度平衡，即由热电偶测量的温度在 10min 内漂移（线性回归）不超过 2℃，则可停止试验。如果 30min 内未能达到温度平衡，应继续进行试验，同时每隔 5min 检查是否达到最终温度平衡，当炉内温度达到最终温度平衡或试验时间达 60min 时应结束试验。记录试验的持续时间，然后从加热炉内取出试样架，试验的结束时间为最后一个 5min 的结束时刻或 60min（参见标准附录 D）。

若温度记录仪不能进行实时记录，试验后应检查试验结束时的温度记录。若不能满足上述要求，则应重新试验。若试验使用了附加热电偶，则应在所有热电偶均达到最终温度平衡时或当试验时间为 60min 时结束试验。

⑧ 收集试验时和试验后试样碎裂或掉落的所有碳化物、灰和其他残屑，同试样一起放入干燥皿中冷却至环境温度后，称量试样的残留质量。

⑨ 按①～⑦的规定共测试五组试样。

（5）试验期间的观察

按规定在试验前和试验后分别记录每组试样的质量并观察记录试验期间试样的燃烧行为。记录发生的持续火焰及持续时间，精确到秒。试样可见表面上产生持续 5s 或更长时间的连续火焰才应视作持续火焰。

记录以下炉内热电偶的测量温度，单位为℃：

① 炉内初始温度 T_1，规定的炉内温度平衡期的最后 10min 的温度平均值；

② 炉内最高温度 T_m，整个试验期间最高温度的离散值；

③ 炉内最终温度 T_f，试验过程最后 1min 的温度平均值。

温度数据记录示例参见标准附录 D。若使用了附加热电偶，按标准附录 C 的规定记录温度数据。

7. 试验结果表述

（1）质量损失

计算并记录规定测量的各组试样质量损失，以试样初始质量的百分数（%）表示。

（2）火焰

计算并记录规定的每组试样持续火焰持续时间的总和，以 s 为单位。

（3）温升

计算并记录规定的试样的热电偶温升，$\Delta T = T_m - T_f$，以℃为单位。

8. 试验报告

试验报告应包括下述内容，且应明确区分由委托试验单位提供的数据和试验得出的数据：关于试验所依据的标准为本标准的说明；试验方法的偏差；实验室的名称及地址；报告的发布日期及编号；委托试验单位的名称及地址；已知生产商/供应商的名称及地址；到样日期；制品标识；有关抽样程序的说明；制品的一般说明，包括密度、面密度、厚度及结构信息；状态调节信息；试验日期；按规定表述的校准结果；若使用了附加热电偶，按规定表述的试验结果；试验中观察到的现象。

最后陈述："试验结果与特定试验条件下试样的性能有关；试验结果不能作为评价制品在实际使用条件下潜在火灾危险性的唯一依据"。

4.5.3 燃烧热值的测定

标准为《建筑材料及制品的燃烧性能　燃烧热值的测定》（GB/T 14402—2007）。

本标准规定了在标准条件下，将特定质量的试样置于一个体积恒定的氧弹量热仪中，测试试样燃烧热值的试验方法。氧弹量热仪需用标准苯甲酸进行校准。在标准条件下，试验以测试温升为基础，在考虑所有热损失及气化潜热的条件下，计算试验的燃烧热值。需注意本试验方法是用于测量制品燃烧的绝对热值，与制品的形态无关。

1. 范围

本标准规定了在恒定热容量的氧弹量热仪中，测定建筑材料燃烧热值的试验方法。本标准还规定了测定总燃烧热值（PCS）的方法。

2. 术语和定义

热值（heat of combustion）：单位质量的材料燃烧所产生的热量，以 J/kg 表示。

总热值 PCS（gross heat of combustion）：单位质量的材料完全燃烧，并当其燃烧产物中的水（包括材料中所含水分生成的水蒸气和材料组成中所含的氢燃烧时生成的水蒸气）均凝结为液态时放出的热量，被定义为该材料的总燃烧热值，单位为 MJ/kg。

净热值 PCI（net heat of combustion）：单位质量的材料完全燃烧，其燃烧产物中的水（包括材料中所含水分生成的水蒸气和材料组成中所含的氢燃烧时生成的水蒸气）仍以气态形式存在时所放出的热量，被定义为该材料的燃烧热值。它在数值上等于总热值减去材料燃烧后所生成的水蒸气在氧弹内凝结为水时所释放出的汽化潜热的差值，单位为 MJ/kg。

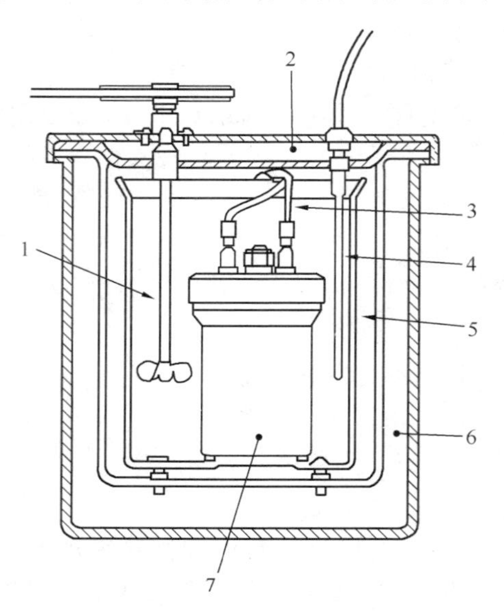

图 4-12　试验装置
1—搅拌器；2—内筒盖；3—点火丝；4—温度计；5—内筒；6—外筒；7—氧弹

汽化潜热：将水由液态转为气态所需的热量，单位为 MJ/kg。

3. 仪器设备

试验仪器如图 4-12 所示。除非规定了公差，否则所有尺寸均为标称尺寸。

（1）量热弹

量热弹应满足的要求：容量（300±50）mL；质量不超过 3.25kg；弹桶厚度至少是弹桶内径的 1/10。盖子用来容放坩埚和电子点火装置，盖子以及所有的密封装置应能承受 21MPa 的内压；弹桶内壁应能承受样品燃烧产物的侵蚀，即使对硫黄进行试验，弹桶内壁也应能够抵制燃烧产生的酸性物质所带来的点腐蚀和晶间腐蚀。

（2）量热仪

量热仪外筒应是双层容器，带有绝热盖，内外壁之间填充有绝热材料，外筒充满水。外筒内壁与量热仪四周至少有 10mm 的空隙，应尽可能以接触面积最小的三点来支撑筒。对于绝热量热系统，加热器和温度测量系统应组合起来安装在筒内，以保证外筒水温与量热值内筒水温相同。对于等温量热系统，外筒水温应保持不变，有必要对等温量热仪的温度进行修正。

量热仪内筒是磨光的金属容器，用来容纳氧弹。量热仪内筒的尺寸应能使氧弹完全浸入水中。

搅拌器应由恒定速度的电动机带动。为避免量热仪内的热传递，在搅拌轴同外桶盖和外桶之间接触的部位，应使用绝热垫片隔开，可选用具有相同性能的磁力搅拌装置。

（3）温度测量装置

温度测量装置分辨率为 0.005K。如果使用水银温度计，分度值至少精确到 0.01K，保证读数在 0.005K 内，并使用机械振动器来轻叩温度计，保证水银柱不粘结。

（4）坩埚

坩埚应由金属（如铂金、镍合金、不锈钢）或硅石制成。坩埚的底部平整，直径 25mm（切去了顶端的最大尺寸），高 14～19mm。建议使用的坩埚壁厚：金属坩埚壁厚 1.0mm；硅石坩埚壁厚 1.5mm。

（5）计时器

计时器用以记录试验时间，精确到 s，精度为 1s/h。

（6）电源

点火电路的电压不能超过 20V。电路上应装有电表用来显示点火丝是否断开。断路开关是供电回路的一个重要附属装置。

（7）压力表和针阀

压力表和针阀要安装在氧气供应回路上，用来显示氧弹在充氧时的压力，精确到 0.1MPa。

（8）天平

需要两个天平：分析天平精度为 0.1 mg；普通天平精度为 0.1g。

（9）制备“香烟”装置

制备“香烟”的装置和程序如图 4-13 所示。制备“香烟”的装置由一个模具和金属轴（不能使用铝制作）组成。

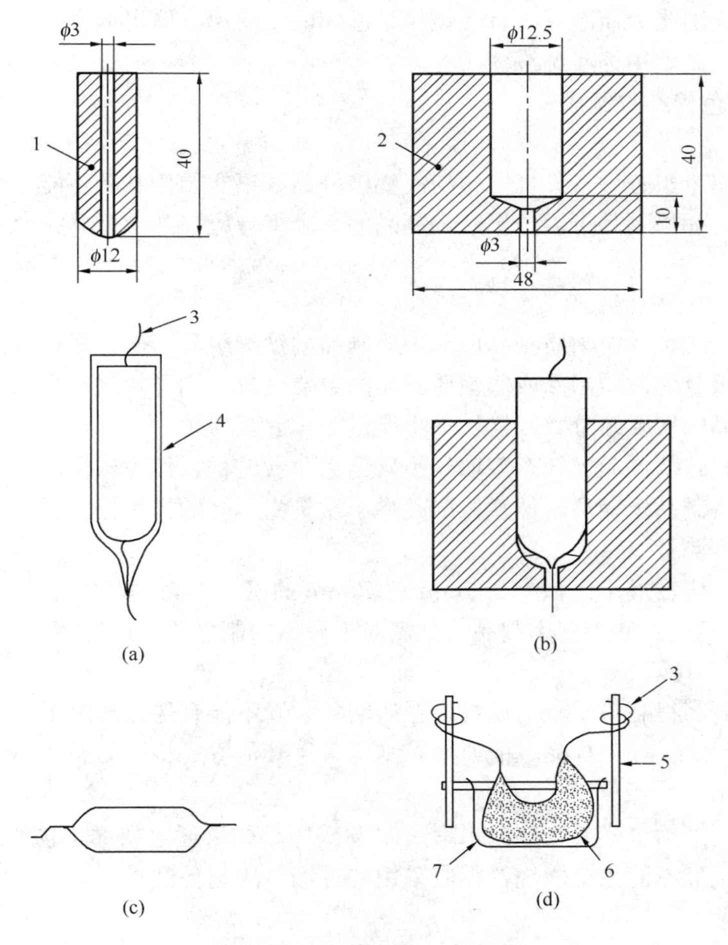

图 4-13　“香烟”法制备试样

（a）在心轴上成型“香烟纸”，将预先粘好的“香烟纸”边缘重叠粘结固定起来；（b）移出心轴后，固定“香烟纸”在模具中的位里，准备填装试样；（c）制好“香烟”，将“香烟纸”端拧在一起；（d）将“香烟”放入坩埚中，点火丝被紧密地包裹缠绕在电极线上

1—心轴；2—模具；3—点火丝；4—香烟纸；5—电极；6—香烟；7—坩埚

（10）制丸装置

如果没有提供预制好的丸状样品，则需要使用制丸装置。

（11）试制

① 蒸馏水或去离子水。

② 纯度≥99.5%的去除其他可燃物质的高压氧气（由电解产生的氧气可能含有少量的氢，不适用于该试验）。

③ 被认可且标明热值的苯甲酚粉末和苯甲酸丸片可作为计量标准物质。

④ 助燃物采用已知热值的材料，比如石蜡油。

⑤ 已知热值的“香烟纸”应预先粘好，且最小尺寸为55mm×50mm。可将市面上买来的55mm×100mm的“香烟纸”裁成相等的两片来用。

⑥ 点火丝为直径0.1mm的纯铁铁丝，也可以使用其他类型的金属丝，只要在点火回路合上时，金属丝会因张力而断开，且燃烧热是已知的。使用金属坩埚时，点火丝不能接触坩埚，建议最好将金属丝用棉线缠绕。

⑦ 棉线以白色棉纤维制成。

4. 试样

应对制品的每个组分进行评价，包括次要组分。如果非匀质制品不能分层，则需单独提供制品的各组分，如果制品可以分层时，制品的每个组分应与其他组分完全剥离，相互不能黏附有其他组分。

（1）制样

样品应具有代表性，对匀质制品或非匀质制品的被测组分，应任意截取至少5个样块作为试样。若被测组分为匀质制品或非匀质制品的主要组分，则样块最小质量为50g，若被测组分为非匀质制品的次要组分，则样块最小质量为10g。

松散填充材料：从制品上任意截取最小质量为50g的样块作为试样。

含水产品：将制品干燥后，任意截取其最小质量为10g的样块作为试样。

（2）表观密度测量

如果有要求，应在最小面积为250mm×250mm的试样上对制品的每个组分进行面密度测试，精度为±0.5%。如为含水制品，则需对干燥后的制品质量进行测试。

（3）研磨

将样品逐次研磨得到粉末状的试样，在研磨的时候不能有热分解发生。样品要采用交错研磨的方式进行研磨。如果样品不能研磨，则可采用其他方式将样品制成小颗粒或片材。

（4）试样类型

通过研磨得到细粉末样品，应以坩埚法制备试样。如果通过研磨不能得到细粉末样品，或以坩埚试验时试件不能完全燃烧，则应采用“香烟”法制备试样。

（5）试样数量

按规定应对3个试样进行试验。如果试验结果不能满足有效性的要求，测需对另外2个试样进行试验。按分级体系的要求，可以进行多于3个试样的试验。

（6）质量测定

称取样品精确到0.1mg，被测材料0.5g，苯甲酸0.5g；必要时，应称取点火丝、棉线和“香烟”纸。

注意：对于高热值的制品，可以不使用助燃物或减少助燃物；对于低热值的制品，为了使得试样达到完全燃烧，可以将材料和苯甲酸的质量比由 1∶1 改为 1∶2，或增加助燃物来增加试样的总热值。

（7）坩埚试验

试验装置如图 4-14 所示。将已称量的试样和苯甲酸的混合物放入坩埚中；将已称量的点火丝连接到两个电极上；调节点火丝的位置，使之与坩埚中的试样良好的接触。

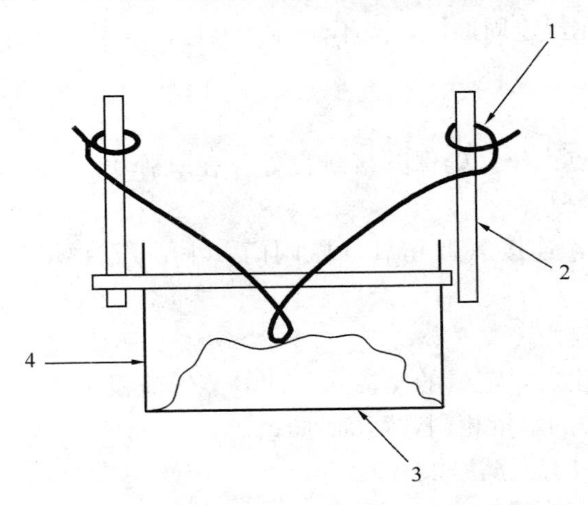

图 4-14　坩埚法制备试样

1—点火丝；2—电极；3—苯甲酸和试样的混合物；4—坩埚

（8）“香烟”试验

试验装置如图 4-13 所示：调节已称量的点火丝下垂到心轴的中心；用已称量的“香烟纸”将心轴包裹，并将其边缘重叠处用胶水粘结，如果“香烟纸”已粘结，则不需要再次粘结。两端留出足够的纸，使其和点火丝拧在一起；将纸和心轴下端的点火丝拧在一起放入模具，点火丝要穿出模具的底部；移出心轴；将已称量的试样和苯甲酸的混合物放入“香烟纸”；从模具中拿出装有试样和苯甲酸化合物的“香烟纸”，分别将“香烟纸”两端扭在一起；称量“香烟”状样品，确保总质量和组成成分的质量之差不能超过 10mg；将“香烟”状样品放入坩埚。

5. 状态调节

试验前，应将粉末试样、苯甲酸和“香烟纸”按照 EN 13238 的要求进行状态调节。

6. 测定步骤

试验应在标准试验条件下进行，实验室内温度要保持稳定。对于手动装置，房间内的温度和量热筒内水温的差异不能超过±2K。

（1）校准步骤

水当量的测定：量热仪、氧弹及其附件的水当量 E（MJ/K）可通过对 5 组质量为 0.4～1.0g 的标准苯甲酸样品进行总热值测定来进行标定。标定步骤如下；

① 压缩已称量的苯甲酸粉末，用制丸装置将其制成小丸片，或使用预制的小丸片，预制的苯甲酸小丸片的燃烧热值同试验时采用的标准苯甲酸粉末燃烧热值一致时，才能将预制小丸片用于试验。

② 称量小丸片，精确到 0.1mg。

③ 将小丸片放入坩埚。

④ 将点火丝连接到两个电极。

⑤ 将已称量的点火丝接触到小丸片。

按规定进行试验，水当量 E 应为 5 次标定结果的平均值，以 MJ/K 表示。每次标定结果与水当量 E 的偏差不能超过 0.2%。

重复标定的条件：在规定周期内，或不超过 2 个月，或系统部件发生了显著变化时，应按照规定进行标定。

(2) 标准试验程序

① 检查两个电极和点火丝。确保其接触良好，在氧弹中倒入 10mL 的蒸馏水，用来吸收试验过程中产生的酸性气体。

② 拧紧氧弹密封盖，连接氧弹和氧气瓶阀门，小心开启氧气瓶，给氧弹充氧至压力 3.0～3.5MPa。

③ 将氧弹放入量热仪内筒。

④ 在量热仪内筒中注入一定量的蒸馏水，使其能够淹没氧弹，并对其进行称量。所用水量应和校准过程中所用的水量相同，精确到 1g。

⑤ 检查并确保氧弹没有泄漏（没有气泡）。

⑥ 将量热仪内筒放入外筒。

⑦ 步骤如下：

a. 安装温度测定装置，开启搅拌器和计时器。

b. 调节内筒水温，使其和外筒水温基本相同，每隔 1min 应记录一次内筒水温，调节内筒水温，直到 10min 内的连续读数偏差不超过±0.01K。将此时的温度作为起温强度（T_i）。

c. 接通电流回路，点燃样品。

d. 对绝热量热仪来说：在量热仪内筒快速升温阶段，外筒的水温应与内筒水温尽量保持一致；其最高温度相差不能超过±0.01K。每隔 1min 应记录一次内连水温，直到 10min 内的连续读数偏差不超过±0.01K。将此时的温度作为最高温度（T_m）。

e. 从量热仪中取出氧弹，放置 10min 后缓慢泄压。打开氧弹。如氧弹中无煤烟状沉淀物且坩埚上无残留磷，便可确定试样发生了完全燃烧，清洗并干燥氧弹。

h. 如果采用坩埚法进行试验时，试样不能完全燃烧，则采用“香烟”法重新进行试验。如果采用“香烟”法进行试验，试样同样不能完全燃烧，则继续采用“香烟”法重复试验。

7. 试验结果表述

(1) 手动测试设备的修正

按照温度计的校准证书，根据温度计的伸入长度，对测试的所有温度进行修正。

(2) 等温量热仪的修正

因为同外界有热交换，因此有必要对温度进行修正（如果使用了绝热护套，那么温度修正值为零；如果采用自动装置，且自动进行修正，那么温度修正值为零；标准附录 C 给出了用于计算的制图法），应按公式进行修正：

$$c=(t-t_1)\times T_2-t_1\times T_1 \tag{4-33}$$

式中 t——从主期采样开始到出现最高温度时的一段时间，最高温度出现的时间是指温度停止升高并开始下降的时间的平均值，min 和 s；

t_1——从主期采样开始到温度达到总温升值（T_m-T_1）6/10 时刻的这段时间，这些时刻的计算是在相互两个最相近的读数之间通过插值获得，min 和 s；

T_2——末期采样阶段温度每分钟下降的平均值；

T_1——初期采样阶段温度每分钟增长的平均值。

温度-时间曲线如图 4-15 所示，差异通常与量热仪过热有关。

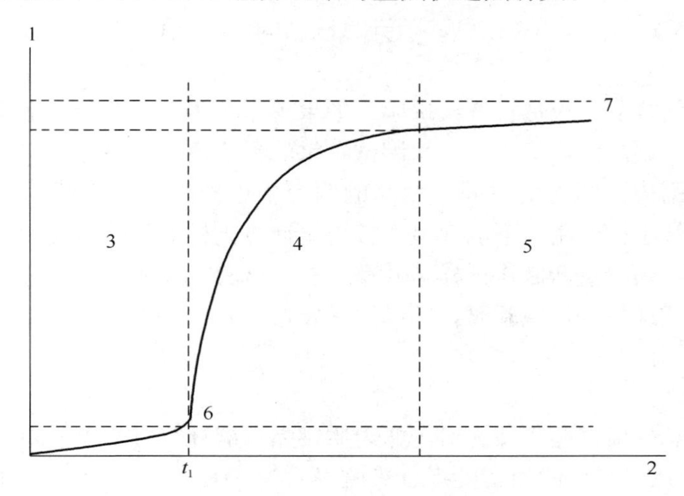

图 4-15　温度-时间曲线

1—温度；2—时间；3—试验初期；4—试验主期；5—试验末期；6—点火；7—T（外筒）

（3）试样燃烧总热值的计算

计算试样燃烧的总热值时，应在恒容的条件下进行，由下列公式计算得出，以 MJ/kg 表示。对于自动测试仪，燃烧总热值可以直接获得，并作为试验结果。

$$PCS=\frac{E(T_m-T_i+c)-b}{m} \tag{4-34}$$

式中　PCS——总热值，MJ/kg；

E——量热仪、氧弹及其附件以及氧弹中充入水的水当量，MJ/K；

T_i——起始温度，K；

T_m——最高温度，K；

b——试验中所用助燃物的燃烧热值的修正值，单位为兆热耳（MJ），如点火丝、棉线。“香烟纸”、苯甲酸或其他助燃物，除非棉线、“香烟纸”或其他助燃物的燃烧热值是已知的，否则都应测定，按照规定来制备试样，并按照规定进行试验（各种点火丝的热值：镍铬合金点火丝，1.403MJ/kg；铂金点火丝：0.419MJ/kg；纯铁点火丝：7.490MJ/kg）；

c——与外部进行热交换的强度修正值，单位为开尔文（K），使用了绝热护套的修正值为 0；

m——试样的质量，kg。

（4）产品燃烧总热值的计算

对于燃烧发生吸热反应的制品或组件，得到的 PCS 值可能会是负值。首先，确定非匀质制品的单个成分的 *PCS* 值或匀质材料的 *PCS* 值。如果 3 组试验结果均为负，则在试验结果中应注明，并给出实际结果的平均值。例如：－0.3，－0.4，＋0.1，平均值为－0.2。对于匀质制品，以这个平均值作为制品的 *PCS* 值，对于非匀质制品，应考虑每个组分的 *PCS* 平均值。若某一组分的热值为负值，在计算试样总热值时可将该热值设为 0。金属成分不需要测试，计算时将其热值设为 0。如 4 个成分的热值各为：－0.2，15.6，6.3，－1.8。负值设为 0，即 0，15.6，6.3，0。由这些值计算制品的 *PCS* 值。

① 匀质制品

对于一个单独的样品，应进行 3 次试验。如果单个值的离散符合标准第 10 章的判据要求，则试验有效，该制品的热值为这 3 次测试结果的平均值。如果这 3 次试验的测试值偏差不在标准规定值范围内，则需要对同一制品的两个备用样品进行测试，在这 5 个试验结果中，去除最大值和最小值，用余下的 3 个值按规定计算试样的总热值。如果测试结果的有效性不满足规定要求，则应重新制作试样，并重新进行试验。如果分级试验中需要对 2 个备用试样（已做完 3 组试样）进行试验时，则应按规定准备 2 个备用试样，即是说对同一制品，最多对 5 个试样进行试验。

② 非匀质制品

非匀质制品的总热值试验步骤：对于非匀质制品，应计算每个单独组分的总热值，总热值以 MJ/kg 表示，或以组分的面密度将总热值表示为 MJ/m^2；用单个组分的总热值和面密度计算非匀质产品的总热值。对于非匀质制品的燃烧热值的计算可参见标准附录 D。

8. 试验报告

试验报告应包括试验标准；任何与试验方法的偏离；实验室的名称和地址；报告编号；送样单位的名称和地址；生产单位的名称和地址；到样日期；产品信息；相关的抽样程序；样品的总体描述（包括密度、面密度、厚度、产品的构造）；状态调节；试验日期；测定的水当量；按规定要求表述测试结果；试验现象。

最后注明“本试验结果只与制品的试样在特定试验条件下的性能相关，不能将其作为评价该制品在实际使用中潜在火灾危险性的唯一依据”。

9. 试验结果的有效性

只有符合表 4-30 判据要求时，试验结果有效。

表 4-30　试验结果有效的标准

总燃烧热值	3 组试验的最大和最小值偏差	有效范围
PCS	≤0.2MJ/kg	0～3.2MJ/kg
PCS[a]	≤0.1MJ/m^2	0～4.1MJ/m^2

a　仅适用于非匀质材料。

4.5.4　单体燃烧试验

标准为《建筑材料或制品的单体燃烧试验》(GB/T 20284—2006)。

1. 范围

本标准规定了用以确定建筑材料或制品（不包括铺地材料以及 2000/147/EC 号《EC 决议》中指出的制品）在单体燃烧试验（SBI）中的对火反应性能的方法。计算步骤见附录 A。

试验方法的精确度见附录 B。校准步骤见附录 C 和附录 D。本标准是用以确定平板式建筑制品的对火反应性能。对某些制品，如线形制品（套管、管道、电缆等）则需采用特殊的规定，其中管状隔热材料采用附录 H 规定的方法。

2. 术语和定义

背板（backing board）：用以支撑试样的硅酸钙板，既可安装于自撑试样的背面与其直接接触，也可与其有一定距离。

试样（specimen）：用于试验的制品。

注：既包括实际应用中采用的安装技术，也可包括适当的空气间隙和/或基材。

基材（substrate）：紧贴在制品下面的材料，需提供与其有关的信息。

THR_{600s}：试样受火于主燃烧器最初 600s 内的总热释放量。

LFS：火焰在试样长翼上的横向传播。

TSP_{600s}：试样受火于主燃烧器最初 600s 内的总产烟量。

$FIGRA_{0.2MJ}$：燃烧增长速率指数。THR 临界值达 0.2MJ 以后，试样热释放速率与受火时间的比值的最大值。

$FIGRA_{0.4MJ}$：燃烧增长速率指数。THR 临界值达 0.4MJ 以后，试样热释放速率与受火时间的比值的最大值。

SMOGRA：烟气生成速率指数。试样产烟率与所需受火时间的比值的最大值。

持续燃烧（sustained flaming）：火焰在试样表面或其上方持续至少一段时间的燃烧。

3. 试验装置

（1）概要

SBI 试验装置包括燃烧室、试验设备（小推车、框架、燃烧器、集气罩、收集器和导管）、排烟系统和常规测量装置。注意，从小推车下方进入燃烧室的空气应为新鲜的洁净空气。

（2）燃烧室

① 燃烧室的室内高度为（2.4±0.1）m，室内地板面积为（3.0±0.2）m×（3.0±0.2）m。墙体应由砖石砌块（如多孔混凝土）、石膏板、硅酸钙板或根据 EN 13501-1 划分为 A_1 或 A_2 级的其他类板材建成。

② 燃烧室的一面墙上应设一开口，以便于将小推车从毗邻的实验室移入该燃烧室。开口的宽度至少为 1470mm，高度至少为 2450mm（框架的尺寸）。应在垂直试样板的两前表面正对的两面墙上分别开设窗口。为便于在小推车就位后能调控好 SBI 装置和试件，还需增设一道门。

③ 小推车在燃烧室就位后，和 U 形卡槽接触的长翼试样表面与燃烧室墙面之间的距离应为（2.1±0.1）m。该距离为长翼与所面对的墙面的垂直距离。燃烧室的开口面积（不含小推车底部的空气入口及集气罩里的排烟开口）不应超过 $0.05m^2$。

④ 如图 4-16 所示，样品采用左向或右向安装均可（图 4-16 中的小推车与垂直线成镜面对称即可）。注意为在不移动收集器的情况下而能将集气罩的侧板移开，应注意 SBI 框架与燃烧室顶棚之间的连接情况。应能在底部将侧板移出；燃烧室中框架的相对位置应根据燃烧室和框架之间连接的具体情况而定。

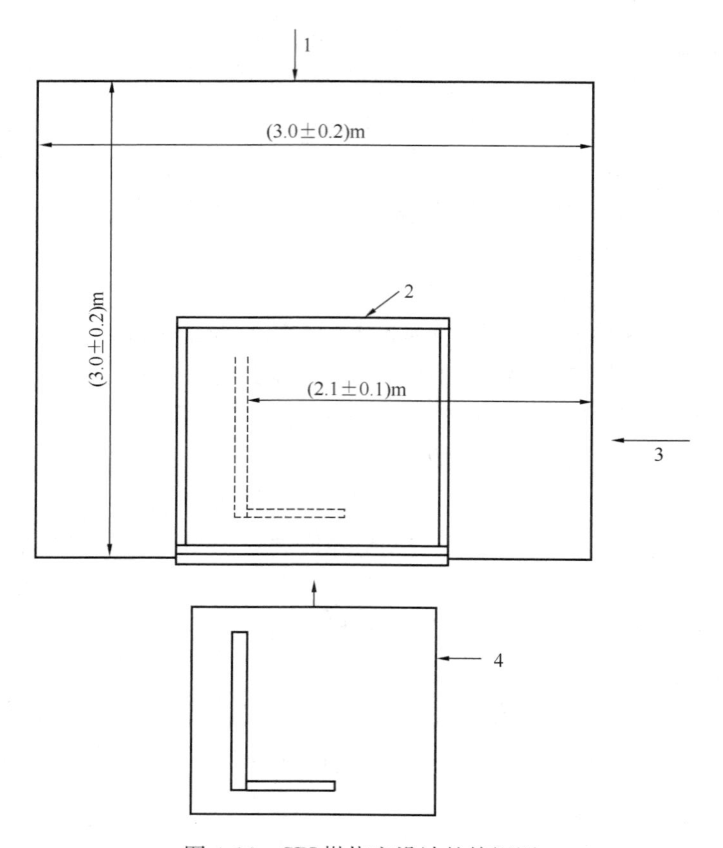

图 4-16　SBI 燃烧室设计的俯视图

1—试验观察位置；2—固定框架；3—试验观察位置（左向安装的试样）；
4—小推车（带左向安装的试样）

注：样品既可左向安装也可右向安装。对右向安装的试样而言，图形与垂直线成镜面对称即可。

（3）燃料

商用丙烷气体，纯度≥95%。

（4）试验设备

① 小推车，其上安装两个相互垂直的样品试件，在垂直角的底部有一砂盒燃烧器。小推车的放置位置应使小推车背面正好对着封闭燃烧室墙上的开口；为使气流沿燃烧室地板均匀分布，在小推车底板下的空气入口处配设有多孔板（其开孔面积占总面积的 40%～60%；孔眼直径为 8～12mm）。

② 固定框架，小推车被推入其中进行试验并支撑集气罩；框架上固定有辅助燃烧器。

③ 集气罩，位于固定框架顶部，用以收集燃烧产生的气体。

④ 收集器，位于集气罩的顶部，带有节气板和连接排烟管道的水平出口。

⑤ J 形排烟管道，内径为 (315±5)mm 的隔热圆管，用 50mm 厚的耐高温矿物棉保温，并应配有的部件（沿气流方向）：a. 与收集器相连的接头；b. 长度为 500mm 的管道，内置四支热电偶（用以选择性地测量温度），且热电偶安装位置距收集器至少 400mm；c. 长度为 1000mm 的管道；d. 两个 90°的弯头（轴的曲率半径为 400mm）；e. 长度为 1625mm 的管道，该管道带一叶片导流器和节流孔板，导流器距弯头末端 50mm，长度为 630mm，紧接

导流器后是一厚度为（2.0±0.5)mm 的节流孔板，该节流孔板的内开口直径为265mm、外开口直径为314mm；f. 长度为2155mm 的管道，配有压力探头、四支热电偶、气体取样探头和白光消光系统等装置，该部分称为“综合测量区”；g. 长度为500mm 的管道；h. 与排烟管道相连的接头。应注意测量管道的安装方式，总质量（不包括探头）约为250kg。

⑥ 两个相同的砂盒燃烧器，其中一个位于小推车的底板上（为主燃烧器），另外一个固定在框架柱上（为辅助燃烧器）。

砂盒燃烧器形状：腰长为250mm 的等腰直角三角形（俯视），高度为80mm，底部除重心处有一直径为12.5mm 的管套插孔外，顶部开敞，其余全部封闭。在距离燃烧器底部10mm 高度处应安装一直角三角形多孔板。在距离底部12mm 和60mm 的高度处应安装最大网孔尺寸不超过2mm 的金属丝筛网，所有尺寸偏差不应超过±2mm。

材料：盒体由1.5mm 厚的不锈钢制成，从底部至顶部连续分布：高度为10mm 的间隙层；大小为4～8mm、填充高度至60mm 的卵石层；大小为2～4mm、填充高度至80mm 的砂石层。卵石层和砂石层用金属丝网加以稳固，以防止卵石进入气体管道。采用的卵石和砂石应为圆形且无碎石。

主燃烧器的位置：主燃烧器安装在小推车底板上并与试样底部的U形卡槽靠紧。主燃烧器的顶边应与U形卡槽的顶边水平一致，相差不超过±2mm。

辅助燃烧器的位置：辅助燃烧器固定在与试样夹角相对的框架柱上，且燃烧器的顶部高出燃烧室地板（1450±5)mm（与集气罩的垂直距离为1000mm)，其斜边与主燃烧器的斜边平行且与该斜边的距离最近。

主燃烧器在试样的长翼和短翼方位都与U形卡槽紧靠。在两个方向的U形卡槽里，都设有一挡片，其顶面与U形卡槽的顶面高度相同，且距安装好的试样两翼夹角棱线0.3m。如果先前同类制品的试验因材料滴落到砂床上而引起试验提前结束，那么应用斜三角形格栅对主燃烧器进行保护。格栅的开口面积至少应占总面积的90%。格栅的一侧放在主燃烧器的斜边上。斜三角形格栅与水平面夹角为（45±5)°，该夹角可通过主燃烧器斜边中点至试样夹角作一水平直线来测得。

⑦ 矩形屏蔽板，宽度为（370±5)mm，高度为（550±5)mm，由硅酸钙板制成（其规格与背板规格相同)，用以保护试样免受辅助燃烧器火焰辐射热的影响。矩形屏蔽板应固定在辅助燃烧器的底面斜边上，其底边中心位于燃烧器底面斜边的中心位置处且遮住斜边的整个长度，并在斜边两端各伸出（8±3)mm，其顶边高出辅助燃烧器顶端（470±5)mm。

⑧ 质量流量控制器，量程为0～2.3g/s，在0～2.3g/s 内的读数精度为1%。采用丙烷气有效燃烧热的低值46360kJ/kg 进行计算，2.3g/s 的丙烷流量对应的热释放为107kW。

⑨ 供气开关，用以向其中一个燃烧器供应丙烷气体。该开关应防止丙烷气体同时被供给两个燃烧器，但燃烧器切换的时间段除外（在切换瞬间，辅助燃烧器的燃气输出量在减少而主燃烧器的输气量在增加)。依据标准附录A的A.3.1计算的该燃烧器切换响应时间不应超过12s。应该能在燃烧室外操作开关及上述的主要阀门。

⑩ 背板，用以支撑小推车中试样的两翼。背板的材料为硅酸钙板，其密度为（800±150)kg/m^3，厚度为（12±3)mm。尺寸为：短翼背板（≥570＋试样厚度)mm×(1500±5)mm；长翼背板（1000＋空隙宽度±5)mm×(1500±5)mm。短翼背板宽于试样，多余的宽度只能从一侧延伸出。对安装留有空隙的试样而言，应增加长翼背板的宽度，所增加的宽度等于空

隙的尺寸。

⑪ 活动板，在试样两翼的后面增加空气流，硅酸钙板（870kg/m³，1605mm×275mm×20mm）和硅酸钙板（450kg/m³，1605mm×273mm×20mm）应用一半尺寸大小的板替换，遮挡上半部分间隙。

（5）排烟系统

① 在试验条件下，当标准条件温度为298K时，排烟系统应能以0.50～0.65m³/s的速度持续抽排烟气。

② 排烟管道应配有两个侧管（内径为45mm的圆形管道），与排烟管道的纵轴水平垂直且其轴线高度位置与排烟管道的纵轴线高度相等。

③ 排烟管道的两种可能性结构见标准附录E。小推车在燃烧室的开口是位于顶部的，若能保证管道方向的改变不会对试样上方的气流产生影响，则管道方向可与标准附录E所示的方向有所不同。若能保证流量测量的不确定度相同或更小，可以拆卸排烟管道中180°的弯头或更换管道中的双向压力探头。

注意：因热输出的变化，所以在试验中，需对一些排烟系统（尤其是设有局部通风机的系统）进行人工或自动重调以满足标准要求；每隔一段时间便应清洁管道以避免堆积过多的煤烟。

（6）综合测量装置

① 三支热电偶，均为直径为0.5mm且符合GB/T 16839.1—2018要求的铠装绝缘K型热电偶。其触点均应位于距轴线半径为（87±5）mm的圆弧上，其夹角为120°。

② 双向探头，量程至少为0～100Pa且与精度为±2Pa的压力传感器相连。压力传感器90%输出的响应时间最多为1s。

③ 气体取样探头，与气体调节装置和O_2及CO_2气体分析仪相连。

氧气分析仪应为顺磁型且至少能测量出浓度为16%～21%（$V_{氧气}/V_{空气}$）的O_2。氧气分析仪的响应时间应不超过12s。30min内，分析仪的漂移和噪声均不超过100×10^{-6}。分析仪对数据采集系统的输出应有100×10^{-6}的最大分辨率。

二氧化碳分析仪应为IR型并至少能测量出浓度为0～10%的CO_2。分析仪的线性度至少应为满量程的1%。分析仪的响应时间应不超过12s。分析仪对数据采集系统的输出应有100×10^{-6}的最大分辨率。

④ 光衰减系统，为白炽光型，采用柔性接头安装于排烟管的侧管上，并包含以下装置：

灯为白炽灯，在（2900±100）K的色温下使用。电源为稳定的直流电，且电流的波动范围在±0.5%以内（包括温度、短期及长期稳定性）。

透镜系统，用以将光聚成一直径至少为20mm的平行光束。光电管的发光孔应位于其前面的透镜焦点上，其直径（d）应视透镜的焦距（f）而定，且使d/f小于0.04。

探测器，其光谱分布响应度与CIE（光照曲线）相吻合，色度标准函数V（γ）能达到至少±5%精确度。在至少两位数以上的输出范围内，探测器输出的线性度应在所测量的透光率的3%以内或绝对透光率的1%以内。

光衰减系统的校准见标准附录C。系统90%响应时间不应超过3s。

应向侧管内导入空气以使光学器件保持符合光衰减漂移要求的洁净度（见标准附录A）。可使用压缩空气来替代标准附录E中建议使用的自吸式系统。

（7）其他通用装置

① 热电偶，为符合 GB/T 16839.1—2018 要求，直径为（2±1)mm 的 K 型热电偶，用以测量进入燃烧室空气的环境温度。热电偶应安置在燃烧室的外墙上，与小推车开口间的距离不超过 0.20m 且离地板的高度不超过 0.20m。

② 测量环境压力的装置，精度为±200Pa（2mbar)。

③ 测量室内空气相对湿度的装置，在相对湿度为 20%～80%，精度为±5%。

④ 数据采集系统（用以自动记录数据)，对于 O_2 和 CO_2，精度至少为 100×10^{-6}（0.01%)；对于温度测量，精度为 0.5℃；对于所有其他仪器，为仪器满量程输出值的 0.1%；对于时间，为 0.1s。数据采集系统应每 3s 记录、储存有关数值（有关数据文件格式的信息见标准附录 F)。各指标单位：时间，s；通过燃烧器的丙烷气的质量流量，mg/s；双向探头的压差，Pa；相对光密度，无单位；O_2浓度，$(V_{氧气}/V_{空气})\%$；CO_2浓度，$(V_{二氧化碳}/V_{空气})\%$；小推车底部空气导入口处的环境温度，K；综合测量区的三点温度值，K。

4. 试验试样

(1) 试样尺寸

角型试样有两个翼，分别为长翼和短翼。试样的最大厚度为 200mm。板式制品的尺寸：短翼（495±5)mm×（1500±5)mm；长翼（1000±5)mm×（1500±5)mm。

注意，若使用其他制品制成试样，则给出的尺寸指的是试样的总尺寸。除非在制品说明里有规定，否则若试样厚度超过 200mm，则应将试样的非受火面切除掉以使试样厚度为 200^{0}_{-1} mm。

应在长翼的受火面距试样夹角最远端的边缘、且距试样底边高度分别为（500±3)mm 和（1000±3)mm 处画两条水平线，以观察火焰在这两个高度边缘的横向传播情况。所画横线的宽度值≤3mm。

(2) 试样的安装

实际应用安装方法：对样品进行试验时，若采用制品要求的实际应用方法进行安装，则试验结果仅对该应用方式有效。

标准安装方法：采用标准安装方法对制品进行试验时，试验结果除了对以该方式进行实际应用的情况有效外，对更广范围内的多种实际应用方式也有效。采用的标准安装方法及其有效性范围应符合相关的制品规范以及下述规定。

① 在对实际应用中自立无须支撑的板进行试验时，板应自立于距背板至少 80mm 处。对在实际应用中其后有通风间隙的板进行试验时，其通风间隙的宽度应至少为 40mm。对于这两种板，离试样角最远端的间隙的侧面应敞开，并去掉试验设备中所述的活动盖板，且两个试样翼后的间隙应为开敞式连接。对于其他类型的板，离角最远的间隙的侧面应封闭，所述的盖板应保持原位且两个试样翼后的间隙不应为开敞式连接。

② 对于在实际应用中以机械方式固定于基材上的板，应采用适当的紧固件将板固定于相同基材上进行试验。对于延伸出试样表面的紧固件，其安装方法应使得试样翼能与底部的 U 形卡槽相靠并能与其侧面的另一试样翼完全相靠。

③ 对于在实际应用中以机械方式固定于基材且其后有间隙的板，试验时应将其与基材和背板及间隙一道进行试验。基材与背板之间的距离至少应为 40mm。

④ 对于在实际应用中粘结于基材上的制品，应将其粘结在基材上后再进行试验。

⑤ 所试验制品有水平接缝的，试验时水平接缝设置在样品的长翼上，且距样品底边 500mm。所试验制品有垂直接缝的，试验时垂直接缝在样品长翼上，且距夹角棱线 200mm，

试样两翼安装好后进行试验时测量上述距离。

注意，当试样在小推车里安装完毕后，应看不见试样的底边。但高度仍从试样底边而不是从U形卡槽顶端开始测量。

⑥ 有空气槽的多层制品，试验时空气槽应为垂直方向。

⑦ 标准基材应符合EN 13238的要求。基材的尺寸应与试样的尺寸一致。

⑧ 对表面不平整的制品进行试验时，受火面中250mm^{2}具有代表性的面上最多只有30%的面与U形卡槽后侧所在的垂直面相距10mm以上。可通过改变表面不平整的样品的形状和/或使样品延伸出U形卡槽至燃烧器的一侧来满足该要求。样品不应延伸出燃烧器（即延伸出U形卡槽的最长距离为40mm）。

注意：试验时应使样品与U形卡槽的后侧相靠。这样，表面完全平整的样品便在U形卡槽后侧的垂直面上。由于样品表面的位置对接受燃烧器火焰的释放热有影响，所以表面不平整的样品的主要部分不应远离U形卡槽后侧的垂直面。图4-17是试样及背板的安装图例。

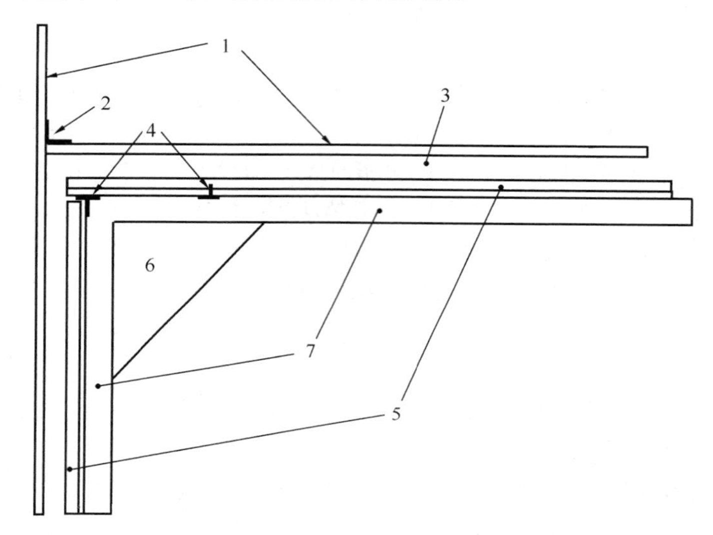

图4-17　试样和背板的安装图例（示意图）

1—背板；2—L形角条；3—空隙；4—接缝；5—试样翼边；6—燃烧器；7—U形卡槽

（3）试样翼在小推车中的安装

试样翼在小推车中应按下列要求安装：

① 试样短翼和背板安装于小推车上，背板的延伸部分在主燃烧器的侧面且试样的底边与小推车底板上的短U形卡槽相靠。

② 试样长翼和背板安装于小推车上，背板的一端边缘与短翼背板的延伸部分相靠且试样的底边与小推车底板上的长U形卡槽相靠。

③ 试样双翼在顶部和底部均应用固定件夹紧。

④ 为确保背板的交角棱线在试验过程中不至于变宽，应符合以下其中一条规定：长度为1500mm的L形金属角条应放于长翼背板的后侧边缘处，并与短翼背板在交角处靠紧。采用紧固件以250mm的最大间距将L形角条与背板相连；或钢质背网应安装在背板背面。

试验样品的暴露边缘和交角处的接缝可用一种附加材料加以保护，而这种保护要与该制品在实际中的使用相吻合。若使用了附加材料，则两翼边的宽度包含该附加材料在内应符合要求。

将试样安装在小推车上，应从以下几个方面进行拍照：

① 长翼受火面的整体镜头：长翼的中心点应在视景的中心处。照相机的镜头视角与长翼的表面垂直。

② 距小推车底板 500mm 高度处长翼的垂直外边的特写镜头：照相机的镜头视角应水平并与翼的垂直面约成 45°。

③ 若使用了附加材料，则应拍摄使用这种材料处的边缘和接缝的特写镜头。

（4）试样数量

应根据规定用三组试样（三组长翼加短翼）进行试验。

5. 状态调节

状态调节应根据 EN 13238 以及下列要求进行。

组成试样的部件既可分开也可固定在一起进行状态调节。但是，对于胶合在基材上进行试验的试样，应在状态调节前将试样胶合在基材上。

注意，对于固定在一起的试样，状态调节需要更长的时间才能达到质量恒定。

6. 试验原理

由两个成直角的垂直翼组成的试样暴露于直角底部的主燃烧器产生的火焰中，火焰由丙烷气体燃烧产生，丙烷气体通过砂盒燃烧器并产生（30.7±2.0）kW 的热输出。试样的燃烧性能通过 20min 的试验过程来进行评估。性能参数包括热释放、产烟量、火焰横向传播和燃烧滴落物及颗粒物。在点燃主燃烧器前，应利用离试样较远的辅助燃烧器对燃烧器自身的热输出和产烟量进行短时间的测量。一些参数测量可自动进行，另一些则可通过目测法得出。排烟管道配有用以测量温度、光衰减、O_2 和 CO_2 的摩尔分数以及管道中引起压力差的气流的传感器。这些数值是自动记录的并用以计算体积流速、热释放速率（HRR）和产烟率（SPR）。对火焰的横向传播和燃烧滴落物及颗粒物可采用目测法进行测量。

7. 试验步骤

将试样安装在小推车上，主燃烧器已位于集气罩下的框架内，按下列中的步骤依次进行试验，直至试验结束。整个试验步骤应在试样从状态调节室中取出后的 2 h 内完成。

（1）将排烟管道的体积流速 $V_{298(t)}$ 设为（0.60±0.05）m^3/s（根据标准附录 A 的计算得出）。在整个试验期间，该体积流速应控制在 0.50～0.65m^3/s 的范围内。在试验过程中，因热输出的变化，需对一些排烟系统（尤其是设有局部通风机的排烟系统）进行人工或自动重调以满足规定的要求。

（2）记录排烟管道中热电偶 T_1、T_2 和 T_3 的温度以及环境温度且记录时间至少应达 300s。环境温度应在（20±10）℃内，管道中的温度与环境温度相差不应超过 4℃。

（3）点燃两个燃烧器的引燃火焰（如使用了引燃火焰）。试验过程中引燃火焰的燃气供应速度变化不应超过 5mg/s。

（4）记录试验前的情况。

（5）采用精密计时器开始计时并自动记录数据，开始的时间 t 为 0s。

（6）在 t 为（120±5）s 时：点燃辅助燃烧器并将丙烷气体的质量流量调至（647±10）mg/s，此调整应在 t 为 150s 前进行。整个试验期间丙烷气质量流量应在此范围内。

注意，在 210s<t<270s 这一时间段是测量热释放速率的基准时段。

（7）在 t 为（300±5）s 时：丙烷气体从辅助燃烧器切换到主燃烧器。观察并记录主燃烧器被引燃的时间。

（8）观察试样的燃烧行为，观察时间为 1260s 并在记录单上记录数据。

注意，试样暴露于主燃烧器火焰下的时间规定为 1260s。在 1200s 内对试样进行性能评估。

（9）在 $t \geqslant 1560$s 时：停止向燃烧器供应燃气；停止数据的自动记录。

（10）当试样的残余燃烧完全熄灭至少 1min 后，应在记录单上记录试验结束时的情况。

注意，应在无残余燃烧影响的情况下记录试验结束时的现象。若试样很难彻底熄灭，则需将小推车移出。

8. 目测法和数据的人工记录

本条中的数值应采用目测法观察得出并按规定格式记录。应向观察者提供安装有记录仪的精密计时器。得到的观察结果应记录在记录单上。

（1）试验前的情况

应记录的数值：环境大气压力（Pa）、环境相对湿度（%）。

（2）火焰在长翼上的横向传播

在试验开始后的 1500s 内，在 500～1000mm 之间的任何高度，持续火焰到达试样长翼远边缘处时，火焰的横向传播应予以记录。火焰在试样表面边缘处至少持续 5s 为该现象的判据。

注意，当试样安装于小推车中时，是看不见试样的底边缘的。安装好试样后，试样在小推车的 U 形卡槽顶部位置的高度约为 20mm。

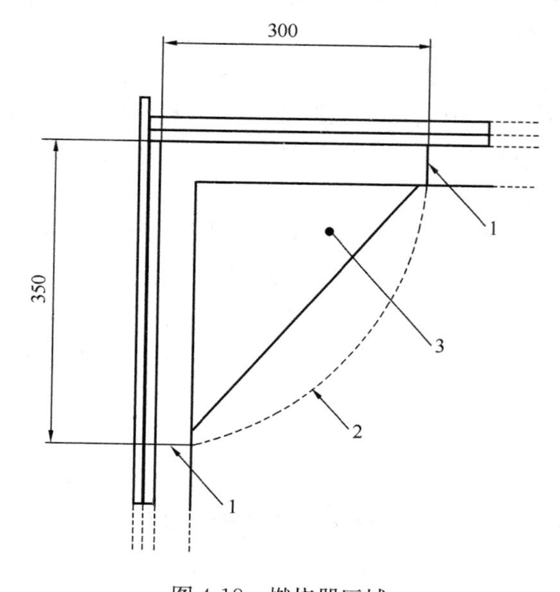

图 4-18 燃烧器区域

1—U 形卡槽挡片；2—燃烧器区域边界；3—燃烧器

（3）燃烧颗粒物或滴落物

仅在开始受火后的 600s 内及仅当燃烧滴落物/颗粒物滴落到燃烧器区域外的小推车底板（试样的低边缘水平面内）上时，才记录燃烧滴落物/颗粒物的滴落现象。燃烧器区域定义为试样翼前侧的小推车底板区，与试样翼之间的交角线的距离小于 0.3m，如图 4-18 所示。应记录以下现象：

① 在给定的时间间隔和区域里，滴落后仍在燃烧但燃烧时间不超过 10s 的燃烧滴落物/颗粒物的滴落情况；

② 在给定的时间间隔和区域里，滴落后仍在燃烧但燃烧时间超过 10s 的燃烧滴落物/颗粒物的滴落情况；

需在小推车的底板上画一 1/4 圆，以标记燃烧器区域的边界。画线的宽度应小于 3mm。

注意，接触到燃烧器区域外的小推车底板上且仍在燃烧的试样部分应视为滴落物，即使这些部分与试样仍为一个整体（如强度较弱的制品的弯曲）。为防止熔化的材料从燃烧器区域里流到燃烧器区域外，需在燃烧器区域边界处两个长、短翼的 U 形卡槽上各安装一块挡片。

（4）试验结束时的情况

应记录的数值：排烟管道中“综合测量区”的透光率（%）、排烟管道中“综合测量区”的O_2摩尔分数、排烟管道中“综合测量区”的CO_2摩尔分数。

（5）现象记录

应记录的现象：表面的闪燃现象；试验过程中，试样生成的烟气没被吸进集气罩而从小推车溢出并流进旁边的燃烧室；部分试样发生脱落；夹角缝隙的扩展（背板间相互固定的失效）；根据规定可用以判断试验提前结束的一种或多种情况；试样的变形或垮塌；对正确解释试验结果或对制品应用领域具有重要性的所有其他情况。

（6）数据采集

应采集的数据：

① 在规定的时间段内，应每3s自动测量和记录规定的数值，并储存这些数值以做进一步处理。

② 时间（t），s，定义开始记录数据时，$t=0$s。

③ 供应给燃烧器的丙烷气体的质量流量（m_{gas}），mg/s。

④ 在排烟管道的综合测量区，双向探头所测试的压力差（ΔP），Pa。

⑤ 在排烟管道的综合测量区，从光接收器中发出的白光系统信号（l），%。

⑥ 排烟管道气流中的O_2摩尔分数（x_{O_2}），在排烟管道的综合测量区中的气体取样探头处取样。

注意，仅在排烟管道中测量O_2和CO_2的浓度；假设进入燃烧室的空气里的两种气体的浓度均恒定。但应注意从耗氧（通过燃烧试验耗氧）空间里来的空气不能满足这一假设。

⑦ 排烟道气流中的CO_2摩尔分数（x_{CO_2}），在排烟管道的综合测量区中的气体取样探头处取样。

⑧ 小推车底部空气入口处的环境温度（T_0），K。

⑨ 排烟管道综合测量区中的三支热电偶的温度值（T_1、T_2和T_3），K。

（7）试验的提前结束

若发生以下任一种情况，则可在规定的受火时间结束前关闭主燃烧器：

① 一旦试样的热释放速率超过350kW，或30s期间的平均值超过280kW；

② 一旦排烟管道温度超过400℃，或30s期间的平均值超过300℃；

③ 滴落在燃烧器砂床上的滴落物明显干扰了燃烧器的火焰或火焰因燃烧器被堵塞而熄灭。若滴落物堵塞了一半的燃烧器，则可认为燃烧器受到实质性干扰。

记录停止向燃烧器供气时的时间以及停止供气的原因。若试验提前结束，则分级试验结果无效。

注意，温度和热释放速率的测量值包含一定的噪声，因此，建议不要仅根据仪表上的一个测量值或连续两个测量值超过最大规定值便停止试验；使用符合要求的格栅可防止因③中的原因而导致试验提前结束。

9. 试验结果的表述

（1）每次试验中，样品的燃烧性能应采用平均热释放速率HRR_{av}（t）、总热释放量THR（t）和$1000\times HRR_{av}(t)/(t-300)$的曲线图表示，试验时间为$0\leqslant t\leqslant 1500$s；还可采用根据标准附录A计算得出的燃烧增长速率指数$FIGRA_{0.2MJ}$和$FIGRA_{0.4MJ}$以及在600s内的总热释放量

THR_{600s}的值以及判定是否发生了火焰横向传播至试样边缘处的这一现象来表示。

(2) 每次试验中，样品的产烟性能应采用 SPR_{av} (t)、生成的总产烟量 TSP (t) 和 $10000 \times SPR_{av}(t)/(t-300)$ 的曲线图表示，试验时间为 $0 \leqslant t < 1500s$；还可采用根据标准附录 A 的计算得出的烟气生成速率指数 SMOGRA 的值和 600s 内生成的总产烟量 TSP_{600s}的值来表示。

(3) 每次试验中，关于制品的燃烧滴落物和颗粒物生成的燃烧行为，应分别进行判定，以是否有燃烧滴落物和颗粒物这两种产物生成或只有其中一种产物生成来表示。

10. 试验报告

试验报告应包含的信息（应明确区分由委托试验单位提供的数据和由试验得出的数据）：试验所依据的标准 GB/T ××××；试验方法产生的偏差；燃烧室的名称及地址；报告的日期和编号；委托试验单位的名称及地址；生产厂家的厂名及地址（若知道）；到样日期；制品标识；有关抽样步骤的说明；试验制品的一般说明，包括密度、面密度、厚度以及试样结构形状；有关基材及其紧固件（若使用）的说明；状态调节的详情；试验日期；根据规定表述的试验结果；符合要求的照片资料；试验中观察到的现象。

最后陈述："在特定的试验条件下，试验结果与试样的性能有关；试验结果不能作为评估制品在实际使用条件下潜在火灾危险性的唯一依据"。

4.5.5 建筑材料可燃性试验方法

标准为《建筑材料可燃性试验方法》(GB/T 8626—2007)。

安全警告：①所有试验管理和操作人员应注意，燃烧试验可能存在危险性，试验过程中可能会产生有毒和/或有害烟气，在对试样的测试和试样残余物的处理过程中也可能存在操作危险。②必须对影响人体健康的所有潜在危害和危险进行评估和建立安全保障措施，并制定安全指南和对有关人员进行相关培训，确保实验室人员始终遵守安全指南。③应配备足够的灭火工具以扑灭试样火焰，某些试样在试验中可能会产生猛烈火焰。应有可直接对准燃烧区域的手动水喷头或加压氮气以及其他灭火工具，如灭火器等。④对于某些很难被完全扑灭的闷燃试样，可将试样浸入水中。

1. 范围

本标准规定了在没有外加辐射条件下，用小火焰直接冲击垂直放置的试样以测定建筑制品可燃性的方法。对于未被火焰点燃就熔化或收缩的制品，标准附录 A 给出了附加试验程序。附录 B 给出了试验方法精确度的信息。

2. 术语和定义

建筑制品 (product)，要求给出相关信息的建筑材料、构件或其组件。

基本平整制品 (essentially flat product)，应具有以下某一个特征：

(1) 平整受火面。

(2) 如果制品表面不规则，但整个受火面均匀体现这种不规则特性，只要满足以下任一点规定要求，可视为平整受火面：

① 在 250mm×250mm 的代表区域表面上，至少应有 50%的表面与受火面最高点所处平面的垂直距离不超过 6mm；

② 对于有缝隙、裂纹或孔洞的表面，缝隙、裂纹或孔洞的宽度不应超过 6.5mm，且深度不应超过 10mm，其表面面积也不应超过受火面 250mm×250mm 代表区域的 30%。

燃烧滴落物（flaming debris），在燃烧试验过程中，脱离试样并继续燃烧的材料。本标准将试样下方的滤纸被引燃作为燃烧滴落物的判据。

持续燃烧（sustained flaming），持续时间超过3s的火焰。

着火（ignition），出现持续燃烧的现象。

3. 试验装置

（1）实验室

环境温度为（23±5）℃，相对湿度为（50±20）%的房间。

注意，光线较暗的房间有助于识别表面上的小火焰。

（2）燃烧箱

燃烧箱如图4-19所示，由不锈钢钢板制作，并安装有耐热玻璃门，以便于至少从箱体的正面和一个侧面进行试验操作和观察。燃烧箱通过箱体底部的方形盒体进行自然通风，方形盒体由厚度为1.5mm的不锈钢制作，盒体高度为50mm，开敞面积为25mm×25mm。为达到自然通风目的，箱体应放置在高40mm的支座上，以使箱体底部存在一个通风的间隙。如图4-19所示，箱体正面两支座之间的空气间隙应予以封闭。在只点燃燃烧器和打开抽风罩的条件下，测量的箱体烟道内的空气流速应为（0.7±0.1）m/s。燃烧箱应放置在合适的抽风罩下方。

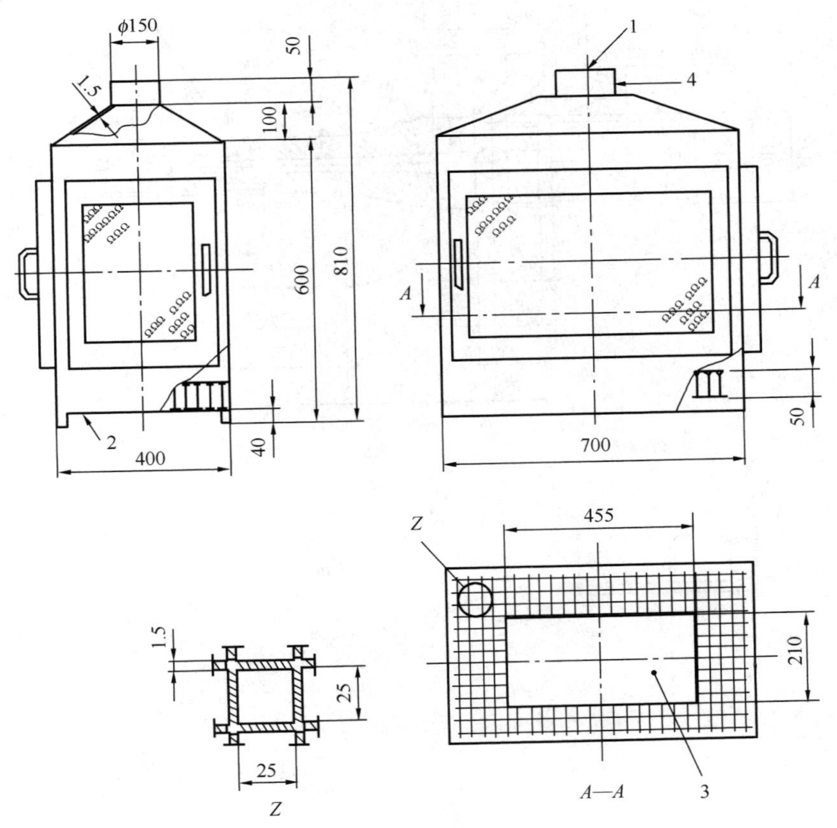

图4-19　燃烧箱

1—空气流速测量点；2—金属丝网格；3—水平钢板；4—烟道

注：除规定了公差外，全部尺寸均为公称值，单位为mm。

（3）燃烧器

燃烧器结构如图 4-20 所示，燃烧器的设计应使其能在垂直方向使用或与垂直轴线成

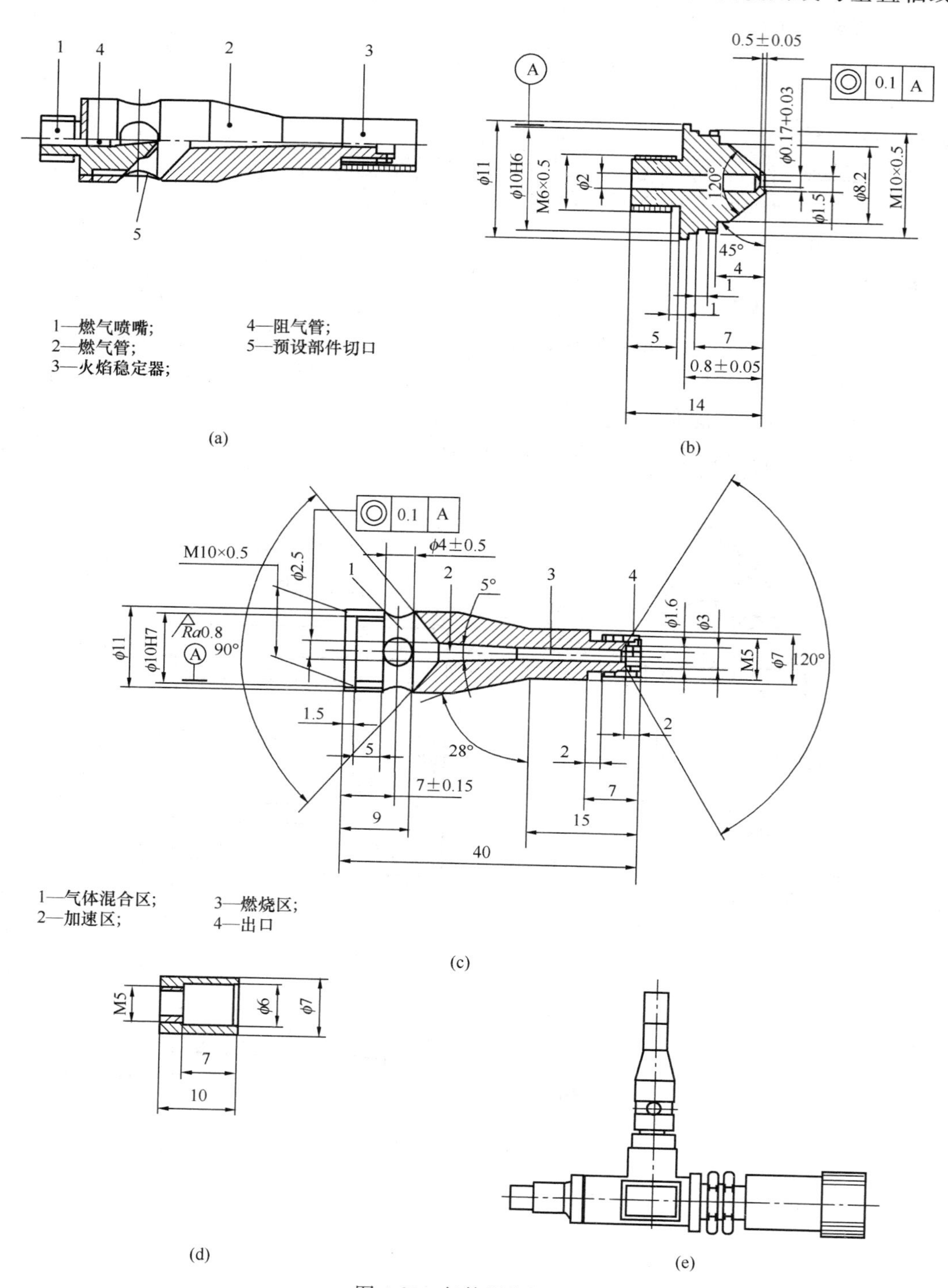

图 4-20 气体燃烧器

（a）燃烧器结构；（b）燃气喷嘴；（c）燃烧器管道；（d）火焰稳定器；（e）燃烧器和调节阀

45°。燃烧器应安装在水平钢板上，并可沿燃烧箱中心线方向前后平稳移动。燃烧器应安装有一个微调阀，以调节火焰高度。

（4）燃气

纯度≥95%的商用丙烷。为使燃烧器在45°方向上保持火焰稳定，燃气压力应为10～50kPa。

（5）试样夹

试样夹由两个U形不锈钢框架构成，宽15mm，厚（5±1)mm，其他尺寸等如图4-21所示。如图4-22所示，框架垂直悬挂在挂杆上，以使试样的底面中心线和底面边缘可以直接受火如图4-23～图4-25所示。为避免试样歪斜，用螺钉或夹具将两个试样框架卡紧。采用的固定方式应能保证试样在整个试验过程中不会移位，这一点非常重要。

注意，在与试样贴紧的框架内表面上可嵌入一些长度约1mm的小销钉。

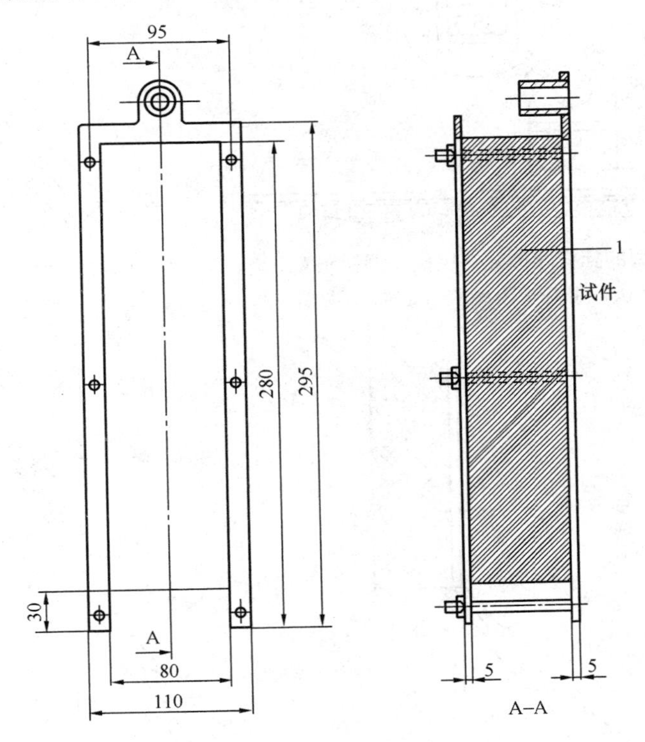

图4-21　典型试样夹

（6）挂杆

挂杆固定在垂直立柱（支座）上，以使试样夹能垂直悬挂，燃烧器火焰能作用于试样（图4-22）。对于边缘点火方式和表面点火方式，试样底面与金属网上方水平钢板的上表面之间的距离应分别为（125±10)mm和（85±10)mm。

（7）计时器

计时器应能持续记录时间，并显示到秒，精度≤1s/h。

（8）试样模板

两块金属板，其中一块长250^{0}_{-1}mm，宽90^{0}_{-1}mm；另一块长250^{0}_{-1}mm，宽180^{0}_{-1}mm。

若采用该标准附录 A 规定的程序，则选用较大尺寸的模板。

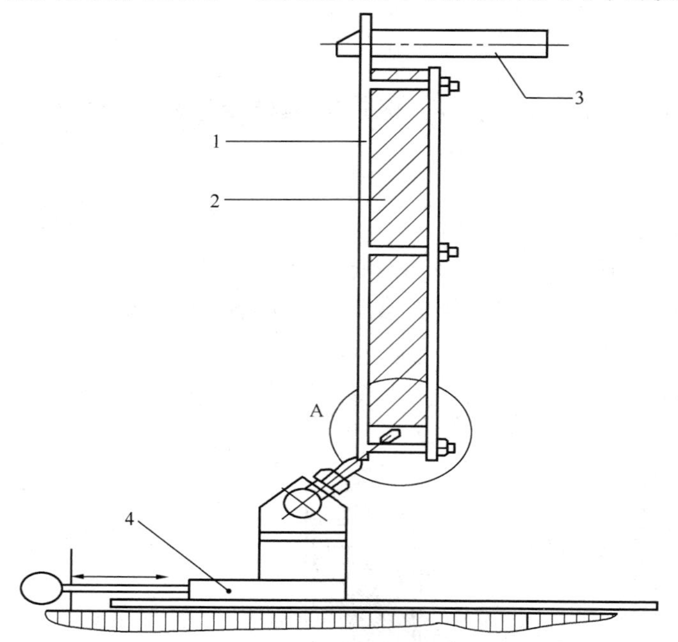

图 4-22　典型的挂杆和燃烧器定位（侧视图）

1—试样夹；2—试样；3—挂杆；4—燃烧器底座；A 见图 4-23

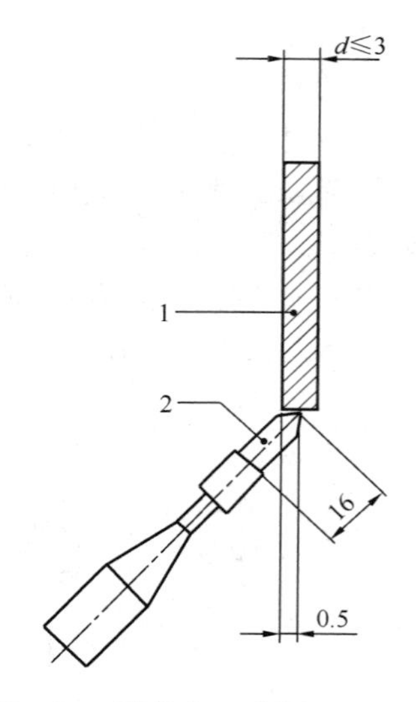

图 4-23　厚度小于或等于 3mm 的制品的火焰冲击

1—试样；2—燃烧器定位器；d—厚度

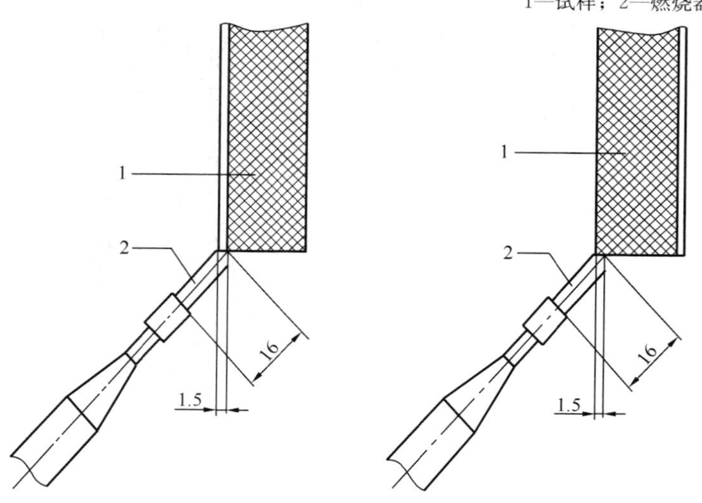

图 4-24　厚度大于 3mm 的制品的典型火焰冲击点

1—试样；2—燃烧器定位器

（9）火焰检查装置

火焰高度测量工具：以燃烧器上某一固定点为测量起点，能显示火焰高度为 20mm 的合适工具，如图 4-26 所示。火焰高度测量工具的偏差应为±0.1mm。用于边缘点火的点火定位器：能插入燃烧器喷嘴的长 16mm 的抽取式定位器，用以确定同预先设定火焰在试样上的接触点的距离，如图 4-27 所示。用于表面点火的点火定位器：能插入燃烧器喷嘴的抽取式锥形定位器，用以确定燃烧器前端边缘与试样表面的距离为 5mm。

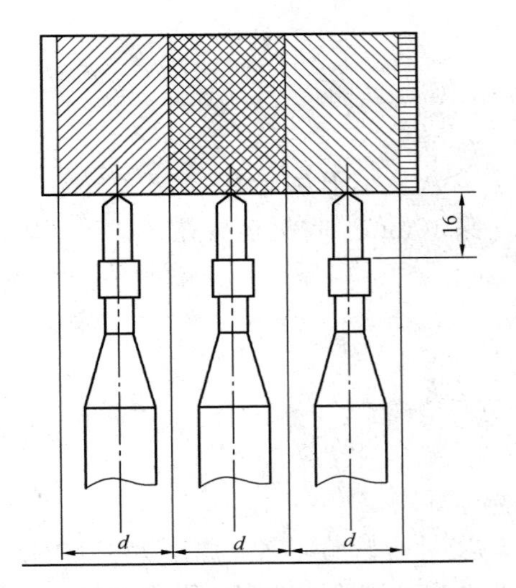

图 4-25 厚度大于 10mm 的多层试样在附加试验中的火焰冲击点

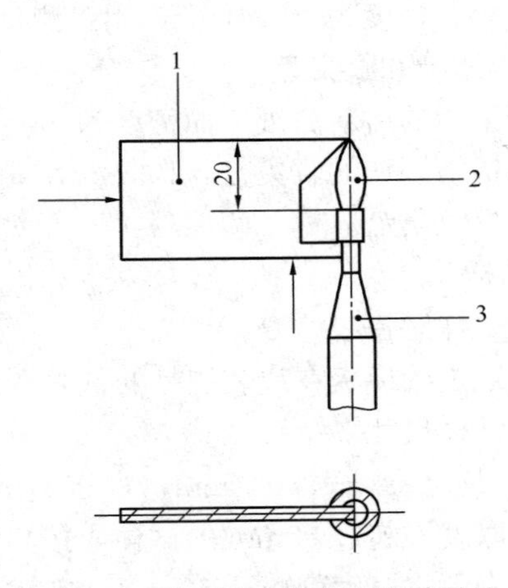

图 4-26 典型的火焰高度测量器具

1—金属片；2—火焰；3—燃烧器

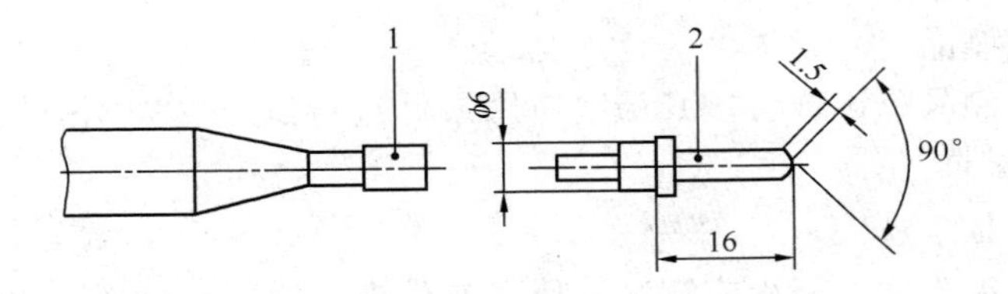

1—燃烧器；
2—定位器

(a)

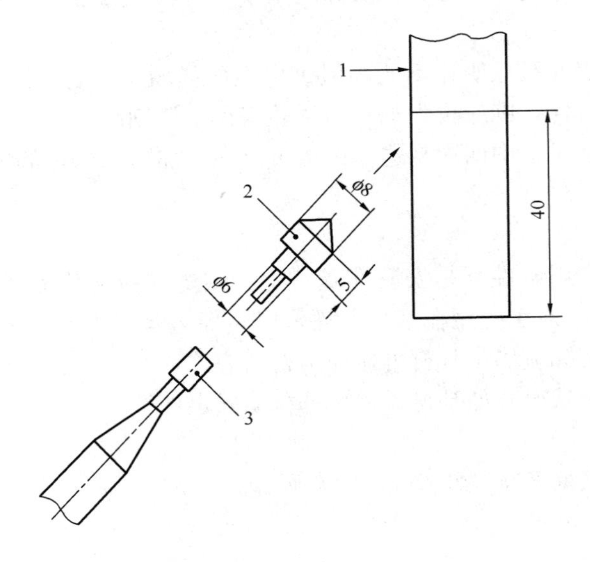

1—试样表面；
2—定位器；
3—燃烧器

(b)

图 4-27 燃烧器定位器

(a) 边缘点火；(b) 表面点火

（10）风速仪

风速仪，精度为±0.1m/s，用以测量燃烧箱顶部出口的空气流速。

（11）滤纸和收集盘

未经染色的崭新滤纸，面密度为60kg/m²，含灰量小于0.1%。

采用铝箔制作的收集盘，100mm×50mm，深10mm。收集盘放在试样正下方，每次试验后应更换收集盘。

4. 试样

（1）试样制备

使用规定的模板在代表制品的试验样品上切割试样。

（2）试样尺寸

试样尺寸为：长250^{0}_{-1}mm，宽90^{0}_{-1}mm。

名义厚度不超过60mm的试样应按其实际厚度进行试验。名义厚度大于60mm的试样，应从其背火面将厚度削减至60mm，按60mm厚度进行试验。若需要采用这种方式削减试样尺寸，该切削面不应作为受火面。对于通常生产尺寸小于试样尺寸的制品，应制作适当尺寸的样品专门用于试验。

（3）非平整制品

对于非平整制品，试样可按其最终应用条件进行试验（如隔热导管）。应提供完整制品或长250mm的试样。

（4）试样数量

对于每种点火方式，至少应测试6块具有代表性的制品试样，并应分别在样品的纵向和横向上切制3块试样。

若试验用的制品厚度不对称，在实际应用中两个表面均可能受火，则应对试样的两个表面分别进行试验。

若制品的几个表面区域明显不同，但每个表面区域均符合本节“2. 术语和定义”中基本平整制品的表面特性，则应再附加一组试验来评估该制品。

如果制品在安装过程中四周封边，但仍可以在未加边缘保护的情况下使用，应对封边的试样和未封边的试样分别试验。

（5）基材

若制品在最终应用条件下是安装在基材上，则试样应能代表最终应用状况，且应根据EN 13238选取基材。对于应用在基材上且采用底部边缘点火方式的材料，在试样制备过程中应注意：由于在实际应用中基材可能伸出材料底部，基材边缘本身不受火，因此试样的制作应能反映实际应用状况，如基材类型、基材的固定件等。

5. 状态调节

试样和滤纸应根据EN 13238进行状态调节。

6. 试验程序

（1）概述

有2种点火时间供委托方选择，15s或30s。试验开始时间就是点火的开始时间。

（2）试验准备

① 确认燃烧箱烟道内的空气流速符合要求；

② 将6个试样从状态调节室中取出，并在30min内完成试验。若有必要，也可将试样从状态调节室取出，放置于密闭箱体中的试验装置内；

③ 将试样置于试样夹中，这样试样的两个边缘和上端边缘被试样夹封闭，受火端距离试样夹底端30mm。

注：操作员可在试样框架上做标记以确保试样底部边缘处于正确位置。

④ 将燃烧器角度调整至45°，使用规定的定位器，来确认燃烧器与试样的距离。

⑤ 在试样下方的铝箔收集盘内放两张滤纸，这一操作应在试验前的3min内完成。

（3）试验步骤

① 点燃位于垂直方向的燃烧器，待火焰稳定。调节燃烧器微调阀，并采用规定的测量器具测量火焰高度，火焰高度应为（20±1）mm。应在远离燃烧器的预设位置上进行该操作，以避免试样意外着火。在每次对试样点火前应测量火焰高度。

注意，光线较暗的环境有助于测量火焰高度。

② 沿燃烧器的垂直轴线将燃烧器倾斜45°，水平向前推进，直至火焰抵达预设的试样接触点。当火焰接触到试样时开始计时。按照委托方要求，点火时间为15s或30s。然后平稳地撤回燃烧器。

③ 点火方式

试样可能需要采用表面点火方式或边缘点火方式，或这两种点火方式都要采用。

注意，建议的点火方式可能在相关的产品标准中给出。

表面点火：对所有的基本平整制品，火焰应施加在试样的中心线位置，底部边缘上方40mm处。应分别对实际应用中可能受火的每种不同表面进行试验。

边缘点火：对于总厚度不超过3mm的单层或多层的基本平整制品，火焰应施加在试样底面中心位置处；对于总厚度大于3mm的单层或多层的基本平整制品，火焰应施加在试样底边中心且距受火表面1.5mm的底面位置处；对于所有厚度大于10mm的多层制品，应增加试验，将试样沿其垂直轴线旋转90°，火焰施加在每层材料底部中线所在的边缘处。

④ 对于非基本平整制品和按实际应用条件进行测试的制品，应按照规定进行点火，并应在试验报告中详尽阐述使用的点火方式。

注意，试验装置和/或试验程序可能需要修改，但对于多数非平面制品，通常只需要改变试样框架。然而在某些情况下，燃烧器的安装方式可能不适用，这时需要手动操作燃烧器。

在最终应用条件下，制品可能自支撑或采用框架固定，这种固定框架可能和实验室用的夹持框架一样，也可能需要更结实的特制框架等。

⑤ 如果在对第一块试样施加火焰期间，试样并未着火就熔化或收缩，则按照标准附录A的规定进行试验。

（4）试验时间

如果点火时间为15s，总试验时间是20s，从开始点火计算；如果点火时间为30s，总试验时间是60s，从开始点火计算。

7. 试验结果表述

（1）记录点火位置。

（2）对于每块试样，记录其现象：试样是否被引燃；火焰尖端是否到达距点火点150mm处，并记录该现象发生时间；是否发生滤纸被引燃；观察试样的物理行为。

8. 试验报告

试验报告至少应包括的信息（应明确区分委托方提供的数据）：试验依据标准（GB/T 8626）、试验方法偏差、实验室名称和地址、试验报告日期和编号、委托方名称和地址、制造商/代理方名称和地址、到样日期、制品标识、相关抽样程序描述、试验制品的一般说明（包括密度、面密度、厚度及试样的结构形状等）、状态调节说明、使用基材和安装方法说明、试验日期、按标准规定描述的试验结果（若采用附加试验程序，按照附录 A 描述试验结果）、点火时间、试验期间的试验现象、关于建筑制品的应用目的信息。

最后注明“本试验结果只与制品的试样在特定试验条件下的性能相关，不能将其作为评价该制品在实际使用中潜在火灾危险性的唯一依据”。

4.5.6 用氧指数法测定燃烧行为

标准为《塑料　用氧指数法测定燃烧行为》（GB/T 2406），共分为三部分：第 1 部分：导则；第 2 部分：室温试验；第 3 部分：高温试验。本部分为 GB/T 2406 的第 2 部分，标准号为 GB/T 2406.2—2009。

1. 范围

GB/T 2406.2 描述了在规定试验条件下，在氧、氮混合气流中，刚好维持试样燃烧所需最低氧浓度的测定方法，其结果定义为氧指数。

本部分适用于试样厚度小于 10.5mm 能直立自撑的条状或片状材料，也适用于表观密度大于 100kg/m^{3}的匀质固体材料、层压材料或泡沫材料，以及某些表观密度小于 100kg/m^{3}的泡沫材料，并提供了能直立支撑的片状材料或薄膜的试验方法。为了比较，本部分还提供了某种材料的氧指数是否高于给定值的测定方法。

本方法获得的氧指数值，能够提供材料在某些受控实验室条件下燃烧特性的灵敏度尺度，可用于质量控制。所获得的结果依赖于试样的形状、取向和隔热以及着火条件。对于特殊材料或特殊用途，需规定不同试验条件。不同厚度和不同点火方式获得的结果不可比，也与在其他着火条件下的燃烧行为不相关。

本部分获得的结果，不能用于描述或评定某种特定材料或特定形状在实际着火情况下材料所呈现的着火危险性，只能作为评价某种火灾危险性的一个要素。该评价考虑了材料在特定应用时着火危险性评定的所有相关因素之一。

注意，这些方法用于受热后呈现高收缩率的材料时不能获得满意结果，例如：高定向薄膜；评价密度小于 100kg/m^{3}的泡沫材料火焰传播特性参照《泡沫塑料燃烧性能试验方法　水平燃烧法》（GB/T 8332—2008）。

2. 术语和定义

氧指数（oxygen index）：通入（23±2）℃的氧、氮混合气体时，刚好维持材料燃烧的最小氧浓度，以体积分数表示。

3. 原理

将一个试样垂直固定在向上流动的氧、氮混合气体的透明燃烧筒里，点燃试样顶端，并观察试样的燃烧特性，把试样连续燃烧时间或试样燃烧长度与给定的判据相比较，通过在不同氧浓度下的一系列试验，估算氧浓度的最小值。为了与规定的最小氧指数值进行比较，试验三个试样，根据判据判定至少两个试样熄灭。

4. 设备

(1) 试验燃烧筒

由一个垂直固定在基座上，并可导入含氧混合气体的耐热玻璃筒组成，如图 4-28 和图 4-29 所示。选的燃烧筒尺寸高度为 (500±50)mm，内径为 75～100mm。燃烧筒顶端具有限流孔，排出气体的流速至少为 90mm/s。

注意，直径为 40mm，高出燃烧筒至少 10mm 的收缩口可满足要求。

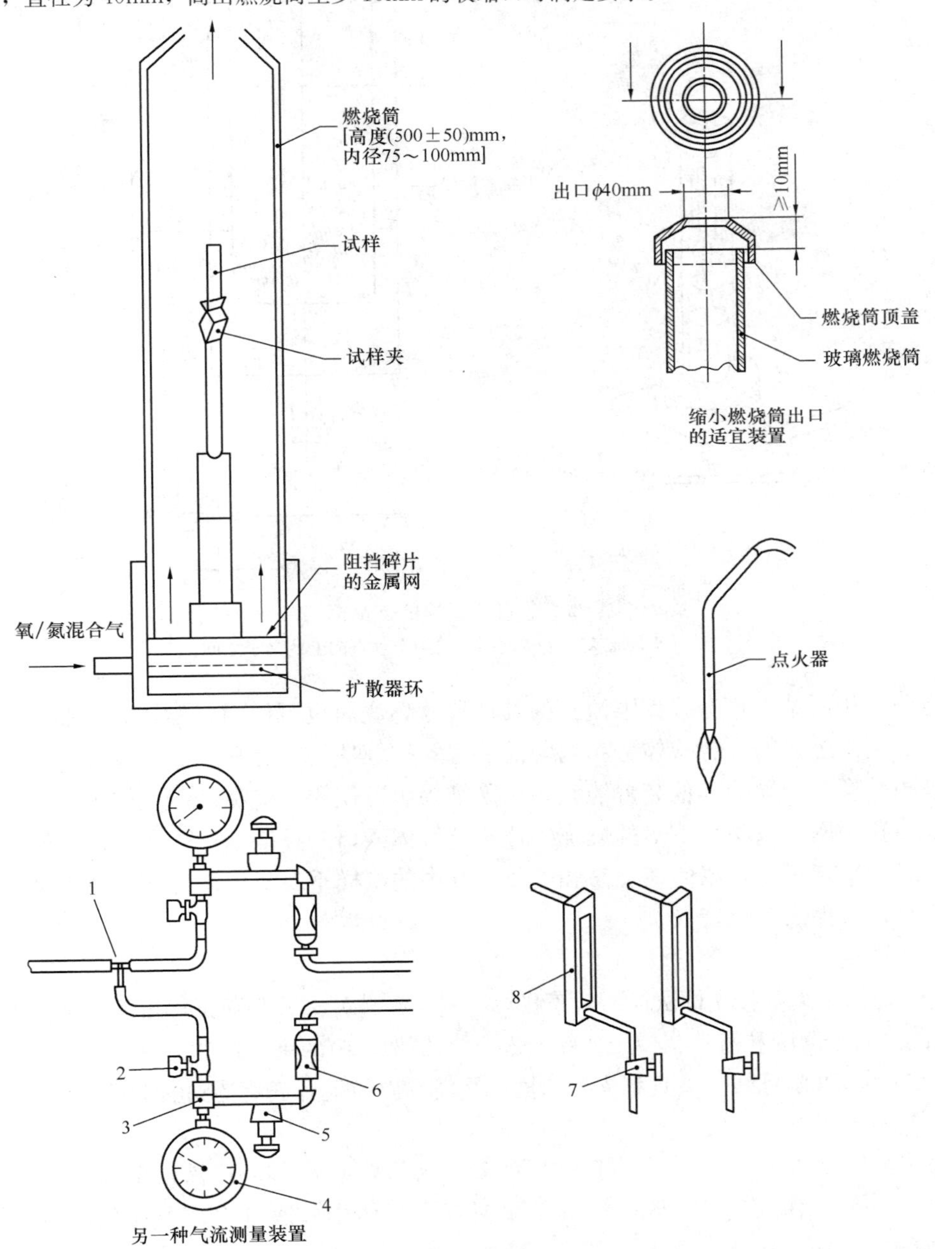

图 4-28　氧指数设备示意图

1—气体预混点；2—截止阀；3—接口；4—压力表；5—精密压力调节器；6—过滤器；7—针形阀；8—气体流量计

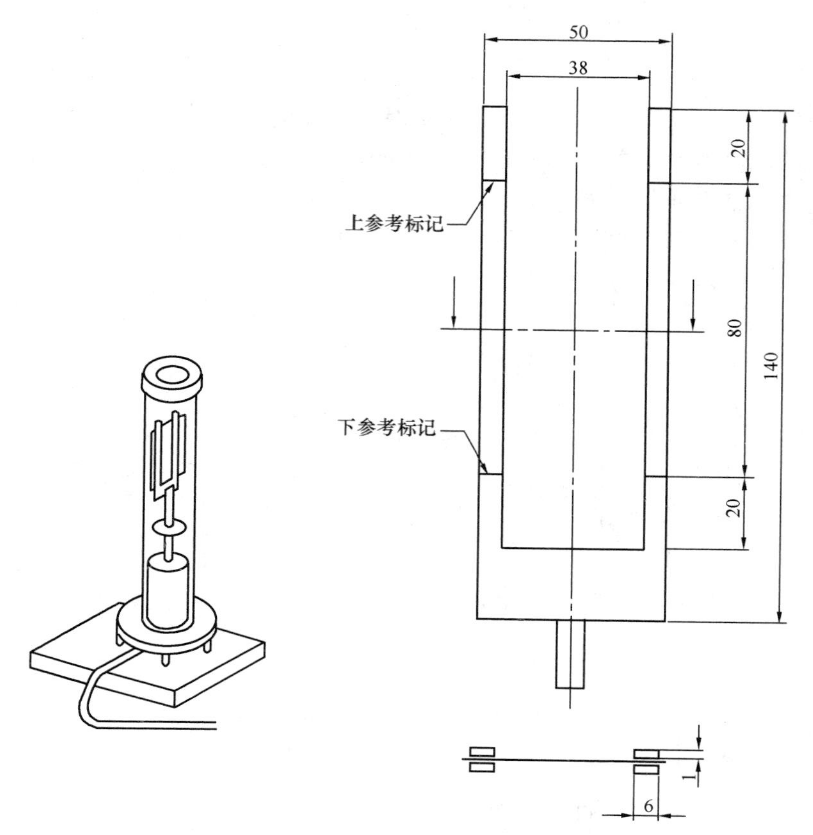

图 4-29　非自撑试样的支撑框架

注：试样牢固地夹在不锈钢制造的两个垂直向上的叉子之间。

如能获得相同结果，有或无限流孔的其他尺寸燃烧筒也可使用。燃烧筒底部或支撑筒的基座上应安装使进入的混合气体分布均匀的装置。推荐使用含有易扩散并具有金属网的混合室。如果同类型多用途的其他装置能获得相同结果也可使用。应在低于试样夹持器水平面上安装一个多孔隔网，以防止下落的燃烧碎片堵塞气体入口和扩散通道。燃烧筒的支座应安有调平装置或水平指示器，以使燃烧筒和安装在其中的试样垂直对中。为便于对燃烧筒中的火焰进行观察，可提供深色背景。

（2）试样夹

用于燃烧筒中央垂直支撑试样。对于自撑材料，夹持处离开判断试样可能燃烧到的最近点至少 15mm。对于薄膜和薄片，使用如图 4-29 所示框架，由两垂直边框支撑试样，离边框顶端 20mm 和 100mm 处画标线。夹具和支撑边框应平滑，以使上升气流受到的干扰最小。

（3）气源

可采用纯度（质量分数）不低于 98％的氧气和/或氮气、和/或清洁的空气（含氧气体积分数为 20.9％）作为气源。除非试验结果对混合气体中较高的含湿量不敏感，否则进入燃烧筒混合气体的含湿量应小于 0.1％（质量分数）。如果所供气体的含湿量不符合要求，则气体供应系统应配有干燥设备，或配有含湿量的检测和取样装置。气体供应管路的连接应使混合气体在进入燃烧筒基座的配气装置前充分混合，以使燃烧筒内处于试样水平面以下的上升混合气氧浓度的变化小于0.2%（体积分数）。

注意，氧气和氮气瓶中的含湿量（质量分数）不一定小于0.1%。纯度（质量分数）≥98%的商业瓶装气的含湿量（质量分数）是0.003%～0.01%，但这样的瓶装气减压到大约1MPa时，气体含湿量可升到0.1%以上。

（4）气体测量和控制装置

适于测量进入燃烧筒内混合气体的氧浓度（体积分数），准确至±0.5%。当在（23±2)℃通过燃烧筒的气流为（40±2)mm/s时，调节浓度的精度为±0.1%。应提供检测方法，确保进入燃烧筒内混合气体的温度为（23±2)℃。如有内部探头，则该探头的位置与外形设计应使燃烧筒内的扰动最小。

较适宜的测量系统或控制系统包括下列部件：

① 在各个供气管路和混合气管路上的针形阀，能连续取样的顺磁氧分析仪（或等效的分析仪）和一个能指示通过燃烧筒内气流流速在要求的范围内的流量计；

② 在各个供气管路上经校准的接口、气体压力调节器和压力表；

③ 在各个供气管路上针形阀和经校准的流量计。

系统②和③组装后应经过校准，以确保组合部件的合成误差不超过要求。

（5）点火器

由一根末端直径为（2±1)mm能插入燃烧筒并喷出火焰点燃试样的管子构成。火焰的燃料应为未混有空气的丙烷。当管子垂直插入时，应调节燃料供应量以使火焰从出口垂直向下喷射（16±4)mm。

（6）计时器

测量时间可达5min，准确度±0.5s。

（7）排烟系统

有通风和排风设施，能排除燃烧筒内的烟尘或灰粒，但不能干扰燃烧筒内气体流速和温度。注意，如果试验发烟材料，必须清洁玻璃燃烧筒，以确保良好的可视性。对于气体入口、入口隔网和温度传感器也必须清洁，以使其功能良好。应采取适当的防护措施，以免人员在试验或清洁操作中受毒性材料伤害或灼伤。

（8）制备薄膜卷筒的工具

薄膜卷筒的工具是由一根直径为2mm、一端带有一个狭缝的不锈钢杆构成如图4-30所示。

5. 设备的校准

为了符合本方法的要求，应定期按照规定对设备进行校准，再次校准和使用之间的最大时间间隔应符合表4-31的规定。

表4-31　设备校准周期

项目	最大时间间隔
气体系统接口	
a. 设备在使用或清洁时触动过的组件	立即
b. 未触动过的组件	6个月
浇注PMMA样品	1个月
气体流速控制	6个月
氧浓度控制	6个月

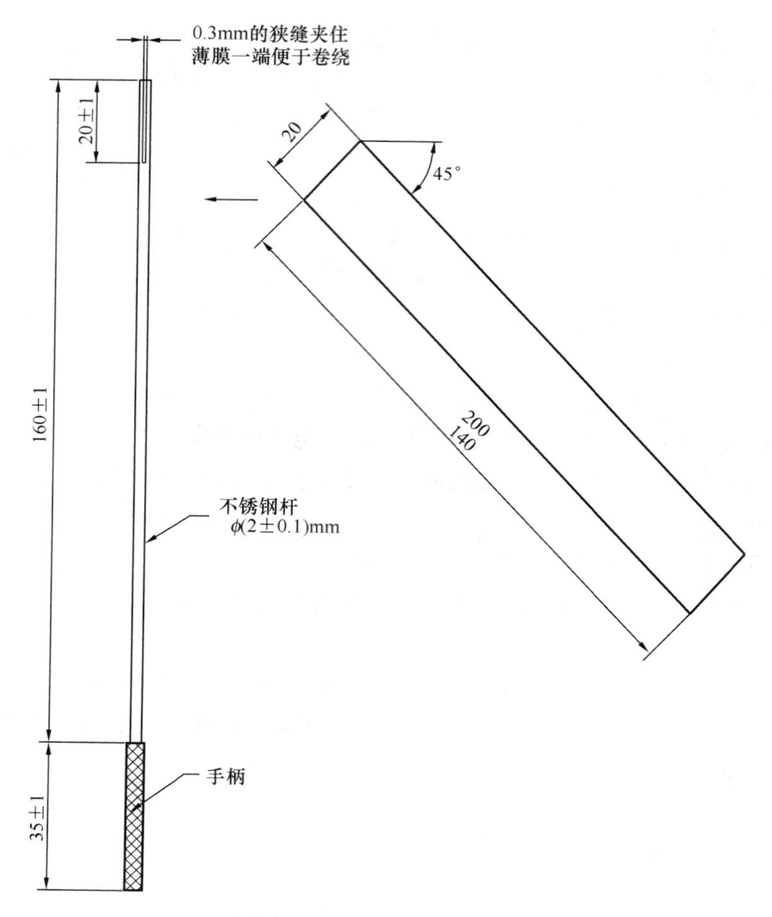

图 4-30　薄膜试样制备工具

6. 试样制备

(1) 取样

应按材料标准进行取样，所取的样品至少能制备 15 根试样，也可按《计数抽样检验程序　第 1 部分：按接收质量限（AQL）检索的逐批检验抽样计划》（GB/T 2828.1—2012）或 ISO 2859-2:1985 进行。

注意，对已知氧指数在±2 以内波动的材料，需 15 根试样。对于未知氧指数的材料，或显示不稳定燃烧特性的材料，需 15～30 根试样。

(2) 试样尺寸和制备

依照适宜的材料标准（见下文注 1 或注 2）规定的步骤制备试样，模塑和切割试样最适宜的样条形状在表 4-32 中给出。

表 4-32　试样尺寸

试样形状[a]	尺　寸			用　途
	长度（mm）	宽度（mm）	厚度（mm）	
Ⅰ	80～150	10±0.5	4±0.25	用于模塑材料
Ⅱ	80～150	10±0.5	10±0.5	用于泡沫材料

续表

试样形状[a]	尺寸			用途
	长度（mm）	宽度（mm）	厚度（mm）	
Ⅲ[b]	80～150	10±0.5	≤10.5	用于片材“接收状态”
Ⅳ	70～150	6.5±0.5	3±0.25	电器用自撑模塑材料或板材
Ⅴ[b]	140^{0}_{-5}	52±0.5	≤10.5	用于软膜或软片
Ⅵ[c]	140～200	20	0.02～0.10[d]	用于能用规定的杆[d]缠绕“接收状态”的薄膜

a　Ⅰ、Ⅱ、Ⅲ和Ⅳ试样适用于自撑材料，Ⅴ形试样适用非自撑的材料。

b　Ⅲ和Ⅴ试样所获得的结果，仅用于同样形状和厚度的试样的比较。假定这样材料厚度的变化量是受到其他标准控制的。

c　Ⅵ形试样适用于缠绕后能自撑的薄膜。表中的尺寸是缠绕前原始薄膜的形状，缠绕薄膜的制备标准规定。

d　限于厚度能用规定的棒缠绕的薄膜。如薄膜很薄，需两层或多层叠加进行缠绕，以获得与Ⅵ形试样类似的结果。

制备薄膜试样时，使用标准描述的工具。把薄膜的一角插入狭缝，以45°螺旋地缠绕在杆上，直到工具的末端，制成长度合适的样条，如图 4-30 所示。缠绕完成后，粘牢试样卷筒的末端，将不锈钢杆从卷好的薄膜中抽出并剪掉卷筒顶端 20mm，如图 4-31 所示。确保试样表面清洁且无影响燃烧行为的缺陷，如模塑飞边或机加工的毛刺。

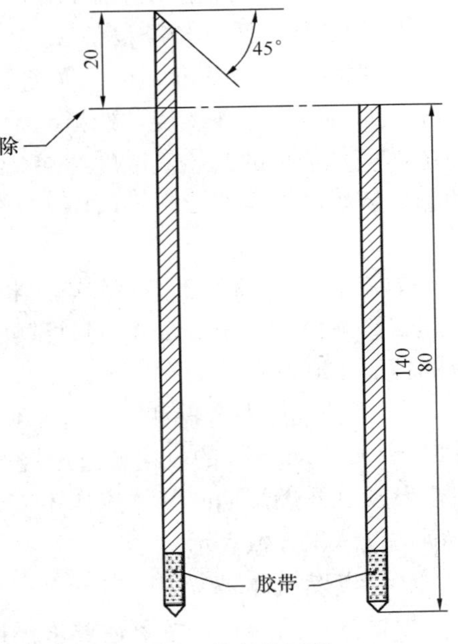

图 4-31　轧制的试样

注意，试样在样品材料上的位置和取向上的不对称性(注 3)。

注 1：某些材料标准要求选择和标识所用的“试样状态”，例如，处于“规定状态”或“基态”的以苯乙烯为基材的均聚或共聚物。

注 2：在无相关标准时，可从 GB/T 5471—2008、GB/T 9352—2008、GB/T 17037.1—1997、GB/T 17037.3—2003、ISO 294-2:1996，ISO 294-5:2001，ISO 2818:1994 或 GB/T 11997—2008 中选择一种或几种制备方法。

注 3：由于材料的不均匀性导致点火的难易及燃烧行为的不同（例如，在不对称取向的热塑性薄膜上，不同方向切取的试样，受热时收缩程度不同），对氧指数的结果有很大影响。

注 4：如果使用这种方法，薄膜的燃烧行为呈现不稳定，包括受热收缩及数据的波动，则应使用Ⅵ形试样，即卷筒形试样。它给出的再现性结果与Ⅰ形试样几乎相同。标准附录 D 给出了使用Ⅵ形试样实验室间获得的精密度数据。

(3) 试样的标线

为了观察试样燃烧距离，可根据试样的类型和所用的点火方式在一个或多个面上画标线。自撑试样至少在两相邻表面画标线。如使用墨水，在点燃前应使标线干燥。顶面点燃试验标线：按照方法 A 试验Ⅰ、Ⅱ、Ⅲ、Ⅳ或Ⅵ形试样时，应在离点燃端 50mm 处画标线。

扩散点燃试验标线：试验Ⅴ形试样时，标线画在支撑框架上；在试验稳定性材料时，为了方便，在离点燃端 20mm 和 100mm 处画标线；如Ⅰ、Ⅱ、Ⅲ、Ⅳ和Ⅵ形试样用 B 法试验时，在离点燃端 10mm 和 60mm 处画标线。

（4）状态调节

除非另有规定，否则每个试样试验前应在温度（23±2）℃和湿度（50±5）%条件下至少调节88h。

注意，含有易挥发可燃物的泡沫材料试样，在温度（23±2）℃和湿度（50±5）%状态调节前，应在鼓风烘箱内处理168h，以除去这些物质。体积较大的材料，需要较长的预处理时间。切割含有易挥发可燃物泡沫材料试样的设施需考虑与之相适应的危险性。

7. 测定氧指数的步骤

当不需要测定材料的准确氧指数，只是为了与规定的最小氧指数值相比较时，则使用简化的步骤。

（1）设备和试样的安装

① 试验装置应放置在温度（23±2）℃的环境中，必要时将试样放置在温度（23±2）℃和湿度（50±5）%的密闭容器中，当需要时从容器中取出。

② 如需要，重新校准设备。

③ 选择起始氧浓度，可根据类似材料的结果选取。另外，可观察试样在空气中的点燃情况，如果试样迅速燃烧，选择起始氧浓度约在18%（体积分数）；如果试样缓慢燃烧或不稳定燃烧，选择的起始氧浓度约在21%（体积分数）；如果试样在空气中不连续燃烧，选择的起始氧浓度至少为25%（体积分数），这取决于点燃的难易程度或熄灭前燃烧时间的长短。

④ 确保燃烧筒处于垂直状态。将试样垂直安装在燃烧筒的中心位置，使试样的顶端低于燃烧筒顶口至少100mm，同时试样的最低点的暴露部分要高于燃烧筒基座的气体分散装置的顶面100mm。

⑤ 调整气体混合器和流量计，使氧/氮气体在（23±2）℃下混合，氧浓度达到设定值，并以（40±2）mm/s的流速通过燃烧筒。在点燃试样前至少用混合气体冲洗燃烧筒30s。确保点燃及试样燃烧期间气体流速不变。记录氧浓度，按标准附录B给出公式计算出所用氧浓度，以体积分数表示。

（2）点燃试样

根据试样的形状，按下述要求任选一种点燃方法：

① Ⅰ、Ⅱ、Ⅲ、Ⅳ和Ⅵ试样见表4-32，按所述的方法A（顶面点燃）；

② Ⅴ形试样，按所述的方法B（扩散点燃）。

在GB/T 2406的本部分中点燃是指有焰燃烧。

注1：试验的氧浓度在等于或接近材料氧指数值表现稳态燃烧和燃烧扩散时，或厚度≤3mm的自撑试样，方法B比方法A给出的结果更一致。因此，方法B可用于Ⅰ、Ⅱ、Ⅲ、Ⅳ和Ⅵ试样。

注2：某些材料可能表现无焰燃烧（例如灼热燃烧）而不是有焰燃烧，或在低于要求的氧浓度时不是有焰燃烧。当试验这种材料时，必须鉴别所测氧指数的燃烧类型。

方法A——顶面点燃法

顶面点燃是在试样顶面使用点火器点燃。将火焰的最低部分施加于试样的顶面，如需要，可覆盖整个顶面，但不能使火焰对着试样的垂直面或棱。施加火焰30s，每隔5s移开一次，移开时恰好有足够时间观察试样的整个顶面是否处于燃烧状态。在每增加5s后，观察整个试样顶面持续燃烧，立即移开点火器，此时试样被点燃并开始记录燃烧时间和观察燃烧长度。

方法 B——扩散点燃法

扩散点燃法是使点火器产生的火焰通过顶面下移到试样的垂直面。下移点火器把可见火焰施加于试样顶面并下移到垂直面近 6mm，连续施加火焰 30s，包括每 5s 检查试样的燃烧中断情况，直到垂直面处于稳态燃烧或可见燃烧部分达到支撑框架的上标线为止。如果使用Ⅰ、Ⅱ、Ⅲ、Ⅳ和Ⅵ试样，则燃烧部分达到试样的上标线为止。为了测量燃烧时间和燃烧的长度，当燃烧部分达到上标线时，就认为试样被点燃。

注意，燃烧部分包括沿着试样表面滴落的任何燃烧滴落物。

（3）单个试样燃烧行为的评价

① 当试样按照规定点燃时，开始记录燃烧时间，观察燃烧行为。如果燃烧中止，但在 1s 内又自发再燃，则继续观察和记时。

② 如果试样的燃烧时间和燃烧长度均未超过表 4-33 规定的相关值，记作“○”反应。如果燃烧时间或燃烧长度两者任何一个超过表 4-33 中规定的相关值，记下燃烧行为和火焰的熄灭情况，此时记作“×”反应。注意材料的燃烧状况，如滴落、焦糊、不稳定燃烧、灼热燃烧或余辉。

③ 移出试样，清洁燃烧筒及点火器。使燃烧筒温度回到（23±2）℃，或用另一个燃烧筒代替。

注 1：如进行多次试验，应使用两个燃烧筒和两个试样夹，这样一个燃烧筒和试样夹可冷却，而利用另一个燃烧筒和试样夹进行试验。

注 2：如果试样足够长，可将试样倒过来或剪去燃烧端再使用。当评估燃烧需要的最小氧浓度的近似值时，上述试样能节约材料，但结果不能包括在氧指数的计算中，除非试样在适合于所涉及材料的温度和湿度下重新进行状态调节。

（4）逐步选择氧浓度（c_O）

所述方法的（5）和（6）基于“少量样品升-降法”，利用 $N_T-N_L=5$ 的特定条件，以任意步长使氧浓度进行一定的变化。

试验过程中，按步骤选择所用的氧浓度：如果前一个试样燃烧行为是“×”反应，则降低氧浓度；如果前一个试样燃烧行为是“○”反应，则增加氧浓度。按（5）或（6）选择氧浓度变化的步长。

表 4-33　氧指数测量的判据

试样类型（表 4-31）	点燃方法	判据（二选其一）[a]	
		点燃后的燃烧时间（s）	燃烧长度[b]
Ⅰ、Ⅱ、Ⅲ、Ⅳ和Ⅵ	A 顶面点燃	180	试样顶端以下 50mm
	B 扩散点燃	180	上标线以下 50mm
Ⅴ	B 扩散点燃	180	上标线（框架上）以下 80mm

a　不同形状的试样或不同点燃方式及试验过程，不能产生等效的氧指数结果。

b　当试样上任何可见的燃烧部分，包括垂直表面流淌的燃烧滴落物，通过本表第四栏规定的标线时，认为超过了燃烧范围。

（5）初始氧浓度的确定

采用任意合适的步长，重复（1）～（4）的步骤，直到氧浓度（体积分数）之差≤1.0%，且一次是“○”反应，另一次是“×”反应为止。将这组氧浓度中的“○”反应，记作初始氧浓度，然后按（6）进行。

注1：氧浓度之差≤1.0%的两个相反结果，不一定从连续试验的试样中得到。

注2：给出“○”反应的氧浓度不一定比给出“×”反应的氧浓度低。

注3：使用表格记录本条和标准附录C所述的各条要求的信息。

（6）氧浓度的改变

① 再次利用初始氧浓度见（5），重复（1）～（3）的步骤试验一个试样，记录所用的氧浓度和“×”或“○”反应，作为N_L和N_T系列的第一个值。

② 按（4）改变氧浓度，并按（1）～（4）步骤试验其他试样，氧浓度（体积分数）的改变量为总混合气体的0.2%（见注），记录c_o值及相应的反应，直到与按①获得的相应反应不同为止。由（1）获得的结果及（2）类似反应的结果构成N_L系列。注意，当d不是0.2%时，如满足（4）的要求，可选该值作为d的起始值。

③ 保持$d=0.2\%$，按照（1）～（4）的步骤试验四个以上的试样，并记录每个试样的氧浓度c_o和反应类型，最后一个试样的氧浓度记为c_f。这四个结果连同由（2）获得的最后的结果［与（1）获得的反应不同的结果］构成N_T系列的其余结果，即$N_T=N_L+5$。

④ 按照8中（3）N_T系列（包括c_f）最后的六个反应计算氧浓度的标准偏差$\hat{\sigma}$。如果满足条件$\frac{2\hat{\sigma}}{3}<d<1.5\hat{\sigma}$，按照式（4-35）计算氧指数。另外，如果$d<\frac{2\hat{\sigma}}{3}$，增加$d$值，重复②～④的步骤直到满足条件；如果$d>1.5\hat{\sigma}$，减小$d$值，直到满足条件。除非相关材料标准有要求，$d$不能低于0.2。

8. 结果的计算与表示

（1）氧指数

氧指数OI，以体积分数表示，由式（4-35）计算：

$$OI = c_f + kd \tag{4-35}$$

式中 c_f——按（6）测量及（3）记录的N_T系列中最后氧浓度值，以体积分数表示（%），取一位小数；

d——按（6）使用和控制的氧浓度的差值，以体积分数表示（%），取一位小数；

k——按表4-34获得的系数。

按（4）和$\hat{\sigma}$计算值时，OI值取两位小数。报告OI时，准确至0.1%，不修约。

（2）k值的确定

k值和符号取决于按7中（6）试验的试样反应类型，可由表4-34所述的方法确定：

① 若按7（6）中①试样是“○”反应，则第一个相反的反应是“×”反应，当按7（6）中③试验时，在表4-34的第一栏，找出与最后四个反应符号相对应的那一行，找出N_L系列按7（6）中①和②获得中“○”反应的数目，作为该表a行中“○”的数目，k值和符号在第2、3、4或5栏中给出。

② 若按7（6）中①试样是“×”反应，则第一个相反的反应是“○”反应，当按7（6）中③试验时，在表4-34的第六栏，找出与最后四个反应符号相对应的那一行，找出N_L

系列 7（6）中①和②获得中“×”反应的数目，作为该表 b 行中“×”的数目，k 值在第 2、3、4 或 5 栏中给出，但符号相反，查表 4-34 的负号变成正号，反之亦然。

注意，k 值的确定和 OI 的计算示例在标准附录 C 中给出。

表 4-34　由 Dixon's“升-降法”进行测定时用于计算氧指数浓度的 k 值

1	2	3	4	5	6
最后五次测定的反应	N_L 前几次测量反应如下时的 k 值				
	a　○	○○	○○○	○○○○	
10 ×○○○○	−0.55	0.55	0.55	0.55	○××××
×○○○×	−1.25	−1.25	−1.25	−1.25	○×××○
×○○×○	0.37	0.38	0.38	0.38	○××○×
×○○××	−0.17	−0.14	−0.14	−0.14	○××○○
×○×○○	0.02	0.04	0.04	0.04	○×○××
×○×○×	−0.50	−0.46	−0.45	−0.45	○×○×○
×○××○	1.17	1.24	1.25	1.25	○×○○×
×○×××	0.61	0.73	0.76	0.76	○×○○○
××○○○	−0.30	−0.27	−0.26	−0.26	○○×××
××○○×	−0.83	−0.76	−0.75	−0.75	○○××○
××○×○	0.83	0.94	0.95	0.95	○○×○×
××○××	0.30	0.46	0.50	0.50	○○×○○
×××○○	0.50	0.65	0.68	0.68	○○○××
×××○×	−0.04	0.19	0.24	0.25	○○○×○
××××○	1.60	1.92	2.00	2.01	○○○○×
×××××	0.89	1.33	1.47	1.50	○○○○○
	N_L 前几次反应如下时的 k 值				最后五次测定的反应
	b　×	××	×××	××××	
	对应第 6 栏的反应上表给出的 k 值，但符号相反，即 $OI=c_f-kd$，具体见 8 中（1）				

（3）氧浓度测量的标准偏差

在 7（6）中④中，氧浓度测量的标准偏差由式（4-36）计算：

$$\hat{\sigma}=\left[\frac{\sum_{i=1}^{n}(c_i-OI)^2}{n-1}\right]^{1/2} \tag{4-36}$$

式中　c_i——N_T 系列测量中最后六个反应每个所用的百分浓度；

OI——按式（4-35）计算的氧指数值；

n——构成 $\sum(c_i-OI)^2$ 氧浓度测量次数。

注意，按照 7 中（6），本方法 $n=6$，对于 $n<6$ 时，会降低本方法的精密度。对于 $n>6$，要选择另外的统计标准。

（4）结果的精密度

由于尚未得到实验室间试验数据，故未知本试验方法的精密度。如果得到上述数据，则在下次修订时加上精密度说明。附录 NA（资料性）是 ISO 和 ASTM 实验室间的精密度数据。

9. 方法 C——与规定的最小氧指数值比较（简捷方法）

若有争议或需要材料的实际氧指数时，应用 7 中给出的方法。

（1）除了按 7 中（1）选择规定的最小氧浓度外，应按 7 中（1）安装设备和试样。

（2）按 7 中（2）点燃试样。

（3）试验三个试样，按 7 中（3）评价单个试样的燃烧行为。

如果三个试样至少有两个在超过表 4-33 相关判据以前火焰熄灭，记录的是“○”反应，则材料的氧指数不低于指定值。相反，材料的氧指数低于指定值，或按 7 测定氧指数。

10. 试验报告

试验报告应包括的内容：注明采用 GB/T 2406.2；声明本试验结果仅与本试验条件下试样的行为有关，不能用于评价其他形式或其他条件下材料着火的危险性；注明受试材料完整鉴别，包括材料的类型、密度、材料或样品原有的不均匀性相关的各项异性；试样类型（Ⅰ至Ⅵ）和尺寸；点燃方法（A 或 B)；氧指数值或采用方法 C 时规定的最小氧指数值，并报告是否高于规定的氧指数；如需要，若不是 0.2%（体积分数），估算标准偏差及所用的氧浓度增量；任何相关特性或行为的描述，如：烧焦、滴落、严重的收缩、不稳定燃烧或余辉；任何偏离 GB/T 2406 本部分要求的情况。

任务5　墙体保温隔热系统检测

建筑围护结构热工性能直接影响建筑采暖和空调的负荷与能耗。其中，围护结构传热系数是建筑节能设计、节能效果评价的重要指标。由于我国幅员辽阔，各地气候差异很大，为了使建筑物适应各地不同的气候条件，满足节能要求，应根据建筑物所处的建筑气候分区，确定建筑围护结构合理的热工性能参数。

严寒和寒冷地区冬季室内外温差大，采暖期长，提高围护结构的保温性能对降低采暖能耗作用明显。这一类地区在建筑节能设计中采用的围护结构传热系数限值，是通过对气候区的能耗分析和考虑现阶段技术成熟程度而确定的，基本可达到习惯上所说的节能65%左右的目标。

夏热冬冷地区冬季室内外温差不如严寒和寒冷地区那么大，提高围护结构的保温性能对降低采暖能耗的作用不如严寒和寒冷地区明显，所以，这一类地区在建筑节能设计中采用的围护结构传热系数限值也比严寒和寒冷地区低。该地区夏季又有空调降温的需求，而透过玻璃直接进入室内的太阳辐射对空调负荷的影响很大。因此，节能设计除了考虑传热系数的限值外，还应注意外窗的遮阳系数限值。

夏热冬暖地区没有冬季采暖的需求，夏季室内外的平均温差只有几度，提高围护结构的保温性能对降低空调能耗作用不是非常明显，所以，这一类地区的传热系数要求不高。夏季透过玻璃直接进入室内的太阳辐射对空调负荷的影响很大，要特别注意外窗的遮阳设计和遮阳系数的限值。至于外窗的传热系数，由于夏季室内外温差不大，考虑到可以使用单层玻璃窗，所以未对传热系数提出要求。

温和地区中冬季有采暖需求的，围护结构的热工性能要求接近夏热冬暖地区。冬季无采暖需求，且夏季无空调降温需求的地区，围护结构的热工性能没有明确要求。

5.1　墙体保温技术

5.1.1　外墙外保温技术

建筑物采暖耗热量主要由通过围护结构的传热耗热量构成，以居住建筑为例，一般情况下，其数值占总耗热量的73%～77%。在这一部分耗热量中，外墙约占25%，楼梯间隔墙的传热耗热量约占15%，改善墙体的传热耗热将明显提高建筑的节能效果。发展高效保温节能的复合墙体是墙体节能的根本出路。

外墙按其保温层所在的位置分类，目前主要有单一保温外墙、外保温外墙、内保温外墙、夹芯保温外墙四种类型。

外墙按其主体结构所用材料分类，目前主要有加气混凝土外墙、空心块外墙、混凝土空心砌块外墙、钢筋混凝土外墙、其他非黏土块外墙等。为叙述清楚，以下按保温层在墙中的位置不同分别加以介绍。

1. 外墙外保温的优越性

外墙的保温做法，无论是外保温还是内保温，都能有效地降低墙体传热耗热量并使墙内表面温度提高，使室内气候环境得到改善。然而，采用外保温则效果更好，这主要是因为：

（1）外保温可以避免产生热桥。在常规的内保温做法中钢筋混凝土的楼板、梁柱等处均无法处理，这些部位在冬季会形成热桥现象。热桥不仅会造成额外的热损失，还可能使外墙内表面潮湿、结露，甚至发霉和淌水，而外保温则不存在这种问题。由于外保温避免了热桥，在采用同样厚度的保温材料下（例如北京用 50mm 膨胀聚苯乙烯板保温），外保温要比内保温的热损失减少约 15%，从而提高了节能效果。

（2）外保温有利于保障室内的热稳定性。由于位于内侧的实体墙体蓄热性能好，热容量大，室内能蓄存更多的热量，使诸如太阳辐射或间接采暖造成的室内温度变化减缓，室温较稳定，生活较为舒适；同时也使太阳辐射的热、人体散热、家用电器及炊事散热等因素产生的“自由热”得到较好的利用，有利于节能。

（3）外保温有利于提高建筑结构的耐久性。由于采用外保温，内部的砖墙或混凝土墙得到保护，室外气候变化引起的墙体内部温度变化发生在外保温层内，使内部的主体墙冬季保温效果提高，湿度降低，温度变化较平缓，热应力减少，因而主体墙体产生裂缝、变形、破损的危险大为减轻，使墙体的耐久性得以加强。

（4）外保温可以减少墙体内部冷凝现象。密实厚重的墙体结构层在室内一侧有利于阻止水蒸气进入墙体形成内部冷凝。

（5）外保温有利于既有建筑节能改造。在旧房改造时，内保温施工会导致住户增加家具搬动，噪声扰民，甚至临时搬迁等诸多麻烦，产生不必要的纠纷，还会因此减少使用面积。外保温则可以避免这些问题发生，当外墙必须进行装修加固时，加装外保温是最经济、最有利的时机。

（6）外保温的综合经济效益很高。虽然外保温工程每一平方米造价比内保温相对要高一些，但只要技术选择适当，特别是由于外保温比内保温增加了使用面积近 2%，加上利于节约能源，改善热环境等一系列好处，综合效益是十分显著的。

2. 外保温体系的组成

外墙外保温是指在建筑物外墙的外表面上建造保温层，该外墙可用砖石或混凝土建造。这种外保温的做法可用于扩建墙体，也可以用于原有建筑外墙的保温改造。由于保温层多选用高效保温材料，这种体系能明显提高外墙的保温效能。此外，由于保温层在室外，其构造必须能满足水密性、抗风压以及温湿度变化的要求，不致产生裂缝，并能抵抗外界可能产生的碰撞作用，还能使相邻部位（如门窗洞口，穿墙管等）之间以及在边角处、面层装饰等方面得到适当的处理。有必要指出：外保温层的功能，仅限于增加外墙的保温效能以及由此带来的相关要求，而不应指望这层保温层对主体墙的稳定性起到作用。其主体墙，即外保温层的基底，必须满足建筑物的力学稳定性要求，承受垂直荷载、风荷载要求，并能经受撞击而保证安全使用，

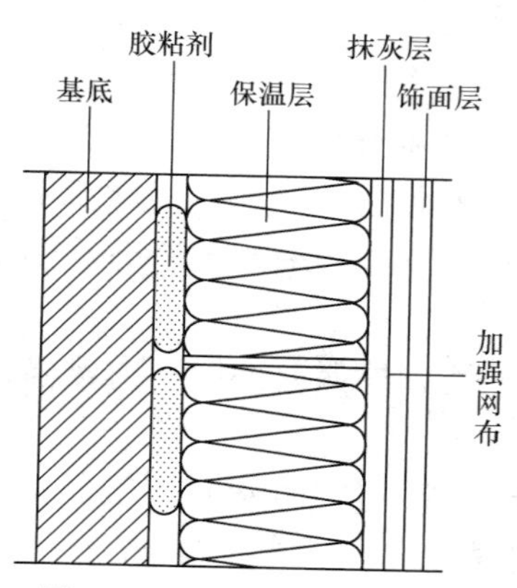

图 5-1 外墙外保温基本构造

还应使被覆的保温层和装修层得以牢牢固定。

不同外保温体系，其材料、构造和施工工艺各有一定的差别，图5-1为具有代表性的构造做法。

（1）保温层

保温层主要采用导热系数小的高效轻质保温材料，其导热系数一般小于0.05W/(m·K)。根据设计计算，保温层具有一定厚度，以满足节能标准对该地区墙体的保温要求。此外，保温材料应具有较低的吸湿率及较好的粘结性能，为了使所用的胶粘剂及其表面层的应力尽可能减少，对于保温材料，一方面要用收缩率小的产品，另一方面，在控制其尺度变动时产生的应力要小。为此，可采用的保温材料有：膨胀型聚苯乙烯板（EPS）、挤塑聚苯乙烯板（XPS）、聚氨酯硬泡（PU）、岩棉板、玻璃棉毡以及胶粉EPS颗粒保温浆料等。其中以限燃级膨胀型聚苯乙烯板的应用较为普遍。

（2）保温板的固定

不同的外保温体系，采用的固定保温板的方法各不相同，有的将保温板粘结或钉固在基底上，有的两者结合。为了保证保温板在胶粘剂固化期间的稳定性，有的体系用机械方法进行临时固定，一般用塑料钉钉固。

保温层永久固定在基底上的机械件，一般采用膨胀螺栓或预埋筋之类的锚固件，国外往往用不锈蚀而耐久的材料，由不锈钢、尼龙或聚丙烯等制成，国内常用钢制膨胀螺栓，并作相应的防锈处理。

超轻保温浆可直接涂抹在外墙外表面上。

（3）面层

保温板的面层具有防护和装饰作用，其做法各不相同，薄面层一般为聚合物水泥胶浆抹面，厚面层则采用普通水泥砂浆抹面，有的则用在龙骨上吊挂板材或瓷砖覆面。

薄型抹灰面层为在保温层的所有外表面上涂抹聚合物水泥胶浆。直接涂覆于保温层上的为底涂层，厚度较薄（一般为4～7mm），内部加有加强材料。加强材料一般为玻璃纤维网格布，有的则为纤维或钢丝网，包含在抹灰层内部，与抹灰层结合为一体，它的作用是改善抹灰层的机械强度，保证其连续性，分散面层的收缩应力与温度应力，防止面层出现裂纹。

不同外保温体系，面层厚度有一定差别，要求面层厚度必须适当。薄型的一般在10mm以内，厚型的抹面层，则在保温层的外表面上涂抹水泥砂浆，厚度为25～30mm。此种做法一般用于钢丝网架聚苯板保温层上（也可用于岩棉保温层上），其加强网为孔50mm×50mm，用$\Phi 2$钢丝焊接的网片，并通过交叉插入聚苯板内的钢丝固定。

为便于在抹灰层表面上进行装修施工，加强相互之间的粘结，有时还要在抹灰面上喷涂界面剂，形成极薄的涂层，上面再做装修层。外表面喷涂耐候性、防水性和弹性良好的涂料，也能对面层和保温层起到保护作用。

国外很多低层或多层建筑，用砖或混凝土砌块做外墙外侧面层，用石膏板做内侧面层，中间夹以高效保温材料。

3. 标准基本规定

为规范外墙外保温工程技术要求，保证工程质量，做到技术先进、安全可靠、经济合理，制定规程《外墙外保温工程技术规程》（JGJ 144—2004）。规程适用于以混凝土和砌体结构为基层的新建民用建筑的外墙外保温工程。工业建筑和既有民用建筑外墙外保温工程可参照执行。外墙外保温工程除应符合本规程外，尚应符合国家现行有关标准的规定。

《外墙外保温工程技术规程》（JGJ 144—2004）基本规定如下：

（1）外墙外保温工程应能适应基层的正常变形而不产生裂缝或空鼓。

（2）外墙外保温工程应能长期承受自重而不产生有害的变形。

（3）外墙外保温工程应能承受风荷载的作用而不产生破坏。

（4）外墙外保温工程应能耐受室外气候的长期反复作用而不产生破坏。

（5）外墙外保温工程在规定的抗震设防烈度下不应从基层上脱落。

（6）外墙外保温工程应采取防火构造措施。

（7）外墙外保温工程应具有防水渗透性能。

（8）外保温复合墙体的保温、隔热和防潮性能应符合现行国家标准《民用建筑热工设计规范》（GB 50176）和国家现行相关建筑节能设计标准的规定。

（9）外墙外保温工程各组成部分应具有物理-化学稳定性。所有组成材料应彼此相容并应具有防腐性。在可能受到生物侵害（鼠害、虫害等）时，外墙外保温工程还应具有防生物侵害性能。

（10）在正确使用和正常维护的条件下，外墙外保温工程的使用年限应不少于25年。

（11）本规程采用现行国家标准《极限数值的表示和判定方法》（GB 1250）中规定的修约值比较法对检测数据进行判定。

4. 外保温系统性能要求

（1）外墙外保温系统耐候性要求

应按《外墙外保温工程技术规程》（JGJ 144—2004）规定方法对外墙外保温系统进行耐候性检验。外墙外保温系统经耐候性试验后，不得出现空鼓、剥落或脱落等破坏，不得产生渗水裂缝。涂料饰面外保温系统、面砖饰面外保温系统的拉伸粘结强度、系统抗拉强度应分别符合表5-1、表5-2规定，并且破坏部位不得位于各层界面。

表5-1　涂料饰面外保温系统拉伸粘结强度、系统抗拉强度性能要求

检验项目	性能要求			
	粘贴泡沫塑料保温板外保温系统		EPS板现浇混凝土外保温系统	胶粉EPS颗粒保温浆料外保温系统；胶粉EPS颗粒浆料贴砌保温板外保温系统；现场喷涂硬泡聚氨酯外保温系统
	EPS板系统、PU板系统	XPS板系统、保温装饰板系统		
抹面层与保温层拉伸粘结强度（MPa）	≥0.12和保温板破坏	≥0.4或保温板破坏	≥0.12	不涉及
系统抗拉强度（MPa）	不涉及		≥0.1	

表 5-2 面砖饰面外保温系统拉伸粘结强度、系统抗拉强度性能要求

检验项目	粘贴 EPS 板外保温系统	EPS 钢丝网架板现浇混凝土外保温系统	胶粉 EPS 颗粒保温浆料外保温系统
抹面层与保温层拉伸粘结强度（MPa）	≥0.12 和保温板破坏	≥0.2 和保温板破坏	不涉及
系统抗拉强度（MPa）	不涉及		≥0.1
面砖与抹面层拉伸粘结强度（MPa）	≥0.4		

（2）外墙外保温系统其他性能要求

外墙外保温系统其他性能应符合表 5-3 规定。

表 5-3 外墙外保温系统性能要求

检验项目	性能要求	试验方法
抗冲击性	建筑物首层墙面以及门窗口等易受碰撞部位：10J 级； 建筑物二层以上墙面等不易受碰撞部位：3J 级	《外墙外保温工程技术规程》（JGJ 144—2004）附录 A 或本章其他相关小节
吸水量	系统在水中浸泡 1h 后的吸水量不得大于或等于 1.0kg/m²	
耐冻融性能	30 次冻融循环后系统无空鼓、脱落，无渗水裂缝； 抹面层与保温层的拉伸粘结强度符合表 5-1 或表 5-2 规定	
EPS 钢丝网架板热阻	符合设计要求	
贴砌 EPS 板热阻		
抹面层不透水性	2h 不透水	
保护层水蒸气渗透阻	符合设计要求	

注：水中浸泡 24h，系统的吸水量小于 0.5kg/m²时，不检验耐冻融性能。

（3）胶粘剂拉伸粘结强度检验

按《外墙外保温工程技术规程》（JGJ 144—2004）规定对胶粘剂进行拉伸粘结强度检验。粘结强度应符合表 5-4 规定，并且不得在界面破坏。

表 5-4 胶粘剂拉伸粘结强度性能要求

检验项目		性能要求		
		与水泥砂浆	与 EPS 板和 PU 板	与 XPS 板和保温装饰板
拉伸粘结强度（MPa）	原强度	≥0.6	≥0.12	≥0.4 或保温板破坏
	浸水后	≥0.4		

（4）抹面胶浆拉伸粘结强度检验

按《外墙外保温工程技术规程》（JGJ 144—2004）规定对抹面胶浆进行拉伸粘结强度检验。粘结强度应符合表 5-5 规定，并且不得在界面破坏。

表 5-5 抹面胶浆拉伸粘结强度性能要求

检验项目		性能要求		
		与 EPS 板和 PU 板	与 XPS 板	与保温浆料
拉伸粘结强度（MPa）	原强度	≥0.12	≥0.4	≥0.1
	耐候性试验后	和保温板破坏	和保温板破坏	和保温浆料破坏
	冻融试验后			

（5）界面处理

当需要进行界面处理时，宜使用水泥基界面剂；采用无水泥基界面剂做界面处理时，不宜做面砖饰面。

（6）玻纤网耐碱拉伸断裂强力检验

按《外墙外保温工程技术规程》（JGJ 144—2004）规定对玻纤网进行耐碱拉伸断裂强力检验，玻纤网耐碱拉伸断裂强力和耐碱拉伸断裂强力保留率应符合表 5-6 的规定。

表 5-6 玻璃纤维网格布性能要求

检验项目		耐碱拉伸断裂强力 N（50mm）		耐碱拉伸断裂强力保留率（%）	
		经向	纬向	经向	纬向
性能要求	中碱玻纤网	≥750		≥50	
	耐碱玻纤网	≥1000		≥75	

（7）其他主要组成材料性能要求

外保温系统其他主要组成材料性能应符合表 5-7、表 5-8 规定。

表 5-7 泡沫塑料保温板性能要求

检验项目	性能要求			试验方法
	EPS 板	XPS 板	PU 板	
密度（kg/m^3）	≥18，且不宜大于 25	≥25，且不宜大于 32	≥40	GB/T 6343
导热系数 [W/(m·K)]	≤0.038	≤0.030	≤0.025	GB 10294 GB 10295
水蒸气渗透系数	符合设计要求	符合设计要求	符合设计要求	见本章其他小节
抗拉强度（MPa）	≥0.12	≥0.20	≥0.12	
尺寸稳定性（%）	≤0.5	≤1.0	≤1.0	GB 8811
燃烧性能	不低于 E 级	不低于 E 级	不低于 E 级	GB/T 10801.1 和 GB 8624

表 5-8 胶粉 EPS 颗粒保温浆料性能要求

检验项目	干密度（kg/m³）	导热系数［W/(m·K)］	软化系数	线性收缩率（%）	燃烧性能级别	抗拉强度（养护 56d，MPa）	
						干燥状态	浸水 48h，取出后干燥 14d
性能要求	180～250	≤0.060	≥0.50 养护 28d	≤0.3	B	≥0.1	
试验方法	GB/T 6343 70℃恒重	GB 10294 GB 10295	JGJ 51	JGJ 70	GB 8624—2006	JGJ 144	

（8）其他规定

《外墙外保温工程技术规程》（JGJ 144—2004）所规定外保温系统性能要求的检验项目应为型式检验项目，型式检验报告有效期为 2 年。

5. 外保温系统工程验收一般规定

（1）外墙外保温工程应按《建筑工程施工质量验收统一标准》（GB 50300）和《建筑节能工程施工质量验收规范》（GB 50411）有关规定进行施工质量验收。

（2）外保温系统主要组成材料应按表 5-9 规定进行现场抽样复验，抽样数量应符合《建筑节能工程施工质量验收规范》（GB 50411）对于检查数量的规定。

表 5-9 外保温系统主要组成材料复验项目

材料	复验项目
EPS 板、XPS 板、PU 板	密度、导热系数、抗拉强度、尺寸稳定性 用于无网现浇系统时，加验界面砂浆涂敷质量
胶粉 EPS 颗粒保温浆料	干密度、导热系数、抗拉强度
EPS 钢丝网架板	热阻、EPS 板密度
现场喷涂 PU 硬泡体	密度、导热系数、尺寸稳定性、断裂延伸率
保温装饰板	热阻
胶粘剂、抹面胶浆、 界面砂浆、胶粉 EPS 颗粒粘结浆料	干燥状态和浸水 48h 拉伸粘结强度
XPS 板界面剂	外观、固含量、pH 值、破坏形式
玻纤网	耐碱拉伸断裂强力、耐碱拉伸断裂强力保留率
钢丝网、腹丝	镀锌层质量

注：1. 胶粘剂、抹面胶浆、抗裂砂浆、界面砂浆制样后养护 7d 进行拉伸粘结强度检验。发生争议时，以养护 28d 为准。

2. 玻纤网按 JGJ 144 附录 A 第 A.12.3 条检验。发生争议时，以 A.12.2 条方法为准。

（3）外墙外保温工程为建筑节能工程的分项工程，其主要验收内容应符合表 5-10 规定。

（4）外墙外保温工程检验批的划分及检查数量应符合《建筑节能工程施工质量验收规范》（GB 50411）规定。

（5）外墙外保温工程应按《建筑节能工程施工质量验收规范》（GB 50411）规定进行隐蔽工程验收。

（6）外墙外保温工程检验批和分项工程的施工质量验收应符合《建筑节能工程施工质量验收规范》（GB 50411）规定。

表 5-10 外墙外保温分项工程主要验收内容

外墙外保温分项工程	主要验收内容
粘贴泡沫塑料保温板系统外保温工程	基层处理，粘贴保温板，抹面层，变形缝，饰面层
保温浆料系统外保温工程	基层处理，抹胶粉 EPS 颗粒保温浆料，抹面层，变形缝，饰面层
贴砌 EPS 板系统外保温工程	基层处理，贴砌保温板，抹胶粉 EPS 颗粒保温浆料，抹面层，变形缝，饰面层
PU 喷涂系统外保温工程	基层处理，喷涂发泡保温材料，保温层局部处理，抹面层，饰面层
无网现浇系统外保温工程	固定 EPS 板，现浇混凝土，EPS 板局部找平，抹面层，变形缝，饰面层
有网现浇系统外保温工程	固定 EPS 钢丝网架板，现浇混凝土，抹面层，变形缝，饰面层
装饰板系统外保温工程	找平层，固定保温装饰板，板缝和变形缝，饰面处理

6. 外保温系统工程验收主控项目

（1）外保温系统及主要组成材料性能应符合本规程规定；检查方法：检查型式检验报告和进场复验报告。

（2）保温层厚度应符合设计要求；检查方法：插针法检查。

（3）粘贴泡沫塑料保温板系统保温板粘贴面积应符合本规程规定；检查方法：现场测量。

（4）涂料饰面的粘贴泡沫塑料保温板外保温系统现场检验保温板拉伸粘结强度应不小于 0.12MPa，并且应为 EPS 板破坏；检查方法：JGJ 144 附录 B 第 B.6 节。

（5）胶粉 EPS 颗粒保温浆料外保温系统现场检验系统抗拉强度应不小于 0.1MPa，并且破坏部位不得位于各层界面；检查方法：JGJ 144 附录 B 第 B.4 节。

（6）胶粉 EPS 颗粒浆料贴砌保温板外保温系统、现场喷涂硬泡聚氨酯外保温系统现场检验保温层与基层墙体的拉伸粘结强度应不小于 0.12MPa，抹面层与保温层的拉伸粘结强度应不小于 0.1MPa，并且破坏部位不得位于各层界面。检查方法：JGJ 144 附录 B 第 B.6 节。

（7）EPS 板现浇混凝土外保温系统现场检验 EPS 板拉伸粘结强度应不小于 0.12MPa，并且应为 EPS 板破坏。检查方法：JGJ 144 附录 B 第 B.2 节。

（8）面砖饰面系统现场检验粘结强度、锚栓锚固力和保温板粘贴面积应符合表 5-11 规定。检查方法：规程附录 B 第 B.5 节。

表 5-11 面砖饰面粘结强度性能要求

检验项目	性能要求		
	粘贴 EPS 板外保温系统	胶粉 EPS 颗粒保温浆料外保温系统	EPS 钢丝网架板现浇混凝土外保温系统
保温层与基层墙体粘结强度（MPa）	≥0.12，并且应为保温板破坏	≥0.1，并且应为保温层破坏	不涉及
抹面层与保温层粘结强度（MPa）	≥0.12，并且应为保温板破坏	≥0.1，并且应为保温层破坏	不涉及

续表

检验项目	性能要求		
	粘贴 EPS 板外保温系统	胶粉 EPS 颗粒保温浆料外保温系统	EPS 钢丝网架板现浇混凝土外保温系统
面砖与抹面层粘结强度（MPa）	≥0.4	≥0.4	≥0.4
锚栓锚固力（kN/mm）	≥0.30	≥0.30	不涉及
保温板粘贴面积（%）	≥50	不涉及	不涉及

7. 外保温系统工程验收一般项目

（1）粘贴泡沫塑料保温板外保温系统和胶粉 EPS 颗粒保温浆料外保温系统保温层表面垂直度和尺寸允许偏差应符合现行国家标准《建筑装饰装修工程质量验收规范》（GB 50210—2018）规定。

（2）现浇混凝土施工质量应符合《混凝土结构工程施工质量验收规范》（GB 50204—2015）规定。

（3）EPS 板现浇混凝土外保温系统 EPS 板表面找平后保温层表面垂直度和尺寸允许偏差应符合《建筑装饰装修工程质量验收标准》（GB 50210—2018）规定。

（4）EPS 钢丝网架板现浇混凝土外保温系统抹面层厚度应符合本规程规定。检查方法：插针法检查。

（5）抹面层和饰面层施工质量应符合《建筑装饰装修工程质量验收标准》（GB 50210—2018）规定。

（6）系统抗冲击性应符合 JGJ 144 规定。

检查方法：JGJ 144 附录 B 第 B.3 节。

5.1.2 外墙外保温系统

1. 粘贴泡沫塑料保温板外保温系统

粘贴泡沫塑料保温板外保温系统是在 EPS 板薄抹灰外墙外保温系统的基础上演变而来的，EPS 板薄抹灰外墙外保温系统由 EPS 板保温层、薄抹面层和饰面涂层构成，EPS 板用胶粘剂固定在基层上，薄抹面层中满铺玻纤网。EPS 板薄抹灰外墙外保温系统是在第二次世界大战后最先由德国开发成功，以后为欧洲各国广泛使用，在节能及改善居住条件上起到很大的作用，因而在国际上得到公认。20 世纪 60 年代末美国专威特（Dryvit）公司由欧洲引进该技术后，进一步加以完善发展，使之成为集保温、防水与装饰一体的所谓“专威特外墙绝热与装饰体系”，在美国受到专利保护。这种体系是较有代表性的“EPS 板薄抹灰外墙外保温系统”。专威特体系除具有良好的保温节能效果，还有防裂和抗渗性好，并还可便于利用聚苯板做出各种凹凸装饰线角，并可饰以各色涂料，丰富建筑的造型和色彩。

我国自 20 世纪 80 年代开始研究开发类似的外墙保温饰面体系，并已在若干试点工程上采用。20 世纪 90 年代后期我国开始引进美国专威特公司的专利技术，形成数种各具特色的纤维增强 EPS 板薄抹灰外墙外保温系统。大量工程实践证实，EPS 板薄抹面外保温系统使用年限可超过 25 年。

在我国以往的工程实践中，外墙外保温开裂的情况较多，其中一个主要的原因是聚苯板的使用不当。所采用的聚苯板的表观密度不合理、生产后的养护天数不够等原因，都会引起系统的开裂。因此，严格控制聚苯板的技术性能，是保证系统质量的重要条件。

外墙外保温由聚苯板外附着的专用抹面胶浆、玻璃纤维网格及专用面层涂料和专用罩面涂料组成。这些材料有多种品种，可用于不同的外墙基层墙体，取得不同的外墙颜色和纹理。

《外墙外保温工程技术规程》（JGJ 144—2004）对粘贴泡沫塑料保温板外保温系统规定：

（1）粘贴泡沫塑料保温板外保温系统（以下简称粘贴保温板系统）由粘结层、保温层、抹面层和饰面层构成。粘结层材料为胶粘剂，保温层材料可为 EPS 板、PU 板和 XPS 板，抹面层材料为抹面胶浆，抹面胶浆中满铺增强网；饰面层材料可为涂料或饰面砂浆。保温板主要依靠胶粘剂固定在基层上，必要时可使用锚栓辅助固定，保温板与基层墙体的粘贴面积不得小于保温板面积的 40%，如图 5-2 所示。

（2）以 EPS 板为保温层做面砖饰面时，抹面层中满铺耐碱玻纤网并用锚栓与基层形成可靠固定，保温板与基层墙体的粘贴面积不得小于保温板面积的 50%，每一平方米宜设置 4 个锚栓，单个锚栓锚固力应不小于 0.30kN，如图 5-3 所示。

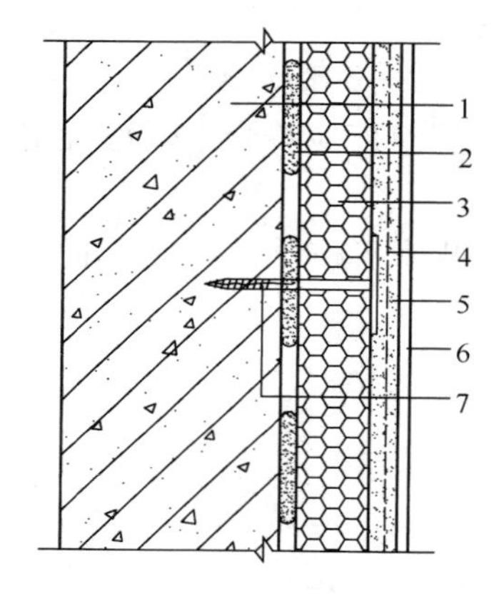

图 5-2　粘贴保温板涂料饰面系统图

1—基层；2—胶粘剂；3—保温板；4—玻纤网；5—抹面层；6—涂料饰面；7—锚栓

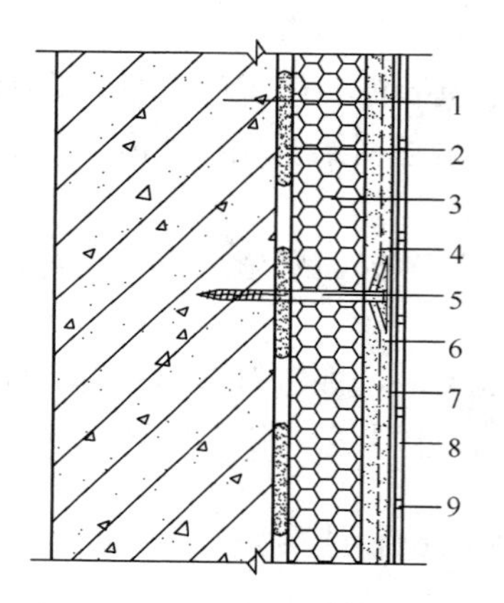

图 5-3　EPS 板面砖饰面系统

1—基层；2—胶粘剂；3—EPS 板；4—耐碱玻纤网；5—锚栓；6—抹面层；7—面砖胶粘剂；8—面砖；9—填缝剂

（3）XPS 板两面需使用界面剂时，宜使用水泥基界面剂。

（4）建筑物高度在 20m 以上时，在受负风压作用较大的部位宜采用锚栓辅助固定。

（5）保温板宽度不宜大于 1200mm，高度不宜大于 600mm。

（6）必要时应设置抗裂分隔缝。

（7）粘贴保温板系统的基层表面应清洁，无油污、脱模剂等妨碍粘结的附着物。凸起、空鼓和疏松部位应剔除并找平。找平层应与墙体粘结牢固，不得有脱层、空鼓、裂缝，面层不得有粉化、起皮、爆灰等现象。

（8）保温板应按顺砌方式粘贴，竖缝应逐行错缝。保温板应粘贴牢固，不得有松动和空鼓。

（9）墙角处保温板应交错互锁，如图 5-4 所示。门窗洞口四角处保温板不得拼接，应采用整块保温板切割成形，保温板接缝应离开角部至少 200mm，如图 5-5 所示。

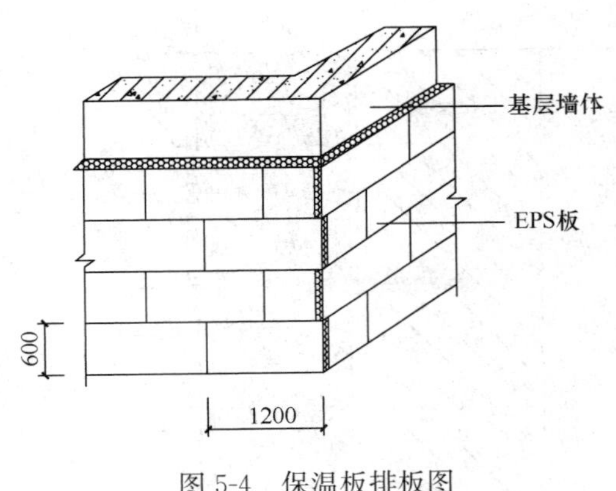

图 5-4　保温板排板图

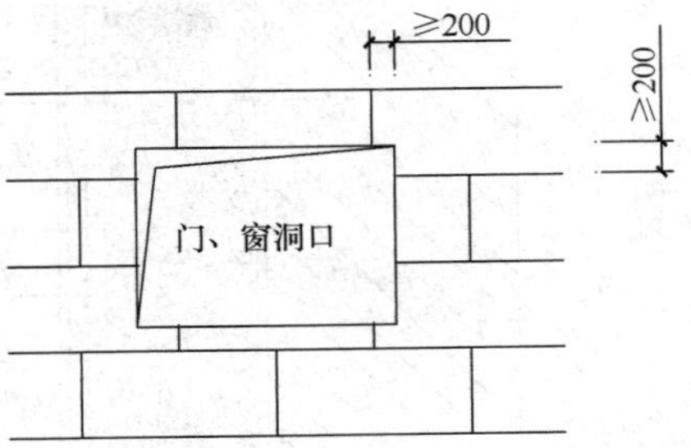

图 5-5　门窗洞口保温板排列图

2. 胶粉 EPS 颗粒保温浆料外保温系统

胶粉 EPS 颗粒保温浆料外墙外保温系统（以下简称保温浆料系统）由界面层、胶粉 EPS 颗粒保温浆料保温层、抗裂砂浆薄抹面层和饰面层组成。胶粉 EPS 颗粒保温浆料经现场拌和后喷涂或抹在基层上形成保温层。薄抹面层中满铺玻纤网。

保温绝热层是由复合硅酸盐胶粉料与聚苯颗粒轻骨料两部分分别包装组成。复合硅酸盐胶粉料采用预混合干拌技术，在工厂将复合硅酸盐胶凝材料与各种外加剂均混包装，将回收的废聚苯板粉碎均匀按袋分装。使用时将一包净重 35kg 的胶粉与水按 1：1 的比例在砂浆搅拌机中搅成胶浆，之后将 200L（2.5kg）一袋的聚苯颗粒加入搅拌机，3min 后可形成塑性很好的膏状浆料。将该浆料喷抹于墙体上，干燥后可形成保温性能优良的保温层。

抗裂罩面层由水泥抗裂砂浆复合玻纤网布制成。这种弹性的水泥砂浆有很好的弯曲变形能力，弹性水泥砂浆复合耐碱玻纤网布能够承受基层产生的变形应力，增强了罩面层的抗裂能力。

胶粉 EPS 颗粒复合硅酸盐保温材料与其他保温材料比较有以下优点：

（1）表观密度小，导热系数较低，保温性能好。此材料的表观密度为 230kg/m^3，导热系数为 0.051～0.059W/（m·K）。

（2）软化系数高，耐水性能好。此材料软化系数在 0.7 以上，相当于实心黏土砖的软化系数，符合耐水保温材料的要求。

（3）静剪切力强，触变性好。

（4）材质稳定，厚度易控制，整体性好。

（5）干缩率低，干燥快。

《外墙外保温工程技术规程》（JGJ 144—2004）对胶粉 EPS 颗粒保温浆料外保温系统的规定如下：

（1）胶粉 EPS 颗粒保温浆料外保温系统（以下简称保温浆料系统）由界面层、保温层、抹面层和饰面层构成。界面层材料为界面砂浆；保温层材料为胶粉 EPS 颗粒保温浆料，经现场拌和后抹或喷涂在基层上；抹面层材料为抹面胶浆，抹面胶浆中满铺增强网；饰面层可为涂料和面砖。当采用涂料饰面时，抹面层中应满铺玻纤网，如图 5-6 所示；当采用面砖饰面时，抹面层中应满铺热镀锌电焊网，并用锚栓与基层形成可靠固定，如图 5-7 所示。

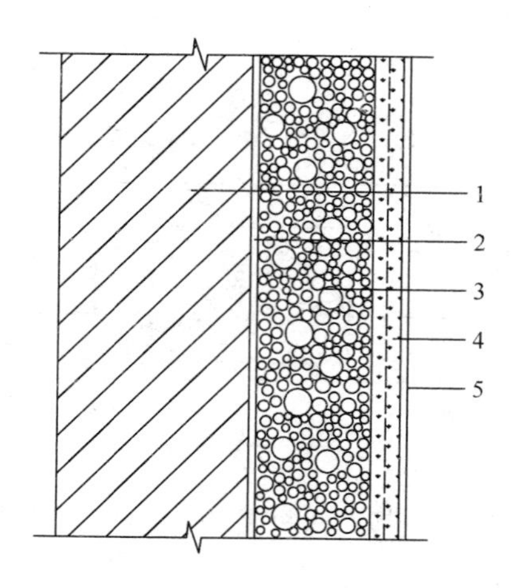

图 5-6　涂料饰面保温浆料系统

1—基层；2—界面砂浆；3—保温浆料；
4—抹面胶浆复合玻纤网；5—涂料饰面层

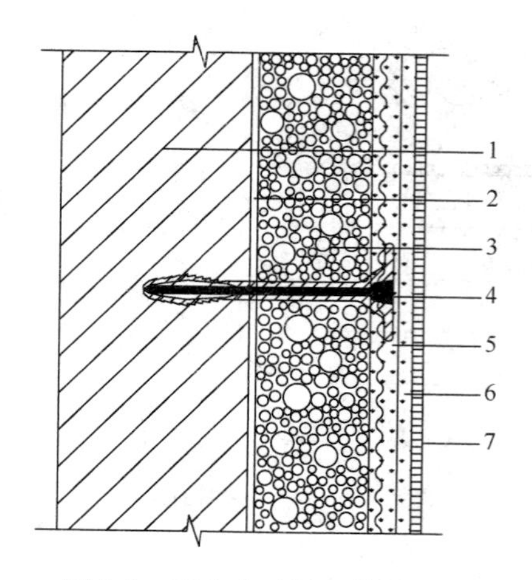

图 5-7　面砖饰面保温浆料系统

1—基层；2—界面砂浆；3—保温浆料；
4—锚栓；5—抹面胶浆复合热镀锌电焊网；
6—面砖粘结砂浆；7—面砖饰面层

（2）热镀锌电焊网和锚栓性能应符合《胶粉聚苯颗粒外墙保温系统材料》（JG/T 158—2013）的相关规定。

（3）胶粉 EPS 颗粒保温浆料保温层设计厚度不宜超过 100mm。

（4）必要时应设置抗裂分隔缝。

（5）基层表面应清洁，无油污和脱模剂等妨碍粘结的附着物，空鼓、疏松部位应剔除。

（6）胶粉 EPS 颗粒保温浆料宜分遍抹灰，每遍间隔时间应在 24h 以上，每遍厚度不宜超过 20mm。第一遍抹灰应压实，最后一遍应找平，并用大杠搓平。

3. EPS 板现浇混凝土外保温系统

这种外保温体系又称大模内置聚苯板保温体系。与前面的 EPS 板外保温的主要差别在于施工方法不同。该技术适用于现浇混凝土高层建筑外墙的保温，其具体做法是，将聚苯板（钢丝网架聚苯板）放置于将要浇筑墙体的外模内侧，当墙体混凝土浇筑完毕后，外保温板和墙体一次成活，可节约大量人力、时间以及安装机械费和零配件。不足之处在于，混凝土在浇筑过程中引起的侧压力有可能引起对保温板的压缩而影响墙体的保温效果，此外，在凝结的过程中，下面的混凝土由于重力作用，会向外侧的保温板挤压，待拆模后，具有一定弹性的保温板向外鼓出，对墙体外立面的平整度有所破坏。这种体系分有网、无网两种。

EPS 板现浇混凝土外墙外保温系统（无网现浇系统）以现浇混凝土外墙作为基层，EPS 板为保温层。EPS 板内表面（与现浇混凝土接触的表面）沿水平方向开有矩形齿槽，内、外表面均满涂界面砂浆。在施工时将 EPS 板置于外模板内侧，并安装锚栓作为辅助固定件。浇筑混凝土后，墙体与 EPS 板以及锚栓结合为一体。EPS 板表面抹抗裂砂浆薄抹面层，外表以涂料为饰面层，薄抹面层中满铺玻纤网。

《外墙外保温工程技术规程》（JGJ 144—2004）对 EPS 板现浇混凝土外保温系统的规定如下：

（1）EPS 板现浇混凝土外保温系统（以下简称无网现浇系统）以现浇混凝土外墙作为基层，EPS 板为保温层。EPS 板内表面（与现浇混凝土接触的表面）开有矩形齿槽，内、外表面均满涂界面砂浆。在施工时将EPS板置于外模板内侧，并安装锚栓作为辅助固定件。浇筑混凝土后，墙体与EPS板以及锚栓结合为一体。EPS板表面做抹面胶浆薄抹面层，抹面层中满铺玻纤网。外表以涂料或饰面砂浆为饰面层，如图5-8所示。

（2）EPS板两面必须预喷刷界面砂浆。

（3）EPS板宽度宜为1.2m，高度宜为建筑物层高，厚度根据当地建筑节能要求等因素，经计算确定。

（4）锚栓每一平方米宜设2或3个。

（5）水平分隔缝宜按楼层设置。垂直分隔缝宜按墙面面积设置，在板式建筑中不宜大于30m^2，在塔式建筑中可视具体情况而定，宜留在阴角部位。

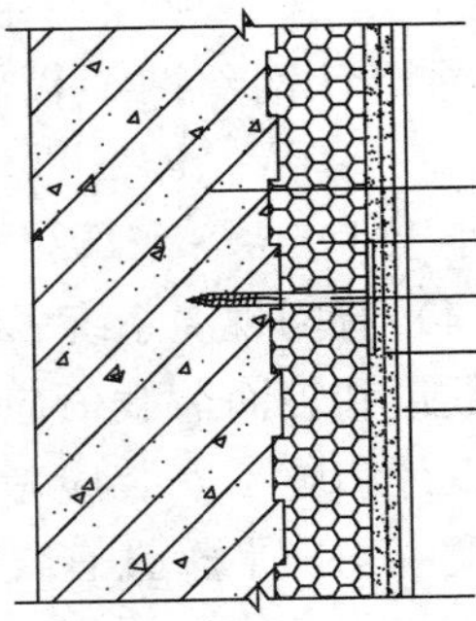

图5-8　无网现浇系统
1—现浇混凝土外墙；2—EPS板；3—锚栓；4—薄抹面层；5—涂料或饰面砂浆

（6）宜采用钢制大模板施工。

（7）混凝土一次浇筑高度不宜大于1m，混凝土需振捣密实均匀，墙面及接槎处应光滑、平整。

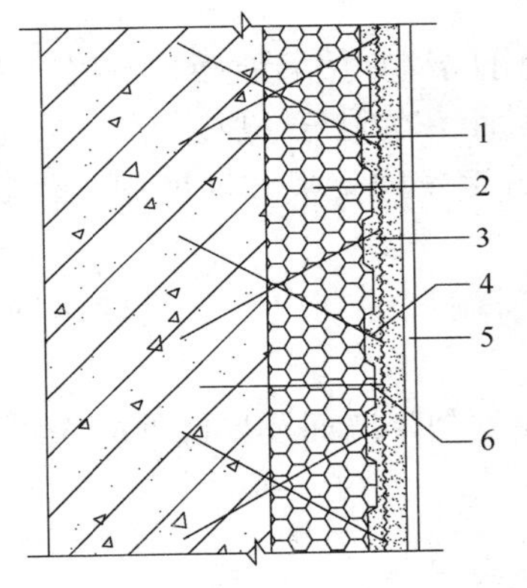

图5-9　有网现浇系统
1—现浇混凝土外墙；2—EPS单面钢丝网架板；3—掺外加剂的水泥砂浆厚抹面层；4—钢丝网架；5—面砖饰面层；6—ϕ6钢筋或尼龙锚栓

（8）混凝土浇筑后，保温层中的穿墙螺栓孔洞应使用保温材料填塞，EPS板缺损或表面不平整处宜使用胶粉EPS颗粒保温浆料加以修补。

4. EPS钢丝网架板现浇混凝土外保温系统

《外墙外保温工程技术规程》（JGJ 144—2004）对EPS钢丝网架板现浇混凝土外保温系统的规定如下：

（1）EPS钢丝网架板现浇混凝土外保温系统（以下简称有网现浇系统）以现浇混凝土外墙作为基层，EPS单面钢丝网架板为保温层。钢丝网架板中的EPS板外侧开有凹凸槽。施工时将钢丝网架板置于外墙外模板内侧，并在EPS板上穿插ϕ6L形钢筋或尼龙锚栓作为辅助固定件。浇筑混凝土后，钢丝网架板腹丝和辅助固定件与混凝土结合为一体。钢丝网架板表面抹掺外加剂的水泥砂浆厚抹面层，外表做面砖饰面层，如图5-9所示。

（2）EPS单面钢丝网架板每一平方米斜插腹丝不得超过200根，钢丝均应采用低碳热镀锌钢丝，板两面应预喷刷界面砂浆。加工质量除应符合表5-12规定外，尚应符合《钢丝网架水泥聚苯乙烯夹心板》（JC 623—1996）有关规定。

表5-12　EPS单面钢丝网架板质量要求

项目	质量要求
外观	界面砂浆涂敷均匀，与钢丝和EPS板附着牢固
焊点质量	斜丝脱焊点不超过3%
钢丝挑头	穿透EPS板挑头≥30mm
EPS板对接	板长3000mm范围内EPS板对接不得多于两处，且对接处需用胶粘剂粘牢

(3) 应按本规程规定对 EPS 钢丝网架板热阻进行检验。当 EPS 钢丝网架板厚度为 50mm 时，热阻应不小于 0.73m²·K/W，EPS 钢丝网架板厚度为 100mm 时，热阻应不小于 1.5m²·K/W。

(4) 有网现浇系统 EPS 钢丝网架板厚度、每一平方米腹丝数量和表面荷载值应符合设计要求。EPS 钢丝网架板构造设计和施工安装应考虑现浇混凝土侧压力影响，抹面层厚度应均匀平整且宜≤25mm（从凹槽底算起），钢丝网应完全包裹于找平层中，并应采取可靠措施确保抹面层不开裂。

(5) L 形 $\phi6$ 钢筋每一平方米应设 4 根，锚固深度不得小于 100mm。如用锚栓每一平方米应设 4 个，锚固深度不得小于 50mm。

(6) 在每层层间宜留水平分隔缝，分隔缝宽度为 15～20mm。分隔缝处的钢丝网和 EPS 板应全部去除，抹灰前嵌入塑料分隔条或泡沫塑料棒，外表用建筑密封膏嵌缝。垂直分隔缝宜按墙面面积设置，在板式建筑中不宜大于 30m²，在塔式建筑中可视具体情况而定，宜留在阴角部位。

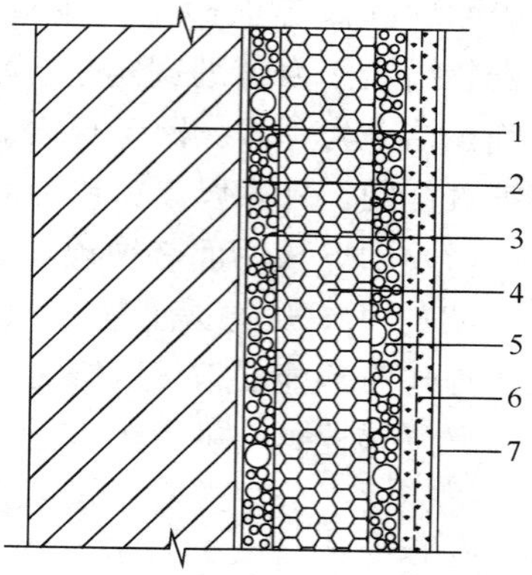

1
2
3
4
5
6
7

图 5-10 保温板贴砌系统

1—基层；2—界面砂浆；3—粘结浆料；4—保温板；5—找平浆料；6—抹面胶浆复合玻纤网；7—涂料饰面层

(7) 宜采用钢制大模板施工，并应采取可靠措施保证 EPS 钢丝网架板和辅助固定件安装位置准确。

(8) EPS 钢丝网架板接缝处应附加钢丝网片，阳角及门窗洞口等处应附加钢丝角网。附加网片应与原钢丝网架绑扎牢固。

(9) 混凝土一次浇筑高度不宜大于 1m，混凝土需振捣密实均匀，墙面及接槎处应光滑、平整。

5. 胶粉 EPS 颗粒浆料贴砌保温板外保温系统

《外墙外保温工程技术规程》(JGJ 144—2004) 对胶粉 EPS 颗粒浆料贴砌保温板外保温系统的规定如下：

(1) 胶粉 EPS 颗粒浆料贴砌保温板外保温系统（以下简称贴砌保温板系统）由界面砂浆层、胶粉 EPS 颗粒粘结浆料层、保温板、胶粉 EPS 颗粒找平浆料层、抹面层和涂料饰面层构成，抹面层中应满铺玻纤网，如图 5-10 所示。

(2) 保温板两面必须预喷刷界面砂浆。

(3) 单块保温板面积不宜大于 0.3m²。保温板上宜开设垂直于板面、直径为 50mm 的通孔两个，并宜在与基层的粘贴面上开设凹槽。

(4) 胶粉 EPS 颗粒粘结浆料、找平浆料性能应符合表 5-13 规定。

表 5-13 胶粉 EPS 颗粒粘结浆料、找平浆料性能要求

检验项目	性能要求		试验方法
	粘结浆料	找平浆料	
干密度（70℃恒温，kg/m³）	≤300	≤350	GB/T 6343
导热系数［W/(m·K)］	≤0.070	≤0.075	GB 10294 GB10295

续表

检验项目		性能要求		试验方法
		粘结浆料	找平浆料	
软化系数		≥0.5	≥0.5	JGJ 51
线性收缩率（%）		≤0.3	≤0.3	JGJ 70
燃烧性能级别		B	A_2	GB 8624
粘结强度（养护56d，MPa）	干燥状态	≥0.12	≥0.12	参见其他小节
	浸水48h，取出后干燥14d	≥0.1	≥0.1	

（5）应通过实测确定外保温系统平均热阻。

（6）贴砌保温板系统应按以下规定进行施工：

① 基层表面必须喷刷界面砂浆；

② 保温板应使用粘结浆料满粘在基层上，保温板之间的灰缝宽度宜为10mm，灰缝中的粘结浆料应饱满；

③ 按顺砌方式粘贴保温板，竖缝应逐行错缝，墙角处排板应交错互锁，门窗洞口四角处保温板不得拼接，应采用整块保温板切割成形，保温板接缝应离开角部至少200mm；

④ 保温板贴砌完工至少24h之后，用胶粉EPS颗粒找平浆料找平，找平层厚度不宜小于15mm；

⑤ 找平层施工完成至少24h之后，进行抹面层施工。

6. 现场喷涂硬泡聚氨酯外保温系统

聚氨酯硬泡（PU）外墙外保温系统是一种综合性能良好的新型外墙保温体系，由聚氨酯硬泡保温层、界面层、抹面层、饰面层或固定材料等构成。

聚氨酯硬泡外墙外保温系统在施工上可分以下几种：

（1）喷涂法施工。采用专用的喷涂设备，使A组分料和B组分料按一定比例从喷枪口喷出后瞬间均匀混合，之后迅速发泡，在外墙基层上形成无接缝的聚氨酯硬泡体。聚氨酯硬泡的该种施工方法称为喷涂法。

（2）浇筑法施工。采用专用的浇筑设备，将由A组分料和B组分料按一定比例从浇筑枪口喷出后形成的混合料注入已安装于外墙的模板空腔，之后混合料以一定速度发泡，在模板空腔中形成饱满连续的聚氨酯硬泡体。聚氨酯硬泡的该种施工方法称为浇筑法。

（3）聚氨酯硬泡保温板粘贴。聚氨酯硬泡保温板是指在工厂的专业生产线上生产的、以聚氨酯硬泡为芯材，两面覆以某种非装饰面层的保温板材。面层的作用是为了增加聚氨酯硬泡保温板与基层墙面的粘结强度，防紫外线和减少运输中的破损。

《外墙外保温工程技术规程》（JGJ 144—2004）对现场喷涂硬泡聚氨酯外保温系统的规定如下：

（1）现场喷涂硬泡聚氨酯外保温系统（以下简称PU喷涂系统）由基层、界面层、聚氨酯硬泡保温层、现场喷涂聚氨酯界面层、胶粉EPS颗粒保温浆料找平层、抹面层和涂料饰面层组成，抹面层满铺玻纤网，如图5-11所示。

（2）聚氨酯硬泡喷涂时，环境温度宜为10～40℃，风速应不大于5m/s（三级风），相对湿度应小于80%，雨天与雪天不得施工。

(3) 基层墙体应坚实平整，并应符合现行国家标准《混凝土结构工程施工质量验收规范》(GB 50204—2015) 或《砌体工程施工质量验收规范》(GB 50203) 的要求。

(4) 喷涂时应采取遮挡措施，避免建筑物的其他部位和环境受污染。

(5) 阴阳角及与其他材料交接处等不便于喷涂的部位，宜用相应厚度的聚氨酯硬泡预制型材粘贴。

(6) 聚氨酯硬泡的喷涂，每遍厚度不宜大于15mm。当日的施工作业面必须当日连续喷涂完毕。

(7) 应及时抽样检验聚氨酯硬泡保温层的密度、厚度和导热系数，导热系数应不大于0.027W/(m·K)。

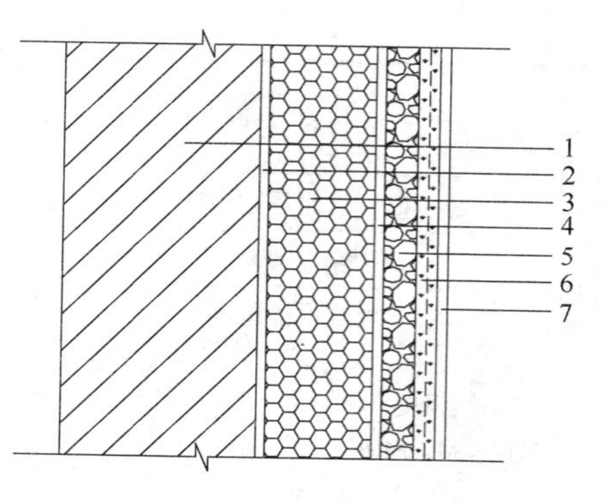

图5-11 PU喷涂系统

1—基层；2—界面层；3—喷涂PU；4—界面砂浆；5—找平层；6—抹面胶浆复合玻纤网；7—涂料饰面层

(8) 聚氨酯硬泡喷涂完工至少48h后，进行保温浆料找平层施工。

(9) 聚氨酯硬泡喷涂抹面层沿纵向宜每楼层高处留水平分隔缝；横向宜不大于10m设垂直分隔缝。

7. 保温装饰板外保温系统

《外墙外保温工程技术规程》(JGJ 144—2004) 对保温装饰板外保温系统的规定如下：

(1) 保温装饰板外保温系统（简称保温装饰板系统）由防水找平层、粘结层、保温装饰板和嵌缝材料构成。施工时，先在基层墙体上做防水找平层，采用胶粘剂和锚栓将保温装饰板固定在基层上，并用嵌缝材料封填板缝，如图5-12所示。

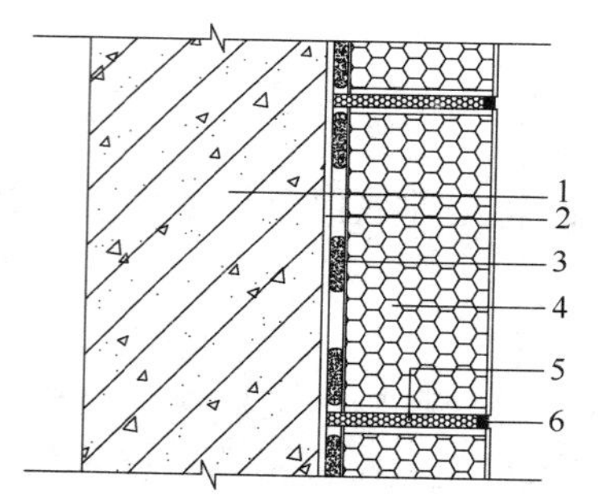

图5-12 保温装饰板系统

1—基层；2—防水找平层；3—胶粘剂；4—保温装饰板；5—嵌缝条；6—硅酮密封胶或柔性勾缝腻子

(2) 保温装饰板由饰面层、衬板、保温层和底衬组成。保温层材料可采用EPS板、XPS板或PU板，饰面层可采用涂料饰面或金属饰面，底衬宜为玻纤网增强聚合物砂浆。单板面积不宜超过$1m^2$。

(3) 保温装饰板系统经耐候性试验后，保温装饰板各层之间的拉伸粘结强度不得小于0.4MPa，并且不得在各层界面处破坏。

(4) 找平层与基层墙体的粘结强度应符合规定。找平层垂直度和平整度应符合《建筑装饰装修工程质量验收标准》(GB 50210—2018) 的规定。防水性能应符合现行行业标准《聚合物水泥防水砂浆》(JC/T 984) 的规定。

(5) 保温装饰板应同时采用胶粘剂和锚固件固定，装饰板与基层墙体的粘贴面积不得小于装饰板面积的40%，拉伸粘结强度不得小于0.4MPa。每块装饰板锚固件不得少于4个，且每一平方米不得少于8个，单个锚固件的锚固力应不小于0.30kN。

(6) 保温装饰板安装缝应使用弹性背衬材料填充，并用硅酮密封胶或柔性勾缝腻子嵌缝。

5.2 耐候性检测

由于现在工程所用的外墙外保温材料种类繁多，并且各种外墙外保温系统施工工艺不同，使得现有的外墙外保温工程材料及施工质量参差不齐，有的保温层几年时间就开始开裂，甚至脱落，有的则经久耐用。因《膨胀聚苯板薄抹灰外墙外保温系统》(JG 149—2003)被“住建部公告2017年第1624号”废止，故根据《外墙外保温工程技术规程》(JGJ 144—2004)、《胶粉聚苯颗粒外墙外保温系统材料》(JG/T 158—2013)、对外墙外保温系统进行耐候性检测。

1. 仪器设备

耐候性试验箱：控制范围符合试验要求，每件试样的测温点不宜少于6点，上下两排左中右三点均匀分布。每个测温点的温度与平均温度偏差应不大于5℃，试验箱壁厚0.10～0.15m，试验箱能够自动控制和记录外保温系统表面温度。

试验墙如图5-13所示：混凝土墙，试验墙应足够牢固，并可安装到耐候性试验箱上。混凝土墙上角处应预留一个宽0.4m、高0.6m的洞口，洞口距离边缘0.4m，试验墙宽度应不小于2.5m，高度应不小于2.0m，面积应不小于6m^2。

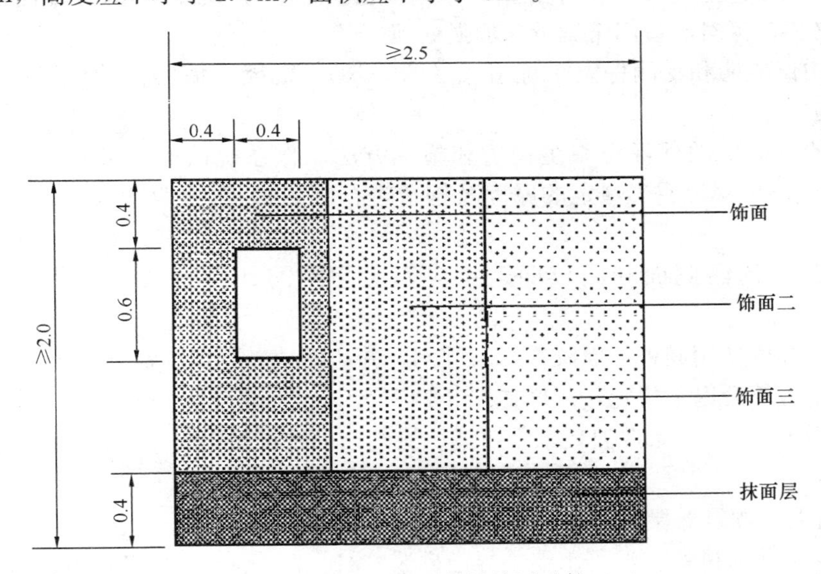

图5-13 外保温系统耐候性检测试件（m）

试验墙板应符合下列规定：

(1) 如果几种构造系统只是保温产品不同，在一个试验墙板上可做两种保温产品，从墙板中心竖直方向划分，并在墙板上设置两个位置对称的洞口。

(2) 如果几种构造系统只是保温板的固定方法不同（粘结固定或机械固定），可在试验墙板边缘用粘结方法固定，墙体中部用机械固定装置固定。

(3) 在一块试验墙板上，只能做一种抹面层，并且最多可做四种饰面涂层（竖直方向分区），墙板下部（1.5×保温板高度）不做饰面层。

(4) 无网现浇系统试验墙板制作方法。

采用满粘方式将EPS板粘贴在基层墙体上，在试验墙板高度方向中部需设置一条水平方向的保温板拼接缝并使拼缝上面的保温板高于下面，拼缝高差应不小于5mm。抹面层及饰面层按系统供应商的施工方案施工，实验室应将施工方案与试验原始记录一起存档。

（5）有网现浇系统试验墙板制作方法

将EPS钢丝网架板钢丝网的纵向或横向钢丝压入EPS板，直至与EPS板表面齐平，并剪断穿透EPS板的腹丝，使腹丝凸出EPS板表面部分不大于5mm。采用满粘方式将EPS钢丝网架板粘贴在基层墙体上，在试验墙板高度方向中部需设置一条水平方向的保温板拼接缝并使拼缝上面的保温板高于下面，拼缝高差应不小于5mm。抹面层及饰面层按系统供应商的施工方案施工，实验室应记录抹面层材料种类（如水泥砂浆、聚合物砂浆等）并将施工方案与试验原始记录一起存档。

（6）饰面层为面砖时，试验墙板应满贴面砖。

2. 检测条件

环境温度(23±2)℃，相对湿度(50±10)%。

3. 试样

（1）试样墙板制备

外保温系统应包住混凝土墙的侧边，侧边保温层最大厚度为20mm，预留洞口处应安装窗框，如有必要，可对洞口四角做特殊加强处理。

① 试样由试验墙和受测保温系统组成（图5-13），混凝土墙用作外保温系统的基层墙体，试样数量1个。

② 按受检方提供的外保温系统构造和施工方法制作系统试样。保温层厚度不宜小于50mm（或按生产厂家说明书规定的厚度及构造进行制备），洞口四角保温材料的安装应符合相关规定。

③ 在试验墙的两侧面和洞口四边也应安装相同的外保温系统，保温层的厚度宜为20mm。

④ 整个试样应使用同种抹面胶浆和玻纤网，并应连续，不得设置分格缝。

⑤ 饰面层应符合以下规定，试样如图5-13所示。试样底部0.4m高度以下不做饰面层，在此高度范围内应包含一条保温板水平拼缝。涂装饰面系统最多可做四种类型饰面层，并按竖直方向分布。

（2）胶粉聚苯颗粒外保温系统制备示例

① C形单网普通试样：混凝土墙＋界面砂浆(24h)＋50mm胶粉聚苯颗粒保温层(5d)＋4mm抗裂砂浆(压入一层普通型耐碱网布)(5d)＋弹性底涂(24h)＋柔性耐水腻子(24h)＋涂料饰面，在实验室环境下养护56d。

② C形双网加强试样：混凝土墙＋界面砂浆(24h)＋50mm胶粉聚苯颗粒保温层(5d)＋4mm抗裂砂浆(压入一层普通型耐碱网布)＋3mm第二遍抗裂砂浆(再压入一层普通型耐碱网布)(5d)＋弹性底涂(24h)＋1mm柔性耐水腻子(24h)＋涂料饰面，在实验室环境下养护56d。

③ T形试样；混凝土墙＋界面砂浆(24h)＋50mm胶粉聚苯颗粒保温层(5d)＋4mm抗裂砂浆(24h)＋锚固热镀锌电焊网＋4mm抗裂砂浆(5d)＋5～8mm面砖粘结砂浆贴面砖(2d)＋面砖勾缝料勾缝，在实验室环境下养护56d。

（3）养护和状态调节

试样应与耐候性试验箱开口紧密接触，试样外沿应与耐候性试验箱外沿齐平。制样完成后在空气温度10～30℃、相对湿度不低于50%条件下至少养护28d。

4. 试验步骤

首先，在试样墙板表面按面积均布粘贴表面温度传感器。

（1）以泡沫塑料保温板为保温层的薄抹灰系统，试验应按以下步骤进行：

① 高温-淋水循环（热雨循环）80次，每次6h。热雨循环条件：升温3h，在1h内将试样墙板表面温度升至70℃，并恒温在（70±5）℃；淋水1h，向试样墙板表面淋水，水温为(15±5)℃，水量为1.0～1.5L/(m^2·min)；静置2h。

② 状态调节至少48h。

③ 加热-冷冻循环5次，每次24h。热冷循环条件：升温8h，在1h内将试样墙板表面升温至50℃，并恒温在（50±5)℃；降温16h，在2h内将试样表面降温至－20℃，并恒温在（－20±5)℃。

（2）厚抹灰系统、贴面砖系统以及以保温浆料为保温层的薄抹灰系统，试验应按以下步骤进行：

① 高温-淋水循环（热雨循环）80次，每次6h。热雨循环条件：升温3h，将试样墙板表面温度升至70℃并恒温在(70±5)℃，恒温时间应不小于1h；淋水1h，向试样墙板表面淋水，水温为(15±5)℃，水量为1.0～1.5L/(m^2·min)；静置2h。

② 状态调节至少48h。

③ 加热-冷冻循环5次，每次24h，热冷循环条件：升温8h，将试样墙板表面升温至50℃并恒温在(50±5)℃，恒温时间应不小于5h；降温16h，将试样墙板表面降温至－20℃并恒温在(－20±5)℃，恒温时间应不小于12h。

(3)贴面砖系统应在试验步骤结束后，还应按以下步骤对试验墙板进行25次冻融循环：

① 升温1h，将试样墙板表面温度升至20℃，并恒温在(20±5)℃，试验箱内空气相对湿度应不低于80%。

② 淋水1h，向试样墙板表面淋水，水温为(15±5)℃，水量为1.0～1.5L/(m^2·min)。

③ 恒温1h，将试验墙板表面恒温在(20±5)℃，试验箱内空气相对湿度应不低于80%。

④ 冷冻5h，将试验墙板表面降温至－20℃，并恒温在(－20±5)℃。

5. 观察、记录及试验结果评定

（1）外观检查：目测检查试样有无可见裂缝、粉化、空鼓、剥落等现象。有裂缝、粉化、空鼓、剥落等情况时，记录其数量、尺寸和位置，并说明其发生时的循环次数。

（2）试验结束后，状态调节7d，依据现行《建筑工程饰面砖粘结强度检验标准》（JGJ/T 110—2017）规定的试验方法，并按下列规定检验拉伸粘结强度：

① 对于保温板薄抹面系统，检验抹面层与保温层的拉伸粘结强度。试样切割尺寸为100mm×100mm，断缝应切割至保温层表层。

② 对于保温层现场成形（如保温浆料、PU现场喷涂）和复合保温层（如贴砌EPS板系统和有保温浆料找平层）的薄抹面系统，检验系统抗拉强度。试样切割尺寸为100mm×100mm，断缝应切割至基层墙体。

③ 对于贴面砖系统，应按下列规定检验拉伸粘结强度：

面砖与保温层的拉伸粘结强度：试样切割尺寸为100mm×100mm，断缝应切割至保温层，保温层切割深度不大于100mm；面砖与抹面层的粘结强度：试样切割尺寸为95mm×45mm，或40mm×40mm，断缝应切割至抹面层表面，不得切断增强网。

（3）结果判定

① 经80次高温-淋水循环和20次加热-冷冻循环后系统未出现开裂、粉化、空鼓或脱落现象。

② 抹面层与保温层的拉伸粘结强度按6个测试数据中4个中间值计算平均值，精确到0.01MPa，拉伸粘结强度不小于0.1MPa，且破坏界面位于保温层，则系统耐候性合格。

6. 检测注意事项

（1）检测标准的差别，见表5-14。

表5-14　检测标准耐候试验的比较

<table>
<tr><td colspan="2">项目</td><td>JGJ 144—2004</td><td>JG/T 158—2013</td></tr>
<tr><td rowspan="3">试样制备</td><td>保温层</td><td>按生产厂家规定</td><td>50mm厚胶粉聚苯颗粒</td></tr>
<tr><td>抗裂层</td><td>按生产厂家规定</td><td>C形单网普通型抗裂层厚4mm；
C形双网加强型抗裂层厚7mm；
T形抗裂层厚8mm</td></tr>
<tr><td>饰面层</td><td>无要求</td><td>涂料饰面或面砖饰面</td></tr>
<tr><td rowspan="6">检测步骤</td><td>热雨循环</td><td>EPS板升温时间1h；
保温浆料恒温时间不小于1h</td><td>恒温不小于1h</td></tr>
<tr><td>状态调节时间</td><td colspan="2">不少于48h</td></tr>
<tr><td rowspan="2">热冷循环</td><td>5次循环</td><td>20次循环</td></tr>
<tr><td>（EPS板系统）加热过程升温时间1h，冷冻过程降温时间2h；（保温浆料系统）加热过程恒温不小于5h，冷冻过程恒温不小于12h</td><td>加热过程恒温不小于5h；
冷冻过程恒温不小于12h</td></tr>
<tr><td rowspan="2">耐候循环后7d</td><td colspan="2">检验拉伸粘结强度</td></tr>
<tr><td colspan="2">检验抗冲击强度</td></tr>
<tr><td colspan="2">检测结果</td><td colspan="2">观察表面是否产生裂纹、粉化、空鼓、剥落等现象，并记录；
计算拉伸粘结强度和观察破坏部位</td></tr>
</table>

（2）耐候试验前应检查喷淋嘴的有效状态，喷淋是否均匀，检查流量是否按规范要求。

（3）在耐候试验过程应对试验箱内的温度传感器定期进行监测，保证试验温度处于控制范围。

（4）经耐候后状态调节7d观察，如果抹面层有水渍现象，应剔开抹面层检查保温层是否有浸湿现象，以判断抹面层是否出现渗水裂缝。

（5）检查抗冲击性能采用摆动冲击法，冲击点不要选在局部增强区域和玻纤网搭接部位，另外要求摆长至少1.50m。

（6）由于外墙外保温系统耐候性检测时间长，冷热循环次数多，控制系统宜采用PLC控制方式。这样在实现自动检测控制、自动完成检测工作的同时，能够保证检测工作的快捷、检测数据的准确。

7. 试验报告

试验报告至少应包含下列信息：外保温系统构造示意图；外保温系统主要组成材料（如胶粘剂、锚固件、保温材料、抹面材料、增强网、饰面材料等）、规格、类型（或型号）和主要性能参数；外保温系统在试验墙板上的安装细节（包括施工方案要点、材料用量、板缝位置、固定装置等）；试验墙板裂缝、空鼓、脱落等情况；拉伸粘结强度或系统抗拉强度；试验前试验墙板全身正面照片；试验后试验墙板全身正面照片；试验墙板表面温度全程变化曲线。

5.3 吸水性检测

1. 检测依据

《外墙外保温工程技术规程》(JGJ 144—2004)，《胶粉聚苯颗粒外墙外保温系统材料》(JG/T 158—2013)。

2. 检测方法

(1) 仪器设备

天平：称量范围为2000g，精确2g。

(2) 检测条件

试样养护和状态调节环境温度(10～25)℃，相对湿度(50±10)%。

(3) 试样制备

试样分为两种：一种由保温层和抹面层构成；一种由保温层和保护层（抹面层和饰面层的总称）构成。试样尺寸为200mm×200mm，保温层厚度为50mm，抹面层厚度为(4±1)mm；每种试样数量各为3件，除抹面层方向其他五面采用松香、石蜡1∶1密封。

(4) 检测步骤

① 测量试样面积A；

② 称量试样初始质量m_0；

③ 使试样抹面层或保护层朝下浸入水中并使其表面完全湿润。分别浸泡1h和24h后取出，在1min内擦去表面水分，称量吸水后的质量m；

④ 计算。

系统吸水量应按式(5-1)计算：

$$M=\frac{m-m_0}{A} \tag{5-1}$$

式中 M——系统吸水量，g/m^2；

m——试样吸水后的质量，g；

m_0——试样初始质量，g；

A——试样面积，m^2。

以3个试验数据的算术平均值表示。

3. 检测注意事项

(1) 吸水性试验标准的差别，见表5-15。

表 5-15　吸水性试验标准的比较

项目		JGJ 144—2004	JG/T 158—2013
试样制备		保温层（50mm）＋抹面层； 保温层（50mm）＋保护层； 抹面层和饰面层厚度符合系统构造规定	保温层（50mm）＋抗裂层（4mm）＋弹性底涂
试样养护	时间	—	7d
	环境	温度 10～25℃； 相对湿度不低于 50%	(23±2)℃； 相对湿度(50±10)%
试样制备	浸水深度	使表面完成湿润	深度为 2～10mm
	浸泡时间	1h 和 24h	1h
	称量单位	kg	g
性能要求		浸水 1h，＜1.0kg/m²	浸水 1h，≤1000g/m²

（2）试样除抹面层外其他 5 面密封，密封应注意不要有小针孔，尤其浆料类的保温层密封一定要反复检查，否则吸水量偏差较大。

（3）从水中取出试样应在 1min 内，用拧干的湿棉布，擦去试样表面的明水并称量。

5.4　抗冲击性检测

5.4.1　垂直自由落体冲击方法

1. 检测方法一

（1）检测依据

《外墙外保温工程技术规程》（JGJ 144—2004），《胶粉聚苯颗粒外墙外保温系统材料》（JG/T 158—2013）。

（2）试验仪器

钢球：符合 GB/T 308 的高碳铬轴承钢钢球，规格为公称直径 50.8mm 和公称直径 63.5mm 两种；抗冲击仪：由落球装置和带有刻度尺的支架组成，分度值 0.01m。

（3）检测条件

试样养护和状态调节环境温度(10～25)℃，相对湿度(50±10)%。

（4）检测步骤

① 试样按受检方提供的保温系统构造制作，试样尺寸宜在 1200mm×600mm 以上，每一抗冲击级别试样数量为 1 个。试样按标准规定进行养护。将试样饰面层向上，水平放置在抗冲击仪的基底上，试样紧贴基底。

② 分别用公称直径为 50.8mm 的钢球（其计算质量为 535g）在球的最低点距被冲击表面的垂直高度为 0.57m 上自由落体冲击试样（3J 级）和公称直径 63.5mm（其计算质量为 1045g）的钢球在球的最低点距被冲击表面的垂直高度为 0.98m 上自由落体冲击试件（10J 级）。

③ 每一级别冲击 10 处，冲击点间距及冲击点与边缘的距离应不小于 100mm，试样表

面冲击点周围出现环形或放射形裂缝视为冲击点破坏。

④ 试验结果：10 个冲击点中破坏点小于 4 个时，判定为 3J 级；10 个冲击点中破坏点小于 4 个时，判定为 10J 级。

（5）检测注意事项

试样必须水平放置，每个冲击点只冲击一次，冲击 10 个点。

2. 方法二

（1）检测依据

《外墙内保温板》（JG/T 159—2004）。

（2）试验仪器

帆布砂袋：直径为 150mm，内装石英砂 5kg，直径为 200mm，内装石英砂 10kg；卷尺：测量范围 2000mm，精度 1mm。

（3）检测步骤

① 试样

试样由保温层和保护层构成，按受检方提供的保温系统构造制作。试样尺寸为 1200mm×600mm，保温层厚度不小于 50mm，玻纤网不得有搭接缝。试样制作后，在标准养护条件下养护 14d。

② 小块板测试

取一块整板（内保温板或复合保温板）作为抗冲击性试验的试样，将被测试样平放于铺着细砂的地面上，以 5kg 帆布砂袋，在距板面 1m 处自由向下冲击，记录板面出现可见裂缝状态和出现裂缝时的冲击次数。

（4）检测注意事项

① 试样必须水平放置于铺着细砂的地面上，冲击一处，共冲击 10 次。记录出现裂缝的次数，超过 10 次才出现裂缝为合格。

② 当一块不合格时，可再随机抽取同规格同批产品 2 块，再做冲击试验，若两次均合格，判定为合格，否则，为不合格。

5.4.2 摆动冲击方法

1. 方法一

（1）检测依据

《纤维水泥夹芯复合墙板》（JC/T 1055—2007）。

（2）试验仪器

抗冲击性能试验装置，如图 5-14 所示。钢直尺：0～100mm，精度 1mm。

（3）检测步骤

① 随机取 3 整块墙板，按图 5-14 所示组装并固定，上下钢管中心间距为板长（L）减去 100mm。

② 板缝用被测试样的专用砂浆粘结，板与板之间挤紧，板缝处用玻璃纤维布搭接，并用砂浆压实、刮平。

③ 24h 后用装有 30kg，粒径 2mm 以下细砂的标准砂袋（图 5-15），直径 10mm 的绳子固定在距板面 100mm 的钢环上，使砂袋垂悬状态时的重心位于 $L/2$ 高度处（图 5-15）。

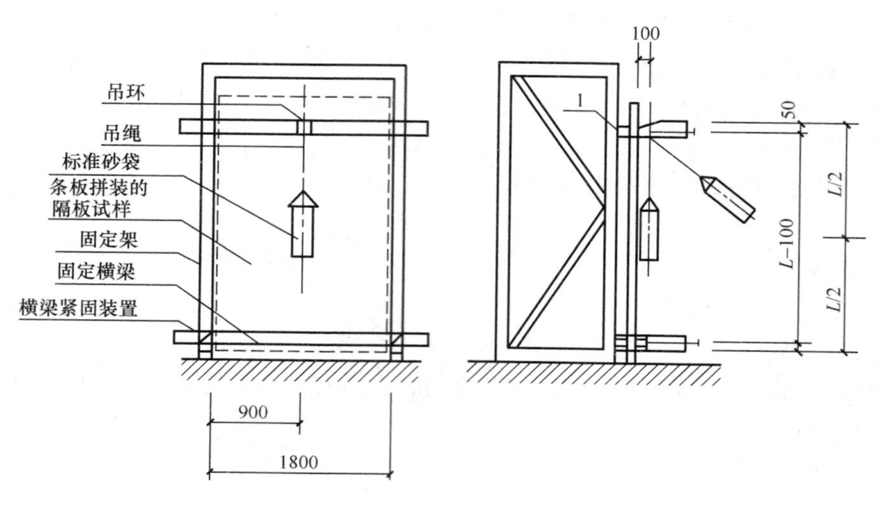

图 5-14　抗冲击性能试验装置示意图

1—钢管（ϕ50mm）

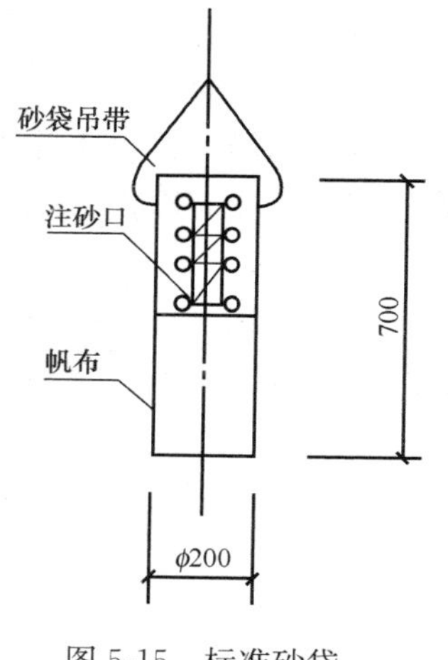

图 5-15　标准砂袋

④ 以绳长为半径沿圆弧将砂袋与板面垂直的平面内拉开，使重心提高 500mm，然后自由摆动下落，冲击设定位置，反复冲击 5 次。

（4）检测结果

目测板的两面有无贯通裂缝，并记录。

2. 方法二

（1）检测依据

《外墙内保温板》（JG/T 159—2004）。

（2）试验仪器

垂直固定在墙面的钢框支架上下跨距 2.4m，在钢架上端距板边 5mm 处安装一个铁环，系一个直径为 200mm 的帆布制作的砂袋，内装石英砂 10kg，砂袋绳长 1.2m。

（3）检测条件

试样养护和状态调节环境温度(10～25)℃，相对湿度(50±10)%。

（4）试样

① 按受检方提供的保温系统构造制作，垂直固定在钢架上，试样在试验条件下养护 14d；

② 取一块整板（内保温板或复合保温板）作为抗冲击性试验的试样。

（5）检测步骤

① 将被测的试样用钢框支架垂直固定在墙壁面上，并使其背面紧贴墙面。

② 根据抹面层和饰面层性能的不同选取冲击点。

③ 砂袋高度与板面冲击点的落差为 500mm，使砂袋自由向板面中部冲击 10 次。

④ 记录板面出现可见裂缝状态和出现裂缝时的冲击次数。

3. 检测注意事项

（1）垂直自由落体冲击方法一的检测标准差别，见表 5-16。

表 5-16　检测标准中抗冲击强度试验的不同比较

项目		JGJ 144—2004	JG/T 158—2013
试样制备	试样	单层网试样：保温层（50mm）＋保护层（抹面层中复合一层普通玻纤网） 双层网试样：保温（50mm）＋保护层（抹面层中复合一层普通玻纤网和一层加强网）	C形单网普通试样：保温层（50mm）＋抗裂层（4mm，一层普通型耐碱玻纤网）＋弹性底涂＋腻子＋涂料 双网加强试样：保温层（50mm）＋抗裂层（4mm，先一层加强网再一层普通型耐碱玻纤网）＋弹性底涂＋腻子＋涂料
			保温层（50mm）＋抗裂层T形（8mm，压入热镀锌电焊网）＋面砖饰面层
试验步骤	3J级	500g（0.61m）	535g（0.57m）
	10J级	1000g（1.02m）	1045g（0.98m）
试验结果	破坏标准	以冲击点及周围开裂作为破坏的判定标准	
	结果判定	10个冲击点中破坏点不超过4个为合格	10J级试验10个冲击点中破坏点超过4个，3J级试验10个冲击点中不超过4个时，判定为3J级

（2）对于一块试样多个冲击点时，冲击点应离开试样边缘至少100mm，冲击点间距不小于100mm，多点冲击更能代表系统性能。

（3）对于摆动冲击法，冲击部位不要选在局部增强区域和玻纤网搭接部位，缺点冲击点少，容易误判。

5.5　水蒸气透过性能检测

5.5.1　水蒸气透过湿流密度测定

1. 检测依据

《建筑材料及其制品水蒸气透过性能试验方法》（GB/T 17146—2015），《外墙外保温工程技术规程》（JGJ 144—2004），《胶粉聚苯颗粒外墙外保温系统材料》（JG/T 158—2013）。

2. 原理

将试件密封在装有干燥剂（干法）或饱和溶液（湿法）的试验杯开口上，组成测试组件，然后置于温度和湿度受控的试验工作室中。由于试验杯中和实验室中的水蒸气分压不同，水蒸气湿流会流经试件，定期称量测试组件的质量就可测定稳定状态下的水蒸气湿流量。

3. 仪器设备和材料

（1）试验杯

试验杯常为玻璃或金属材料制成，应耐干燥剂或饱和盐溶液的腐蚀。试验杯的设计应适合GB/T 17146—2015附录A至附录E所规定的各种不同材料的测试。

注意，圆形的试验杯较容易密封，透明的试验杯有助于更好地观察饱和溶液的状态。

（2）遮模

金属材质制成的方框或圆环，其形状、尺寸应与使用的试验杯和密封方法相适应。当使用遮模时，合适的密封材料能形成清晰的、可重现的试验面积。遮模应保证试件的试验面积至少为试件面积的90%。

（3）厚度测试仪

试件厚度的测试仪器应满足以下要求：分度值0.1mm，或者精确度达到试件厚度的0.5%，取两者中精确度高者。

（4）分析天平

测定测试组件质量的天平应满足以下要求：精度为0.001g。对质量较大的测试组件，天平的精度可为0.01g。

（5）试验工作室

试验工作室应为温度和湿度受控的房间或箱体。其相对湿度保持在设定值±3%范围内，温度保持在设定值±0.5℃的范围内。为了确保工作室内环境的均匀一致，空气应持续在工作室内循环，试件上方的空气流速应控制为0.02～0.3m/s。当测试高透湿性的材料时，应测量流经试件上表面的空气流速。

宜使用适合的传感器和记录系统连续测定和记录工作室的温度和相对湿度，如有必要还需测定和记录工作室内的气压，应定期对传感器进行校准。

（6）密封材料

密封材料应不透湿，在测试过程中，不能发生物理或化学变化，也不能导致试件发生物理或化学变化。密封材料应具备良好的操作性，能保持一定的韧性，试验期间不会开裂，且与试件有良好的结合性。由于熔融的密封材料易渗入多孔材料引起试件有效面积的误差，因此在试验前应用绝缘胶带或者环氧树脂对多孔试件的边缘进行密封。

注意，合适的密封材料有90%微晶蜡和10%增塑剂（如低分子量的聚异丁烯）混合物；60%微晶蜡和40%石蜡混合物。

（7）干燥剂

在23℃温度下保持一定相对湿度的干燥剂：粒径小于3mm的无水氯化钙，相对湿度0%；高氯酸镁，相对湿度0%。

（8）饱和溶液

在23℃温度下保持一定相对湿度的饱和溶液：① 硝酸镁饱和溶液，相对湿度53%；② 氯化钾饱和溶液，相对湿度85%；③ 磷酸二氢铵饱和溶液，相对湿度93%；④ 硝酸钾饱和溶液，相对湿度94%。其他饱和溶液形成的相对湿度见《建筑材料及制品的湿热性能　吸湿性能的测定》（GB/T 20312—2006）中附录A。在进行试验时，应定期检查溶液，确保其为饱和溶液。

4. 试件

（1）试件的制备

测试试件应能够代表产品。如果产品有天然的表皮或饰面，应包括在试件中。但如果要测试芯材的透湿性，则应去除表皮或饰面。如果试件两面的表皮或饰面不同，则应按使用时的湿流流经方向进行测试。如果湿流流经方向未知，试件的数量应加倍，对每个湿流流经方向分别进行测试。当产品为各向异性材料时，试件在进行制备时应使测试时湿流流经方向与使用时的湿流流经方向一致。

试件制备时应防止试件表面受损而影响测试流经试件的湿流量。

（2）试件尺寸

① 形状

试件应切割成与所选择的测试组件相适合的形状，不同类型材料的试件形状详见GB/T 17146附录A～附录E。

② 外露面积

圆形试件的直径或方形试件的边长应至少为试件厚度的2倍。外露面积（上、下暴露面积的算术平均值）至少为0.005m²。当试件为均质材料时，其上下暴露面积相差不宜超过3%；当试件为非匀质材料时，其上下暴露面积相差不宜超过10%。

③ 试件厚度

一般情况下，试件的厚度应为产品的使用厚度。当产品为均质材料且厚度超过100mm时，试件可以进行切割使其厚度小于100mm。当产品为非均质材料时，如有骨料的混凝土材料，则试件的厚度至少是其最大骨料粒径的3倍（5倍更为合适）。

对于有孔洞的产品，则应对其实心部分进行测试。整个材料的透湿阻应按一维方向上实心部分及孔洞的比例计算。如果需要测试的产品过厚而使试件的试验面积无法满足②的规定，那么只有将产品制成薄片试件进行测试。所有制成的薄片试件都需进行测试并且报告试验结果。

注意，这个试验方法可能引起较大的误差，尤其是用湿法测试易吸湿的材料。

（3）试件数量

试件数量至少为5个。当试件的外露面积大于0.02m²时，则试件数量可减少为3个。

（4）试件状态调节

试验前，试件应放置在温度为(23±5)℃，相对湿度为(50±5)%的环境中直至试件达到恒重，即每隔24h进行测量，连续3次测量试件质量变化在5%之内。对于塑料薄膜试件，可不需要进行状态调节。当试件受潮时，在进行上述状态调节前，应按《建筑材料及制品的湿热性能　含湿率的测定　烘干法》（GB/T 20313—2016）中的规定进行干燥处理。

注意，对于绝热材料，状态调节需要几个小时，而对于易吸湿的材料，状态调节需要3～4周。

5. 试验程序

（1）试验条件

从表5-17中选择需要进行的试验条件。当应用场合有特殊需求时，可以在供需双方商定的温度和相对湿度条件下进行试验。不同试验方法和条件下获得的水蒸气透过性能试验结果会不一致，为此应尽可能选择接近使用的条件进行试验。

表5-17　试验条件

试验条件	温度（℃）	相对湿度（%）	
		水蒸气分压低侧	水蒸气分压高侧
A	23±0.5	0	50±3
B	23±0.5	0	85±3
C	23±0.5	50±3	93±3
D	38±0.5	0	93±3

注：干法试验（试验条件A）给出材料在较低相对湿度下通过水蒸气扩散进行水分传输的性能。湿法试验（试验条件C）给出了材料在较高相对湿度条件下水蒸气扩散进行水分传输的性能。在较高相对湿度下，材料的毛细孔开始吸收水分，这就增加了液态水的传输而减少了水蒸气的传输。在这种条件下进行试验，就会在材料中存在液态水的传输。

（2）厚度的测定

对于硬质或半硬质材料，沿着试件周长等分 4 个位置测量试件的厚度，计算 4 个厚度值的平均值作为每个试件的厚度，精确至 0.1mm，或者精确至厚度值的 0.5%，取两者中更精确者。对于可压缩和松散试件以及不规则试件，可于试验结束时测量试件的实际厚度。

（3）试件封装

将干燥剂或饱和溶液放入试验杯，其深度至少为 15mm。用标准规定的合适的密封材料将试件密封在试验杯上，制备成测试组件。试件下暴露面与干燥剂或饱和溶液间的空气层间距应为（15±5）mm。不同类型材料的试件可根据 GB/T 17146 附录 A～附录 E 中的规定选择合适的试验杯和封装方式。

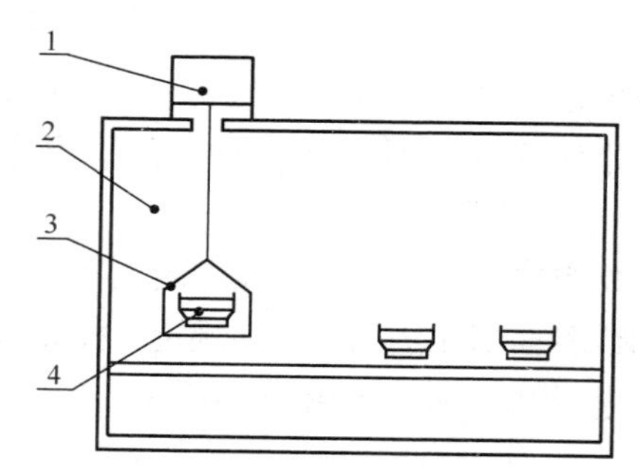

图 5-16　小型试验工作室示意图
1—分析天平；2—温度和湿度受控的手套式试验工作室；3—悬挂称量盘；4—进行称重的测试组件

（4）试验步骤

① 将测试组件放入试验工作室中。按一定的时间间隔依次称量每个测试组件的质量。可以根据试件的特性和天平的精度选择称量的时间间隔。测试组件的称重应在与试验温度相差±2℃的环境中进行，宜在试验工作室中进行。图 5-16 给出了小型试验工作室的示意图。试验工作室内的大气压应在试验过程中每天记录或者从附近的气象观测站得到。

② 连续称量测试组件的质量，直至连续 5 次称量间隔中，测试组件每次称量间隔的质量变化率小于其 5 次称量间隔质量变化率平均值的 5%（对于湿阻因子 $\mu>750000$ 的低透湿性材料，测试组件每次称量间隔的质量变化率小于其 5 次称量间隔质量变化率平均值的 10%）。

③ 根据测试组件的质量变化和时间进行曲线回归来确定湿流量。

④ 试验过程中出现以下情况时，应中止试验：

对于干法试验，干燥剂的质量增加超过 1.5g/（25mL）时；对于湿法试验，饱和溶液的质量损失为初始质量的一半时。

6. 结果的计算和表达

（1）质量变化率

对于每个连续质量变化的试件，按式（5-2）计算其质量变化率：

$$\Delta m_{12}=\frac{m_2-m_1}{t_2-t_1} \tag{5-2}$$

式中　Δm_{12}——单位时间内试件质量变化率，kg/s；

m_1——试件在 t_1 时间的质量，kg；

m_2——试件在 t_2 时间的质量，kg。

当试件的质量变化率满足标准的规定后，根据质量和时间计算回归直线，回归直线的斜率 G 即试件的湿流量，单位为 kg/s。注意，如果需要，应按标准统计方法给出回归直线斜率的标准差（如湿流量的标准差）。

（2）湿流密度

试件的湿流密度按式（5-3）进行计算：

$$g = \frac{G}{A} \tag{5-3}$$

式中 g——湿流密度，kg/（s·m²）；

G——湿流量，kg/s；

A——试件外露面积，m²。

如果试验杯和封装方法存在“封装边缘”现象，则试件的湿流密度应按规定进行修正。

（3）透湿率

① 试件的透湿率按式（5-4）进行计算：

$$W = \frac{G}{A \times \Delta p_v} = \frac{G}{A \times p_s \times (R_{H1} - R_{H2})} \tag{5-4}$$

式中 W——透湿率，kg/(s·m²·Pa)；

G——湿流量，kg/s；

Δp_v——试件两侧水蒸气压力差，Pa；

p_s——试验温度下的饱和蒸气压，由 GB/T 17146 附录 J 中表 J.1 查得，Pa；

R_{H1}——以分数值表示的高水蒸气压侧的相对湿度（干法为试验工作室内一侧，湿法为试验杯内一侧）；

R_{H2}——以分数值表示的低水蒸气压侧的相对湿度。

② 水蒸气当量空气层厚度 $S_d < 0.2$m 的高透湿性试件或者薄膜试件进行测试时，试验杯中试件下曝露面与干燥剂或饱和溶液间的空气层阻力应按 GB/T 17146 附录 G 的规定进行修正。

（4）透湿阻

试件的透湿阻按式（5-5）进行计算：

$$Z = \frac{1}{W} \tag{5-5}$$

式中 Z——透湿阻，m²·s·Pa/kg；

W——透湿率，kg/（s·m²·Pa）。

（5）透湿系数

试件的透湿系数按式（5-6）进行计算：

$$\delta = W \times d \tag{5-6}$$

式中 δ——透湿系数，kg/(s·m·Pa)；

W——透湿率，kg/(s·m²·Pa)；

d——试件的厚度，m。

（6）湿阻因子

① 湿阻因子按式(5-7)进行计算：

$$\mu = \frac{\delta_a}{\delta} \tag{5-7}$$

式中 μ——湿阻因子；

δ——试件的透湿系数，kg/(s·m·Pa)；

δ_a——空气的透湿系数，kg/(s·m·Pa)。

② 空气的透湿系数按式（5-8）进行计算：

$$\delta_a = \frac{0.083 \times p_0}{R_V \times T \times p} \left(\frac{T}{273}\right)^{1.81} \tag{5-8}$$

式中 δ_a——空气的透湿系数，kg/（s·m·Pa）；

p_0——标准条件下的大气压，kPa，其值为101.325kPa；

p——整个试验中的平均大气压，kPa；

R_V——水蒸气气体常数，N·m/（kg·K），其值为462N·m/（kg·K）；

T——试验工作室的温度，K。

当温度为23℃时，空气的透湿系数 δ_a 的数值如图5-17所示。

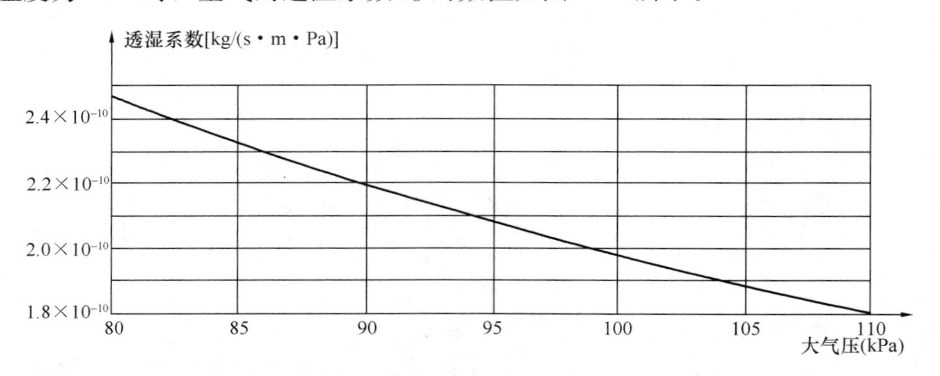

图5-17　23℃时空气的透湿系数和大气压的函数关系图

③ 空气的透湿系数和材料的透湿系数假定只与大气压力有关，那么湿阻因子 μ 可认为与大气压力无关，可按式（5-9）计算试件的湿流密度：

$$g = \frac{\Delta p_v \times \delta_a}{\mu \times d} \tag{5-9}$$

式中 g——湿流密度，kg/(s·m²)；

Δp_v——试件两侧水蒸气压力差，Pa；

δ_a——空气的透湿系数，kg/(s·m·Pa)，其值应根据试验所在地区的大气压值进行计算；

μ——湿阻因子；

d——试件的厚度，m。

(7)水蒸气当量空气层厚度

水蒸气当量空气层厚度可以按式(5-10)或式(5-11)计算：

$$S_d = \mu \times d \tag{5-10}$$

$$S_d = \delta_a \times Z \tag{5-11}$$

式中 S_d——水蒸气当量空气层厚度，m；

μ——湿阻因子；

d——试件的厚度，m；

δ_a——空气的透湿系数，kg/(s·m·Pa)；

Z——透湿阻，m²·s·Pa/kg。

7. 测量方法的精确性

（1）试件面积对于前面提到试件外露面积，其误差应控制在最小尺寸（0.005m^2）的±0.5%。考虑到测量时可能存在的误差，圆形试验杯的直径或者正方形试验杯的边长的测量精度应达到±0.5mm。对于外露面积较大的试件，这种误差影响测试结果的可能性较小。如果试验杯和封装方法存在“封装边缘”现象，应根据 GB/T 17146 附录 F 中规定对试验杯和试件进行边缘修正。

（2）试件厚度

如果测试整个产品的透湿率或透湿阻，那么测试结果的精确性不受试件厚度的影响。如果需要测试材料的透湿系数，那么试件厚度测量时的精度直接影响测试结果的精确性。硬质试件厚度的测量宜采用千分尺进行测量，则测试结果的精确性可以优于 0.5%。

注意，对于松软填充材料或者类似材料，可以降低其厚度测量的精确性。

（3）密封效果

密封材料对试件进行密封，因密封效果不佳引起渗漏的可能性要远低于根据其他来源使用的密封材料。如果在一组测试组件中有一个测试组件因密封效果不佳使得透湿率的结果偏离较大，则应剔除该数据。

（4）称量精度

试件的尺寸和连续称量的间隔时间会影响测试结果的精确性。天平精度宜满足 GB/T 17146 附录 H 中规定的试件尺寸和称量间隔的要求。

（5）环境条件的控制

试验杯和试验工作室环境之间的水蒸气压力差对于整个试验起决定性因素。这个压力差决定着随后测试结果的精确性。

试验杯内的水蒸气压力取决于干燥剂或饱和溶液。合适的干燥剂的水蒸气压力可以认为是 0Pa。按 GB/T 20312—2006 中附录 B 的规定配置正确浓度的饱和溶液并且控制试验工作室的温度可使饱和溶液上方空气的相对湿度精确至±0.5%。按试验条件进行试验，对试件两侧水蒸气压力差的影响不超过±10%。试验工作室的环境条件应由经校准的精确的仪器设备来控制，这样能够提高整个试验过程中得到的水蒸气压力平均值的精确度。

注意，为了得到准确的透湿系数数据，试验时需要对试验工作室的环境条件进行精确的控制。

（6）试验过程中大气压力的差异

对于薄膜这样具有较低透湿率的产品，如果试验过程中大气压力存在较大差异时，可能会影响最终的试验结果。同时考虑到浮力的影响，可以在试验过程中同时制备一个空白样（空白样为不放置饱和溶液或干燥剂的测试组件）并测试空白样的质量变化，或者增加试验周期并选择试验时大气压相近的测试数据进行结果计算。以上两种方法可以降低试验过程中因大气压力的差异对结果精确性的影响。

8. 测试报告

测试报告应包括以下内容：

（1）引用本标准。

（2）产品信息：产品名称、生产企业、制造商和供应商；产品类型；产品批号或者类似信息；样品到达实验室时的状态，必要时应描述样品是否具有天然表皮或饰面；试件预处理措施，包括试件切割，必要时应包括试件的养护过程；其他产品信息，例如产品标称厚度或标称密度。

(3) 试验过程：平均大气压，平均温度和试件两侧的平均相对湿度，以及与平均值的偏差；试件形状和数量；试验条件；任何影响试验结果的偏离和事件；试验日期；与操作有关的信息以及使用的设备。

(4) 结果：水蒸气透过性能（湿流密度、透湿率、透湿系数或者湿阻因子）。若试件两表面不同，还应注明水蒸气的湿流流向；试件边缘影响的修正和空气层阻力的修正；单个试件的试验结果；试验结果的算术平均值。

5.5.2 管的透湿系数测定

1. 检测依据

《柔性泡沫橡塑绝热制品》(GB/T 17794—2008)。

2. 检测仪器

玻璃烧杯：容积 250mL，内径 65mm，杯口略呈喇叭形；卡尺：分度值为 0.05mm；钢板尺：分度值为 0.5mm；分析天平：精确到 0.001g；气压表。

3. 检测条件

实验室或恒温恒湿箱的温度为 (25±1)℃，相对湿度为 (75±2)%。

4. 检测步骤

(1) 试样：

① 试样在检测条件下调节 24h；

② 将试样切成大约 127mm 长的管段。

(2) 测试样的壁厚，在相互垂直的两个方向上各测一次，读数精确到 0.1mm 求平均值。

(3) 将密封蜡加热熔化，并将密封蜡涂在试样的两端头上。

(4) 将铝箔盖到管的一侧端头上，盖住管内径部分，并用密封蜡封好。

(5) 将无水粒状氯化钙干燥剂装入用铝箔封底的管筒内，干燥剂量不超过 20g。

(6) 将另一片铝箔放在管段的另外开口的一端，盖住管内径部分，并用密封蜡封好。

(7) 测量管壁未蜡封的试样长度，测量 4 处，取平均值，精确到 0.5mm。

(8) 将试样竖立在实验室或恒温恒湿箱中。

(9) 用分析天平定期称量并记录试样的质量。

5. 计算

透湿系数按式 (5-12) 计算：

$$\delta = \frac{W \cdot \ln \frac{d_1}{d_2}}{2\pi t L p} \times 100^3 \tag{5-12}$$

式中 δ——透湿系数，g/(m·s·Pa)

W——试样质量变化，g；

t——观察质量变化的时间间隔，s；

d_1——试样的外径，mm；

d_2——试样的内径，mm；

L——未封蜡试样的长度，mm；

p——水蒸气压差，p=2380Pa。

计算结果δ值修约至两位有效数字。

6. 检测注意事项

(1)用密封蜡封好，密封蜡要熔化均匀，一般要涂5遍，才能封好。

(2)试样两端应完全由密封蜡覆盖，以防水汽散失。

5.6　耐冻融性能检测

1. 检测依据

《外墙外保温工程技术规程》(JGJ 144—2004)，《胶粉聚苯颗粒外墙外保温系统材料》(JG/T 158—2013)。

2. 仪器设备

冷冻箱：最低温度－30℃，控制精度±3℃；干燥箱：控制精度±3℃；放大镜：5倍。

3. 试验条件

试样养护环境条件：(10～25)℃，相对湿度(50±10)%。在非标准实验室环境下试验时，应记录温度和相对湿度。

4. 试样制备

保温浆料类试样尺寸为500mm×500mm，试样数量为3件；EPS保温板试样尺寸为150mm×150mm，试样数量为3件。保温层厚度为50mm，抹面层厚度为(4.0±1.0)mm。防护层表面涂刷涂料。

试样分为两种：一种由保温层和抹面层构成（不包含饰面层）的试样；一种由保温层和保护层构成（包含饰面层）的试样。

5. 检测步骤

(1) 在(20±2)℃自来水中浸泡8h。试样浸入水中时，应使抹面层或保护层朝下，使抹面层浸入水中，并排除试样表面气泡。

(2) 在(－20±2)℃冰箱中冷冻16h。

(3) 冻融循环30次，每次24h。

(4) 试验结束后，状态调节7d。

(5) 检验冻融循环后抹面层与保温层拉伸粘结强度。

(6) 每3次循环后观察试样是否出现裂缝、空鼓、脱落等情况，并做记录。

6. 试验结果

(1) 按JGJ 144—2004规定30次冻融循环后，保护层无空鼓、脱落、无渗水裂缝；保护层与保温层的拉伸粘结强度不小于0.1MPa，破坏部位应位于保温层。

(2) 按JG/T 158—2013规定外观记录是否发现渗水裂缝、粉化、空鼓、剥落等情况；拉伸粘结强度从6个试验数据中取4个中间值的算术平均值，精确至0.1MPa。

7. 检测注意事项

(1) 耐冻融试验的检测标准差别，见表5-18。

表 5-18　耐冻融试验的不同比较

项目		JGJ 144—2004	JG/T 158—2013
试样制备	构造	保温层＋抹面层（不含饰面层） 保温层＋保护层（含饰面层） 厚度无要求	C形试样：保温层（50mm）＋抗裂层（4mm，一层标准耐碱玻纤网）＋弹性底涂＋腻子＋涂料； T形试样：保温层（50mm）＋抗裂层型（8mm，一层热镀锌电焊网）＋面砖饰面层
	尺寸	500mm×500mm	500mm×500mm
检测步骤	循环次数	30次	Ⅰ、Ⅵ、Ⅶ地区50次循环； Ⅱ地区40次循环； Ⅲ、Ⅳ、Ⅴ地区10次循环
	1个循环	24h	24h
		无	无
		(20±2)℃自来水中浸泡8h	
		(−20±2)℃冰箱中冷冻16h	
	观察次数	每3次循环观察试样	
	冻融循环后	状态调节7d，检验抹面层与保温层拉伸粘结强度	—
性能要求		30次冻融循环后，保护层无空鼓、脱落、无渗水裂缝；保护层与保温层的拉伸粘结强度不小于0.1MPa，破坏部位应位于保温层	外观记录是否发现渗水裂缝、粉化、空鼓、剥落等情况；拉伸粘结强度从6个试验数据中取4个中间值的算术平均值，精确至0.1MPa

（2）试验期间如需中断试验，试样应置于冰箱中，在（−20±2)℃下存放。

（3）不同地区的胶粉聚苯颗粒系统按JG/T 158—2013规定冻融循环次数不同。

（4）冷冻箱应配备箱体外可观察温度计，以便温度控制。

5.7　抹面层不透水性能检测

1. 检测依据

《外墙外保温工程技术规程》（JGJ 144—2008），《胶粉聚苯颗粒外墙外保温系统材料》（JG/T 158—2013）。

2. 仪器设备

秒表，直尺。

3. 检测条件

环境条件：(10～25)℃，相对湿度(50±10)％。

4. 检测步骤

（1）试样尺寸为200mm×200mm，保温层厚度为60mm，抹面层厚度为（4±1)mm。试样数量各为2件。将试样中心部位的保温材料除去并刮干净，一直刮到抹面层的背面，刮除部分的尺寸为100mm×100mm，并在试样侧面标记出距抹面层表面50mm的位置。试件的四个侧面应做密封防水处理。

（2）抹面层朝下浸入水槽中。

（3）为保证试样在水面以下底面所受压强为500Pa，在试样上放置重物，如图5-18所示。

（4）浸水时间2h，观察是否有水透过抹面层（或防护层）。

5. 试验结果

试样浸水2h时防护层内侧均无水渗透时，判定为不透水性合格。

6. 检测注意事项

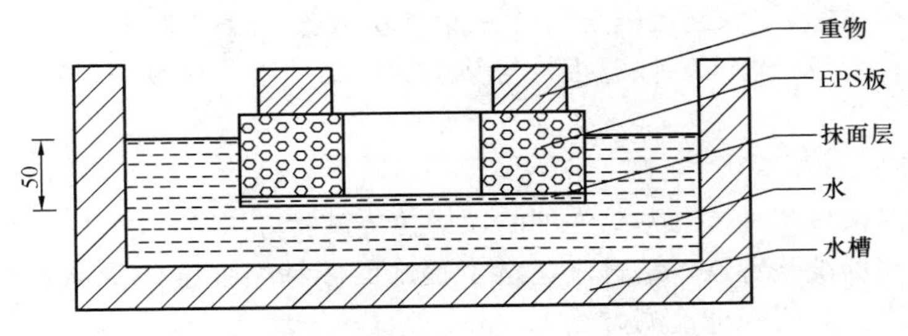

图5-18　抹面层不透水性试验示意图

（1）不同标准的不透水性试验见表5-19。

（2）试样制备时，剔除保温层要小心仔细，防护层不得出现裂缝及小针眼。

（3）为便于观察，可在水中添加颜色指示剂。

（4）建议试样准备3个，当2个试样试验结果1个透水，1个不透水时，再做一次验证作为最终结果。

表5-19　不透水试验的不同比较

项目		JGJ 144—2004	JG/T 158—2013
试样制备	构造	保温层（60mm）＋抹面层	保温层（60mm）＋抗裂层（4mm复合耐碱网格布）＋弹性底涂
试验步骤		无标记要求	侧面标记出距抹面层表面50mm位置
性能要求		2个抹面层无水透过	3个试样防护层内侧无水渗透

5.8　拉伸粘结强度现场检测

外墙外保温系统是在以混凝土空心砌块、混凝土多孔砖、混凝土剪力墙、黏土多孔砖等为基材的外墙，采用膨胀聚苯板、发泡聚氨酯、挤塑聚苯板薄抹灰技术以及胶粉聚苯颗粒保温料浆、泡沫玻璃砖等作为外墙复合保温材料。外墙外保温是目前4种外墙保温方式之一，并且是现在主流外墙保温方式，是框架结构、框剪结构的混凝土墙体首选的保温方式，尤其是在高层建筑、超高层建筑中得到了广泛应用。该系统是目前国外建筑和我国北方地区采用比较多的一种外围护系统保温技术，集保温和外装饰为一体，能延长建筑主体结构使用寿命，具有保温层整体性好、阻断热桥、不占用室内使用面积、不影响室内装饰等优点。

“国家建筑标准设计节能系列图集”中，外墙外保温系统编入聚苯板薄抹灰、胶粉聚苯颗粒、聚苯板现浇混凝土、钢丝网架聚苯板、喷涂硬质聚氨酯泡沫塑料和保温装饰复合板6种外墙外保温系统。不论哪种形式，其基本结构相同，都是由基层、粘结层、保温层（也有的叫绝热层）、饰面层组成。由于外墙外保温施工方法是几层不同性质的材料进行复合，因此其施工质量直接决定了外保温工程的成败，外保温系统的性能指标通常有保温性能、稳定性、防火处理、热湿性能、耐撞击性能、受主体结构变形的影响、耐久性等。

近几年，由于外保温工程引起的外保温层脱落和开裂等事故时有发生，外保温工程质量事故案例轻则影响保温效果，重则影响人们的生命安全。因此。对外保温的施工质量进行专门检测很重要。在《建筑节能工程施工质量验收规范》（GB 50411—2007）中规定，对外保温体系要进行拉拔试验，“保温板材与基层及各构造层之间的粘结或连接必须牢固，粘结强度和连接方式应符合设计要求，保温板材与基层的粘结强度应做现场拉拔试验”，并且强制执行。

1. 检测依据

目前，对保温板材与基层的粘结强度的现场拉拔试验方法和要求没有专门的检测依据和标准。下面根据现场试验特点，结合《建筑工程饰面砖粘结强度检验标准》（JGJ/T 110—2017）的试验方法，介绍一种检测方法。

2. 检测仪器及辅助工具

粘结强度检测仪：最大试验拉力宜为10kN，最小分辨单位应为0.01kN，数显式粘结强度检测仪应符合《数显式粘结强度检测仪》（JG/T 507—2016）的规定；粘结强度检测仪每年校准不应少于一次，发现异常时应维修、校准。

钢直尺：分度值应为1mm；标准块：用45号钢或铬钢制作，与粘结强度检测仪配合使用的金属块，尺寸长×宽×厚为95mm×45mm×（6～8）mm或40mm×40mm×（6～8）mm；手持切割锯：宜采用树脂安全锯片；标准胶粘剂：宜采用型号为914的快速胶粘剂，粘结强度宜大于3.0MPa；胶带。

3. 试样及取样要求

（1）带饰面砖的预制构件进入施工现场后，应对饰面砖粘结强度进行复验。带饰面砖的预制构件应符合下列规定：

① 生产厂应提供带饰面砖的预制构件质量及其他证明文件，其中饰面砖粘结强度检验结果应符合JGJ/T 110的规定。

② 复验应以每500m^{2}同类带饰面砖的预制构件为一个检验批，不足500m^{2}应为一个检验批。每批应取一组3块板，每块板应制取1个试样对饰面砖粘结强度进行检验。

（2）现场粘贴外墙饰面砖应符合下列规定：

① 现场粘贴外墙饰面砖施工前应对饰面砖样板粘结强度进行检验。

② 每种类型的基体上应粘贴不小于1m^{2}饰面砖样板，每个样板应各制取一组3个饰面砖粘结强度试样，取样间距不得小于500mm。

③ 大面积施工应采用饰面砖样板粘结强度合格的饰面砖、粘结材料和施工工艺。

④ 现场粘贴施工的外墙饰面砖，应对饰面砖粘结强度进行检验。

⑤ 现场粘贴饰面砖粘结强度检验应以每500m^{2}同类基体饰面砖为一个检验批，不足500m^{2}应为一个检验批。每批应取不少于一组3个试样，每连续三个楼层应取不少于一组试样，取样宜均匀分布。

⑥ 当按《外墙饰面砖工程施工及验收规程》（JGJ 126—2015）采用水泥基粘结材料粘贴外墙饰面砖后，可按水泥基粘结材料使用说明书的规定时间或样板饰面砖粘结强度达到合格的龄期，进行饰面砖粘结强度检验。当粘贴后28d以内达不到标准或有争议时，应以28～60d内约定时间检验的粘结强度为准。

4. 检测步骤

（1）切割断缝。断缝宜在粘结强度检测前1～2d进行切割，且断缝应从保温板材表面切割至基层表面。断缝要求如下：

① 现场粘贴饰面砖断缝应从饰面砖表面切割至基体表面，深度应一致。对有加强处理措施的加气混凝土、轻质砌块、轻质墙板和外墙外保温系统上粘贴的外墙饰面砖，在加强处理措施符合设计要求或保温系统符合国家和地方标准粘贴外墙饰面砖要求，并有隐蔽工程验收合格证明的前提下，应切割至加强抹面层表面。

② 带饰面砖的预制构件断缝应从饰面砖表面切割至饰面砖底凸出的面，深度应一致。

③ 试样切割长度和宽度宜与标准块相同，其中有两道相邻切割线应沿饰面砖边缝切割。

（2）标准块粘贴。标准块胶粘应符合下列规定：

① 在胶粘标准块前，应清除试样饰面砖表面和标准块胶粘面污渍、锈渍并保持干燥。

② 现场温度低于5℃时，标准块宜预热后再进行胶粘。

③ 胶粘剂应按使用说明书的规定随用随配，在标准块和试样饰面砖表面应均匀涂胶，标准块胶粘时不应粘连断缝，并应及时用胶带固定。

④ 在饰面砖上粘贴标准块可按图5-19进行，标准块粘贴后应及时用胶带十字形固定。

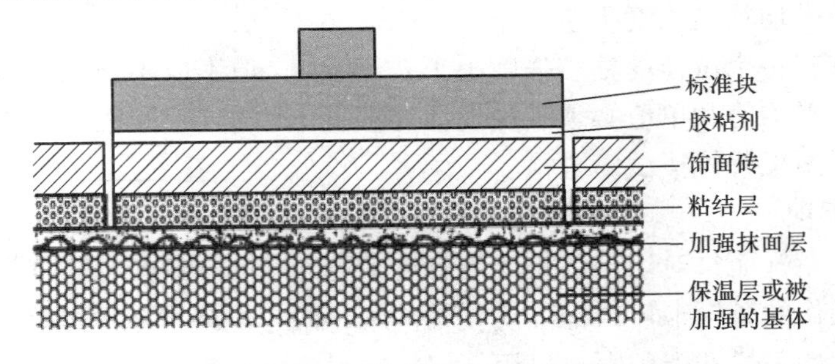

图5-19　带保温加强系统的标准块粘结示意图

（3）粘结强度检测仪的安装，如图5-20所示，测试程序应符合下列要求：

① 检测前在标准块上应安装带有万向接头的拉力杆。

② 应安装专用穿心式千斤顶，使拉力杆通过千斤顶中心并与饰面砖表面垂直。

③ 当调整千斤顶活塞时，应使活塞升出2mm，并将数字显示器调零，再拧紧拉力杆螺母。

④ 检测饰面砖粘结力时，匀速摇转手柄升压，直至饰面砖试样断开，记录粘结强度检测仪的数字显示器峰

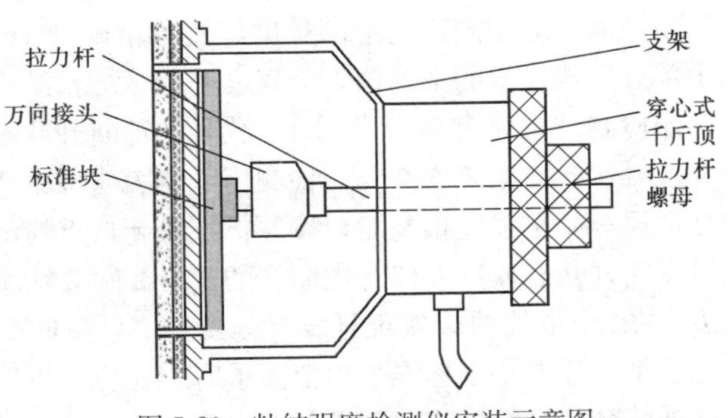

图5-20　粘结强度检测仪安装示意图

值，该值应为粘结力值。

⑤ 检测后降压至千斤顶复位，取下拉力杆螺母及拉杆。

(4) 粘结力检测完毕后，应按受力断开的性质及表5-20确定试样断开状态，测量试样断开面每对切割边的中部距离（精确到1mm）作为试样边长，计算试样面积。当检测结果为表5-20中代号1或代号2试样断开状态且粘结强度小于标准平均值要求时，应分析原因并在其附近重新选点检测。

5. 粘结强度计算

单个测点保温板材试样粘结强度按式（5-13）计算，精确至0.01MPa：

$$R = \frac{P}{A} \tag{5-13}$$

式中 R——粘结强度，MPa；

P——粘结力，N；

A——试样受拉面积，mm^2。

整个检测工程的外保温粘结强度按各测点的平均值计算。

6. 检测结果判定

现场粘贴的同类饰面砖，当一组试样均符合判定指标要求时，判定其粘结强度合格；当一组试样均不符合判定指标要求时，判定其粘结强度不合格；当一组试样仅符合判定指标的一项要求时，应在该组试样原取样检验批内重新抽取两组试样检验，若检验结果仍有一项不符合判定指标要求时，判定其粘结强度不合格。判定指标应符合下列规定：

(1) 每组试样平均粘结强度不应小于0.4MPa。

(2) 每组允许有一个试样的粘结强度小于0.4MPa，但不应小于0.3MPa。

检测粘结强度平均值和单值必须满足设计要求且不小于0.1MPa，且破坏界面不得位于界面层，判定外保温工程拉拔试验合格。

7. 检测注意事项

(1) 测量试样断开面每对切割的长度用分度值为1mm的钢直尺即可，没必要用易损伤断开面边且不易操作的游标卡尺。标准块胶粘剂不再限定用环氧系胶粘剂，其他快速固化胶粘剂（如双组分改性丙烯酸酯胶）也可用，但粘结强度宜大于3.0MPa。

(2) 表面不平整的饰面砖可先用胶粘剂补平表面后，再用胶粘剂粘贴标准块，也可以用合适的厚涂层胶粘剂直接粘贴标准块，不得打磨饰面表面。

(3) 试样断面面积取断缝所包围的区域承受法向拉力实际断开面面积，试样断面边长取试样断开面每对切割边的中部长度，测量精确到1mm，切割边的中部长度值一般接近两端和中部三个测量值的平均值。陶瓷马赛克试样粘结强度包括陶瓷马赛克之间的灰缝。

当检测结果为表5-20代号1、代号2种断开状态且粘结强度不小于标准平均值且断缝符合要求时。检测结果取断开的检测值，能表明该试样粘结强度符合标准要求。当饰面砖与基体粘结层等粘结强度很高时，按原标准重新选点检测会持续出现胶粘剂与饰面砖界面断开的代号1断开状态或饰面砖为主断开的代号2断开状态。设法选点检测出表5-20代号1、代号2以外的断开状态难以实现且没有必要。故只要求当检测结果为表5-20代号1、代号2断开状态且粘结强度小于标准平均值要求时，才应分析原因，采取对光滑饰面砖试样表面切浅道等增强胶粘剂粘结措施，并重新选点检测。

表 5-20　基体带加强或保温现场粘贴饰面粘结强度试样断开状态

代号	断开状态	图示
1	胶粘剂与饰面砖或标准块界面断开	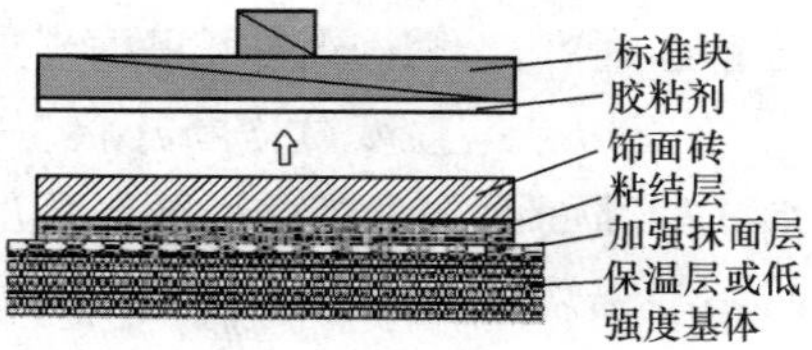 标准块 胶粘剂 饰面砖 粘结层 加强抹面层 保温层或低强度基体
2	饰面砖为主断开	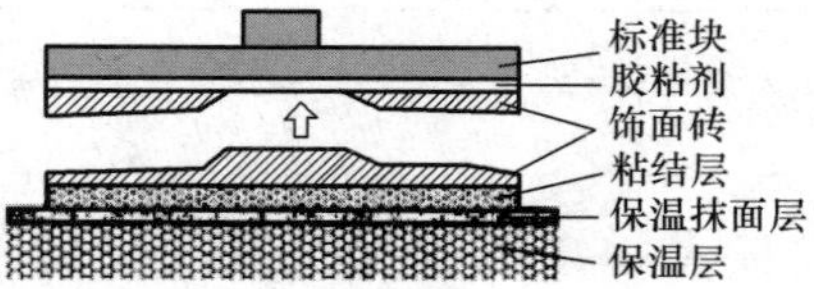 标准块 胶粘剂 饰面砖 粘结层 保温抹面层 保温层
3	饰面与粘结层界面为主断开	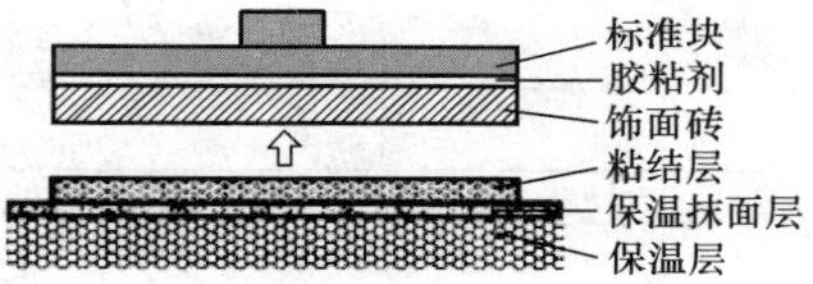 标准块 胶粘剂 饰面砖 粘结层 保温抹面层 保温层
4	粘结层为主断开	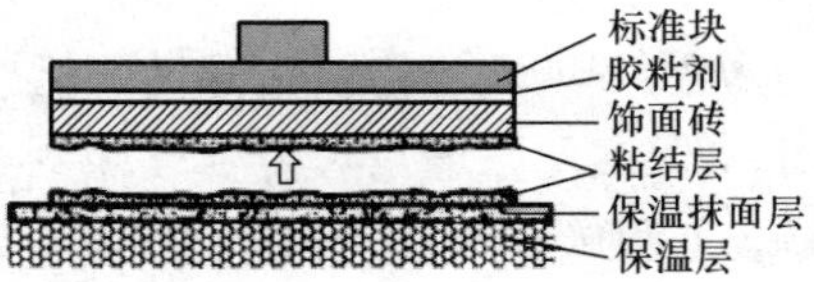 标准块 胶粘剂 饰面砖 粘结层 保温抹面层 保温层
5	粘结层与加强抹面层界面为主断开	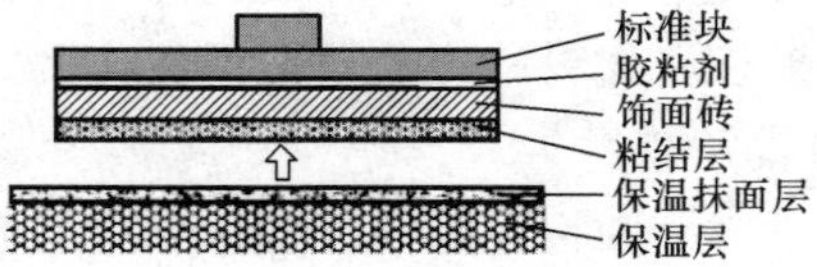 标准块 胶粘剂 饰面砖 粘结层 保温抹面层 保温层
6	加强抹面层为主断开	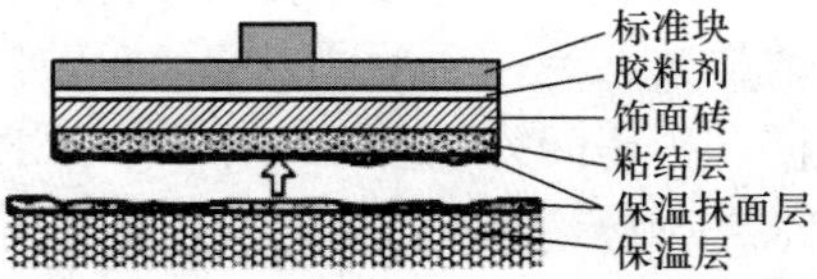 标准块 胶粘剂 饰面砖 粘结层 保温抹面层 保温层

当基体以外的各层粘结强度很高时，出现表 5-20 代号 6 断开状态即基体断开是正常现象，除非断缝时切坏了基体表面层且粘结强度小于标准平均值要求时需要重新选点检测外，基体断开是检测值，也作为粘结强度是否合格的结果。

(4) 饰面砖粘结强度检测记录表可根据当地实际情况，增加记录项目，调整记录格式。

(5) 表 5-20 饰面砖粘结强度试样断开状态表中的断开状态所称“……为主断开”，是指试样该种断开形式的断面面积占试样断面面积的 50%以上。

(6) 饰面砖粘结强度检测记录见表 5-21，可根据当地实际情况，增加记录项目，调整记录格式。表中的断开状态对分析饰面砖粘结强度不合格的原因很重要。

表 5-21　饰面砖粘结强度检测记录

<table>
<tr><td colspan="2">委托单位</td><td colspan="4"></td><td colspan="3">检测日期</td></tr>
<tr><td colspan="2">工程名称</td><td colspan="4"></td><td colspan="3">环境温度</td></tr>
<tr><td colspan="2">仪器及编号</td><td colspan="4"></td><td colspan="3">标准块胶粘剂</td></tr>
<tr><td colspan="2">基本类型</td><td></td><td>饰面砖粘结材料</td><td colspan="2"></td><td colspan="2">饰面砖品种及牌号</td><td></td></tr>
<tr><td>试样编号</td><td>龄期（d）</td><td>试样边长（mm）</td><td>试样面积（mm^2）</td><td>粘结力（kN）</td><td>粘结强度（MPa）</td><td>断开状态</td><td>试样部位</td><td>备注</td></tr>
<tr><td></td><td></td><td></td><td></td><td></td><td></td><td></td><td></td><td></td></tr>
</table>

审核：　　　　　　　　　　记录：　　　　　　　　　　检测：

5.9　外墙节能构造现场检测

外墙保温系统另一项现场检验指标是节能构造检验，是为了验证墙体保温材料的种类是否符合设计要求、保温层厚度是否符合设计要求、保温层构造做法是否符合设计和施工方案要求。《建筑节能工程施工质量验收规范》（GB 50411—2007）附录中 E 部分为“外墙节能构造钻芯检验方法”，本方法适用于检验带有保温层建筑外墙的节能构造是否符合设计要求。

1. 检测要求

钻芯检验外墙节能构造应在外墙施工完工后、节能分部工程验收前进行。钻芯检验外墙节能构造应在监理（建设）人员见证下实施。

2. 检测对象及数量

钻芯检验外墙节能构造的取样部位和数量，应遵守下列规定：

(1) 取样部位应由监理（建设）与施工双方共同确定，不得在外墙施工前预先确定。

(2) 取样部位应选取节能构造有代表性的外墙上相对隐蔽的部位，并宜兼顾不同朝向和楼层；取样部位必须确保钻芯操作安全，且应方便操作。

(3) 外墙取样数量为一个单位工程每种节能保温做法至少取 3 个芯样。取样部位宜均匀分布，不宜在同一个房间外墙上取 2 个或 2 个以上芯样。

3. 检测工器具

钻芯检验外墙节能构造可采用空心钻头，从保温层一侧钻取直径 70mm 的芯样。钻取芯样深度为钻透保温层到达结构层或基层表面，必要时也可钻透墙体。

当外墙的表层坚硬不易钻透时，也可局部剔除坚硬的面层后钻取芯样，但钻取芯样后应恢复原有外墙的表面装饰层（图5-21）。

4. 操作步骤

（1）钻取芯样时应尽量避免冷却水流入墙体及污染墙面。从空心钻头中取出芯样时应谨慎操作，以保持芯样完整。当芯样严重破损难以准确判断节能构造或保温层厚度时，应重新取样检验。

（2）对钻取的芯样，应按照下列规定进行检查：

① 对照设计图纸观察、判断保温材料种类是否符合设计要求；必要时也可采用其他方法加以判断。

图5-21　外墙节能构造钻芯检验图片

② 用分度值为1mm的钢尺，在垂直于芯样表面（外墙面）的方向上量取保温层厚度，精确到1mm。

③ 观察或剖开检查保温层构造做法是否符合设计和施工方案要求。

（3）在垂直于芯样表面（外墙面）的方向上实测芯样保温层厚度，当实测厚度的平均值达到设计厚度的95%及以上时，应判定保温层厚度符合设计要求；否则，应判定保温层厚度不符合设计要求。

5. 实施钻芯检验外墙节能构造的机构应出具检验报告。

检验报告至少应包括下列内容：抽样方法、抽样数量与抽样部位；芯样状态的描述；实测保温层厚度，设计要求厚度；按照GB 50411检验目的给出是否符合设计要求的检验结论；附有带标尺的芯样照片并在照片上注明每个芯样的取样部位；监理（建设）单位取样见证人的见证意见；参加现场检验的人员及现场检验时间；检测发现的其他情况和相关信息。

6. 取样检验结果不符合设计要求的处理

当取样检验结果不符合设计要求时，应委托具备检测资质的见证检测机构增加一倍数量再次取样检验。仍不符合设计要求时应判定围护结构节能构造不符合设计要求。此时应根据检验结果委托原设计单位或其他有资质的单位重新验算房屋的热工性能，提出技术处理方案。

7. 外墙取样部位的修补

可采用聚苯板或其他保温材料制成的圆柱形塞填充并用建筑密封胶密封，修补后宜在取样部位挂贴注有“外墙节能构造检验点”的标志牌。

任务6 非透光围护结构检测

均质材料的传热性能通常用导热系数来表征，反映材料本身的性能，与材料的形状、厚度无关，只与材料的种类、密度、含水率、温度有关，导热系数越大，材料传热的能力就越强。对于一定尺寸、非均质的构件，通常用热阻或传热系数来表征其传热性能，其值不但与种类、密度、含水率、温度有关，还取决于基础材料的导热系数、构件的形状、三维尺寸等，热阻越大，构件传热的能力越小，即保温隔热能力越强。从传热的角度来讲，建筑构件基本上是非均质的，本章介绍的砌体、门窗等构件的热工性能通常均以热阻表示，如果以传热系数表示，需先检测得到的热阻值，然后经计算得出传热系数值。

实验室检测建筑构件的热工性能是建筑传热学研究和工程实践中最重要、最基础的手段。新的材料、新的保温构造、新的施工方法提出来，都要在实验室进行系统的研究测试，得出完整的研究结果才能编制施工图集，才可在工程上应用。同时，由于现场检测围护结构传热性能要求的条件比较严格、设备较多、技术很复杂，所以许多构件（如门、窗等）不能在现场检测，只能制作同条件试样在实验室进行检测，该结果用来评定建筑物围护结构的热工性能。

6.1 非透光围护结构节能概述

6.1.1 非透光围护结构概述

1. 外墙

外墙是组成外围护结构的重点部分，也是建筑节能检测中的重点内容。据资料介绍，大多数国家规定的建筑物传热系数都小于 0.6W/(m^2 • K)，如瑞典规定外墙传热系数为 0.17W/(m^2 • K)，加拿大规定外墙传热系数为 0.27～0. 38W/(m^2 • K)，丹麦规定外墙传热系数为 0.30～0.35W/(m^2 • K)，英国规定外墙传热系数为 0.45W/(m^2 • K)等，以上数据是这些国家 1992—1995 年的设计标准。我们从身边也能感受到这一点，20 世纪 80 年代建造的一批大板建筑，保温性能很差，同样的锅炉房供热，房间温度远低于 370 砖混建筑的房间温度。另一个事例也反映了这个问题，北方地区对有些既有建筑进行了保温改造处理后，房间温度太高，由于分户计量未跟上，用户不能自由调节，只好开窗降温。这样浪费了热能，从另一方面切实地说明了房间保温性能对采暖质量的影响。

因此，准确地检测外墙传热系数是判定建筑物是否节能的关键指标。在实验室可以检测主体墙的传热系数，也可以做成与实际建筑物一致的热桥，检测热桥部位外墙的传热系数，作为评估建筑物的依据。这是因为在现场检测热桥是非常困难的，甚至有些热桥是不能检测的。

2. 屋顶

屋顶保温性能，瑞典规定屋顶传热系数为 0.12W/(m^2 • K)，加拿大规定屋顶传热系数为0.17～0.40W/(m^2·K)，丹麦规定屋顶传热系数为0.20W/(m^2·K)，英国规定屋顶传热系数为0.45W/(m^2·K)。目前我国还未颁布65%节能目标的国家设计标准，各地制定的地方节能设计标准规定了屋顶传热系数限值，如北京4层及以下建筑屋顶传热系数小于0.45W/(m^2·K)，5层及以上建筑屋顶传热系数小于0.6W/(m^2·K)；兰州体形系数小于0.3的建筑物屋顶传热系数小于0.6W/(m^2·K)，体形系数为0.3～0.33的建筑物，屋顶传热系数小于0.4W/(m^2·K)等。

屋顶传热系数的实验室检测方法与外墙相同。

3. 分户墙

分户墙的热工性能目前尚未引起人们的重视，在居住建筑和公共建筑的节能设计标准中都没有对其传热系数的限值要求，因此分户墙的节能目前不作为节能验收和检测的内容。但是，近年来我国供热体制的改革和供热收费方式发生了变化：其一，供热体制由原来的福利供热逐步走向了市场化，"热商品"的概念被人们认识和接受. 集中供热的受热用户从原来按面积收费变为按所用热量收费；其二，壁挂锅炉分户自采暖的建筑物越来越多。在这种情况下，住房城乡建设部等有关部门明确提出供热计量是推进供热机制改革的主要方向。这样，热计量技术和邻室传热问题就成为重点。所以，分户墙的传热问题会成为节能审查中下一个重点关注的内容，如果分户墙节能做不好，分户计量的政策、技术就没有实施的基础。

分户墙传热系数的检测方法与外墙的检测方法相同。

4. 地板

地板主要有接触室外空气地板和不采暖地下室上部地板，在实验室检测其传热系数的方法与外墙相同。

5. 门窗

门、窗是建筑围护结构至关重要的组成部分，也是建筑耗能的重点部位，通常相同面积的窗户传热耗热量是外墙的4～6倍。因此，在建筑节能的技术措施中占有很大的比率。门、窗是定型的建筑构件，在实验室检测的门、窗有关建筑节能的技术指标有传热系数、水密性、气密性、抗风压性能，检测方法按照现行的国家标准规定进行。

6.1.2 屋面节能设计

1. 屋面保温节能设计要点

屋面保温做法绝大多数为外保温构造，这种构造受周边热桥影响较小。为了提高屋面的保温性能，以满足新标准的要求，屋顶的保温节能设计，主要以轻质高效、吸水率低或不吸水的，可长期使用，性能稳定的保温材料作为保温隔热层，并采用改进屋面构造，使之有利于排除湿气等措施。目前较先进的屋顶保温做法，是采用轻质高强、吸水率极低的挤塑聚苯板作为保温隔热层的倒铺屋面，保温隔热效果非常出色，图6-1为保温屋面构造示意图。

2. 几种节能屋面热工性能指标

（1）高效保温材料保温屋面

这种屋面保温层选用高效、轻质的保温材料，保温层为实铺。屋面构造做法如图6-2所示，表6-1、表6-2为常见保温材料的各种热工指标。一般情况防水层、找平层与找坡层均大体相同，结构层可用现浇钢筋混凝土楼板或是预制混凝土圆孔板，相关热工指标可见表6-3。

（2）架空型保温屋面

在屋面内增加空气层有利于增强屋面的保温效果，同时也有利于增强屋面夏季的隔热效果。架空层的常见规格做法为，以 2～3 层实心黏土砖砌的砖墩为肋，上铺钢筋混凝土板，架空层内铺轻质保温材料。具体构造见图 6-3，表 6-3 为使用不同保温材料的架空保温屋面的热工指标。

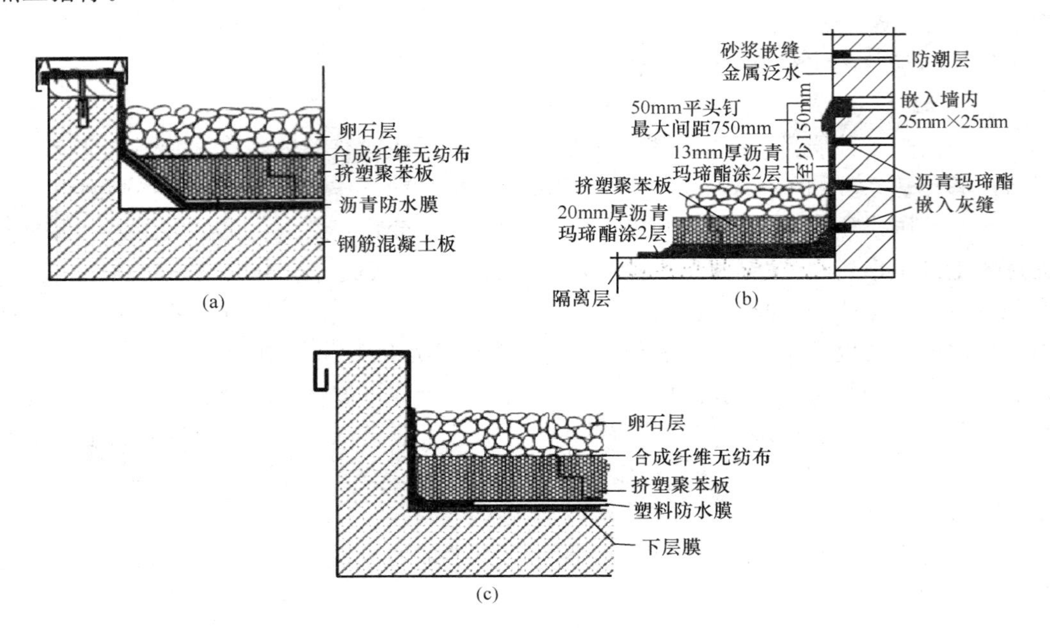

图 6-1　保温屋面构造示意图

（a）沥青防水处理；（b）沥青玛琋酯防水处理；（c）塑料防水膜防水处理

表 6-1　屋面保温材料导热系数计算取值

名称	表观密度（kg/m^3）	厚度（mm）	导热系数 λ[W/（m・K）]
聚苯板（EPS）	20	50	0.042
挤塑聚苯板（XPS）	35	50	0.030
聚氨酯硬泡材料	35	50	0.025
再生聚苯板	100	50	0.07
岩棉板	80	45	0.052
玻璃棉板	32	40	0.047
浮石砂	600	170	0.22
加气混凝土	500	150	0.19

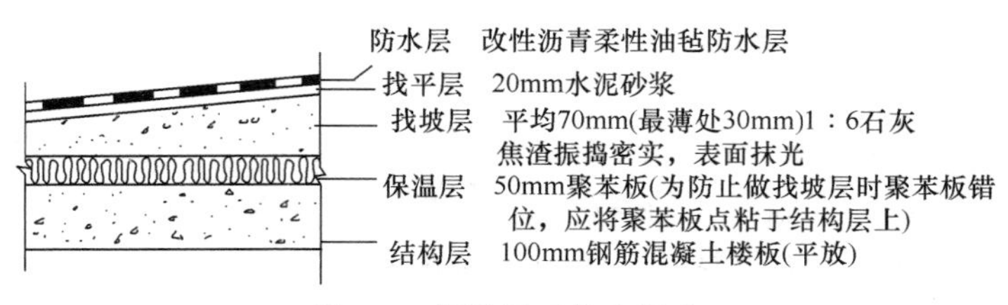

图 6-2　保温屋面构造做法

表 6-2　保温屋面热工指标

屋面构造做法		厚度(mm)	λ [W/(m·K)]	a	R (m²·K/W)	R_0 (m²·K/W)	K_0 [W/(m²·K)]
1. 防水层		10	0.17	1.0	0.06		
2. 水泥砂浆找平		20	0.93	1.0	0.02		
3. 1∶6石灰焦渣找坡（平铺）		70	0.29	1.50	1.60		
4. 保温层	a. 聚苯板（EPS）	50	0.04	1.20	1.04	1.51	0.44
	b. 挤塑型聚苯板（XPS）	50	0.03	1.20	1.39	1.86	0.54
	c. 水泥聚苯板	150	0.09	1.50	1.11	1.58	0.63
	d. 水泥蛭石	180	0.14	1.50	0.86	1.33	0.75
	e. 乳化沥青珍珠岩板（ρ_0=400kg/m³）	180	0.14	1.0	1.29	1.76	0.57
	f. 憎水型珍珠岩板（ρ_0=250kg/m³）	120	0.10	1.0	1.20	1.67	0.60
	g. 黏土珍珠岩	180	0.12	1.50	1.00	1.47	0.68
5. 现浇钢筋混凝土板		100	1.74	1.0	0.06		
6. 石灰砂浆内抹灰		20	0.81	1.0	0.2		

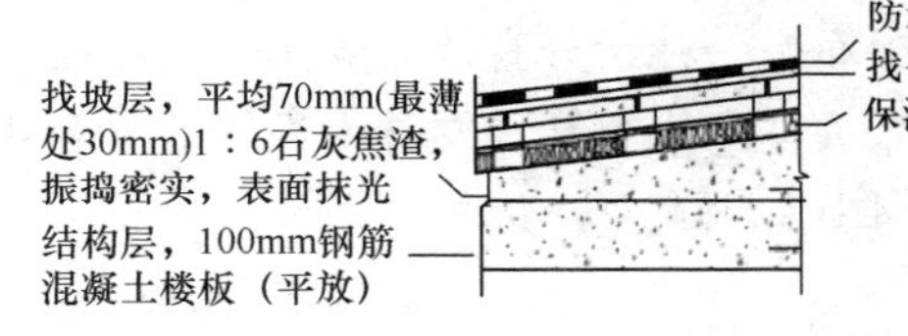

图 6-3　架空保温屋面构造示意图

表 6-3　架空型保温屋面热工指标

屋面构造做法		厚度(mm)	λ [W/(m·K)]	a	R (m²·K/W)	上方空气间层厚度(mm)	R_0 (m²·K/W)	K_0 [W/(m²·K)]
1. 防水层		10	0.17	1.0	0.06			
2. 水泥砂浆找平		20	0.93	1.0	0.02			
3. 钢筋混凝土板		35	1.74	1.0	0.02			
4. 保温层	a. 聚苯板（EPS）	40	0.04	1.20	0.83	80	1.49	0.67
	b. 岩棉板或玻璃棉板	45	0.05	1.0	0.9	75	1.56	0.64
	c. 膨胀珍珠岩（塑袋封装ρ_0=120kg/m³）	40	0.07	1.20	0.48	80	1.14	0.88
	d. 矿棉、岩棉、玻璃棉毡	40	0.05	1.20	0.67	80	1.33	0.75
5. 1∶6石灰焦渣找坡（平均）		70	0.29	1.50	0.16			
6. 现浇钢筋混凝土板		100	1.74	1.0	0.06			
7. 石灰砂浆内抹灰		20	0.81	1.0	0.02			

（3）保温、找坡结合型保温屋面

这种屋面常用浮石砂作保温与找坡结合的构造层，层厚平均在170mm（2%坡度），表观密度 660kg/m³的浮石砂，分层碾压振捣，压缩比 1∶1∶2，与 130mm 厚混凝土圆孔板一起使用，其传热系数 K_0 为 0.87W/（m^2 · K）。

（4）倒置型（外）保温屋面

外保温屋面是把保温层置于防水层的外侧，而不是传统采用的屋面构造把防水层置于整个屋面的最外层。这样的屋面做法有以下两个主要优点：一是防水层设在保温层的下面，可以防止太阳光直接辐射其表面，从而延缓了防水层老化进程，延长其使用年限，防水层表面温度升降幅度大为减小；第二，屋顶最外层为卵石层或烧制方砖保护层，这些材料蓄热系数较大，在夏季可充分利用其蓄热能力强的特点，调节屋顶内表面温度，使温度最高峰值向后延迟，错开室外空气温度的峰值，有利于提高屋顶的隔热效果。卵石或烧制方砖类的材料有一定的吸水性，夏季雨后、这层材料可通过蒸发其吸收的水分来降低屋顶的温度而达到隔热的效果。图 6-4 为其构造图，当选用 50mm 挤塑聚苯板保温材料时，屋面传热系数 K_0 为 0.72W/（m^2 · K）。

（5）种植屋面

种植屋面是利用屋面上种植的植物阻隔太阳光照射，防止房间过热的一项隔热措施。其隔热作用来自三个方面：一是植被茎叶的遮阳作用，可以有效地降低屋面的室外综合温度，减少屋面的温差传热量；二是植物的光合作用消耗太阳能用于自身的蒸腾；三是植被基层的土壤或水体的蒸发消耗太阳能。因此，种植屋面是一种十分有效的隔热节能屋面，如果植被种类属于灌木科还可以固化二氧化碳，释放氧气，净化空气，发挥出良好的生态功效。其构造如图 6-5 所示。表 6-4 是种植屋面的当量热阻附加值。

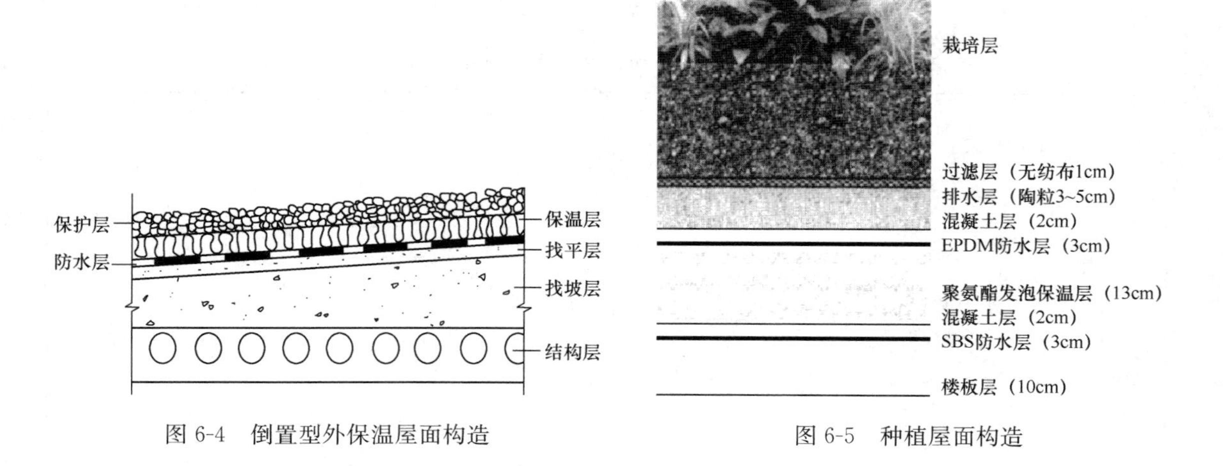

图 6-4　倒置型外保温屋面构造

图 6-5　种植屋面构造

表 6-4　不同隔热措施的当量热阻附加值

采取节能措施的屋顶或外墙	当量热阻附加值（m^2 · K/W）	采取节能措施的屋顶或外墙	当量热阻附加值（m^2 · K/W）
浅色外饰面（$\rho<0.6$）	0.2	屋面蓄水	0.4
内部有贴铝箔的封闭空气间层的屋顶	0.5	屋面遮阳	0.3
用含水多孔材料做面层的屋面	0.45	屋面有土或无土种植	0.5

注：ρ 为屋顶外表面的太阳辐射吸收系数。

该项技术适用于夏热冬冷或夏热冬暖地区的住宅屋顶。

6.1.3 地面节能设计

1. 地面的一般要求

地面按其是否直接接触土壤分为两类：一类是不直接接触土壤的地面，又称地板，这其中又可分成接触室外空气的地板和不采暖地下室上部的地板，以及底部架空的地板等；另一类是直接接触土壤的地面。

《民用建筑热工设计规范》（GB 50176—2016）要求，建筑中与土体接触的地面内表面温度与室内空气温度的温差 Δt_g 应符合表 6-5 的规定；地下室距地面小于 0.5m 的地下室外墙保温设计要求同外墙，距地面超过 0.5m、与土体接触的地下室外墙内表面温度与室内空气温度的温差 Δt_b 应符合表 6-5 的规定。同时，地面保温材料应选用吸水率小、抗压强度高、不易变形的材料。表 6-6 是常用的一些地面做法。

表 6-5 内表面温度与室内空气温度温差的限值

地面的内表面温度与室内空气温度温差的限值		
房间设计要求	防结露	基本热舒适
允许温差 Δt_g（K）$=t_i-\theta_{i\cdot g}$	$\leqslant t_i-t_d$	$\leqslant 2$
地下室外墙的内表面温度与室内空气温度温差的限值		
房间设计要求	防结露	基本热舒适
允许温差 Δt_b（K）$=t_i-\theta_{i\cdot b}$	$\leqslant t_i-t_d$	$\leqslant 4$

表 6-6 几种地面构造

名称	地面构造
硬木地面	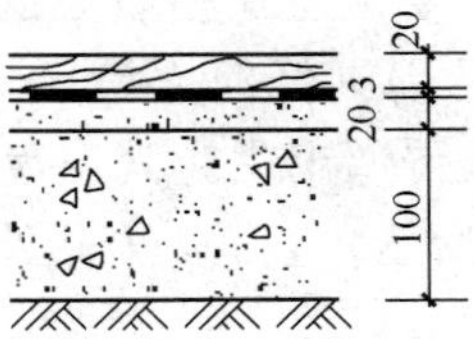 20 3 20 100 1.硬木地板 2.粘贴层 3.水泥砂浆 4.素混凝土
厚层塑料地面	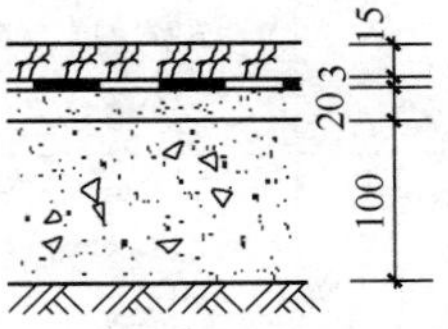 15 3 20 100 1.聚氯乙烯地板 2.粘贴层 3.水泥砂浆 4.素混凝土
薄层塑料地面	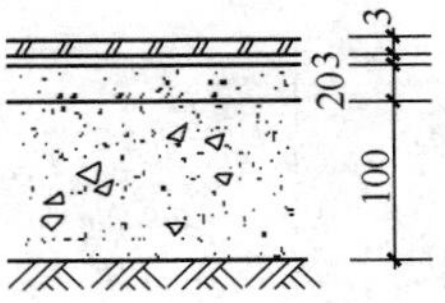 3 3 20 100 1.聚氯乙烯地面 2.粘贴层 3.水泥砂浆 4.素混凝土

续表

名称	地面构造
轻骨料混凝土垫层水泥砂浆地面	20 120 1.水泥砂浆地面 2.轻骨料混凝土 (ρ<1500)
水泥砂浆地面	20 100 1.水泥砂浆地面 2.素混凝土
水磨石地面	30 20 100 1.水磨石地面 2.水泥砂浆 3.素混凝土

2. 地面的保温要求

当地面的温度高于地下土壤温度时，热流便由室内传入土壤。居住建筑室内地面下部土壤温度的变化并不太大，变化范围：一般从冬季到春季仅有10℃左右，从夏末至秋天也只有20℃左右，且变化得十分缓慢。但是，在房屋与室外空气相邻的四周边缘部分的地下土壤温度的变化还是相当大的。冬天，它受室外空气以及房屋周围低温土壤的影响，将有较多的热量由该部分被传递出去，其温度分布与热流的变化情况如图6-6所示。表6-7为几种保温地板的热工性能指示。

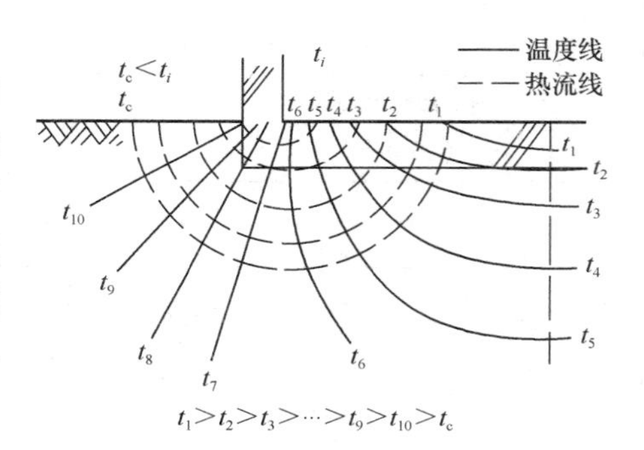

图6-6 地面周围的温度分布

表6-7 几种保温地板的热工性能

编号	地板构造	保温层厚度 δ(mm)	地板总厚度 (mm)	热阻 R[(m²·K)/W]	传热系数 K[W/(m²·K)]
(1)	20 130 10 δ 10 水泥砂浆 钢筋混凝土圆孔板 粘结层 聚苯板(ρ_o=20, λ_c=0.05) 纤维增强层	60	230	1.44	0.63
		70	240	1.64	0.56
		80	250	1.84	0.50
		90	260	2.04	0.46
		100	270	2.24	0.42
		120	290	2.64	0.36
		140	310	3.04	0.31
		160	330	3.04	0.28

续表

编号	地板构造	保温层厚度 δ(mm)	地板总厚度 (mm)	热阻 $R[(m^2\cdot K)/W]$	传热系数 $K[W/(m^2\cdot K)]$
(2)	地板构造同（1）； 地板为180mm厚钢筋混凝土圆孔板	60	280	1.49	0.61
		70	290	1.69	0.54
		80	300	1.89	0.49
		90	310	2.09	0.45
		100	320	2.29	0.41
		120	340	2.69	0.35
		140	360	3.09	0.31
		160	380	3.49	0.27
(3)	地板构造同（1）； 地板为110mm厚钢筋混凝土圆孔板	60	210	1.39	0.65
		70	220	1.59	0.57
		80	230	1.79	0.52
		90	240	1.99	0.47
		100	250	2.19	0.43
		120	270	2.59	0.36
		140	290	2.99	0.32
		160	310	3.39	0.28

对于接触室外空气的地板（如骑楼、过街楼的地板），以及不采暖地下室上部的地板等。应采取保温措施，使地板的传热系数满足要求。

对于直接接触土壤的非周边地面，一般不需做保温处理，其传热系数即可满足要求；对于直接接触土壤的周边地面（即从外墙内侧算起2.0m范围内的地面），应采取保温措施，使其传热系数满足要求。图6-7是满足节能标准要求的地面保温构造做法，图6-8是国外几种典型的地面保温构造。

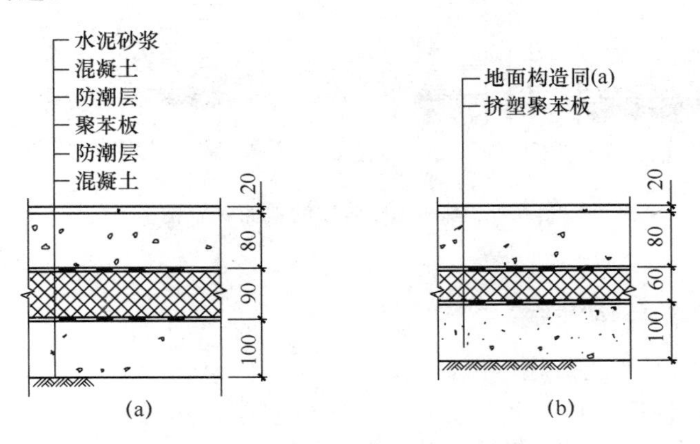

图6-7　地面保温构造

（a）普通聚苯板保温地面；（b）挤塑聚苯板保温地面

3. 地面的绝热

仅就减少冬季的热损失来考虑，只要对地面四周部分进行保温处理即可。但是，对于长江以南的许多地方，还必须考虑到高温高湿气候的特点，因为高温高湿的天气容易引起夏季地面的结露。一般土壤的最高、最低温度，与室外空气的最高与最低温度出现的时间相比，延迟 2～3 个月（延迟时间因上壤深度不同而异）。所以，在夏天，即使是混凝土地面，温度也几乎不上升。当这类低温地面与高温高湿的空气接触时，地表面就会出现结露。在一些换气不好和仓库、住宅等建筑物内，每逢梅雨天气或者空气比较潮湿的时候，地面上就易湿润，急剧的结露会使地面看上去像洒了水一样。

地面与普通地板相比，冬季的热损失较少，从节能的角度来这看是有利的。但当考虑到南方湿热的气候因素，对地面进行全面绝热处理还是必要的。在这种情况下，可采取室内侧地面绝热处理的方法，或在室内内侧布置随温度变化快的材料（热容量较小的材料）作装饰面层。另外，为了防止土中湿气侵入室内，可加设防潮层。

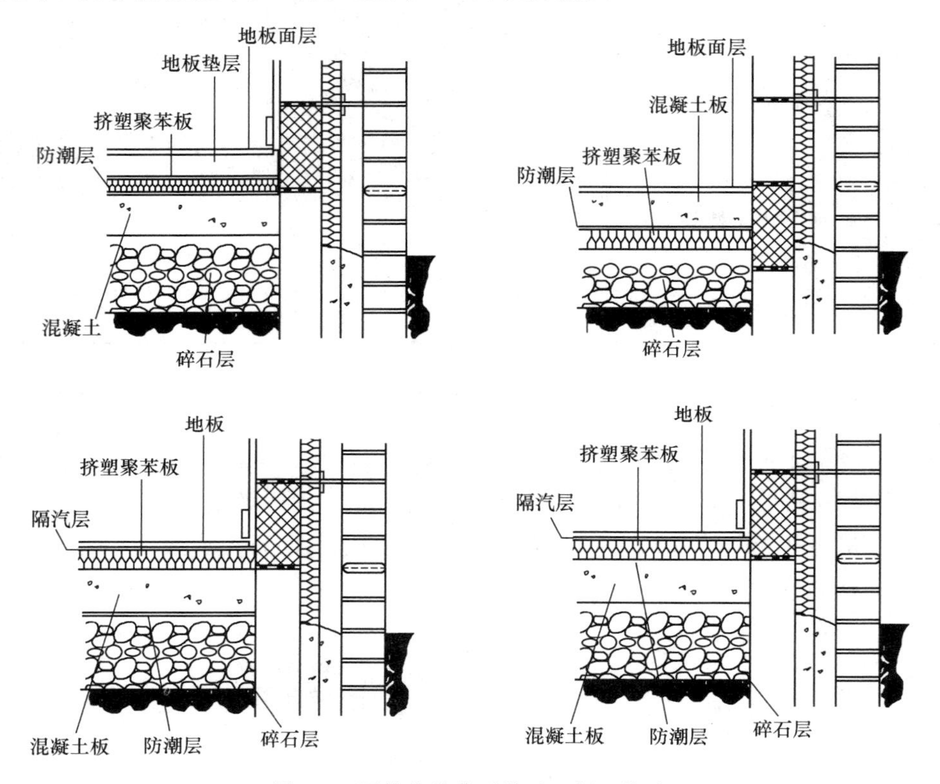

图 6-8　国外几种典型的地面保温构造

6.1.4　楼梯间内墙与构造缝

1. 楼梯间内墙保温节能措施

楼梯间内墙泛指住宅中楼梯间与住户单元间的隔墙，同时一些宿舍楼内的走道墙也包含在内。在一般设计中，楼梯间走道间不采暖，所以，此处的隔墙即成为由住户单元内向楼梯间传热的散热面，这些部分应做好保温节能措施。我国节能标准中规定：采暖居住建筑的楼梯间和外廊应设置门窗；在采暖期室外平均温度为－0.1～6.0℃的地区，楼梯间不采暖时，楼梯间隔墙和户门应采取保温措施；在－6.0℃以下地区，楼梯间应采暖，入口处应设置门斗等避风设施。

计算表明，一栋多层住宅，楼梯间采暖比不采暖耗热要减少5%左右；楼梯间开敞比设置门窗耗热量要增加10%左右。所以有条件的建筑应该在楼梯间内设置采暖装置并做好门窗的保温措施。

根据住宅选用的结构形式，承重砌筑结构体系，楼梯间内墙多为厚240mm砖结构或200mm承重混凝土砌块。这类形式的楼梯间内墙的保温层常置于楼梯间一侧，保温材料多选用保温砂浆类产品，保温层厚度为30～50mm时，能满足50%节能标准中对楼梯间内墙的要求。因保温层多为松散材料组成，施工时所要注意的是其外部保护层的处理，以防止搬动大件物品时磕碰、损伤楼梯间内墙的保温层。

钢筋混凝土框架结构建筑的楼梯间常与电梯间相邻，这些部分通常为钢筋混凝土剪力墙结构，其他部分多为非承重填充墙结构，这时要提高保温层的保温能力，以达到节能标准的要求。

2. 构造缝部位节能措施

建筑构造缝常见的有沉降缝、抗震缝等，虽然所处部位的墙体不会直接面向室外寒冷空气，但这部位的墙体散热量也很大，必须对其进行保温处理。此处保温层置于室内一侧，做法与楼梯间内墙的保温层相同。

6.2 砌体热阻检测

外墙系统、分户墙、地板、屋顶等建筑构件的检测方法基本相同，外墙是检测的基础，掌握了外墙的检测技术，其他构件的检测方法可参照进行。在外墙系统的各种构造中最复杂的是混凝土砌块体系，这里重点介绍混凝土空心砌块及砌体的热阻、传热阻、传热系数的检测方法，其他砌体的热阻检测参照此方法进行。

混凝土空心砌块是常用的建筑构件，种类多、品种齐，可以按用途、孔型、材质、孔排数、填芯材料、厚度等分类方法分为许多种。国外混凝土空心砌块建筑已有140年的历史，我国混凝土空心砌块建筑应用也有70多年。近年来，随着墙材革新，建筑节能政策的逐步推进，已开发节约土地、节约能源的墙体材料替代实心黏土砖，实践证明混凝土空心砌块是理想的墙体材料。建筑节能设计标准的不断提高，从节能30%、节能50%到节能75%的目标的提出与实施，对建筑物围护结构的传热性能的要求越来越严格，作为墙体材料的混凝土空心砌块遇到前所未有的机遇和挑战。为了满足要求，各种结构形式的砌块应运而生，在推广使用之前，对这些新开发的砌块的节能性能进行研究无疑具有重要的意义。

由于不论哪种混凝土砌块从传热的角度来看都是不均匀的材料，所以混凝土砌块没有一个严格意义上的导热系数，只能针对某种具体的块型计算一个平均导热系数或热阻。在设计砌块形状时用计算热阻来定模具，在工程设计时，则采用计算热阻或砌块砌体的实测热阻值。

目前混凝土空心砌块砌筑的砌体热阻采用两种方法进行检测：一是按标准规定的方法直接检测得到砌体热阻值；二是先检测砌块基材的导热系数，然后按热工设计规范规定的计算方法算出砌体热阻值。

6.2.1 直接检测之热箱法

目前在实验室检测砌体热阻的方法按《绝热稳态传热性质的测定　标定和防护热箱法》（GB/T 13475—2008）进行。

热箱法是基于一维稳态传热的原理，在试件两侧的箱体（热箱和冷箱）内，分别建立所需的温度、风速和辐射条件，达到稳定状态后，测量空气温度、试件和箱体内壁的表面温度及输入计量箱的功率，就可以根据式（6-1）计算出试件的热传递性质——传热系数。因为要检测通过被测对象的热量，所以要把传向别处的热量予以剔除，这样根据处理方式的不同又分为标定热箱法和防护热箱法。

$$K=\frac{Q}{A(T_{\mathrm{i}}-T_{\mathrm{e}})} \tag{6-1}$$

式中　K——传热系数，W/（m^2·K）；

Q——通过试件的功率，W；

A——热箱开口面积，m^2；

T_{i}——热箱空气温度，K或℃；

T_{e}——冷箱空气温度，K或℃。

1. 标定热箱法

标定热箱法的检测原理示意图如图6-9所示。将标定热箱法的装置置于一个温度受到控制的空间内，该空间的温度可与计量箱内部的温度不同。采用高比热阻的箱壁使得流过箱壁的热流量Q_3尽量小。输入的总功率Q_{p}应根据箱壁热流量Q_3和侧面迂回热损Q_4进行修正。Q_3和Q_4应该用已知比热阻的试件进行标定，标定试件的厚度、传热阻范围应与被测试件的范围相同，其温度范围亦应与被测试件试验的温度范围相同。用式（6-2）计算被测试件的热阻、传热阻和传热系数。

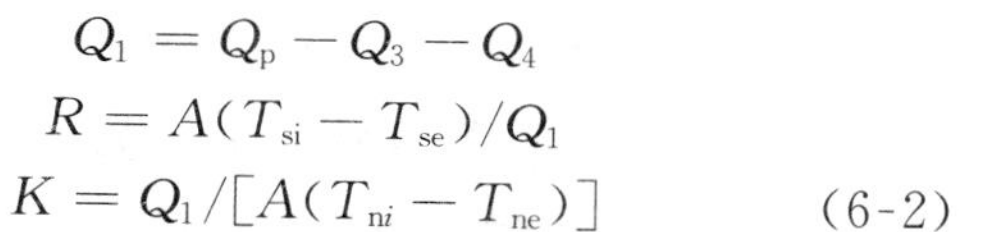

$$Q_1=Q_{\mathrm{p}}-Q_3-Q_4$$
$$R=A(T_{\mathrm{si}}-T_{\mathrm{se}})/Q_1$$
$$K=Q_1/[A(T_{ni}-T_{\mathrm{ne}})] \tag{6-2}$$

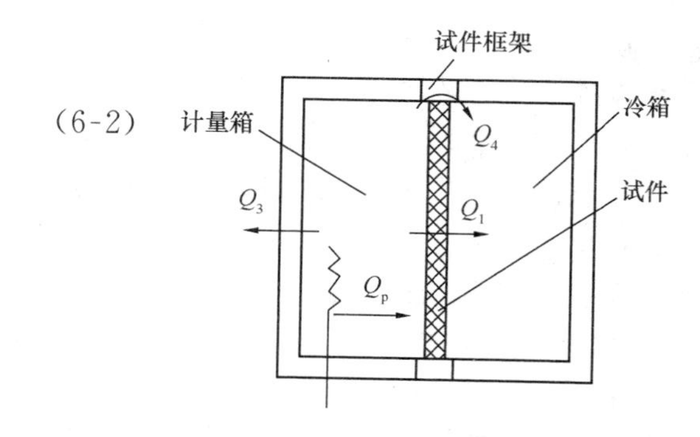

图6-9　标定热箱法检测原理示意图

式中　Q_{p}——输入的总功率，W；

Q_1——通过试件的功率，W；

Q_3——箱壁热流量，W；

Q_4——侧面迂回热损，W；

A——热箱开口面积，m^2；

T_{si}——试件热侧表面温度，K；

T_{se}——试件冷侧表面温度，K；

T_{ni}——试件热侧环境温度，K；

T_{ne}——试件冷侧环境温度，K。

2. 防护热箱法

防护热箱法检测原理示意图如图6-10所示。在防护热箱法中，将计量箱置于防护箱内。使防护箱内温度与计量箱内温度相同，使试件内不平衡热流量Q_2和流过计量箱壁的热流量Q_3减至最小可以忽略。按式（6-3）计算被测试件的热阻、传热阻和传热系数。

$$Q_1 = Q_p - Q_3 - Q_2$$
$$R = A(T_{si} - T_{se})/Q_1$$
$$K = Q_1/[A(T_{ni} - T_{ne})] \qquad (6\text{-}3)$$

式中　Q_2——试件内不平衡热流，W。

其他符号同式（6-2）。

3. 装置

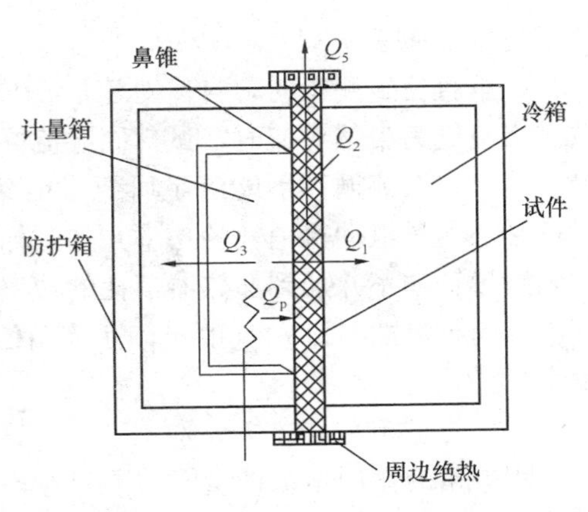

图 6-10　防护热箱法检测原理示意图

由于被测构件种类和测试条件是多种多样的，因此，没有一个通用的定型设备。根据实验室条件和检测试件的规格尺寸，满足检测要求就行。图 6-9 和图 6-10 所示是典型布置形式，图 6-11 所示是其他的布置方式。热箱法试验的测量误差部分正比于计量区域周边的长度。随着计量区域的增大，其相对影响减小。在防护热箱法中，计量区域的最小尺寸是试件厚度的 3 倍或者 1m×1m，取其大者。标定热箱法的试件最小尺寸是 1.5m×1.5m，如图 6-12 所示。

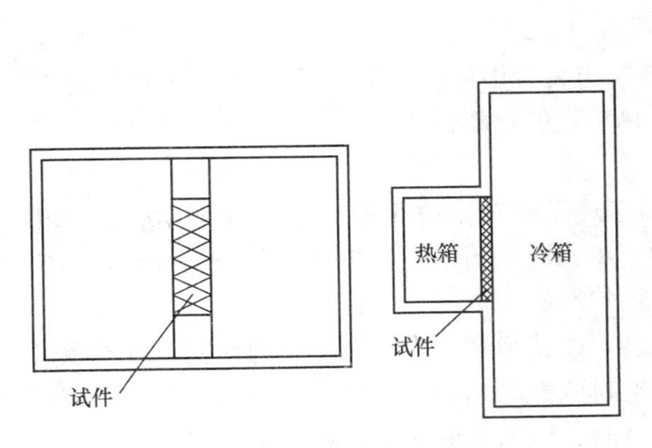

图 6-11　热箱其他布置形式

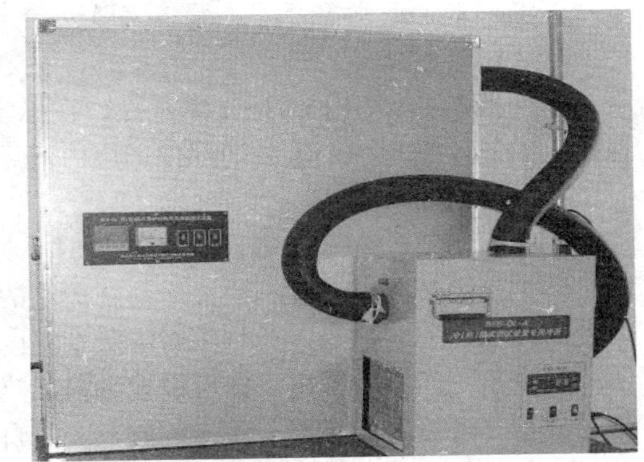

图 6-12　热箱装置实物图

（1）计量箱

计量面积必须足够大，使试验面积具有代表性。对于有模数的构件，计量箱尺寸应精确地为模数的整数倍。

计量箱壁应该是热均匀体，以保证箱壁内表面温度均匀。Q_3 的不确定性引起 Q_1 的误差不应超过±0.5%。箱壁应是气密性的绝热体，箱壁的表面辐射率应大于 0.8。防护热箱装置中的计量箱的鼻锥应紧贴试件表面以形成一个气密性连接。鼻锥密封垫的宽度不应超过计量宽度的 2%，最大不超过 20mm。

供热及空气循环装置应保证试件表面有均匀的空气温度分布，沿着气流方向的空气温度梯度不得超过 2℃/m。平行于试件表面气流的横向温度差不应超过热、冷侧空气温差的 2%。

通常采用电阻加热器作为热源，热源应用绝热反射罩屏蔽。采用强迫对流时，在计量箱中设置平行于试件表面的导流屏，导流屏应与计量箱内面同宽，而上下端有空隙以便空气循环。导流屏在垂直其表面方向上可以移动，以调节平行于试件表面的空气速度，导流屏表面的辐射率也应大于 0.8。

在垂直位置测量时，自然对流所形成的循环应能达到所需的温度均匀性和表面换热系数。当空气为自然对流时，试件同导流屏之间的距离应远大于边界层的厚度，或者不用导流屏。当自然对流循环不能满足所要求的条件时，应安装风扇。风扇电动机安装在计量箱中时，必须测量电动机消耗的功率并加到加热器消耗的功率上。如果只有风叶在计量箱内，应准确测量轴功率并加到加热器消耗的功率上，使得试件热流量测量误差小于±0.5%，建议气流方向与自然对流方向相同，计量箱的深度在满足边界层厚度和容纳设备的前提下应尽量小。

（2）防护箱

防护箱的作用是在计量箱周围建立一个小空间，通过人为控制得到适当的空气温度和表面换热系数，目的是使流过计量箱壁的热流量 Q_3 及试件不平衡热流量 Q_2 减到最小。防护面积大小及边界绝热应满足以下条件：当测试最大预期热阻和厚度的均质试件时，由周边热损失 Q_5 引起的热流量 Q_1 的误差应小于±0.5%。防护箱内壁的辐射率、加热器屏蔽等要求与计量箱相同。防护箱内环境的不均匀性引起不平衡误差应小于±0.5%。为避免防护箱中的空气停滞不动，通常需要安装循环风扇。

（3）试件框架

试件框架的作用主要是支撑试件。在标定热箱装置中试件框架是侧面迂回热损失 Q_4 的通路。因此，它是一个重要的部件，应由低导热系数的材料做成。

（4）冷箱

在应用图 6-9 和图 6-10 所示的装置时，标定热箱装置中冷箱的大小与计量箱的大小相同；防护热箱装置中，冷箱的大小与防护箱的大小相同。箱壁应绝热良好并防止结露，箱壁内表面的辐射率、加热器的热辐射屏蔽及温度均匀性的要求与计量箱相同。

制冷系统的蒸发器出口处可设置电阻加热器，以精确调节冷箱温度。为使箱内空气温度均匀分布，可设置导流屏，建议气流方向与自然对流方向相同。电机、风扇和蒸发器应进行辐射屏蔽。空气流速应可以调节，测量建筑构件时，风速一般为 0.1～10m/s。

4. 检测步骤

（1）试样安装或砌筑在试样架上，试样冷热表面根据用户要求做抹面层，试样周边与试样框之间的缝隙用具有一定弹性和强度的半硬性保温材料填塞紧密。

均质试件直接安装在试件夹上，做好周边密封即可。对非均质试件（当试件不均匀性引起的表面温度局部差值超过试件两侧表面平均温差的 20%时，可认为是非均质的）应做如下考虑：用防护热箱法检测时，应将热桥对称地布置在计量面积和防护面积的分界线上，如果试件是有模数的，计量箱的周边应同模数线外形重合或在模数线的中间。试件中连续的空腔可用隔板将其分成防护空腔和计量空腔，试件表面为高导热性的饰面时，可在计量箱周边将饰面切断。用标定热箱法检测时，应考虑试件边缘的热桥对侧面迂回传热的影响。试件安装时周边应密封，不让空气或水汽从边缘进入试件，也不从热的一侧传到冷的一侧，反之亦然。试件的边缘应绝热，使 Q 减小到符合准确度的要求。每一个温度变化区域应该放置辅助温度传感器，试件表面平均温度是每个区域表面平均温度的面积加权平均值。

如果试件表面不平整，可用砂浆、嵌缝材料或其他适当的材料将同计量箱周边密封接触的面积填平。如果试件尺寸小于计量箱所要求的试件尺寸，将试件镶嵌在一堵辅助墙板的中间，辅助墙板的比热阻和厚度应与试件相同。

（2）当试样安装完后，按被测试样产品的要求进行状态调节。

由于试件含水率对其传热性能影响很大，因此为了消除这个附加误差，使结果更加真实地反映试件的传热性能，将试件在测量前调节到气干状态。试件的规格、品质应能够代表试件在正常使用状况下的情况。

（3）待表面材料凝固并干燥后，将传感器安装到表面的方法应不改变测试点的温度。可采用胶粘剂或胶带将热电偶传感器粘贴在试样的冷、热表面上，测量空气温度和试样表面温度的传感器尽量均匀地分布在试样的计量区域上，并且热侧和冷侧互相对应布置。其线径为0.25～0.5mm较合适，粘贴时测温传感器连同100mm长引线应与受检表面紧密接触。

在试样冷、热表面中央有代表性的部位分别均匀地各贴若干个测温点。另外，在冷、热箱内设有带防辐射罩的温度传感器，用来观察控温状况。在检查每个测点都接通之后，将冷、热箱与试样架一起合上并扣紧。

（4）空气温度传感器应进行辐射屏蔽。

测量所有与试件进行辐射换热表面的温度，以便计算平均辐射温度。除非已知温度的分布，否则各种用途的温度测点数量每平方米不得少于2个，并且总共不得少于9个。应对热电偶进行热辐射屏蔽。

为提高精度，可用示差接法测量试件两侧的空气温差、表面温差和计量箱壁两侧的表面温差。在自然对流情况下，温度传感器应置于边界层的外面。大多数情况边界层厚度为几个厘米的距离，紊流情况下边界层的厚度可能超过0.1m。

强迫对流情况下，试样与导流屏之间应有完全扩展的紊流。应设置温度传感器测量空气的容积空气温度。

（5）稳态时，至少在两个连续的测量周期内计量箱内温度的随机波动和漂移应小于试件两侧空气温差的±1%，防护箱的温度控制引起的附加不平衡误差应小于±0.5%。

测量条件的选择应考虑试件在工程上实际使用的环境。箱内最小温差为20℃，冷、热箱的温度控制满足要求，热、冷箱内的空气流速根据试验要求调节。如果用防护热箱法检测，保证防护热箱和计量热箱的温度保持一致，使两者之间不产生热量传递，使Q_2和Q_3尽可能接近于零，否则检测的结果会产生偏差。防护箱温度高于计量箱时，防护箱内热量向计量箱传递，检测得到的试件传热系数值偏低；防护箱温度低于计量箱温度时，计量箱热量向防护箱内传递，计量箱加热器发出的功率没有完全通过试件，检测得到的试件传热系数值偏高。

热箱法计量的热流量有两部分：一部分是热箱加热器的功率；另一部分是通过箱壁和试件迂回的热损失。加热器的功率用功率表或电流电压表测量，后者用热电偶、热流计测量。温度测量仪表的精度达到0.1℃，功率测量仪表的精度应能够保证流过试件热流量的误差小于3%。

（6）测量时间包括瞬变过程及若干个测量周期。瞬变过程的长短和测量周期由试样状态、控温情况、计量仪表及所要求的精度而定。瞬变过程一直持续到接近稳定状态之前，然后进入热稳定状态，

试验达到稳态后，测量两个至少为3h（1h一次）周期内功率和温度值，及其计算的热阻R或传热系数K平均值偏差小于1%，并且每小时的数值不是单方向变化时，表示已经得到试件的稳态热传递性质——热阻或传热系数，即可结束测量。如果试件的热容量很大或

传热系数很小，还要延长试验的持续时间。

5. 结果计算

试件的稳态传热性质参数（热阻 R 值、传热系数 K 值）按照式（6-2）和式（6-3）用最后两个至少为 3h 的平均值进行计算。同时，如果需要，根据这些数据按式（6-4）～式（6-6）还可以计算出试件的传热阻 R_0、内表面（试件热侧面）换热阻 R_i、外表面（试件冷侧面）换热阻 R_e。

$$R_0 = \frac{1}{K} \tag{6-4}$$

$$R_i = \frac{A(T_{ni} - T_{si})}{Q_1} \tag{6-5}$$

$$R_e = \frac{A(T_{se} - T_{ne})}{Q_1} \tag{6-6}$$

式中符号的意义与式（6-2）和式（6-3）相同。

均质试件或不均匀度小于 20%的试件，可根据表面温度计算热阻 R，根据环境温度计算传热系数 K 和表面换热阻 R_i、R_e。如超出上面所述的均匀性或者试件有特殊的几何形状，仅能根据环境温度计算传热系数 K 值。

6. 检测注意事项

（1）热箱中风扇功率和加热功率计量准确；

（2）测量试样的表面温度要选择有代表性的区域，尤其是均匀性差的试样；

（3）试样要尽量按比例模拟实际工程使用情况，特别是结构性热桥部分的比例；

（4）测试时要尽量调控好热箱内、外空气温度，使内、外温度尽可能接近，避免出现热箱内外空气温差过大的现象；

（5）对于保温性能特别好的试样，测量要非常慎重。

7. 检测报告

检测报告应包括下述内容：

（1）机构信息：委托和生产单位名称，检测单位名称、住址。

（2）试件信息：试件名称、编号、描述（规格、试验前后的质量、含湿量、各种传感器的位置），最好给出检测时的安装简图。

（3）检测条件：试件方位及传热的方向，热、冷侧的空气温度，热、冷侧的表面温度，热、冷侧空气的平均流速及方向，测量装置的尺寸及内表面的辐射率，总输入功率及流过试件的纯传热量，测量的持续时间。

（4）检测信息：检测依据、检测设备、检测项目、检测类别和检测时间。

（5）检测结果：试件传热系数 K 值、热阻 R 值，需要时列出传热阻 R_0、内表面换热阻 R_i、外表面换热阻 R_e。

（6）备注说明：试验条件与试件均质性说明。

（7）报告责任人：测试人、审核人及签发人等。

6.2.2 直接检测之热流计法

1. 热流计法测热阻的原理

热流计法检测的前提条件是一维稳态传热，本质要求是通过热流计的热流 E，即是通过被测对象的热流，并且这个热流平行于温度梯度方向，不考虑向四周的扩散。这样，同时测出热流计冷端温度和热端温度，即可根据式（6-7）～式（6-9）计算出被测对象的热阻、传热阻和传热系数。

$$R=\frac{t_2-t_1}{E\cdot C} \tag{6-7}$$

$$R_0=R_i+R+R_e \tag{6-8}$$

$$K=\frac{1}{R_0} \tag{6-9}$$

式中 R——被测物的热阻，$m^2\cdot K/W$；

t_1——冷端温度，K；

t_2——热端温度，K；

E——热流计读数，mV；

C——热流计测头系数，$W/(m^2\cdot mV)$，热流计出厂时已标定；

R_0——被测物的传热阻，$m^2\cdot K/W$：

R_i——内表面换热阻，$m^2\cdot K/W$；

R_e——外表面换热阻，$m^2\cdot K/W$；

K——传热系数，$W/(m^2\cdot K)$。

2. 所用仪器仪表及材料

使用的主要设备仪器是温度传感器、热流传感器、数据采集仪。

（1）温度热流自动巡回检测仪（以下简称巡检仪）

该仪器为智能型的数据采集仪表。采用最新单片机系统，能够测量 55 路温度值和 20 路热流的热电势值，可实现巡回或定点显示、存储、打印等功能，并且可将存储数据上传给微型计算机进行处理（巡检仪型号不同，功能也不尽相同）。

（2）WYP 型热流计

外形尺寸：110mm×110mm×2.5mm，测头系数为 11.6$W/(m^2\cdot mV)$[10$kcal/(m^2\cdot h\cdot mV)$]，使用温度范围为 100℃以下，标定误差≤5%。

（3）温度传感器

用铜-康铜热电偶作为温度传感器，测温范围为－50～100℃，分辨率为 0.1℃，不确定度≤0.5℃。

（4）温度控制仪

制冷和加热双向控制，采用 PID 控制模式精确控温，控温范围为－20～45℃。

（5）数字温度计

分辨率为 0.1℃，量程为－50～199.9℃，测量精度：0.2℃。

（6）其他仪器及材料

电烙铁、万用表、黄油、双面胶带、透明胶带等。

3. 试验条件

试验条件和试样的安装处理与热箱法一样，在实验室砌墙，墙体两侧分别为热室和冷室，模拟采暖期气候条件。

4. 检测步骤

（1）将试样处理安装，如果做了砂浆等砌筑或抹面材料，要待其含水率达到气干状态。

（2）粘贴传感器，热流计贴在试件的中间部位，布置在热侧；热电偶贴在热流计周围，一片热流计周围贴 4 片热电偶，并在另一侧即冷侧对应位置粘贴相同数量的热电偶。

（3）将热流计和热电偶分别编号，连接到数据采集仪上。

（4）开机检测，并监控数据采集仪的工作状态。

（5）试验中随时对采集的数据进行热阻或传热系数的计算。如果数据采集仪自身具有计算功能，可直接看出计算结果。如果数据采集仪没有自动计算功能，要用上位机在线或离线检测，用通信软件将数据传给上位机，将数据代入式（6-7）～式（6-9）计算热阻或传热系数。直到热阻或传热系数不再随时间变化，达到稳定状态，试验结束。

5. 数据处理

试验达到稳态后，利用计算出的热阻或传热系数作图，热阻-时间曲线或传热系数-时间曲线，取稳定段数值的平均值作为测量结果。

6. 检测报告

检测报告的内容与热箱法检测中报告的内容基本一致。

6.2.3 间接检测

砌体热阻除了按热箱法和热流计法在实验室直接检测外，还可以间接测试，即先测出组成材料的导热系数，再经计算得到砌体热阻值。首先测得砌体基础材料的导热系数，然后结合砌体使用过程中的热流特征，根据《民用建筑热工设计规范》（GB 50176—2016）中复合结构热阻值的计算公式进行计算，得到砌体的热阻值。

1. 检测步骤

该方法检测砌体热阻，按以下 4 步完成：选择材料导热系数检测方法、制作基材导热系数检测试样、检测基材导热系数、计算砌体热阻。具体内容如下：

（1）根据设备条件和具体情况选择合适的检测材料导热系数方法。

（2）根据选定的方法和设备的要求，制作检测砌体基材的导热系数的试样。

砌块材质的导热系数试样有两种制作方法：一种是在砌块生产过程中同时制作并且在同条件下养护至龄期，将试样的周边和两个大面打磨平整待检；另一种方法是在已经做好的砌块上制样，用钢锯截取完整的砌块制样，试样的周边和两个大面打磨平整待检。板状的制品直接在试件上截取符合仪器要求的试样，现拌混凝土或浆料类保温材料用模具成型试样。

（3）检测基材试样的导热系数；

（4）计算砌块的热阻或平均传热系数。

2. 计算依据

根据《民用建筑热工设计规范》（GB 50176—2016）的规定，单一均质材料层、多层均质材料围护结构平壁、非均质复合围护结构的热阻计算方法如下。

（1）单一均质材料层的热阻计算

单一均质材料的热阻应按式（6-10）计算：

$$R = \frac{d}{\lambda} \tag{6-10}$$

式中 R——材料层的热阻，$m^2 \cdot K/W$；

d——材料层的厚度，m；

λ——材料的导热系数，W/(m·K)，应按 GB 50176—2016 的附录 B 取值或用实测值。

（2）多层均质材料围护结构平壁的热阻计算

多层均质材料组成围护结构平壁的热阻应按式（6-11）计算。

$$R = R_1 + R_2 + \cdots + R_n \tag{6-11}$$

式中 R_1、R_2、…、R_n——各层材料的热阻，$m^2 \cdot K/W$，其中，实体材料层的热阻应按式（6-10）计算，封闭空气间层热阻应按 GB 50176—2016 附录 B 的规定取值。

（3）非均质复合围护结构的热阻计算

复合结构的热阻由下列计算得出，热阻计算示意图如图 6-13 所示。

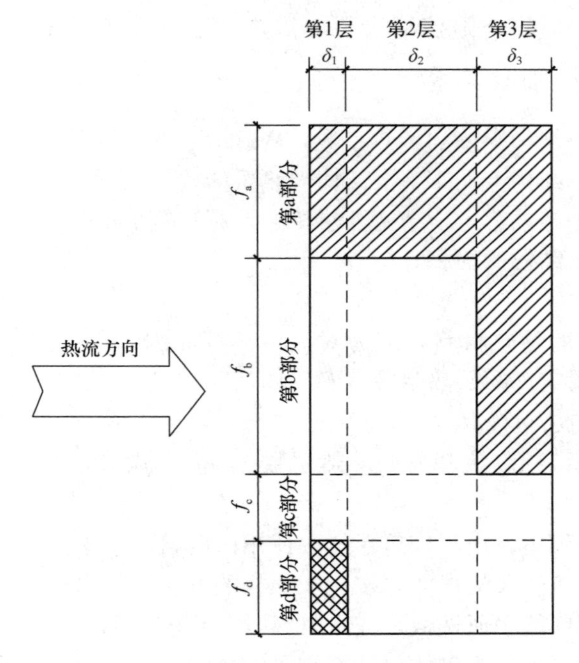

图 6-13 非均质复合围护结构热阻计算简图

① 由两种以上材料组成的、二（三）向非均质围护结构，当相邻部分热阻的比值≤1.5 时，复合围护结构的热阻可按下列公式计算：

$$\overline{R} = \frac{R_{0u} + R_{0l}}{2} - (R_i + R_e) \tag{6-12}$$

式中 $\overline{R}$——非均质复合围护结构的热阻，$m^2 \cdot K/W$；

R_{0u}——应按公式 $R_{0u} = \dfrac{1}{\dfrac{f_a}{R_{0ua}} + \dfrac{f_b}{R_{0ub}} + \cdots + \dfrac{f_q}{R_{0uq}}}$ 计算；

R_{0l}——应按公式 $R_{0l} = R_i + R_1 + R_2 + \cdots + R_j + \cdots + R_n + R_e$ 计算；

R_i——内表面换热阻，$m^2 \cdot K/W$；

R_e——外表面换热阻，$m^2 \cdot K/W$；

f_a、f_b、…、f_q——与热流平行方向各部分面积占总面积的分数；

R_{0ua}、R_{0ub}、…、R_{0uq}——与热流平行方向各部分的传热阻，$m^2\cdot K/W$，按公式(6-8)计算；

R_1、R_2、…、R_j、…、R_n——应按公式 $R_j=\dfrac{1}{\dfrac{f_a}{R_{aj}}+\dfrac{f_b}{R_{bj}}+\cdots+\dfrac{f_q}{R_{qj}}}$ 计算；

R_{aj}、R_{bj}、…、R_{qj}——与热流垂直方向第 j 层各部分的热阻，$m^2\cdot K/W$，按公式(6-10)计算。

② 由两种以上材料组成的、二（三）向非匀质围护结构，当相邻部分热阻的比值大于1.5时，复合围护结构的热阻应按下式计算：

$$\overline{R}=\frac{1}{K_m}-(R_i+R_e) \tag{6-13}$$

式中 K_m——非匀质复合围护结构平均传热系数，$W/(m^2\cdot K)$，按公式 $K_m=K+\dfrac{\sum\psi_j l_j}{A}$ 计算；

K——围护结构平壁的传热系数，$W/(m^2\cdot K)$，应按公式(6-9)计算；

ψ_j——围护结构上的第 j 个结构性热桥的线传热系数，$W/(m\cdot K)$；

l_j——围护结构第 j 个结构性热桥的计算长度，m；

A——围护结构的面积，m^2。

（4）空气层的热阻

空气层可视为特殊的绝热材料，因为对流传热等原因，空气层的热阻不能简单地由式（6-10）计算得出，封闭空气间层热阻应按 GB 50176—2016 附录 B 的规定取值。

3. 砌块砌体的平均热阻计算

通过前面介绍方法得到砌块基材的导热系数 λ，代入式（6-12）或式（6-13）即可得到砌块的热阻。

同样的砌块建造的砌体，由于砌筑形式、使用的砌筑砂浆不同，其热阻也不同。然后根据砌块的砌筑形式、砌筑砂浆的性能，按面积加权的方法计算出砌体的热阻。砌筑砂浆的导热系数根据材料热物理性能手册选取，或按材料导热系数检测方法通过实测得到。

砌块在实际使用时要砌筑为砌体，计算砌体的热阻、传热阻、传热系数时要考虑砌筑砂浆的厚度和导热系数以及抹面砂浆的厚度和导热系数。在这种情况下，分步计算：先计算砌体中砌块的面积和砌筑砂浆灰缝的面积；按式（6-10）计算出砌筑砂浆灰缝的热阻（砌筑砂浆可按均质材料计算）；根据砌体中砌块和砌筑砂浆所占面积比率，按面积加权的方法计算出砌体主体部位的平均热阻；测量抹面砂浆的厚度，按式（6-10）计算抹面砂浆的热阻；再按多层材料复合结构热阻计算式（6-11）计算出砌体最终的热阻；将上面得到的砌体最终热阻代入式（6-8）和式（6-9）可以计算出砌体的传热阻和传热系数。

计算过程如下：

首先，设砌体中砌筑砂浆层的面积为 F_s，导热系数为 λ_s，热阻为 R_s；砌块面积为 F_b，砌块热阻为 R_b；砌体（指不含抹灰砂浆的砌块砌筑体）的热阻为 R_z；抹面砂浆的导热系数为 λ_m，热阻为 R_m；砌筑墙体（指包括两面的抹面砂浆）的热阻为 R_q；砌筑墙体的传热阻为 R_{q0}；砌筑墙体的传热系数为 K_q；砌筑灰缝厚度为 10mm，抹面砂浆的厚度为 20mm；然后计算 $1m^2$ 砌体的热阻。计算过程如图 6-14 所示。

$$F_s = (1 \times 5 + 15 \times 0.19) \times 0.01 = 0.0785(m^2)$$

查常用材料的热工参数，得到λ_s=0.93W/(m·K)

砂浆层的热阻$R_s = 0.19 \div 0.93 = 0.204(m^2 \cdot K/W)$

$$F_b = 1 - F_s = 1 - 0.0785 = 0.9215(m^2)$$

根据查表可知，砌块的热阻R_b=0.336m²·K/W

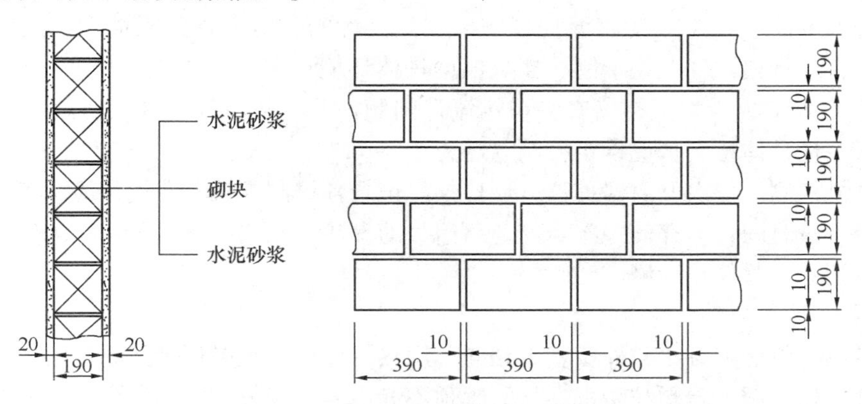

图6-14　砌块砌体传热计算示意图

因此，有：

$$\begin{aligned} R_Z &= \frac{F_s \cdot R_s + F_b \cdot R_b}{F_s + F_b} \\ &= \frac{0.0785 \times 0.204 + 0.9215 \times 0.336}{0.0785 + 0.9215} \\ &= 0.326(m^2 \cdot K/W) \end{aligned}$$

由以上计算可知，陶粒混凝土基材导热系数为0.23W/(m·K)，外壁厚为30mm，肋厚为30mm，390mm×190mm×190mm的单排双孔陶粒混凝土空心砌块，用导热系数为0.93W/(m·K)的砂浆砌筑和抹灰，砌筑灰缝为10mm，双面抹灰厚度各为20mm的砌筑墙体的传热系数检测计算值。

6.3　围护结构传热系数现场检测

围护结构中的外墙和屋顶是在建筑物建造过程中形成的，由于施工过程的复杂性和人为因素，其施工质量受主观和客观多种因素的影响，其保温节能的效果是不确定的，依赖于建造过程中严格的质量管理和良好的商业道德，并且对建筑物的能耗和居住舒适度至关重要，因此围护结构的传热系数检测是重要的项目，从某种角度来说建筑节能最终是由外墙和屋顶决定的，如果经过检测外墙和屋顶的传热系数符合设计要求，那么根据热工计算可以确定建筑物是否节能。

在现场对围护结构传热系数准确测量，是建筑节能检测验收的关键内容。

1. 外墙

(1) 察看具体的建筑物，选择检测位置。选择房间时既要符合随机抽样检测的原则，包括不同朝向外墙、楼梯间等有代表性的测点，又要充分考虑室外粘贴传感器的安全性。其次，对照图纸进一步确认测点的位置，不使其处在梁、板、柱节点、裂缝、空气渗透等位置。

（2）粘贴传感器。用黄油将热流计平整地粘贴在墙面上并用胶带加固，热流计四周用双面胶带或黄油粘贴热电偶，并在墙的对应面用同样方法粘贴热电偶。

（3）将各路热流计和热电偶编号，按顺序号连接到巡检仪。依次接入热电偶，显示温度信号，单位为℃；依次接入热流计，显示热电势值，单位为 mV。

（4）安装温控仪，根据季节气候特点，视不同的气温确定温控仪的安装方式和运行模式。若室外温度高于 25℃，应将温控仪安装在热流计的相对面，紧靠墙面，用泡沫绝热带密封周边，将运行模式开关置于制冷档，根据具体环境设定控制温度－10～－5℃。若室外空气温度低于 25℃，应将温控仪安装在热流计同侧，并将热流计罩住，将运行模式开关置于加热档，根据具体检测情况设定控制温度为 32～40℃。

（5）开机检测。依次开启温控仪、巡检仪，记录各控制参数，巡检仪显示各路温度和热流，并每隔一段时间自动存储一次当前各路信号的参数。在线或离线跟踪监测温度和热流值的变化，达到稳定时停止检测。

2. 屋顶

屋顶传热系数检测方法与外墙基本相同。用热流计法检测屋顶传热系数时，如果受到现场条件限制（如采用页岩颗粒防水卷材的屋顶不光滑），不进行处理就不能够精确测得外表面温度。有的用石膏、快硬水泥等先抹出一块光滑的表面，再贴温度传感器测量温度，这样不可避免地会带来附加热阻，并且由其引起的误差无法精确消除；还有一种较为可行的做法是在内外表面温度不易测定时，可以利用百叶箱测得内外环境温度 T_a、T_b 以及通过热流计的热流 E，根据式（6-14）、式（6-15）计算传热阻 R_0 和传热系数 K。

$$R_0 = \frac{T_a - T_b}{E \cdot C} \tag{6-14}$$

$$K = \frac{1}{R_0} \tag{6-15}$$

式中 T_a——热端环境温度，℃；

T_b——冷端环境温度，℃。

其余符号同式（6-9）式注。

3. 地板

地板和屋顶的检测方法相同。

4. 检测方法

目前围护结构（一般测外墙和屋顶、架空地板）的传热系数现场检测方法主要有 5 种：热流计法、热箱法、控温箱-热流计法、非稳态法（常功率平面热源法）、遗传辨识算法。下面分别介绍前三种方法各自的特点和适用性。

6.3.1 热流计法

目前热流计法是现场检测围护结构传热系数的方法中应用最广泛的方法，国际标准《隔热建筑构件 热阻和热透过率的现场测量》（ISO 9869）、美国标准《建筑物外壳构件热通量和温度的现场测量标准实验规程》（ASTM C 1046—1995）、《通过现场数据测定建筑包覆物的热阻的标准实施规程》（ASTM C 1155—1995）和行业标准《围护结构传热系数现场检测技术规程》（JGJ/T 357—2015）都对热流计法做了详细规定，这种方法被大家普遍接受。

该方法是国家检测标准首选的方法，在国际上也是公认的方法，仪器设备少，检测原理简单，易于理解掌握，但是这种方法用于现场测试有严重的局限性，因为使用该方法的前提条件是必须在采暖期才能进行测试。我国的现实情况是有些地区基本不采暖，采暖地区的有些工程又在非采暖期竣工，即使在采暖期竣工又有壁挂锅炉分户采暖等，这样就限制了它的使用，对于这些工程热流计法检测就不适用。

《居住建筑节能检测标准》（JGJ/T 132—2009）、《围护结构传热系数现场检测技术规程》（JGJ/T 357—2015）中对热流计法的使用重新做了规定：检测时间宜选在最冷月，且应避开气温剧烈变化的天气。对设置采暖系统的地区，冬季检测应在采暖系统正常运行后进行；对未设置采暖系统的地区，应在人为适当地提高室内温度后进行检测。在其他季节，可采取人工加热或制冷的方式建立室内外温差。围护结构高温侧表面温度应高于低温侧 10℃以上，且在检测过程中的任何时刻均不得等于或低于低温侧表面温度；当传热系数 K 小于 1W/(m・K)时，高温侧表面温度宜高于低温侧 10℃(K)以上。

1. 热流计法原理

热流计法通过检测被测对象的热流 E，冷端温度 t_1 和热端温度 t_2，即可根据式（6-16）～式（6-18）计算出被测对象的热阻和传热系数。现场检测示意图如图 6-15 所示。

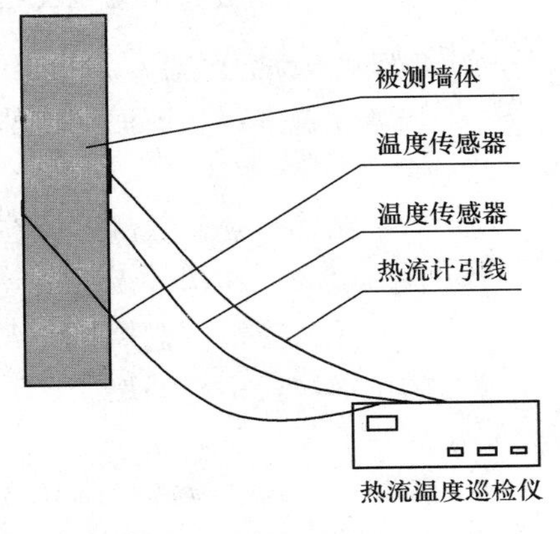

图 6-15　热流计法检测示意图

$$R=\frac{t_2-t_1}{E\cdot C} \tag{6-16}$$

$$R_0=R_i+R+R_e \tag{6-17}$$

$$K=\frac{1}{R_0} \tag{6-18}$$

式中 R——墙体热阻，$m^2\cdot K/W$；

t_1——墙体冷端温度，K；

t_2——墙体热端温度，K；

E——热流计读数，mV；

C——热流计测头系数，$W/(m^2\cdot mV)$，热流计出厂时已标定；

R_0——墙体传热阻，$m^2\cdot K/W$；

R_i——内表面换热阻，$m^2\cdot K/W$，按 GB 50176—2016 规定取值；

R_e——外表面换热阻，$m^2\cdot K/W$，按 GB 50176—2016 规定取值；

K——传热系数，$W/(m^2\cdot K)$。

2. 仪器设备

热流计法检测墙体传热系数时用的仪器较少，主要仪器设备有传感器和数据采集仪。温度传感器用铜-康铜热电偶；数据采集仪用温度热流巡回检测仪，具体的性能与控温箱热流计法中所用数据采集仪相同。

热流计法就是用热流计作为热流传感器，通过它来测量建筑物围护结构或各种保温材料的传热量及物理性能参数。热流计按照 JGJ/T 357—2015 规定要求如下：

（1）热流计应符合《建筑用热流计》（JG/T 519—2018）的有关规定，且应定期进行标定，标定周期不应大于 3 年；

（2）热流计测量不确定度不应大于 5%；

（3）热流计表面的辐射系数宜与受检表面的辐射系数接近，否则受检表面宜做表面处理；

（4）热流计在两次标定之间应进行期间核查，核查周期为 1 年，核查方法应符合 JGJ/T 357—2015 附录 A 的规定；

（5）当使用范围内核查的标定值变化大于 2%时，应对热流计标定值进行校正。

3. 检测的一般规定

（1）围护结构传热系数测试应在被测部位自然干燥 30d 后进行；

（2）检测区域应在构件无裂纹等结构缺陷的典型部位选取；检测区域外表面应避免阳光直射，无法避免时应进行遮挡；

（3）测试前应使用红外热像仪对测试区域进行预选，传感器测点布置时应避开热桥及热工缺陷位置；

（4）传热系数现场检测应避开气温剧烈变化的天气，宜在冬季进行。在其他季节测试，应采取下列措施：①室内加热；②室内制冷；③加环境箱。

（5）热流计法不宜用于非均质材料自保温和基墙非均质的外保温墙体；

（6）砌筑龄期小于 2 年的墙体，宜进行构件的含湿率检验；

（7）传热系数测试完成后宜用钻或锯取样检查构造，测量各层材料厚度；

（8）构件含湿率检验应在传热系数测试完成后立即进行，测试方法应按 JGJ/T 357—2015 附录 B 或附录 C 的规定进行；

（9）热流密度、温度、加热功率等参数应采用自动采集装置采集。

4. 空气温度测试

（1）测试时应关闭被测房间门窗，待室内温度稳定后进行测试；

（2）室内空气温度测试点应避开冷热源，宜设在被测房间中央，靠近层高 1/2 处均匀布置两个点。当房间存在冷热源时，应安装防辐射罩且保持通风；

（3）室外空气温度测试点宜设置在临近测试区域的建筑外空旷处的阴影下，或加装防辐射罩，距构件外表面不应小于 0.5m；室外空气温度测试点不宜少于 2 个。

5. 测试要求

（1）检测区域不应小于 1.2m×1.2m；

（2）检测期间围护结构内外表面温差不宜小于 10K；

（3）热流计和温度传感器的安装区域应符合下列规定：

① 采用红外热像仪对待测部位进行测试，选取表面温度分布温差不大于 0.5K 的区域；

② 被测部位应避开热源或冷源及通风气流的影响，宜避免雨雪侵袭；

③ 热流计宜布置在温度稳定的环境一侧。有保温层时，热流计宜布置在保温层一侧；

④ 热流计不应安装在金属饰面上。

（4）热流计和温度传感器的安装应符合下列规定：

① 热流计应直接安装在受检围护结构的表面上，且应与表面完全接触；

② 表面温度传感器应靠近热流计安装，另一侧表面温度传感器应在相对应的位置安装，温度传感器连同不应小于100mm长的引线应与受检表面紧密接触。

（5）传感器布置数量应符合下列规定：

① 待检区域应至少布置3个热流计；

② 每个热流计应布置不少于1个表面温度传感器，对应另一侧应布置与之数量等同的表面温度传感器。

（6）检测期间，应定时记录室内外空气温度、内外表面温度和热流密度，采样间隔不宜大于1min，记录时间间隔不应大于5min。

（7）对轻质构件，宜取日落后1h到日出前的数据，在连续3个夜间数据得到的热阻相差不超出±5%，可结束测试。

（8）对于重质构件，测试结束应同时满足下列条件：

① 传热稳定后，采用动态分析法数据处理的测试时间应超过72h，采用算术平均值法数据处理的测试时间应超过96h；

② 测试结束时，得到的热阻值与24h前得到的热阻值偏差不应超过5%；

③ 检测期间内第一个INT（$2\times d/3$）天内与最后一个同样长的天数内热阻的计算值相差不应大于5%。

（9）检测期间，应采取措施使室内空气温度波动小于1K。

6. 数据处理一般规定

（1）热流密度及表面温度测试值应符合下列规定：

① 计算同一采集目标的一组传感器记录数据的算术平均值，热流密度应精确到0.01W/m^2，温度应精确到0.01K；

② 应剔除记录数据中与算术平均值之差超过算术平均值15%的数据，重新计算算术平均值；当该组记录数据中偏差小于算数平均值15%的数据少于2个时，则该组数据无效；

③ 应取有效算术平均值为该时刻测试值。

（2）热流计法测试数据宜采用动态分析法处理，当满足下列条件时可采用算术平均值法处理：

① 构件主体部位热阻的末次计算值与24h之前的计算值相差不应大于5%；

② 检测期间内第一个INT（$2\times d/3$）天内与最后一个同样长的天数内热阻的计算值相差不应大于5%。

（3）构件传热系数测试数据的修正应符合下列规定：

① 采用算术平均值法处理检测数据时，对热阻大于1.0m^2·K/W的构件或重质构件，当第一天和最后一天的室内外平均温度差大于第一天的室内外平均温度的5%时，应对检测的热流密度进行蓄热影响修正；

② 当构件热阻小于0.3m^2·K/W，且表面温度传感器贴在热流计旁边时，应对热阻进行热流计热阻的修正；

③ 当构件中保温材料含湿率对热阻的影响大于5%时，应对构件热阻进行含湿率修正。

7. 热流计法数据处理

（1）采用算术平均值法进行数据分析时，构件测试热阻按式（6-19）计算：

$$R_{\mathrm{T}} = \frac{\sum_{j=1}^{n}(\theta_{\mathrm{i}j} - \theta_{\mathrm{e}j})}{\sum_{j=1}^{n} q_j} \tag{6-19}$$

式中 R_{T}——构件测试热阻，$m^2 \cdot K/W$；

q_j——j 时刻热流密度测试值，W/m^2；

$\theta_{\mathrm{i}j}$——j 时刻构件内表面温度，K；

$\theta_{\mathrm{e}j}$——j 时刻构件外表面温度，K。

（2）采用动态分析法进行数据分析时，构件测试热阻计算应符合 JGJ/T 357—2015 附录 D 的规定。

（3）在进行蓄热影响修正时，构件测试热阻按式（6-20）计算：

$$R_{\mathrm{T}} = \frac{\sum_{j=1}^{n}(\theta_{\mathrm{i}j} - \theta_{\mathrm{e}j})}{\sum_{j=1}^{n} q_j - [F_{\mathrm{i}}(\Delta\theta_{\mathrm{i}2} + \Delta\theta_{\mathrm{i}3} + \cdots + \Delta\theta_{\mathrm{id}}) + F_{\mathrm{e}}(\Delta\theta_{\mathrm{e}2} + \Delta\theta_{\mathrm{e}3} + \cdots + \Delta\theta_{\mathrm{ed}})]/\Delta t} \tag{6-20}$$

式中 Δt——读数时间间隔，s；

$\Delta\theta_{\mathrm{i}2} + \Delta\theta_{\mathrm{i}3} + \cdots + \Delta\theta_{\mathrm{id}}$——第 2、3、…、$d$ 天内表面平均温度和第一天内表面平均温度之差，K；

$\Delta\theta_{\mathrm{e}2} + \Delta\theta_{\mathrm{e}3} + \cdots + \Delta\theta_{\mathrm{ed}}$——第 2、3、…、$d$ 天外表面平均温度和第一天内表面平均温度之差，K；

F_{e}——外蓄热修改热容，$J/(m^2 \cdot K)$，按 JGJ/T 357—2015 附录 E 规定确定；

F_{i}——外蓄热修改热容，$J/(m^2 \cdot K)$，按 JGJ/T 357—2015 附录 E 规定确定。

（4）热流计热值修正时，构件热阻按式(6-21)计算：

$$R = R_{\mathrm{T}} - R_{\mathrm{hfm}} \tag{6-21}$$

式中 R——构件热阻，$m^2 \cdot K/W$；

R_{T}——构件测试热阻，$m^2 \cdot K/W$；

R_{hfm}——热流计热阻，$m^2 \cdot K/W$。

（5）含湿保温材料导热系数修正系数应按 JGJ/T 357—2015 附录 F 的规定确定。

（6）含湿保温材料修正热阻按式(6-22)计算：

$$R_{\lambda} = \mu_2 \cdot \frac{D}{\lambda} \tag{6-22}$$

式中 R_{λ}——含湿保温材料修正热阻，$m^2 \cdot K/W$；

μ_2——保温材料含湿率修正系数；

D——保温材料厚度，m；

λ——材料导热系数，$W/(m \cdot K)$。

（7）构件热阻按式(6-23)进行修正：

$$R = R_T - R_\lambda \tag{6-23}$$

（8）围护结构传热系数应按式（6-9）计算。

6.3.2 热箱法

热箱法作为实验室检测建筑构件热工性能的方法使用由来已久，是成熟的试验方法，已颁布有国际、国内的标准。热箱法用来进行现场检测建筑物热阻或传热系数是近些年的事。

1. 热箱法现场检测原理

热箱法检测的基本原理与砌体热阻检测中的一样，测定热箱内电加热器所发出的通过墙体的热量及围护结构冷热表面温度，计算出被测墙体的热阻、传热阻和传热系数。

由于热箱法是基于一维稳态传热的原理，在墙体两侧分别建立所需的温度、风速和辐射条件，达到稳定状态后，测量空气温度、墙体和箱体内壁的表面温度及输入计量箱的功率，计算墙体的传热系数，所以也要把传向别处的热量进行剔除。与实验室检测砌体热阻不同的是，在现场检测时由于实验条件不确定，无法用标定的方法消除误差，只能用防护热箱法，这时被检测房间就是防护箱，检测基本原理如图6-16所示。

热箱法传热系数检测仪是采用热箱法对围护结构传热系数进行检测的，它基于“一维传热”的基本假定，即围护结构被测部位具有基本平行的两表面，其长度和宽度远远大于其厚度，可视为无限大平板。在人工制造的一个一维传热环境下，被测部位的内侧用热箱模拟采暖建筑室内条件并使热箱内和室内空气温度保持一致，另一侧为室外自然条件。维持热箱内温度高于室外温度。这样，被测部位的热流总是从室内向室外传递，形成了一维传热，当热箱内加热量与通过被测部位传递的热量达到平衡时，热箱的加热量就是被测部位的传热量。实时控制热箱内空气温度和室内温度，精确测量热箱内消耗的电能并进行积累，定时记录热箱的发热量及热箱内和室外温度，经运算就能得到被测部位的传热系数值。

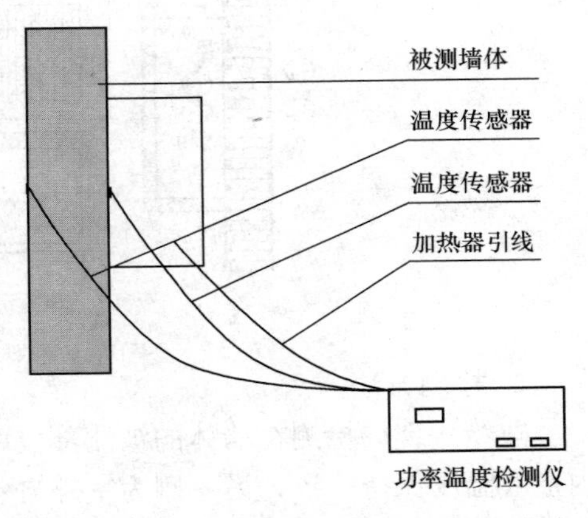

图6-16 热箱法现场检测示意图

2. 设备仪器

热箱法现场检测用的主要仪器设备是计量箱、温度传感器、功率表、数据记录仪，辅助设备有加热器等；目前现场检测墙体传热系数的热箱由几个仪器集成在一起，设备的集成化程度高。其主要由以下设备组成：

（1）热箱仪应符合下列规定

① 开口面积不应小于1.2m²，单边不应小于1m，进深不应小于220mm；

② 外壁热阻应大于1.0m²·K/W；

③ 加热功率不应小于120W，控制箱功率计量误差不应大于量程的0.5%；

④ 温度控制精度不应大于±0.3K。

热箱仪应定期进行热箱系数标定，标定周期应为1年，标定方法应符合JGJ/T 357—2015附录A的规定。

（2）环境箱相关规定

① 热流计法用环境箱的开口面积不应小于 $1.44m^2$，热箱法用环境箱的开口面积不应小于 $2.88m^2$，环境箱进深不应小于 220mm；

② 环境箱外壁热阻应大于 $1.0m^2 \cdot K/W$；

③ 环境加热功率不应小于 120W，制冷功率不应小于 500W；

④ 环境箱内加热器应采取措施避免对构件产生辐射传热影响；

⑤ 环境箱内温度波动范围应为±1K。

（3）温度传感器

采用铂电阻温度传感器，计量精度为±0.1℃。

（4）热箱法现场检测布置图如图 6-17 所示。

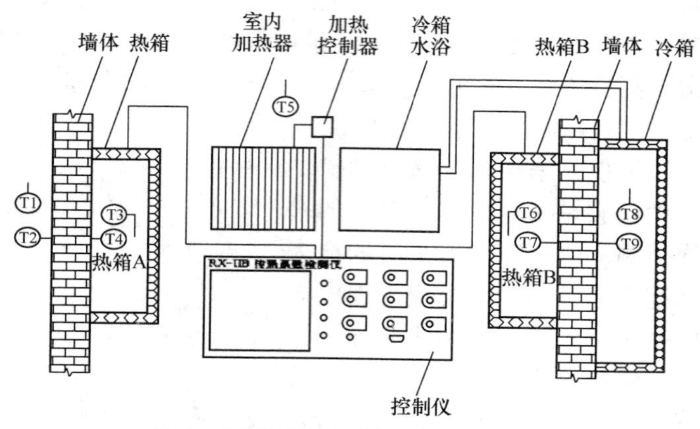

图 6-17　热箱法检测现场布置示意图

3. 检测方法

热箱法现场检测在墙体的被测部位内侧用热箱模拟采暖建筑室内条件，并使热箱内和室内空气温度保持一致，另一侧为室外自然条件，维持热箱内温度高于室外温度 8℃以上，这样被测部位的热流总是从室内向室外传递，当热箱内加热量与通过被测部位的传递热量达平衡时，通过测量热箱的加热量得到墙体的传热量，经计算即可得到被测部位的传热系数。具体要求如下：

（1）热箱边缘距离热桥不宜小于围护结构厚度的 1.7 倍，应确保热箱周边与被测表面紧密接触，必要时应采取密封措施；

（2）在被测部位内外表面分别布置不应少于 3 个的温度传感器，温度传感器距离热箱开口边缘不得小于 200mm；

（3）热箱内温度设定应与室内温度一致，测试时控制室内空气温度与热箱内空气温度平均温差不应大于 0.5K；

（4）室内外表面温差不宜小于 8K；

（5）检测期间，应定时记录室内外空气温度、内外表面温度和热箱消耗的功率，采样间隔不宜大于 1min，记录时间间隔不应大于 5min；

（6）传热稳定后测试时间不应少于 72h。

4. 数据处理

（1）构件测试热阻按式（6-24）计算：

$$R_{\mathrm{T}}=\mu_1 \cdot \frac{\sum_{j=1}^{n}(\theta_{\mathrm{ij}}-\theta_{\mathrm{ej}})}{\sum_{j=1}^{n}(Q_j/A)} \tag{6-24}$$

式中　μ_1——热箱系数；

A——围护结构的面积，m^2；

Q_j——j 时刻热箱加热功率，W。

其余符号同式（6-19）式注。

（2）含湿保温材料修正热阻按式（6-22）计算；

（3）围护结构传热系数按式（6-9）计算。

5. 热箱法特点

（1）该方法基本不受温度的限制，只要室外空气平均温度在25℃以下，相对湿度在60%以下，热箱内温度高于室外最高温度8℃以上就可以测试。

（2）设备比较简单，自动化程度较高，该方法有定型成套的检测仪器，自动计算结果。

（3）由于现场采用防护热箱法，这样就要把整个被测房间当作防护箱，房间温度和箱体内的温度要保持一致。如果房间较大，则检测时温度控制难度较高。

6.3.3　控温箱-热流计法

1. 控温箱-热流计法的原理

控温箱-热流计法检测墙体传热系数的基本原理与热流计法相同，只是采用人工手段对环境温度进行控制。简而言之就是利用控温箱控制温度，模拟采暖期建筑物的热工状况，用热流计法测定被测对象的传热系数。其现场检测示意图如图6-18所示。

在这个热环境中测量通过墙体的热流量、箱体内的温度、墙体被测部位的内外表面温度、室内外环境温度，根据式（6-7）～式（6-9）计算被测部位的热阻、传热阻和传热系数。

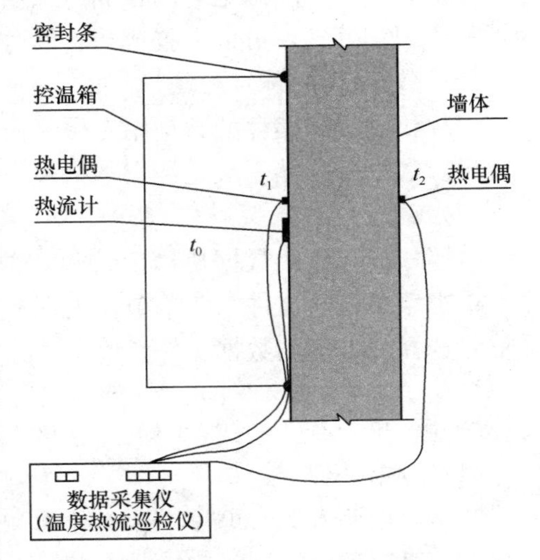

图6-18　控温箱-热流计法现场检测示意图

2. 仪器设备

控温箱-热流计法检测墙体传热系数时用的主要仪器设备有温度控制系统、传感器、数据采集仪。

（1）温度控制系统。控温箱是一套自动控温装置，可以模拟采暖期建筑物的热工特征，根据检测者的要求设定温度。控温设备由双层框构成，层间填充发泡聚氨酯或其他高热阻的绝热材料，具有制冷和加热功能，根据季节进行双向切换使用，夏季高温时期用制冷方式运行，春秋季用加热方式运行。采用先进的PID调节方式控制箱内温度，实现精确稳定地控温。

（2）传感器。主要有两种传感器：温度传感器和热流传感器。温度由温度传感器（通常用铜-康铜热电偶或热电阻）测量；热流由热流计测量，热流计测得的值是热电势，通过测头系数，转换成热流密度。

（3）数据采集仪。温度值和热电势值由与之相连的温度、热流自动巡回检测仪（简称巡检仪）自动完成数据的采集记录，可以设定巡检的时间间隔。

3. 检测步骤

先选取有代表性的墙体，粘贴温度传感器和热流计，在对应面相应位置粘贴温度传感器，然后将温度控制仪箱体紧靠在墙体被测位置，使得热流计位于温度控制仪箱体中心部位，布置在墙体温度高的一侧。开机检测、在线或离线监控传热系数动态值，等达到稳定后，检测结束。

4. 数据处理

数据处理过程和方式与所使用的巡检仪的功能有关。有些巡检仪在盘式仪表的基础上做了升级强化，在原有的功能上扩展存储、打印、计算功能，可以直接计算结果，打印检测报告。有些巡检仪自身没有这些功能，只是完成数据的采集和储存，这时候就要用专用的通信软件将数据上传给计算机，再用数据处理软件（如金山电子表格或 Microsoft Excel 等）进行数据处理。用软件的函数计算功能，把式（6-7）～式（6-9）置入，然后计算出被测墙体的热阻、传热阻和传热系数。计算结果以表格、图表、曲线或数字形式显示。下面是用 Excel 处理数据的详细计算过程。

（1）数据采集

用自动巡回检测仪（以下简称巡检仪）采集实验数据，具有自动采集、显示、存储数据的功能。

显示方式：有定点显示和巡回显示功能，可以根据需要，设置对某个测点进行定点显示或巡回显示所有的测点，并设置巡检时间间隔。

存储方式：每隔固定时间存储一次所有设置测点的当前数据。一般存储时间为 30min，为了易于识别处理，可以设置成与自然时间步调一致，即正点和半点自动存储数据。

（2）数据传输

巡检仪采集和储存的数据用专用传输软件，从 USB 接口或 RSR232、RSR485 接口传给上位机。数据的存储一般是纯文本格式，便于数据的读取调用和进一步处理。

（3）调入数据

将巡检仪存储的数据传给上位机，放在一个专门的文件夹里。然后打开 Excel 应用程序，单击菜单栏“文件”菜单项，出现下拉菜单，再通过单击“打开”按钮弹出“打开”对话框，选择要处理的数据文件，单击“完成”按钮，原始数据就被调入 Excel 了。

注意，直接从数据文件单击“打开”按钮，选择“打开方式”中的“Excel”程序也可以将原始数据调入 Excel 中打开，但这种方式有时候会产生格式混乱。

（4）数据处理

原始数据调入 Excel 后，第一列显示的是检测日期和时间，后面依次是温度值和热流计读数值。对照现场检测时热电偶布点的顺序号和热流计布点顺序号，用 Excel 提供的计算函数或手工输入计算公式，计算出墙体热端表面温度瞬时平均值和冷端表面温度瞬时平均值及相应时间热流计读数的瞬时平均值。这组数值是巡检仪采集时刻（如正点和半点），检测部位某个量多路数据平行检测得到的平均值，如检测时在墙体热端表面布置了 8 路热电偶，上午 10：00 这 8 路的数据同时被巡检仪采集，那么这 8 路热电偶的平均值就是上午 10：00 这个时刻墙体热端表面温度的瞬时平均值，其他依此类推。

然后计算墙体的热阻 R、传热阻 R_0、传热系数 K。在编辑栏内分别输入式（6-7）～式（6-9）得到第一组数据，然后通过下拉填充柄功能得到所有的巡检仪采集时刻墙体的这组热阻 R、传热阻 R_0、传热系数 K。这组数据反映检测过程开始后每个采集时刻墙体的传热特性值，互相关联，热端表面温度、冷端表面温度及在这个温度状态下墙体的热阻、传热阻和传热系数值。在检测过程的开始阶段因为墙体急剧蓄热，传热系数变化很大，待到墙体蓄热达到平衡时，传热系数趋于平缓。

5. 结果表示

在Excel中有几种方式可以显示数据处理结果，以数值显示是常见的方式，直接显示结果，可以进一步应用。另外为了直观起见，尤其是考察一个量随另一个量的变化趋势时常用图表或曲线的形式，如文中计算传热系数值随检测时间的变化情况，传热系数随热端温度或两表面温差的变化情况，就非常直观和形象。在前面的计算过程完成后，单击工具栏图表按钮，在弹出的对话框中输入要在图中显示的数据区域，按提示完成图表标题、分类轴（X轴）和数值轴（Y轴）的标题，以及坐标轴网格线刻度，单击“完成”按钮即可得到需要的图表曲线。

图6-19是按上述方法得到的曲线，图中曲线分别是检测过程中墙体热端表面温度随时间的变化趋势，检测过程中墙体冷端表面温度随时间的变化趋势，墙体热阻随时间的变化趋势，墙体传热系数随时间的变化趋势。从图中可以看出，传热系数在检测刚开始的一段时间内急剧变化，而在后期达到稳定状态，在某个值附近振荡，用稳定时间段内的传热系数平均值得到该值，这就是被检测墙体的传热系数。

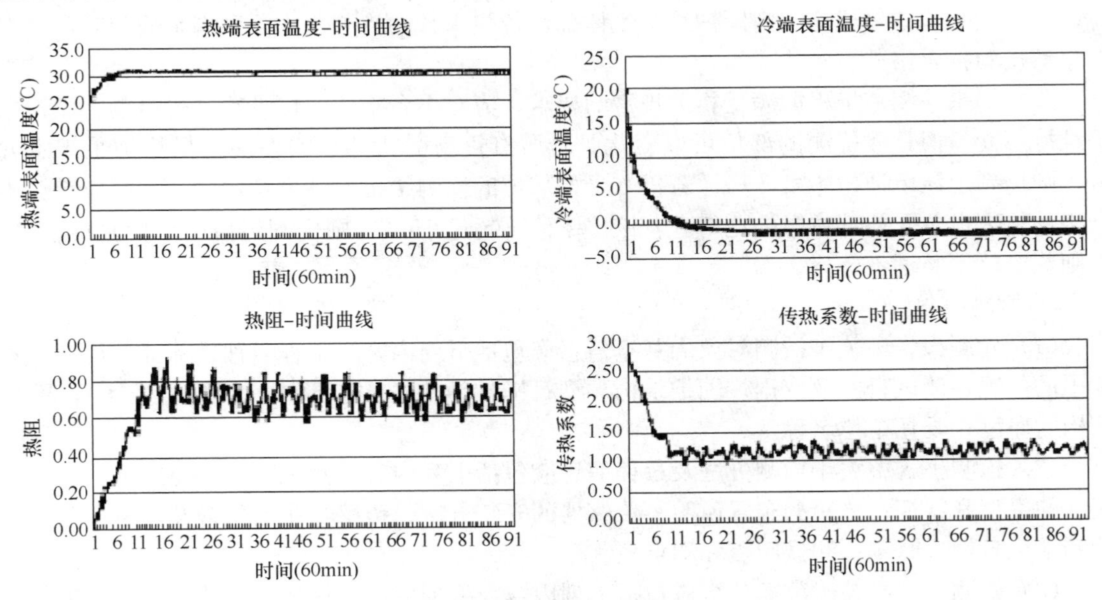

图6-19　数据结果表示

墙体热工性能检测过程时间长，采集的数据量大。用Excel应用程序可以方便地处理数据，并且可以根据需要以多种方式显示处理结果，直观实用。

6. 控温箱-热流计法的特点

控温箱-热流计法综合了热流计法和热箱法两种方法的优点。用热流计法作为基本的检测方法，同时用热箱来人工制造一个模拟采暖期的热工环境，这样既避免了热流计法受季节限制的问题，又不用校准热箱的误差，因为这时的热箱仅仅是一个温度控制装置，其发热功率不参与结果计算，因此不计算输入热箱和热箱向各个方向传递的功率。因此，不用将整个房间加热至与箱体同样的温度，不用庞大的防护箱在现场消除边界热损失，也不用标定其边界热损失。

现今广泛应用的材料导热系数平板测试法也是这个原理，从热量传递的物理过程来看，材料导热系数的测试过程和建筑物围护结构传热系数检测过程是相同的。

采用控温箱-热流计现场检测传热系数，能够显著提高检测效率，在线监控检测过程，可以使检测周期缩短，约 48h 即可完成检测工作。

6.3.4 检测结果

1. 判定方法

建筑物围护结构传热系数的判定应遵守以下原则：

（1）当建筑物有设计指标时，检测得到的各部位的传热系数应该满足设计要求；

（2）当建筑物围护结构传热系数无设计指标时，检测得到的各部位的传热系数应不大于当地建筑节能设计标准中规定的限值要求。

（3）上部为住宅建筑，下部为商业建筑的综合商住楼进行节能判定时应分别满足住宅建筑和公共建筑节能设计要求。

2. 结果评定

（1）当受检住户或房间内围护结构主体部位传热系数的检测值均分别满足规定时，判定该申请检验批合格。

（2）如果检测结果不能满足相关规定的要求，应对不合格的部位重新进行检测。受检面仍维持不变，但具体检测的部位可以变化。若所有重新受检部位的检测结果均满足规定要求，则仍判定该申请检验批合格；若仍有受检部位的检测结果不满足规定要求，则应计算不合格部位数占总受检部位数的比率。若该比率值不超过 15%，则仍判定该申请检验批合格，否则判定该检验批不合格。

3. 检测报告

（1）检测报告中关于被测对象的基本信息应包括下列内容：工程名称、地址；构件在建筑中的位置；测试目的及依据；围护结构类型；围护结构的构造形式（包括构造图）；围护结构的厚度；委托单位名称。

（2）检测报告中关于检测方法及过程信息应包括下列内容：测试方法；温度传感器和热流计的类型和特征；热箱的布置说明；传感器的安装方法；传感器布点位置及数量；测试起始和结束日期、时刻；测试间隔和测点数。

（3）检测报告中关于数据分析应包括下列内容：处理方法，均值法、动态法；当进行蓄热修正时，应包括各层热容和热阻、累计第一天和最后一天的平均温度；当进行动态分析时，应包括方程数目、最佳时间常数、热流的标准偏差、置信区间；热流计热阻及保温材料导热系数修正。

（4）检测报告结果应包括下列内容：热阻和传热系数；依据测试目的而附加的认识测试，包括含湿量、红外热像图分析、围护结构检查等。

（5）检测报告可包括传热系数测量不确定度说明。

6.4 围护结构热工缺陷检测

1. 检测方法与依据

（1）建筑物外围护结构热工缺陷检测应包括建筑物外围护结构外表面热工缺陷检测和建筑物外围护结构内表面热工缺陷检测。

（2）检测依据

《建筑红外热像检测要求》（JG/T 269—2010）；《居住建筑节能检测标准》（JGJ/T 132—2009）；《民用建筑节能现场检验标准》（DB11/T 555—2015）；《建筑幕墙》（GB/T 21086—2007）。

2. 检测原理

任何物体只要其温度高于绝对零度都会因分子的热运动而发射红外线，且发出的红外辐射能量与物体绝对温度的四次方成正比。热像仪可以摄取来自被测物体各部分射向仪器的红外辐射通量的分布；利用红外探测器，按顺序直接测量物体各部分发射出的红外辐射，综合起来就得到物体发射红外辐射通量的分布图像，这种图像称为热像图；热像仪就是根据这一特性来测量物体的温度场。

当被测墙体存在不连续性时，由于连续区域和不连续区域的热扩散系数不同，物体表面相应位置的温度也就不同，即墙体表面局部区域产生温度梯度，从而导致墙体表面红外辐射能发生差异，红外探测器探测到墙体的红外辐射能，经信号处理系统为热像图后由显示器显示出来，通过分析热像图就可以进行测温或推断墙体内部是否存在缺陷。当墙体内部存在缺陷，如空洞、热桥、保温层受潮，外墙面砖或水泥砂浆抹面产生剥离等现象时，这些有缺陷的部位与正常部位相比，会在外表面产生温度差，通过分析红外热像仪所测得的温度分布图像，便可知空洞、热桥、受潮或剥离等缺陷部位的位置及大小。

3. 检测仪器

建筑物围护结构热工缺陷采用红外热像仪、温度计、风速仪等进行检测。

（1）红外热像仪的功能

① 检测被检测目标物表面的温度并生成红外热潜图；

② 采集到所视区域内的红外信息，进行测量并及时显示表面温度分布图像；

③ 快速准确地记录及存储图像、数据和文本注释。

④ 红外热像仪及其温度测量范围应符合现场测量要求。红外热像仪的相应波长应为8.0～14.0μm，传感器温度分辨率（NETD）不应低于0.1℃，温差测量不确定度应小于0.5℃。

（2）温度计：精度为0.1℃；

（3）风速仪：精度为0.1m/s。

4. 检测条件

（1）检测前至少24h内，室外空气温度的逐时值与开始检测时的室外空气温度相比，其变化不应大于10℃；

（2）检测前至少24h内和检测期间，建筑物外围护结构两侧的逐时空气温度差不宜小于

10℃；

（3）检测期间与开始检测时的空气温度相比，室外空气温度逐时值变化不应大于5℃，室内空气温度逐时值的变化不应大于2℃；

（4）1h内室外风速（采样时间间隔为30min）变化不应大于2级（含2级）；

（5）检测开始前至少12h内受检的外围护结构表面不应受到太阳直接照射，受检的内表面不应受到灯光的直接照射；

（6）室外空气相对湿度不应高于75%，空气中粉尘含量不应异常。

5. 检测对象的确定

（1）检测数量应以一个检验批中住户套数或间数为单位进行随机抽取确定；

（2）对于住宅，一个检验批中的检测数量不宜超过总套数的1%，对于住宅以外的其他居住建筑，不宜超过总间数的0.2%，但不得少于3套（间）。当检验批中住户套数或间数不足3套（间）时，应全额检测。顶层不得少于一套（间）；

（3）外墙或屋面的面数应以建筑内部分格为依据。受检外表面应从受检住户或房间的外墙或屋面中综合选取，每一受检住户或房间的外围护结构受检面数不得少于1面，但不宜超过5面。

6. 检测准备

（1）应收集待检建筑物的相关资料，包括下列内容：

① 建筑物屋面、外墙、外飘窗、阳台板、门窗洞口等处的保温构造情况；

② 建筑物概况（结构形式、饰面情况、竣工时间等）；

③ 建筑物的竣工图纸等；

④ 建筑物的维护记录（使用过程中的检查、维修记录等）；

⑤ 建筑物所处环境（包括建筑方位、日照情况、周边环境有无遮挡等）；

⑥ 应现场考察建筑物有无渗漏、开裂、脱落、发霉等质量缺陷，并考察建筑物所处环境对测试的影响因素等；

⑦ 重点收集保温构造做法及相关热工计算书等热工资料。

（2）检测前，采用表面温度计在受检表面上测出参照温度，调整红外热像仪的发射率，使红外热像仪的测定结果等于该参照温度；宜在与目标距离相等的不同方位扫描同一个部位，并评估邻近物体对受检外围护结构表面造成的影响；必要时可采取遮挡措施或关闭室内辐射源，或在合适的时间段进行检测。

7. 检测步骤

热工缺陷检测流程如图6-20所示。

（1）用小型气象站对环境的温度、风力和风向进行测定，并记录；

（2）应先对围护结构进行普测，然后对异常部位进行详细测试。用红外热像仪对待测围护结构内或外表面进行红外成像，标出热工缺陷区和无缺陷区；

（3）受检表面同一个部位的红外热像不应少于2张。当拍摄的红外热像图中，主体区域过小时，应单独拍摄1张以上（含1张）主体部位红外热像图。应用图说明受检部位的红外热像图在建筑中的位置，并附上可见光照片。红外热像图上应标明参照温度的位置，并应随红外热像图一起提供参照温度的数据；

（4）实测热像图中出现的异常，如果不是围护结构设计或热（冷）源、测试方法等原因

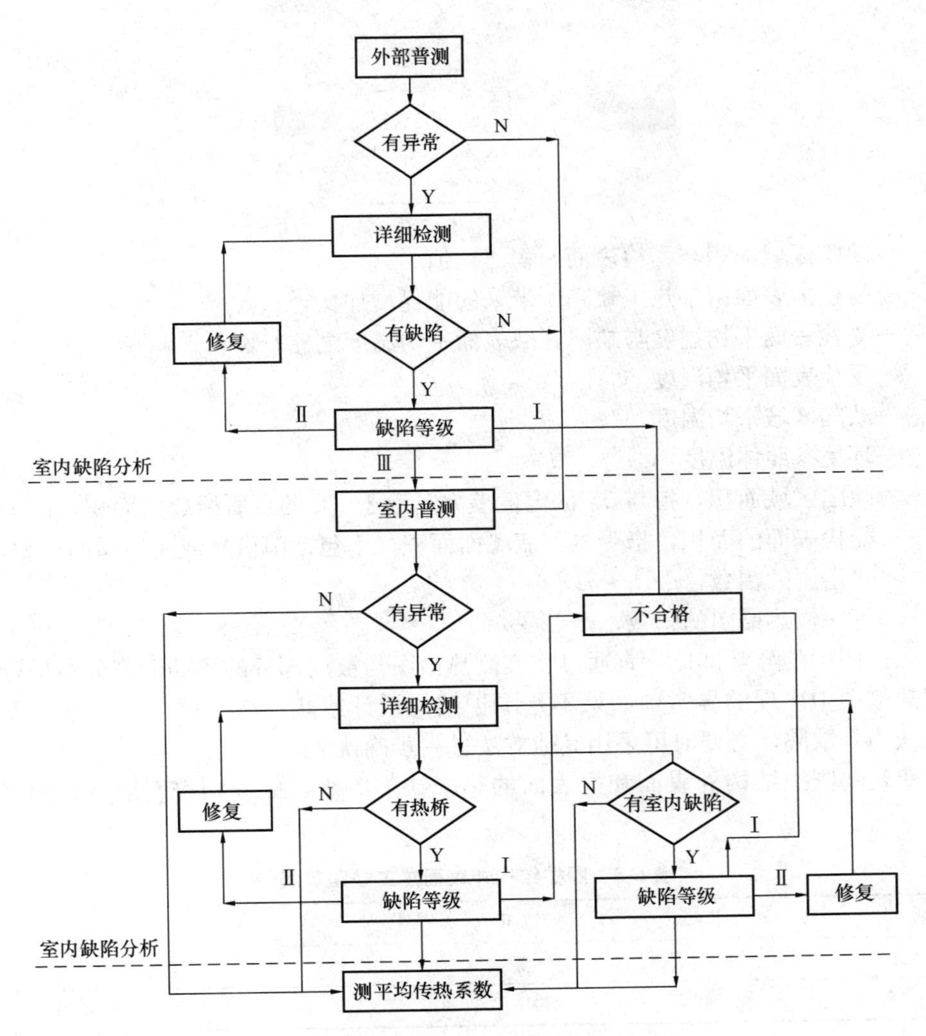

图6-20 热工缺陷检测流程

造成，则可认为是缺陷；

(5) 热像图中出现的异常部位，宜通过将实测热像图与被测部分的预期温度分布进行比较确定。

8. 判定方法

(1) 围护结构受检外表面的热工缺陷等级采用相对面积ψ评价，受检内表面的热工缺陷等级采用能耗增加比β评价。ψ和β应根据式(6-25)～式(6-29)计算。

$$\psi = \frac{\sum_{i=1}^{n} A_{2,i}}{A_1} \tag{6-25}$$

$$\beta = \psi \left| \frac{T_1 - T_2}{T_1 - T_0} \right| \times 100\% \tag{6-26}$$

$$\Delta T = | T_1 - T_2 | \tag{6-27}$$

$$A_{2,i}=\frac{\sum_{j=1}^{m}A_{2,i,j}}{m} \tag{6-28}$$

$$T_1=\frac{\sum_{i=1}^{n}\sum_{j=1}^{m}T_{1,i,j}}{m\cdot n} \tag{6-29}$$

式中 ψ——缺陷区域面积与受检表面面积之比值,%;

β——受检内表面由于热工缺陷所带来的能耗增加比,%;

ΔT——受检表面平均温度与缺陷区域表面平均温度之差,K;

T_1——受检表面平均温度,℃;

T_2——缺陷区域平均温度,℃;

T_0——环境参照体温度,℃;

A_2——缺陷区域面积,指与 T_1 的温度差大于等于1℃的点所组成的面积,m^2;

A_1——受检表面的面积,指受检外墙墙面面积(不包括门窗)或受检屋面面积,m^2;

i——热谱图的幅数,$i=1\sim n$;

j——每一幅热谱图的张数,$j=1\sim m$。

(2)热谱图中的异常部位,宜通过将实测热谱图与被测部分的预期温度分布进行比较确定。实测热谱图中出现的异常,如果不是围护结构设计或热(冷)源、测试方法等原因造成,则可认为是缺陷,必要时可采用其他方法进一步确认。

(3)建筑物围护结构外表面和内表面的热工缺陷等级,应分别符合表6-8和表6-9的规定。

表6-8 围护结构外表面热工缺陷等级

等级	Ⅰ	Ⅱ	Ⅲ
缺陷名称	严重缺陷	缺陷	合格
ψ(%)	$\psi\geqslant 40$	$40>\psi\geqslant 20$	$\psi<20$,且单块缺陷面积$<0.5m^2$

表6-9 围护结构内表面热工缺陷等级

等级	Ⅰ	Ⅱ	Ⅲ
缺陷名称	严重缺陷	缺陷	合格
β(%)	$\beta\geqslant 10$	$10>\beta\geqslant 5$	$\beta<5$,且单块缺陷面积$<0.5m^2$

9. 结果评定

(1)受检围护结构外表面缺陷区域与受检表面面积的比值应小于20%,且单块缺陷面积应小于$0.5m^2$;

(2)受检围护结构内表面因缺陷区域导致的能耗增加值应小于5%,且单块缺陷面积应小于$0.5m^2$;

当受检围护结构某个表面缺陷满足(1)、(2)要求时,判定该申请检验批合格。当受检围护结构某一外表面不满足上述(1)规定,或当受检围护结构某一内表面不满足(2)规定时,应对不合格的受检表面进行复检。若复检结果合格,则判定该申请检验批合格;若复检结果仍不合格,则判定该申请检验批不合格。

（3）热像图中的异常部位，宜通过将实测热像图与受检部分的预期温度分布进行比较确定。必要时可采用内窥镜、取样等方法进行确定。

10. 检测注意事项

（1）受检围护结构不宜受到太阳直接照射，如果不能完全满足检测开始前至少 12 h 内受检的外表面不应受到太阳直接照射，那至少要保证检测开始前至少 6h 内受检的外表面不应受到太阳直接照射；

（2）室外检测时，选择有云天或晚上以排除日光的影响；室内检测时，应关掉空调、照明灯等，避免辐射源干扰；

（3）围护结构在热工缺陷检测时，宜选择在无雨雪且室外平均风速不高于 3m/s 的夜间环境条件下进行，当最大风力大于 5 级时不宜进行外表面热工缺陷测试；

（4）严寒地区、寒冷地区，宜在采暖的中期进行围护结构热工缺陷检测。检测时建筑物室内外温差宜大于 10℃，其他地区如果因季节温度无法达到大于 10℃时，最低也要满足室内外温差 5℃才能进行检测；

（5）在选择红外热像仪的发射率时，因根据不同墙体的材料、颜色、波长及环境因素等，以现场测试实际条件进行合理选择；

（6）缺陷区域的确定：主体区域（不包括缺陷区域）的平均温度（℃）与受检表面缺陷区域的各点温度（℃）≥1℃的点所组成的区域为缺陷区域。

（7）检测前及过程中要观察环境温度及风速变化情况，要保证室内外温差大于 10℃及风速变化不超出 2 级。

6.5 外围护结构隔热性能检测

1. 检测方法

按随机抽样的规定抽取检验批中的房间，检测记录屋顶和外墙内表面最高温度的逐时值，同时检测室外气温的逐时值，然后根据这两个温度判定建筑物隔热性能是否合格。

2. 检测依据

《居住建筑节能检测标准》（JGJ/T 132—2009）；《民用建筑热工设计规范》（GB 50176—2016）。

3. 外墙隔热性要求

根据《民用建筑热工设计规范》（GB 50176—2016）对外墙的隔热性规定如下。

（1）在给定两侧空气温度及变化规律的情况下，外墙内表面最高温度应符合表 6-10 的规定。

表 6-10　在给定两侧空气温度及变化规律的情况下外墙内表面最高温度限值

房间类型	自然通风房间	空调房间	
		重质围护结构（$D \geqslant 2.5$）	轻质围护结构（$D < 2.5$）
内表面最高温度 $\theta_{i \cdot max}$	$\leqslant t_{e \cdot max}$	$\leqslant t_i + 2$	$\leqslant t_i + 3$

注：$\theta_{i \cdot max}$为围护结构内表面最高温度；$t_{e \cdot max}$为累年日平均温度最高日的最高温度；t_i为室内空气温度。

（2）外墙内表面最高温度$\theta_{i \cdot max}$应按规范 GB 50176—2016 的规定计算。

① 隔热设计时，外墙、屋面内表面温度应采用一维非稳态方法计算，并应按房间的运行工况确定相应的边界条件；边界条件的设置应符合下列规定：

外表面：第三类边界条件，表面换热系数应按规范 GB 50176—2016 附录 B 第 B. 4 节的规定取值，室外空气逐时温度和各朝向太阳辐射应按规范 GB 50176—2016 第 3. 2. 3 条的规定确定，即其夏季室外计算参数的确定应符合规定：夏季室外计算温度逐时值应为历年最高日平均温度中的最大值所在日的室外温度逐时值；夏季各朝向室外太阳辐射逐时值应为与温度逐时值同一天的各朝向太阳辐射逐时值。

内表面：第三类边界条件，表面换热系数应按规范 GB 50176—2016 附录 B 第 B. 4 节的规定取值，室内空气温度应按规范 GB 50176—2016 第 3. 3. 2 条的规定取值，即其夏季室内热工计算参数应按定取值：非空调房间，空气温度平均值应取室外空气温度平均值＋1.5K、温度波幅应取室外空气温度波幅－1.5K，并将其逐时化；空调房间，空气温度应取 26℃；相对湿度应取 60％。

其他边界：第二类边界条件，热流密度应取零。

② 外墙、屋面内表面温度可采用规范 GB 50176—2016 配套光盘中提供的一维非稳态传热计算软件计算。

（3）计算软件应符合下列规定：

① 软件的算法应符合上述（2）的规定；

② 计算软件应经过验证，以确保计算的正确性；

③ 软件的输入、输出应便于检查，计算结果清晰、直观。

（4）计算模型的选取应符合下列规定：

① 计算模型应选取外墙、屋面的平壁部分；

② 计算模型的几何尺寸与材料应与节点构造设计一致；

③ 当外墙、屋面采用两种以上不同构造，且各部分面积相当时，应对每种构造分别进行计算，内表面温度的计算结果取最高值。

（5）计算参数的选用应符合下列规定：

① 常用建筑材料的热物理性能参数应按规范 GB 50176—2016 附录 B 表 B. 1 的规定取值；

② 当材料的热物理性能参数有可靠来源时，也可以采用。

（6）外墙隔热可采用下列措施：

① 宜采用浅色外饰面；

② 可采用通风墙、干挂通风幕墙等；

③ 设置封闭空气间层时，可在空气间层平行墙面的两个表面涂刷热反射涂料、贴热反射膜或铝箔。当采用单面热反射隔热措施时，热反射隔热层应设置在空气温度较高一侧；

④ 采用复合墙体构造时，墙体外侧宜采用轻质材料，内侧宜采用重质材料；

⑤ 可采用墙面垂直绿化及淋水被动蒸发墙面等；

⑥ 宜提高围护结构的热惰性指标 D 值；

⑦ 西向墙体可采用高蓄热材料与低热传导材料组合的复合墙体构造。

4. 屋面隔热性要求

根据《民用建筑热工设计规范》（GB 50176—2016）对屋面的隔热性规定如下。

（1）在给定两侧空气温度及变化规律的情况下，屋面内表面最高温度应符合表6-11的规定。

表6-11　在给定两侧空气温度及变化规律的情况下屋面内表面最高温度限值

房间类型	自然通风房间	空调房间	
		重质围护结构（$D \geqslant 2.5$）	轻质围护结构（$D < 2.5$）
内表面最高温度 $\theta_{i \cdot max}$	$\leqslant t_{e \cdot max}$	$\leqslant t_i + 2.5$	$\leqslant t_i + 3.5$

注：$\theta_{i \cdot max}$围护结构内表面最高温度；$t_{e \cdot max}$为累年日平均温度最高日的最高温度；t_i为室内空气温度。

（2）屋面内表面最高温 $\theta_{i \cdot max}$应参照外墙的规定计算。

（3）屋面隔热可采用下列措施：

① 宜采用浅色外饰面；

② 宜采用通风隔热屋面，通风屋面的风道长度不宜大于10m，通风间层高度应大于0.3m，屋面基层应做保温隔热层，檐口处宜采用导风构造，通风平屋面风道口与女儿墙的距离不应小于0.6m；

③ 可采用有热反射材料层（热反射涂料、热反射膜、铝箔等）的空气间层隔热屋面，单面设置热反射材料的空气间层，热反射材料应设在温度较高的一侧；

④ 可采用蓄水屋面，水面宜有水浮莲等浮生植物或白色漂浮物，水深宜为0.15～0.2m；

⑤ 宜采用种植屋面，种植屋面的保温隔热层应选用密度低、压缩强度高、导热系数小、吸水率低的保温隔热材料；

⑥ 可采用淋水被动蒸发屋面；

⑦ 宜采用带老虎窗的通气阁楼坡屋面；

⑧ 采用带通风空气层的金属夹芯隔热屋面时，空气层厚度不宜小于0.1m。

（4）种植屋面的布置应使屋面热应力均匀、减少热桥，未覆土部分的屋面应采取保温隔热措施使其热阻与覆土部分接近。

5. 检测仪器

检测的参数有室内外空气温度、内外表面温度、室外风速、室外太阳辐射强度。温度用铜-康铜热电偶检测，配以温度巡检仪做数据显示记录仪；室外风速用热球风速仪检测，室外太阳辐射强度用天空辐射表检测。

6. 检测对象的确定

（1）检测数量应以一个检验批中住户套数或间数为单位进行随机抽取确定；

（2）对于住宅，一个检验批中的检测数量不宜超过总套数的1%，对于住宅以外的其他居住建筑，不宜超过总间数的0.2%，但不得少于3套（间）。当检验批中住户套数或间数不足3套（间）时，应全额检测。顶层不得少于一套（间）。

（3）检测部位应在受检住户或房间内综合选取，每一受检住户或房间的检测部位不得少于一处。

7. 检测条件

（1）对天气条件的规定，目的是为了使实际检测条件接近或满足《民用建筑热工设计规范》（GB 50176—2016）中规定的计算条件，检测期间室外气候条件应符合下列规定：

① 检测开始前两天应为晴天或少云天气；如果检测开始前连续两天与检测当天具有基本相同的天气条件，会更加符合周期传热计算的条件，与《民用建筑热工设计规范》（GB 50176—2016）的计算结果将比较接近；

② 检测日应为晴天或少云天气，水平面的太阳辐射照度最高值不宜低于《民用建筑热工设计规范》（GB 50176—2016）的当地夏季太阳辐射照度最高值的90％。

因为内表面最高计算温度是对夏季室内自然通风条件而言的，所以如果天气不晴朗的话，则检测结果将毫无意义，故本标准对检测期间的天气条件进行了规定；同时，即使室外温度相同，但若太阳辐射照度不同时，仍然会导致外围护结构外表面的温度差异，内表面温度也会因此而变化。水平面的太阳辐射照度比较容易测量，用其最高值评价天气条件是否满足《民用建筑热工设计规范》（GB 50176—2016）给出的当地夏季太阳辐射照度最高值的要求比较合适。在夏季，如果天气晴朗，能见度高，太阳辐射照度的最高值达到《民用建筑热工设计规范》（GB 50176—2016）所给数值的90％以上是可以实现的。

③ 检测日室外最高逐时空气温度不宜低于《民用建筑热工设计规范》（GB 50176—2016）给出的当地夏季室外计算温度最高值2.0℃；

对检测当天室外最高空气温度的规定是为了满足《民用建筑热工设计规范》（GB 50176—2016）给出的当地夏季室外计算温度最高值的要求。如果室外空气温度太低，不利于进行隔热性能检测。然而在实际检测时，室外空气最高温度不可能正好为当地计算最高温度，总会有些偏差，但是若偏差太大，将会影响理论计算值。为了减小这种变化所带来的影响，又兼顾可操作性，规范给出了2℃的允许偏差范围值。

④ 检测日工作高度处的室外风速不应超过5.4m/s。

如果检测当天的室外风速高，自然通风条件好，有利于室内内表面最高温度的降低，但现实生活表明：当室外风速超过5.4m/s（即3级）时，住户往往会关窗防风，所以，在室外风速超过5.4m/s时所检测到的结果已无实际意义。

（2）隔热性能现场检测限于居住建筑物的屋面和外墙。

由于《民用建筑热工设计规范》（GB 50176—2016）对自然通风条件下围护结构的隔热要求仅限于建筑物屋面和外墙。

（3）隔热性能现场检测应在土建工程完工12个月后进行。

检测实践表明：在建筑物土建工程施工完成12个月后，围护结构已基本干透，其含湿量已基本稳定，检测结果具有代表性。

8. 检测步骤

（1）受检外围护结构内表面所在房间应有良好的自然通风环境，围护结构外表面的直射阳光在白天不应被其他物体遮挡，检测时房间的窗应全部开启且应有自然通风在室内形成。

《民用建筑热工设计规范》（GB 50176—2016）对围护结构隔热性能的规定是在自然通风条件下提出的，所以现场检测理应在房间具有良好的自然通风条件下进行。此外，围护结构外表面的直射阳光在白天也不应被其他物体遮挡，否则会影响内表面温度检测，因为围护结构内表面的温升主要来自太阳辐射。

（2）检测时应同时检测室内外空气温度、受检外围护结构内外表面温度、室外风速、室外水平面太阳辐射照度。室内空气温度、内外表面温度和室外气象参数的检测应分别符合标准规定。白天太阳辐射照度的数据记录时间间隔不应大于 15min，夜间可不记录。

(3) 内外表面温度的测点应对称布置在受检外围护结构主体部位的两侧，且应避开热桥。每侧至少应各布置 3 点，其中一点布置在接近检测面中央的位置。

由于测点的布置常常受到现场条件的限制，所以要因现场条件而定。隔热性能的检测应该以围护结构的主体部位为限，存在热桥的部位不能客观地反映整体的情况。此外，从舒适度的角度来看，也应着眼于围护结构的主体部位。为了寻找到适宜的测点位置，建议采用红外热像仪，因为这是红外热像仪的优势所在。

(4) 内表面逐时温度应取所有相应测点检测持续时间内逐时检测结果的平均值。

因为围护结构各测点的温度不可避免地会存在差异，采用平均值来评估更为客观合理。但是，温度的现场测试中，不同的测点有时会因为个别测点安装不正确或围护结构局部的严重不均匀，有可能出现离散，这样，在整理数据时有必要剔除异常测点。

(5) 太阳辐射强度检测。

① 水平面太阳辐射照度的测量应符合《地面气象观测规范》(GB/T 35221～GB/T 35237—2017) 的有关规定；

② 水平面太阳辐射照度的测试场地应选择在没有显著倾斜的平坦地方，东、南、西三面及北回归线以南的测试地点的北面离开障碍物的距离，应为障碍物高度的 10 倍以上。在测试场地范围内，应避免有吸收或反射能力较强的材料（如炉渣、石灰等）；

③ 水平面太阳辐射照度用天空辐射表测量。为便于读数和记录，二次仪表宜配用电位差计或自动毫伏记录仪，室外太阳总辐射的检测应配有自动记录仪，随时采集和记录。仪表精度应与世界气象组织（WMO）划分的一级仪表相当；

④ 在日照时间内，根据需要在当地太阳时正点进行观测；

⑤ 天空辐射表在使用的一年内需经过标定或与已知不确定度的辐射表进行对比，天空辐射表的时间常数应小于 5s，天空辐射表读数分辨率在 ±1% 以内，非线性误差应不大于 ±1%；

⑥ 天空辐射表的玻璃罩壳应保持清洁及干燥，引线柱应避免太阳光的直接照射。天空辐射表的环境适应时间不得少于 30min。

9. 判定方法

在给定两侧空气温度及变化规律的情况下，建筑物屋顶和外墙的内表面最高温度 $\theta_{i \cdot max}$ 以符合表 6-10、表 6-11 规定的为合格。

10. 结果评定

当所有受检部位的检测结果均分别满足规范 GB 50176—2016 规定时，则判定该检验批合格，否则判定不合格。

任务7　门窗检测

7.1　门、窗、幕墙概述

7.1.1　窗户节能

窗户（包括阳台的透明部分）是建筑外围护结构的开口部位，是阻隔外界气候侵扰的基本屏障。窗户除需要满足采光、通风、日照及建筑造型等功能要求外，作为围护结构的一部分应同样具有保温隔热、得热或散热的作用。因此，外窗的大小、形式、材料和构造就要兼顾各方面的要求，以取得整体的最佳效果。

从围护结构的保温节能性能来看，窗户是薄壁轻质构件，是建筑保温、隔热、隔声的薄弱环节。窗户不仅有与其他围护结构所共有的温差传热问题，还有通过窗户缝隙的空气渗透传热带来的热能消耗。对于夏季气候炎热的地区，窗户还有通过玻璃的太阳能辐射引起室内过热，增加空调制冷负荷的问题，然而对于严寒及寒冷地区南向外窗，通过玻璃的太阳能辐射对降低建筑采暖能耗是有利的。

以往我国大多数建筑外窗保温隔热性能差，密封不良，阻隔太阳辐射能力薄弱。在多数建筑中，尽管窗户面积一般只占建筑外围护结构表面积的1/3～1/5，但通过窗户损失的采暖和制冷能量，往往占到建筑围护结构能耗的一半以上，因而窗户成为建筑节能的关键部位之一。由于窗户对建筑节能的突出重要性，使窗户节能技术得到了巨大的发展。表7-1、表7-2为各种窗户的热工指标。

在不同地域、气候条件下，不同的建筑功能对窗户的要求是有差别的。但是总体说来，节能窗技术的进步，都是在保证一定的采光条件下，围绕着控制窗户的得热和失热展开的，可以通过以下措施使窗户达到节能要求。

表7-1　常用窗户的传热系数和传热阻参考值

玻璃类型		传热系数 K_{gc} [W/(m²·K)]	整窗传热系数[W/(m²·K)]		
			不隔热金属型材 K_f=10.8W/(m²·K) 框面积：15%	隔热金属型材 K_f=5.8W/(m²·K) 框面积：20%	塑料型材 K_f=2.7W/(m²·K) 框面积：25%
透明玻璃	3mm	5.8	6.6	5.8	5.0
	6mm	5.7	6.5	5.7	4.9
	12mm	5.5	6.3	5.6	4.8
吸热玻璃	5mm绿色	5.7	6.5	5.7	4.9
	6mm蓝色	5.7	6.5	5.7	4.9
	5mm茶色	5.7	6.5	5.7	4.9
	5mm灰色	5.7	6.5	5.7	4.9

续表

玻璃类型		传热系数 K_{gc} [W/(m²·K)]	整窗传热系数[W/(m²·K)]		
			不隔热金属型材 K_f=10.8W/(m²·K) 框面积：15%	隔热金属型材 K_f=5.8W/(m²·K) 框面积：20%	塑料型材 K_f=2.7W/(m²·K) 框面积：25%
热反射玻璃	6mm 高透光	5.7	6.5	5.7	4.9
	6mm 中等透光	5.4	6.2	5.5	4.7
	6mm 低透光	4.6	5.5	4.8	4.1
	6mm 特低透光	4.6	5.5	4.8	4.1
单片Low-E玻璃	6mm 高透光	3.6	4.7	4.0	3.4
	6mm 中等透光	3.5	4.6	4.0	3.3
中空玻璃	6mm 透明+12mm 空气+6mm 透明	2.8	4.0	3.4	2.8
	6mm 绿色吸热+12mm 空气+6mm 透明	2.8	4.0	3.4	2.8
	6mm 浅灰色+12mm 空气+6mm 透明	2.8	4.0	3.4	2.8
	6mm 中透光热反射+12mm 空气+6mm 透明	2.4	3.7	3.1	2.5
	6mm 低透光热反射+12mm 空气+6mm 透明	2.3	3.6	3.1	2.4
	6mm 高透光Low-E+12mm 空气+6mm 透明	1.9	3.2	2.7	2.1
	6mm 中透光Low-E+12mm 空气+6mm 透明	1.8	3.2	2.6	2.0
	6mm 较低透光Low-E+12mm 空气+6mm 透明	1.8	3.2	2.6	2.0
	6mm 低透光Low-E+12mm 空气+6mm 透明	1.8	3.2	2.6	2.0
	6mm 高透光Low-E+12mm 氩气+6mm 透明	1.5	2.9	2.4	1.8
	6mm 中透光Low-E+12mm 氩气+6mm 透明	1.4	2.8	2.3	1.7

表 7-2 常用窗户的传热系数和传热阻参考值

玻璃类型		传热系数 K_{gc} [W/(m²·K)]	整窗传热系数[W/(m²·K)]	
			隔热金属型材 K_f=5.0W/(m²·K) 框面积：20%	多腔塑料型材 K_f=2.2W/(m²·K) 框面积：25%
中空玻璃	6mm 透明+12mm 空气+6mm 透明	2.8	3.2	2.7
	6mm 绿色吸热+12mm 空气+6mm 透明	2.8	3.2	2.7
	6mm 浅灰色+12mm 空气+6mm 透明	2.8	3.2	2.7
	6mm 中透光热反射+12mm 空气+6mm 透明	2.4	2.9	2.4
	6mm 低透光热反射+12mm 空气+6mm 透明	2.3	2.8	2.3
	6mm 高透光 Low-E+12mm 空气+6mm 透明	1.9	2.5	2.0
	6mm 中透光 Low-E+12mm 空气+6mm 透明	1.8	2.4	1.9
	6mm 较低透光 Low-E+12mm 空气+6mm 透明	1.8	2.4	1.9
	6mm 低透光 Low-E+12mm 空气+6mm 透明	1.8	2.4	1.9
	6mm 高透光 Low-E+12mm 氩气+6mm 透明	1.5	2.2	1.7
	6mm 中透光 Low-E+12mm 氩气+6mm 透明	1.4	2.1	1.6

1. 控制建筑各朝向的窗墙面积比

窗墙面积比是影响建筑能耗的重要因素，窗墙面积比的确定要综合考虑多方面的因素，其中最主要的是不同地区冬、夏季日照情况（日照时间长短、太阳总辐射强度、阳光入射角大小）、季风影响，室外空气温度，室内采光设计标准，通风要求等。一般普通窗户的保温性能比外墙差很多，而且窗的四周与墙相交之处也容易出现热桥，窗越大，温差传热量也越多。因此，从降低建筑能耗的角度出发，必须限制窗墙面积比。建筑节能设计中对窗的设计原则是在满足功能要求的基础上尽量减少窗户的面积。

（1）严寒及寒冷地区居住建筑的窗墙比

严寒和寒冷地区的冬季比较长，建筑的采暖用能较大，窗墙面积比的要求要有一定的限制。《严寒和寒冷地区居住建筑节能设计标准》（JGJ 26—2018）中严寒和寒冷地区居住建筑的窗墙面积比限值见表 7-3。北向取值较小，主要是考虑居室设在北向时的采光需要，从节能角度上看，在受冬季寒冷气流吹拂的北向及接近北向主面墙上应尽量减少窗户的面积；东、西向的取值，主要考虑夏季防晒和冬季防冷风渗透的影响；在严寒和寒冷地区，当外窗 K 值降低到一定程度时，冬季可以获得从南向外窗进入的太阳辐射热，有利于节能，因此南向窗墙面积比较大。由于目前住宅客厅的窗有越开越大的趋势，为减少窗的耗热量，保证节能效果，应降低窗的传热系数。

一旦所设计的建筑超过规定的窗墙面积比，则要求提高建筑围护结构的保温隔热性能（如选择保温性能好的窗框和玻璃，以降低窗的传热系数，加厚外墙的保温层厚度以降低外墙的传热系数等），并应进行围护结构热工性能的权衡判断，检查建筑物耗热量指标是否能控制在规定的范围内。

表 7-3　严寒和寒冷地区居住建筑的窗墙面积比限值

朝向	窗墙面积比	
	严寒地区	寒冷地区
北	≤0.25	≤0.30
东、西	≤0.30	≤0.35
南	≤0.45	≤0.50

（2）夏热冬冷地区居住建筑窗墙比

我国夏热冬冷地区气候夏季炎热，冬季湿冷。夏季室外空气温度高于 35℃的天数 10～40 天，最高温度可达到 40℃以上，冬季气候寒冷，日平均温度低于 5℃的天数 20～80 天，相对湿度高，而且日照率远低于北方。北方冬季日照率大多超过 60%，而夏热冬冷地区从地理位置上由东到西，冬季日照率逐渐减少，最高的东部也不超过 50%，西部只有 20%左右，加之空气湿度高达 80%以上，造成了这些地区冬季基本气候特点是阴冷潮湿。

确定窗墙面积比，是依据这一地区不同朝向墙面冬、夏日照情况，季风影响，室外空气温度，室内采光设计标准及开窗面积与建筑能耗所占的比率等因素综合确定的。从这一地区建筑能耗分析看，窗对建筑能耗损失主要有两个原因：一是窗的热工性能差所造成夏季空调、冬季采暖室内外温差的热量损失增加；二是窗因受太阳辐射影响而造成的建筑室内空调采暖能耗的增加。从冬季来看，通过窗口进入室内的太阳辐射有利于建筑的节能，因此，窗的温差传热是建筑节能中窗口热损失的主要因素。

据近 10 年气象参数统计分析，南向垂直表面冬季太阳辐射量最大，而夏季反而变小，同时，东西向垂直表面辐射量最大，因此该地区尤其应注重夏季防止东西向日晒、冬季尽可能争取南向日照。《夏热冬冷地区居住建筑节能设计标准》（JGJ 134—2010）中对夏热冬冷地区的不同朝向窗墙面积比的限值见表 7-4，不同朝向、不同窗墙面积比的外窗传热系数和综合遮阳系数限值见表 7-5。

夏热冬冷地区人们无论是过渡季节还是冬、夏两季普遍有开窗加强房间通风的习惯。一是自然通风改善了空气质量；二是自然通风冬季中午日照可以通过窗口直接获得太阳辐射。夏季在两个连晴高温期间的阴雨降温过程或降雨后连晴高温开始升温过程，夜间气候凉爽宜人，房间通风能带走室内余热蓄冷。因此这一地区在进行围护结构节能设计时，不宜过分依靠减少窗墙比，应重点提高窗的热工性能。

表 7-4　不同朝向外窗的窗墙面积比限值

朝向	窗墙面积比
北	≤0.40
东西	≤0.35
南	≤0.45
每套房间允许一个房间（不分朝向）	≤0.60

表 7-5　不同朝向、不同窗墙面积比的外窗传热系数和综合遮阳系数限值

建筑	窗墙面积比	传热系数 K [W/(m²·K)]	外窗综合遮阳系数 SC_w（东、西向/南向）
体形系数≤0.40	窗墙面积比≤0.20	4.7	—
	0.20＜窗墙面积比≤0.30	4.0	—
	0.30＜窗墙面积比≤0.40	3.2	夏季≤0.40/夏季≤0.45
	0.40＜窗墙面积比≤0.45	2.8	夏季≤0.35/夏季≤0.40
	0.45＜窗墙面积比≤0.60	2.5	东、西、南向设置外遮阳 夏季≤0.25 冬季≥0.60
体形系数＞0.40	窗墙面积比≤0.20	4.0	—
	0.20＜窗墙面积比≤0.30	3.2	—
	0.30＜窗墙面积比≤0.40	2.8	夏季≤0.40/夏季≤0.45
	0.40＜窗墙面积比≤0.45	2.5	夏季≤0.35/夏季≤0.40
	0.45＜窗墙面积比≤0.60	2.3	东、西、南向设置外遮阳 夏季≤0.25 冬季≥0.60

注：1. 表中“东、西”代表从东或西偏北 30°（含 30°）到偏南 60°（含 60°）范围；“南”代表从南偏东 30°到偏西 30°范围；

2. 楼梯间、外走廊的窗不按本表规定执行。

（3）夏热冬暖地区居住建筑窗墙比

夏热冬暖地区位于我国南部，在北纬 27°以南，东经 97°以东，包括海南全境、福建南部、广东大部、广西大部、云南小部分地区以及香港、澳门地区。

该地区为亚热带湿润季风气候（湿热型气候），其特征为夏季漫长，冬季寒冷时间很短，甚至几乎没有冬季，长年气温高而且湿度高，太阳辐射强烈，雨量充沛。由于夏季时间长达半年，降水集中，炎热潮湿，因而该地区建筑必须充分满足隔热、通风、防雨、防潮的要

求。为遮挡强烈的太阳辐射，宜设遮阳，并避免西晒。夏热冬暖地区又细化成北区和南区。北区冬季稍冷，窗户要具有一定的保温性能，南区则不必考虑。

该地区居住建筑的外窗面积不应过大，各朝向的窗墙面积比，南、北向不应大于0.40，东、西向不应大于0.30。居住建筑的天窗面积不应大于屋顶总面积的4%，传热系数不应大于4.0W/(m²·K)，本身的遮阳系数不应大于0.40。当设计建筑的外窗或天窗不符合上述规定时，其空调采暖年耗电指数（或耗电量）不应超过参照建筑的空调采暖年耗电指数（或耗电量）。《夏热冬暖地区居住建筑节能设计标准》（JGJ 75—2012）中对夏热冬暖地区外窗的热工指标限值见表7-6、表7-7，可以看出：加大窗墙比的代价是要提高窗的综合遮阳系数和保温隔热性能或提高外墙的隔热性能。

表7-6　北区居住建筑建筑物外窗平均传热系数和平均综合遮阳系数限值

外墙平均指标	外窗平均传热系数 K[W/(m²·K)]	外窗加权平均综合遮阳系数 S_W			
		平均窗地面积比 $C_{MF}\leqslant 0.25$ 或平均窗墙面积比 $C_{MW}\leqslant 0.25$	平均窗地面积比 $0.25<C_{MF}\leqslant 0.30$ 或平均窗墙面积比 $0.25<C_{MW}\leqslant 0.30$	平均窗地面积比 $0.30<C_{MF}\leqslant 0.35$ 或平均窗墙面积比 $0.30<C_{MW}\leqslant 0.35$	平均窗地面积比 $0.35<C_{MF}\leqslant 0.40$ 或平均窗墙面积比 $0.35<C_{MW}\leqslant 0.40$
$K\leqslant 2.0$ $D\geqslant 2.8$	4.0	≤0.3	≤0.2	—	—
	3.5	≤0.5	≤0.3	≤0.2	—
	3.0	≤0.7	≤0.5	≤0.4	≤0.3
	2.5	≤0.8	≤0.6	≤0.6	≤0.4
$K\leqslant 1.5$ $D\geqslant 2.5$	6.0	≤0.6	≤0.3	—	—
	5.5	≤0.8	≤0.4	—	—
	5.0	≤0.9	≤0.6	≤0.3	—
	4.5	≤0.9	≤0.7	≤0.5	≤0.2
	4.0	≤0.9	≤0.8	≤0.6	≤0.4
	3.5	≤0.9	≤0.9	≤0.7	≤0.5
	3.0	≤0.9	≤0.9	≤0.8	≤0.6
	2.5	≤0.9	≤0.9	≤0.9	≤0.7
$K\leqslant 1.5$ $D\geqslant 3.0$	6.0	≤0.9	≤0.9	≤0.6	≤0.2
	5.5	≤0.9	≤0.9	≤0.7	≤0.4
	5.0	≤0.9	≤0.9	≤0.8	≤0.6
	4.5	≤0.9	≤0.9	≤0.8	≤0.7
	4.0	≤0.9	≤0.9	≤0.9	≤0.7
	3.5	≤0.9	≤0.9	≤0.9	≤0.8

表 7-7 南区居住建筑建筑物外窗平均综合遮阳系数限值

外墙平均指标（$\rho \leqslant 0.8$）	外窗的加权平均综合遮阳系数 S_W				
	平均窗地面积比 $C_{MF} \leqslant 0.25$ 或平均窗墙面积比 $C_{MW} \leqslant 0.25$	平均窗地面积比 $0.25 < C_{MF} \leqslant 0.30$ 或平均窗墙面积比 $0.25 < C_{MW} \leqslant 0.30$	平均窗地面积比 $0.30 < C_{MF} \leqslant 0.35$ 或平均窗墙面积比 $0.30 < C_{MW} \leqslant 0.35$	平均窗地面积比 $0.35 < C_{MF} \leqslant 0.40$ 或平均窗墙面积比 $0.35 < C_{MW} \leqslant 0.40$	平均窗地面积比 $0.40 < C_{MF} \leqslant 0.45$ 或平均窗墙面积比 $0.40 < C_{MW} \leqslant 0.45$
$K \leqslant 2.0$，$D \geqslant 3.0$	≤0.5	≤0.4	≤0.3	≤0.2	—
$K \leqslant 2.0$，$D \geqslant 2.8$	≤0.6	≤0.5	≤0.4	≤0.3	≤0.2
$K \leqslant 1.5$，$D \geqslant 2.5$	≤0.8	≤0.7	≤0.6	≤0.5	≤0.4
$K \leqslant 1.0$，$D \geqslant 2.5$ 或 $K \leqslant 0.7$	≤0.9	≤0.8	≤0.7	≤0.6	≤0.5

注：1. 外窗包括阳台门；

2. ρ 是外墙外表面的太阳辐射吸收系数。

（4）公共建筑窗墙比

公共建筑的种类较多，形式多样，从建筑师到使用者都希望公共建筑更加通透、明亮，建筑立面更加美观，建筑形态更为丰富。所以，公共建筑窗墙比一般比居住建筑要大些，但在设计中要谨慎使用大面积的玻璃幕墙，以避免加大采暖及空调的能耗。

《公共建筑节能设计标准》（GB 50189—2015）对公共建筑分类如下：单栋建筑面积大于 300m^2 的建筑，或单栋建筑面积小于或等于 300m^2 但总建筑面积大于 1000m^2 的建筑群，应为甲类公共建筑；单栋建筑面积小于或等于 300m^2 的建筑，应为乙类公共建筑。标准对公共建筑窗墙比做了如下规定：

严寒地区甲类公共建筑各单一立面窗墙面积比（包括透光幕墙）均不宜大于 0.60；其他地区甲类公共建筑各单一立面窗墙面积比（包括透光幕墙）均不宜大于 0.70。甲类公共建筑单一立面窗墙面积比小于 0.40 时，透光材料的可见光透射比不应小于 0.60；甲类公共建筑单一立面窗墙面积比大于等于 0.40 时，透光材料的可见光透射比不应小于 0.40。

夏热冬暖、夏热冬冷、温和地区的建筑各朝向外窗（包括透光幕墙）均应采取遮阳措施；寒冷地区的建筑宜采取遮阳措施。当设置外遮阳时应符合下列规定：

① 东西向宜设置活动外遮阳，南向宜设置水平外遮阳；

② 建筑外遮阳装置应兼顾通风及冬季日照。

甲类公共建筑的屋顶透光部分面积不应大于屋顶总面积的 20%。当不能满足本条的规定时，必须按标准规定的方法进行权衡判断。

根据建筑热工设计的气候分区，甲类公共建筑不同地区单一立面外窗（包括透光幕墙）传热系数限值应符合表 7-8～表 7-12 规定。当不能满足本条的规定时，必须按标准规定的方法进行权衡判断。

乙类公共建筑的外窗（包括透光幕墙）热工性能限值见表 7-13。

表 7-8　严寒地区公共建筑单一立面外窗传热系数限值

单一立面外窗（包括透光幕墙）	传热系数 K[W/(m²·K)]			
	体形系数≤0.30		0.30<体形系数≤0.50	
	A、B区	C区	A、B区	C区
窗墙面积比≤0.20	≤2.7	≤2.9	≤2.5	≤2.7
0.20<窗墙面积比≤0.30	≤2.5	≤2.6	≤2.3	≤2.4
0.30<窗墙面积比≤0.40	≤2.2	≤2.3	≤2.0	≤2.1
0.40<窗墙面积比≤0.50	≤1.9	≤2.0	≤1.7	≤1.7
0.50<窗墙面积比≤0.60	≤1.6	≤1.7	≤1.4	≤1.5
0.60<窗墙面积比≤0.70	≤1.5	≤1.7	≤1.4	≤1.5
0.70<窗墙面积比≤0.80	≤1.4	≤1.5	≤1.3	≤1.4
窗墙面积比>0.80	≤1.3	≤1.4	≤1.2	≤1.3

表 7-9　寒冷地区公共建筑单一立面外窗传热系数限值

单一立面外窗（包括透光幕墙）	体形系数≤0.30		0.30<体形系数≤0.50	
	传热系数 K[W/(m²·K)]	太阳得热系数 SHGC（东、南、西向/北向）	传热系数 K[W/(m²·K)]	太阳得热系数 SHGC（东、南、西向/北向）
窗墙面积比≤0.20	≤3.0	—	≤2.8	—
0.20<窗墙面积比≤0.30	≤2.7	≤0.52/—	≤2.5	≤0.52/—
0.30<窗墙面积比≤0.40	≤2.4	≤0.48/—	≤2.2	≤0.48/—
0.40<窗墙面积比≤0.50	≤2.2	≤0.43/—	≤1.9	≤0.43/—
0.50<窗墙面积比≤0.60	≤2.0	≤0.40/—	≤1.7	≤0.40/—
0.60<窗墙面积比≤0.70	≤1.9	≤0.35/0.60	≤1.7	≤0.35/0.60
0.70<窗墙面积比≤0.80	≤1.6	≤0.35/0.52	≤1.5	≤0.35/0.52
窗墙面积比>0.80	≤1.5	≤0.30/0.52	≤1.4	≤0.30/0.52

表 7-10　夏热冬冷地区公共建筑单一立面外窗传热系数限值

单一立面外窗（包括透光幕墙）	传热系数 K[W/(m²·K)]	太阳得热系数 SHGC（东、南、西向/北向）
窗墙面积比≤0.20	≤3.5	—
0.20<窗墙面积比≤0.30	≤3.0	≤0.44/0.48
0.30<窗墙面积比≤0.40	≤2.6	≤0.40/0.44
0.40<窗墙面积比≤0.50	≤2.4	≤0.35/0.40
0.50<窗墙面积比≤0.60	≤2.2	≤0.35/0.40
0.60<窗墙面积比≤0.70	≤2.2	≤0.30/0.35
0.70<窗墙面积比≤0.80	≤2.0	≤0.26/0.35
窗墙面积比>0.80	≤1.8	≤0.24/0.30

表 7-11 夏热冬暖地区公共建筑单一立面外窗传热系数限值

单一立面外窗（包括透光幕墙）	传热系数 K[W/(m^2·K)]	太阳得热系数 SHGC（东、南、西向/北向）
窗墙面积比≤0.20	≤5.2	—
0.20<窗墙面积比≤0.30	≤4.0	≤0.52/—
0.30<窗墙面积比≤0.40	≤3.0	≤0.44/0.52
0.40<窗墙面积比≤0.50	≤2.7	≤0.35/0.44
0.50<窗墙面积比≤0.60	≤2.5	≤0.35/0.40
0.60<窗墙面积比≤0.70	≤2.5	≤0.26/0.35
0.70<窗墙面积比≤0.80	≤2.5	≤0.24/0.30
窗墙面积比>0.80	≤2.0	≤0.18/0.26

表 7-12 温和地区公共建筑单一立面外窗传热系数限值

单一立面外窗（包括透光幕墙）	传热系数 K[W/(m^2·K)]	太阳得热系数 SHGC（东、南、西向/北向）
窗墙面积比≤0.20	≤5.2	—
0.20<窗墙面积比≤0.30	≤4.0	≤0.44/0.48
0.30<窗墙面积比≤0.40	≤3.0	≤0.40/0.44
0.40<窗墙面积比≤0.50	≤2.7	≤0.35/0.40
0.50<窗墙面积比≤0.60	≤2.5	≤0.35/0.40
0.60<窗墙面积比≤0.70	≤2.5	≤0.30/0.35
0.70<窗墙面积比≤0.80	≤2.5	≤0.26/0.35
窗墙面积比>0.80	≤2.0	≤0.24/0.30

注：传热系数 K 只适用于温和 A 区。温和 B 区的传热系数不做要求。

表 7-13 乙类公共建筑的外窗（包括透光幕墙）热工性能限值

围护结构部位	传热系数 K[W/(m^2·K)]					太阳得热系数 SHGC		
外窗（包括透光幕墙）	严寒 A、B 区	严寒 C 区	寒冷地区	夏热冬冷地区	夏热冬暖地区	寒冷地区	夏热冬冷地区	夏热冬暖地区
单一立面外窗（包括透光幕墙）	≤2.0	≤2.2	≤2.5	≤3.0	≤4.0	—	≤0.52	≤0.48
屋顶透光部分（透光部分面积≤20%）	≤2.0	≤2.2	≤2.5	≤3.0	≤4.0	≤0.44	≤0.35	≤0.30

2. 减少窗的传热耗能

为了降低窗的传热耗能，近年来，研究者对窗户进行了大量研究，所取得的部分成果如图 7-1 所示。

（1）采用节能玻璃

对有采暖要求的地区，节能玻璃应具有传热小，可利用太阳辐射热的性能。对于夏季炎热地区，节能玻璃应具有阻隔太阳辐射热的隔热、遮阳性能。节能玻璃技术中的中空、真空玻璃主要是减小其传热能力，而表面镀膜技术主要是为了降低其表面向室外辐射热的能力和阻隔太阳辐射热透射。

玻璃对不同波长的太阳辐射具有选择性，图7-2为各种玻璃的透射率与太阳辐射入射波长的关系。普通白玻璃对于可见光和波长为3μm以下的短波红外线来说几乎是透明的，但能够有效地阻隔长波红外线辐射（即长波辐射），但这部分能最在太阳辐射中所占比率较少。图7-3是通常情况下（入射角＜60°）时，太阳光照射到普通窗玻璃表面后的透射、吸收、反射状况。可以看出，玻璃的反射率越高，透射率和吸收率越低，则太阳辐射的热量就越少。下面介绍三种应用最广泛的节能玻璃：热反射玻璃（Heat Mirror Glass）、Low-E玻璃（Low emissivity glass）、真空玻璃。

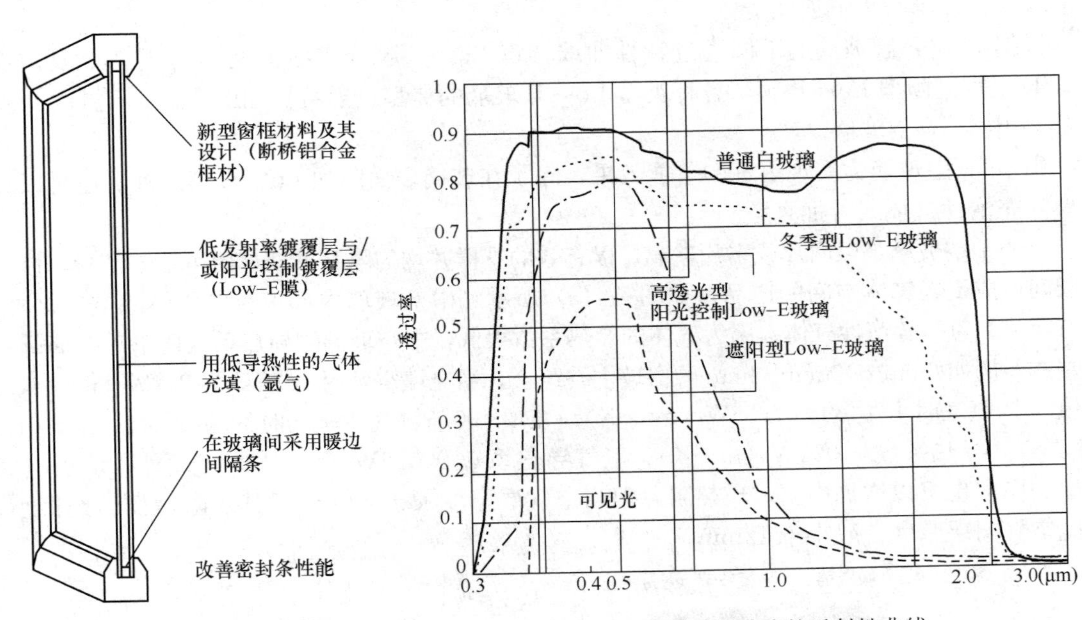

图7-1 近年来节能窗技术取得的部分成果

图7-2 不同种类玻璃的透射性曲线

① 热反射玻璃

它是在普通平板玻璃上通过离线镀膜方式或在线镀膜方式，在玻璃表面喷涂一层或几层特种金属氧化物膜而成。镀膜后镀膜热反射玻璃只能透过可见光和部分0.8～2.5μm的近红外光，而紫外光和0.35μm以上的中、远红外光不能透过，即可以将大部分的太阳光吸收和反射掉。厚度为6mm的热反射玻璃和无色浮法玻璃相比较，热反射玻璃能挡住67%的太阳能，只有33%进入室内。但热反射玻璃对太阳光谱段透过率的衰减曲线与普通玻璃基本上是一样的，这使得可见光的透射也有很大衰减。

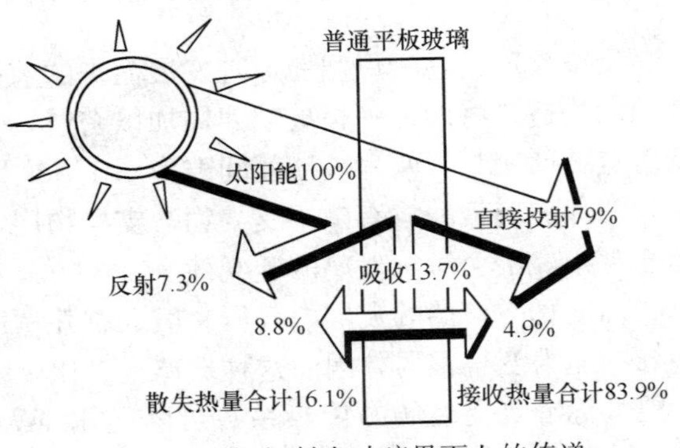

图7-3 太阳辐射在玻璃界面上的传递

此外，镀膜热反射玻璃表面金属层极薄，使其在迎光面具有镜子的特性，而在背光面又如玻璃窗般透明，对建筑物内部起到遮蔽及帷幕作用。

② Low-E 玻璃

目前使用更为广泛的是低辐射镀膜（Low-E）玻璃。Low-E 玻璃是利用真空沉积技术，在玻璃表面沉积一层低辐射涂层，一般由若干金属或金属氧化物薄层和衬底层组成。普通玻璃的红外发射率约为 0.8，对太阳辐射能的透射比高达 84%，而 Low-E 玻璃的红外发射率最低可达到 0.03，能反射 80%以上的红外能量。由于镀上 Low-E 膜的玻璃表面具有很低的长波辐射率，可以大大增加玻璃表面间的辐射换热热阻而具有良好的保温性能。因此，该种镀膜玻璃在世界上得以广泛应用。在我国，近几年随着建筑节能工作的深入开展，这种节能型的玻璃也逐渐被人们所接受。

根据 Low-E 膜玻璃的不同透过特性曲线，将 Low-E 膜分成冬季型 Low-E 膜、夏季型 Low-E 膜和遮阳型 Low-E 膜。各种类型 Low-E 玻璃的典型透射特性如图 7-2 所示。

③ 中空/真空玻璃

中空/真空玻璃为实现更好的节能效果，除了在玻璃表面附加 Low-E 膜以外，还可以在玻璃间充惰性气体或者抽真空。

普通中空玻璃是以两片或多片玻璃，以有效的支撑并均匀隔开玻璃，周边粘结密封，使玻璃层间形成干燥气体空间的产品，如图 7-4(a) 所示。中空玻璃内部填充的气体除空气之外，还有氩气、氪气等惰性气体。因为气体的导热系数很低，中空玻璃的导热系数比单片玻璃低一半左右。例如 6mm+12mm+6mm 的白玻中空组合，当充填空气时 K 值约为 2.7W/(m^2·K)，充填 90%氩气时 K 值约为 2.55W/(m^2·K)，充填 100%氩气、氪气时约为 2.53W/(m^2·K) [注：空气导热系数 0.024W/(m·K)；氩气导热系数 0.016W/(m·K)]。此外，增加空气间层的厚度也可以增加中空玻璃热阻，但当空气层厚度大于 12mm 后其热阻增加已经很小，因此空气间层厚度一般小于 12mm。

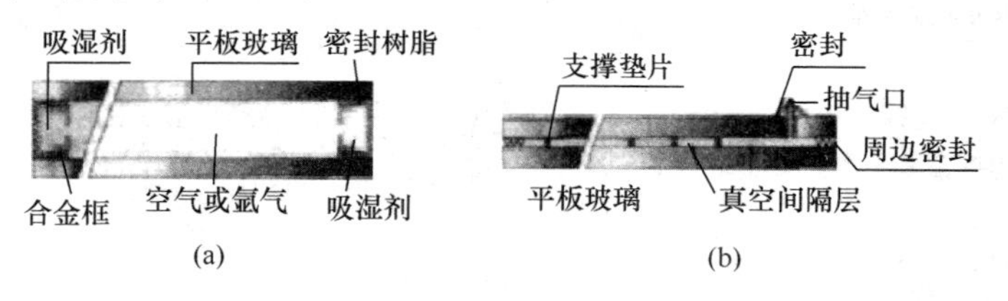

图 7-4　中空、真空玻璃结构示意图

(a) 中空玻璃示意图；(b) 真空玻璃示意图

真空玻璃是基于保温瓶原理发展而来的节能材料，其剖面示意如图 7-4(b) 所示。真空玻璃的构造是将两片平板玻璃四周加以密封，一片玻璃上有一排气管，排气管与该片玻璃用低熔点玻璃密封。两片玻璃间间隙为 0.1～0.2mm。为使玻璃在真空状态下承受大气压的作用，两片玻璃板间放有微小支撑物，支撑物用金属或非金属材料制成，均匀分布。由于支撑物非常小，不会影响玻璃的透光性。

标准真空玻璃的夹层内气压一般只有几 “Pa”，由于夹层空气极其稀薄，热传导和声音传导的能力变得很弱，因而这种玻璃具有比中空玻璃更好的隔热保温性能和防结露、隔声等性能。标准真空玻璃的传热系数可降至 1.4W/(m^2·K)，其保温性能是中空玻璃的 2 倍、单片玻璃的 4 倍。部分不同类型玻璃详细的热工参数见表 7-14。

表 7-14　部分不同类型玻璃的热工参数

玻璃类型		可见光透射比	太阳辐射总透射比	传热系数 K [W/(m²·K)]	镀膜玻璃半球辐射率
透明玻璃	3mm	0.91	0.87	5.26	—
	6mm	0.90	0.85	5.15	—
	12mm	0.87	0.78	5.00	—
吸热玻璃	6mm 绿色	0.75	0.59	5.15	—
	6mm 蓝色	0.65	0.63	5.18	—
	6mm 浅灰色	0.66	0.67	5.15	—
	6mm 深灰色	0.44	0.58	5.15	—
热反射玻璃	6mm 高透光	0.66	0.69	5.13	0.818
	6mm 中等透光	0.47	0.51	4.79	0.660
	6mm 低透光	0.32	0.42	4.74	0.641
	6mm 特低透光	0.07	0.18	4.08	0.371
单片 Low-E 玻璃	6mm 在线型 1	0.80	0.69	3.54	0.180
	6mm 在线型 2	0.73	0.63	3.72	0.250
双层中空玻璃	6mm 透明+12mm 空气+6mm 透明	0.81	0.75	2.59	—
	6mm 绿色吸热+12mm 空气+6mm 透明	0.681	0.49	2.60	—
	6mm 浅灰色+12mm 空气+6mm 透明	0.39	0.48	2.59	—
	6mm 高透光热反射+12mm 空气+6mm 透明	0.61	0.61	2.58	0.818
	6mm 中透光热反射+12mm 空气+6mm 透明	0.43	0.42	2.45	0.660
	6mm 低透光热反射+12mm 空气+6mm 透明	0.29	0.35	2.44	0.641
	6mm 高透光 Low-E+12mm 空气+6mm 透明	0.68	0.46	1.63	0.03
	6mm 中透光 Low-E+12mm 空气+6mm 透明	0.62	0.46	1.72	0.08
	6mm 中透光 Low-E+12mm 空气+6mm 透明	0.57	0.43	1.79	0.12
	6mm 低透光 Low-E+12mm 空气+6mm 透明	0.35	0.30	1.84	0.15
	6mm 高透光 Low-E+12mm 氩气+6mm 透明	0.680	0.45	1.33	0.030
	6mm 中透光 Low-E+12mm 氩气+6mm 透明	0.623	0.45	1.44	0.08
三玻中空玻璃	6mm 透明+12mm 空气+6mm 透明+12mm 空气+6mm 透明	0.74	0.67	1.71	—
	6mm 高透光 Low-E+12mm 空气+6mm 透明+12mm 空气+6mm 透明	0.62	0.42	1.23	0.03
	6mm 中透光 Low-E+12mm 空气+6mm 透明+12mm 空气+6mm 透明	0.56	0.42	1.27	0.08
	6mm 中透光 Low-E+12mm 空气+6mm 透明+12mm 空气+6mm 透明	0.51	0.39	1.32	0.12
	6mm 低透光 Low-E+12mm 空气+6mm 透明+12mm 空气+6mm 透明	0.32	0.27	1.35	0.15

续表

玻璃类型		可见光透射比	太阳辐射总透射比	传热系数 K [W/(m² · K)]	镀膜玻璃半球辐射率
三玻中空玻璃	6mm 高透光 Low-E+12mm 氩气+6mm 透明+12mm 空气+6mm 透明	0.62	0.42	1.01	0.03
	6mm 中透光 Low-E+12mm 氩气+6mm 透明+12mm 空气+6mm 透明	0.56	0.42	1.07	0.08

④ 双层窗

双层窗的设置是一种传统的窗户保温节能做法，根据构造不同，双层窗之间常有 50～150mm 厚的空间。利用这一空间相对静止的空气层，提高整个窗户的保温节能作用。另外，双层窗在降低室外噪声干扰和除尘方面效果也很好，只是由于使用双倍的窗框，窗的成本会增加较多。

（2）提高窗框的保温性能

窗框是固定窗玻璃的支撑结构，它需要有足够的强度及刚度。同时，窗框也需要具有较好的保温隔热能力，以避免窗框成为整个窗户的热桥。目前窗框的材料主要有 PVC 窗框、铝合金（钢）窗框、木窗框等。

框扇型材部分加强保温节能效果可采取以下三个途径：一是选择导热系数较小的框料，如 PVC [其导热系数为 0.16W/(m · K)]，表 7-15 中给出了几种主要框料的热工指标；二是采用导热系数小的材料截断金属框料型材的热桥制成断桥式框料；三是利用框料内的空气腔室或利用空气层截断金属框扇的热桥，目前应用的双樘串联钢窗即以此作为隔断传热的一种有效措施。

表 7-15　主要框料的导热系数和密度

材料	密度 ρ (kg/m³)	导热系数 λ [W/(m · K)]	蓄热系数 S(周期 24h) [W/(m² · K)]	比热容 C [kJ/(kg · K)]
铝	2700	203	191	0.92
建筑钢材	7850	58.2	126	0.48
空气	1.20	0.04	—	—
松、杉木（热流垂直木纹）	500	0.14	3.85	2.51
松、杉木（热流顺木纹）	500	0.29	5.55	2.51
PVC	40～50	0.13～0.29	—	—

由于窗框型材的不同，窗户的性能特点会有相当大的差别。下面分别介绍使用较多的木窗、铝合金窗、PVC 窗。

① 木窗

长期以来，世界各国普遍采用木窗。木材强度高，保温隔热性能优良，容易制成复杂断面，其窗框的传热系数可以降至 2.0W/(m² · K) 以下。我国由于森林缺乏，为了保护森林，严格限制木材采伐，木窗使用比率很小。当前有些城市高档建筑木窗采用进口木材，此外，还有一些农村和林区就地取材将本地木材用于当地建筑。

② 铝合金窗及断桥铝合金窗

这种窗户质量轻，强度、刚度较高，抗风压性能佳，较易形成复杂断面，耐燃烧、耐潮湿性能良好，装饰性强。但铝合金窗保温隔热性能差，无隔热措施的铝合金窗框的传热系数为 4.5W/(m^2·K) 左右，远高于其他非金属窗框。为了提高该金属窗框的隔热保温性能，现已开发出多种热桥阻断技术，包括用带增强玻璃纤维的聚酰胺塑料（PA）尼龙 66 隔热条穿入后滚压复合形成断热铝型材，用聚氨酯发泡材料灌注后铣开，以及用聚氨基甲乙酰粘结复合等，其中以穿入尼龙条方法优点较多。通过增强尼龙隔条将铝合金型材分为内外两部分阻隔了铝的热传导，图 7-5 为断热构造示意图。经过断热处理后，窗框的保温性能可提高 30%～50%。

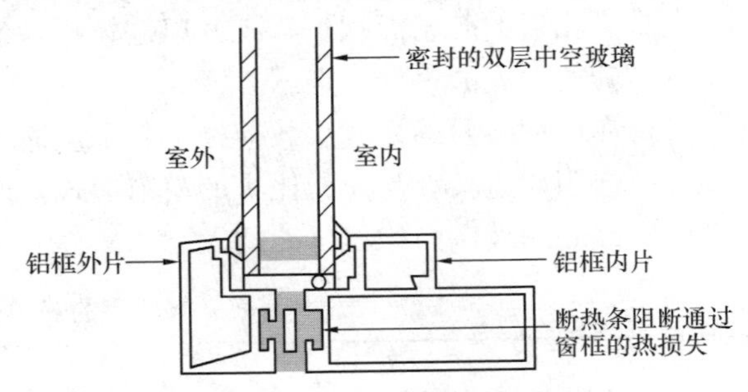

图 7-5 铝窗框内的断热构造

③ PVC 窗

PVC 窗是采用挤压（出）成型的中空型材焊接组成框、扇的窗户。为了增强其刚性，塑料型材的空腔内插有镀锌钢板冷轧成型的衬钢。PVC 窗的突出优点是保温性能和耐化学腐蚀性能好，并有良好的气密性和隔声性能。但其明显的不足是抗风压、水密性能低、遮光面积大，并存在光热老化问题。

3. 提高窗的气密性

完善的密封措施是保证窗的气密性、水密性以及隔声性能和隔热性能达到一定水平的关键。图 7-6 表示室外冷风通过窗部位进入室内的三条途径。目前我国在窗的密封方面，多只在框与扇和玻璃与扇交接处做密封处理。由于安装施工中的一些问题，使得框与窗洞口之间的冷风渗透未能很好处理。因此为了达到较好的节能保温水平，必须要对框—洞口、框—扇、玻璃—扇三个部位的间隙均做密封处理。至于框—扇和玻璃—扇间的间隙处理，目前我国采用双级密封的方法。国外在框—扇之间已普遍采用二级密封的做法，通过这一措施，窗的空气渗透量降到 1.0m^3/(m·h) 以下，而我国同类窗都很难达到这个水平。

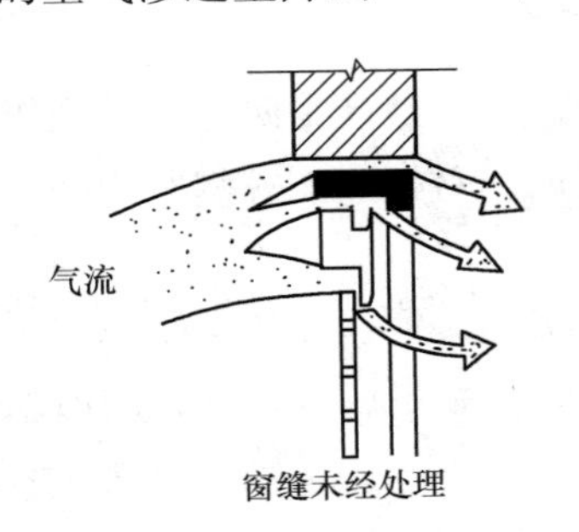

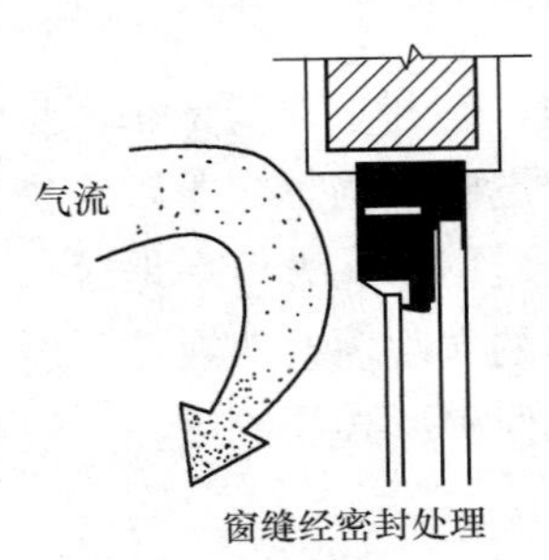

图 7-6 窗缝处的气流情况

从密闭构件上看，有的密闭条不能达到较佳的效果，原因是：

（1）密闭条采用注模法生产，断面尺寸不准确且不稳定，橡胶质硬度超过要求；

（2）型材断面较小，刚度不够，致使执手部位缝隙严密，而在窗扇两端部位形成较大的缝隙。

因此，随着钢（铝）窗型材的改进，必须生产、采用具有断面准确、质地柔软、压缩性比较大、耐火性较好等特点的密闭条。

4. 开扇的形式与节能

窗的几何形式与面积以及开启窗扇的形式对窗的保温节能性能有很大影响。表 7-16 中列出了一些窗的形式及相关参数。

由表 7-16 中我们可以看出，编号为 4、6、7 的开扇形式的窗，缝长与开扇面积比较小，这样在具有相近的开扇面积下，既开扇缝较短，节能效果好。

总结开扇形式的设计要点：

（1）在保证必要的换气次数前提下，尽量缩小开扇面积；

（2）选用周边长度与面积比小的窗扇形式，即接近正方形，有利于节能；

（3）镶嵌的玻璃面积尽可能的大。

表 7-16　窗的开扇形式与缝长

编号	1	2	3	4	5	6	7
开扇形式							
开扇面积（m^2）	1.20	1.20	1.20	1.20	1.00	1.05	1.41
缝长 L_0（m）	9.04	7.80	7.32	6.40	6.00	4.30	4.80
L_0/F_0	7.53	6.50	6.10	5.33	6.00	4.10	3.40
窗框长 L_f（m）	10.10	10.10	9.46	8.10	9.70	7.20	4.80

5. 窗的遮阳

遮阳是通过技术手段遮挡影响室内热环境的太阳直射光，但并不影响采光条件的手段和措施。

大量的调查和测试表明，太阳辐射通过窗进入室内的热量是造成夏季室内过热的主要原因。日本、美国、欧洲的一些国家以及我国香港地区都把提高窗的热工性能和阳光控制作为夏季防热以及建筑节能的重点，窗外普遍安装有遮阳设施。

夏季，南方水平面太阳辐射强度可高达 1000W/m^2 以上，在这种强烈的太阳辐射条件下，阳光直射到室内，将严重地影响建筑室内热环境，增加建筑空调能耗。因此，减少窗的辐射传热是建筑节能中降低窗口得热的主要途径，应该采取适当的遮阳措施，防止直射阳光的不利影响。

在严寒地区，阳光充分进入室内，有利于降低冬季采暖能耗。这一地区采暖能耗在全年建筑总能耗中占主导地位，如果遮阳设施阻挡了冬季阳光进入室内，对自然能源的利用和节能是不利的。因此，遮阳措施一般不适用于北方严寒地区。

在夏热冬冷地区，窗和透明幕墙的太阳辐射热在夏季增大了空调负荷，在冬季则减小了采暖负荷，应根据负荷分析确定采取何种形式的遮阳。一般而言，外卷帘或外百叶式的活动遮阳实际效果比较好。

6. 提高窗保温性能的其他方法

窗的节能设计上还可使用具有保温隔热特性的窗帘、窗盖板等构件增加窗的节能效果。目前较成熟的一种活动窗帘是由多层铝箔—密闭空气层—铝箔构成，具有很好的保温隔热性能，不足之处是价格高。采用平开式或推拉式窗盖板，内填沥青珍珠岩、沥青蛭石、沥青麦草、沥青谷壳等，可获得较高的隔热性能及较经济的效果。

现在正处于试验阶段的另一种功能性窗盖板，是采用相变贮热材料的填充材料。这种材料白天可贮存太阳能，夜晚关窗的同时关紧盖板，该盖板不仅具有高隔热特性，可阻止室内失热，同时还将向室内放热。这样，整个窗户当按24小时周期计算时，就真正成为得热构件，但还须解决窗四周的耐久密封问题，及相变材料的造价问题等。

夜墙（Night wall），国外的一些建筑中实验性地采用过这种装置。它是将膨胀聚苯板装于窗户两侧或四周，夜间可用电动或磁性手段将其推置窗户处，以大幅度地提高窗的保温性能。另外，一些组合的设计是在双层玻璃间用自动充填轻质聚苯球的方法提高窗的保温能力，白天这些小球可以被机械装置吸出、收回以便恢复窗的采光功能。

7.1.2 建筑幕墙

外墙是建筑室内外环境的分界，其设计往往直接影响室内环境质量和建筑在生态方面的表现，特别是透明部分，应该能满足自然光照、太阳能的主动或被动利用、防止过度热辐射、减少室内热损失。自从密斯·凡·德·罗等现代主义建筑师发展了玻璃幕墙以来，它一直是最为流行的一种外墙形式，在当代中国更是被看作“国际化”时代建筑的必备元素。

1. 建筑幕墙的相关概念

（1）建筑幕墙（curtain wall for building）

由面板与支承结构体系（支承装置与支承结构）组成的、可相对主体结构有一定位移能力或自身有一定变形能力、不承担主体结构所受作用的建筑外围护墙。

（2）构件式建筑幕墙（stick built curtain wall）

现场在主体结构上安装立柱、横梁和各种面板的建筑幕墙。

（3）单元式幕墙（unitized curtain wall）

由各种墙面板与支承框架在工厂制成完整的幕墙结构基本单位，直接安装在主体结构上的建筑幕墙。

（4）玻璃幕墙（glass curtain wall）

面板材料是玻璃的建筑幕墙。

（5）石材幕墙（natural stone curtain wall）

面板材料是天然建筑石材的建筑幕墙。

（6）金属板幕墙（metal panel curtain wall）

面板材料外层饰面为金属板材的建筑幕墙。

（7）人造板材幕墙（artificial panel curtain wall）

面板材料为人造外墙板（包括瓷板、陶板和微晶玻璃等，不包括玻璃、金属板材）的建筑幕墙。瓷板幕墙（porcelain panel curtain wall）是以瓷板（吸水率平均值 $E \leqslant 0.5\%$ 的干压陶瓷板）为面板的建筑幕墙。陶板幕墙（terra-cotta panel curtain wall）是以陶板（吸水率平均值 $3\% < E \leqslant 6\%$ 和 $6\% < E \leqslant 10\%$ 的挤压陶瓷板）为面板的建筑幕墙。微晶玻璃幕墙（crystallitic glass curtain wall）是以微晶玻璃板（通体板材）为面板的建筑幕墙。

（8）全玻幕墙（full glass curtain wall）

由玻璃面板和玻璃肋构成的建筑幕墙。

（9）点支承玻璃幕墙（point supported glass curtain wall）

由玻璃面板、点支承装置和支承结构构成的建筑幕墙。

(10) 双层幕墙 double-skin facade

由外层幕墙、热通道和内层幕墙(或门、窗)构成，且在热通道内能够形成空气有序流动的建筑幕墙。热通道(thermal chamber)可使空气在幕墙结构或系统内有序流动并具有特定功能。外通风双层幕墙(double-skin facade with outer skin ventilation)是进、出通风口设在外层，通过合理配置进出风口使室外空气进入热通道并有序流动的双层幕墙。内通风双层幕墙(double-skin facade with inner skin ventilation)是进、出通风口设在内层，利用通风设备使室内空气进入热通道并有序流动的双层幕墙。

(11) 采光顶与金属屋面(transparent roof and metal roof)

由透光面板或金属面板与支承体系(支承装置与支承结构)组成的，与水平方向夹角小于75°的建筑外围护结构。

(12) 封闭式建筑幕墙(sealed curtain wall)

要求具有阻止空气渗透和雨水渗漏功能的建筑幕墙。

(13) 开放式建筑幕墙(open joint curtain wall)

不要求具有阻止空气渗透或雨水渗漏功能的建筑幕墙，包括遮挡式和开缝式建筑幕墙。

2. 建筑幕墙的分类和标记方式

(1) 产品分类和标记代号

① 按主要支承结构形式分类及标记代号(表7-17)

表7-17 建筑幕墙主要支承结构形式分类及标记代号

主要支承结构	构件式	单元式	点支承	全玻	双层
代号	GJ	DY	DZ	QB	SM

② 按密闭形式分类及标记代号(表7-18)

表7-18 建筑幕墙密闭形式分类及标记代号

密闭形式	封闭式	开放式
代号	FB	KF

③ 按面板材料分类及标记代号

玻璃幕墙，代号为：BL；金属板幕墙，代号应符合表7-19的要求；石材幕墙，代号为SC；人造板材幕墙，代号应符合表7-20的要求；组合面板幕墙，代号为ZH。

表7-19 金属板面板材料分类及标记代号

材料名称	单层铝板	铝塑复合板	蜂窝铝板	彩色涂层钢板	搪瓷涂层钢板	锌合金板	不锈钢板	铜合金板	钛合金板
代号	DL	SL	FW	CG	TG	XB	BG	TN	TB

表7-20 人造板材材料分类及标记代号

材料名称	瓷板	陶板	微晶玻璃
标记代号	CB	TB	WJ

④ 面板支承形式、单元部件间接口形式分类及标记代号

构件式玻璃幕墙面板支承形式分类及标记代号见表7-21；石材幕墙、人造板材幕墙面板支承形式分类及标记代号见表7-22；单元式幕墙单元部件间接口形式分类及标记代号见表7-23；点支承玻璃幕墙面板支承形式分类及标记代号见表7-24；全玻幕墙面板支承形式分类及标记代号见表7-25。

表7-21　构件式玻璃幕墙面板支承形式分类及标记代号

支承形式	隐框结构	半隐框结构	明框结构
代号	YK	BY	MK

表7-22　石材幕墙、人造板材幕墙面板支承形式分类及标记代号

支承形式	嵌入	钢销	短槽	通槽	勾托	平挂	穿透	蝶形背卡	背栓
代号	QR	GX	DC	TC	GT	PG	CT	BK	BS

表7-23　单元式幕墙单元部件间接口形式分类及标记代号

接口形式	插接型	对接型	连接型
标记代号	CJ	DJ	LJ

表7-24　点支承玻璃幕墙面板支承形式分类及标记代号

支承形式	钢结构	索杆结构	玻璃肋
标记代号	GC	RG	BLL

表7-25　全玻幕墙面板支承形式分类及标记代号

支承形式	落地式	吊挂式
标记代号	LD	DG

⑤ 双层玻璃分类及标记代号

按通风方式分类及标记代号应符合表7-26的规定。

表7-26　按通风方式分类及标记代号

通风方式	外通式	内通式
代号	WT	NT

(2) 标记方式

幕墙 GB/T 21086　□（主要支承结构型式）—□（面板支承形式、单元接口形式）—□（密闭形式、双层幕墙通风方式）—□（面板材料）—□（主参数-抗风压性能）。

(3) 标记示例

幕墙 GB/T 21086 GJ—YK—FB—BL—3.5（构件式—隐框—封闭—玻璃，抗风压性能3.5kPa）；幕墙 GB/T 21086 GJ—BS—FB—SC—3.5（构件式—背栓—封闭—石材，抗风压性能3.5kPa）；幕墙 GB/T 21086 GJ—YK—FB—DL—3.5（构件式—隐框—封闭—单层铝板，抗风压性能3.5kPa）；幕墙 GB/T 21086 GJ—DC—FB—CB—3.5（构件式—短槽式—封闭—瓷板，抗风压性能3.5kPa）；幕墙 GB/T 21086 DY—DJ—FB—ZB—3.5（单元式—

对接型—封闭—组合，抗风压性能 3.5kPa)；幕墙 GB/T 21086 DZ—SG—FB—BL—3.5（点支式—索杆结构—封闭—玻璃，抗风压性能 3.5kPa）幕墙 GB/T 21086 QB—LD—FB—BL 3.5（全玻—落地—封闭—玻璃，抗风压性能 3.5kPa)；幕墙 GB/T 21086 SM—MK—NT—BL—3.5（双层—明框—内通风—玻璃，抗风压性能 3.5kPa）。

3. 双层玻璃幕墙

20 世纪 70 年代能源危机后，人们逐渐认识到玻璃幕墙在能源消耗方面的严重缺陷，发展了不同的系统来增强幕墙的热性能。其中最常见的处理方法之一是在常用的玻璃窗上再增加若干玻璃层/片，发展出所谓的“双层皮幕墙系统”（Double Skin Facades)。这种幕墙近年来在办公建筑上得到了大范围应用。双层皮幕墙最早起源于 20 世纪 70 年代的德国，而当理查德·罗杰斯（R. Rogers）在 1986 年落成的伦敦汉考克总部大厦（Loyds Headquarters）的设计里巧妙地使用了这一系统后，它就逐渐引起广泛的注意和模仿。

双层皮幕墙系统的效能受到以下因素的影响：自然通风/机械辅助通风的效率、玻璃种类及排列顺序、空气夹层的尺寸和深度、遮阳装置的位置和面积等。这些因素的不同组合将提供不同的热、通风和采光效能。和传统的窗户相比较，虽然因制造和施工水准的不同，双层幕墙的效果会受到影响，但能够减少 20%～25%的能耗。

（1）双层皮幕墙的种类

双层皮幕墙也被誉为“可呼吸的幕墙”。许多研究表明，这种幕墙系统有很好的热学、光学、声学性能。它利用夹层通风的方式来解决玻璃幕墙夏季遮阳隔热的同时，达到增加室内空间热舒适度、降低建筑能耗的目的，解决了以往玻璃幕墙带来的采暖、空调耗能高、室内空气质量差等问题。

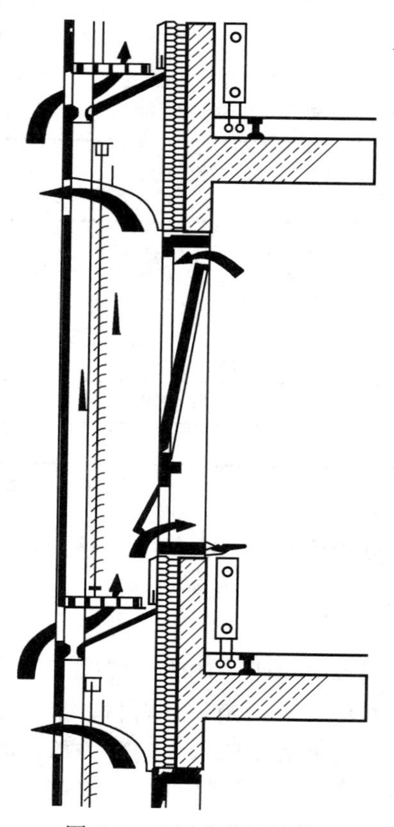
图 7-7　双层皮幕墙结构

双层皮幕墙采用双层体系作围护结构，它可以让空气流动进行通风，但同时又具有良好的热绝缘性能。其工作原理是间层里较低的气压把部分废气从房间抽出并巨吸收太阳辐射热后变暖、自然地上升，从而带走废气和太阳辐射热。同时，通过调整间层设置的遮阳百叶和利用外层幕墙上下部分的开口来辅助自然通风，可以获得比普通建筑使用的内置百叶更好的遮阳效果。图 7-7 为此类结构的示意图。

双层皮幕墙种类很多，但其实质是在两层皮之间留有一定宽度的空气间层，此空气间层以不同方式分隔而形成一系列温度缓冲空间。由于空气间层的存在，因而双层皮幕墙能提供一个保护空间以安置遮阳设施（如活动式百叶、固定式百叶或者其他阳光控制构件）。双层皮玻璃幕墙可以根据夹层空腔的大小、通风口的位置、玻璃组合及遮阳材料等不同分三种基本双层皮玻璃幕墙类型。

① 外挂式

外挂式是最简单的一种构造方式，建筑真正的外墙位于“外皮”之内 300～400mm 处，这种幕墙对隔绝噪声具有明显的效果。如果在空气层中再安装可旋转遮阳百叶及底部和顶部的进出风口，则具有一定的隔热、通风能力。伦佐·皮亚诺（Renzo Piano）设计的位于柏林波茨坦中心的德国铁路公司（DEBIS）办公大楼采用的便是这种外墙。图7-8为此种结构的示意图。

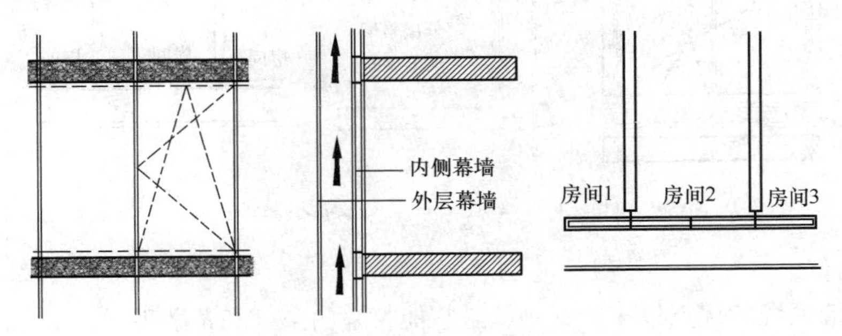

图7-8　外挂式双层皮幕墙示意图

② 箱井式

箱井式幕墙在内部有规律地设置了延伸数层的贯通通道形成烟囱效应，在每个楼层，通道通过旁路开口与相邻窗联系起来，通道将窗的空气吸入，由顶部排出。这种幕墙要求外开口较少，以便空气在通道内形成更强的烟囱效应。由于通道高度受到限制，这种结构最适合低层建筑。位于德国杜塞尔多夫的ARAG2000大厦，塔楼高120m，外墙用箱井式幕墙分成4个单元，每个单元幕墙延伸六到七层，终止在第八层，内部空间装有机械式通风装置。图7-9是这种结构的示意图。

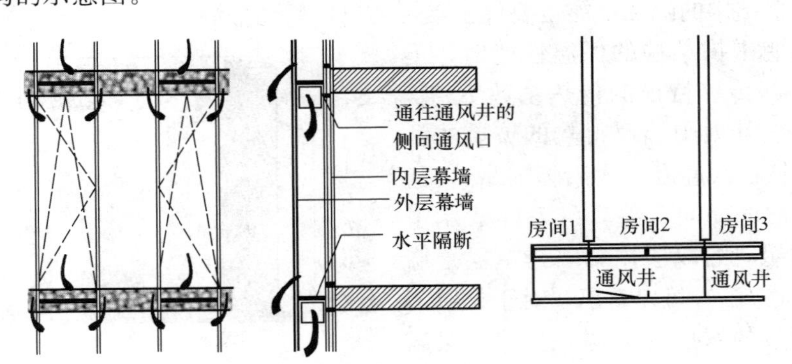

图7-9　箱井式双层皮幕墙示意图

③ 廊道式

廊道式幕墙的双层皮夹层的间距较宽，为0.6～1.5m，内部的空气层在每层楼水平方向上封闭，在每层楼的楼板和顶棚分别设有进、出风口，一般交错排列以防低一楼层的废气被吸入上一楼层。位于德国杜塞尔多夫的80m高的“城市之门”就采用了这种幕墙结构。图7-10是这种结构的示意图。

此外，双层皮玻璃幕墙还可以根据夹层空腔的大小分为窄通道式（100～300mm）和宽通道式（>400mm）双层皮幕墙；夹层空腔内的循环通风方式分为内循环式（夹层空腔与室内循环通风）和外循环式（夹层空腔与室外循环通风）以及混合式（夹层空腔可与室内外进行通风）双层皮玻璃幕墙。

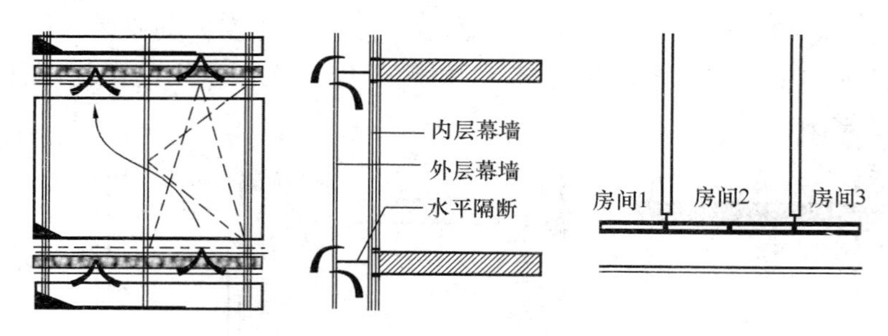

图 7-10　廊道式双层皮幕墙示意图

（2）保温性能

双层皮幕墙系统的优点较多，其一就是它能将室内空气和幕墙玻璃内表面之间的温度差控制在最小范围内，这有助于改善靠近外墙的室内部分的舒适度，减少冬季取暖和夏季降温的能源成本。

双层皮玻璃幕墙的保温性能由两部分决定：一是幕墙玻璃本身的保温性能；二是幕墙框架的隔热性能。此外，两侧幕墙中间的空气夹层也可以起到一定的保温作用。首先，对于中空玻璃来说，其热阻主要与空腔的间距、玻璃表面的红外发射率以及填充气体的性质有关。一些高性能的中空玻璃采用镀 Low-E 膜和充惰性气体（如氩气）等措施可以将玻璃的传热系数 K 值降至 $1.6W/(m^2 \cdot K)$。高性能中空玻璃与单层玻璃幕墙组成的双层玻璃幕墙可以将传热系数 K 值进一步降到 $1.3W/(m^2 \cdot K)$ 以下。其次，由于双层皮幕墙具有较大的厚度，其幕墙框架结构的隔热性能也要优于常规的单层玻璃幕墙。

在评价透明围护结构的保温性能时，不仅要考虑表征其传热特征的传热系数 K 值，而且要考虑影响其太阳辐射得热的玻璃的种类，当地气候特征（温度、太阳辐射量），甚至与建筑物立面的朝向有关。图 7-11 表示了北京地区不同朝向的双层皮幕墙与单层幕墙的当量传热系数 K_{eq}。可以看出，对于外层幕墙开口不可调节的双层皮幕墙，其综合保温性能不一定好于单层幕墙。而与具有可调节风口的双层皮幕墙的保温性能相比，单层幕墙其保温性能的提高是有限的，通常情况下可以提高 10%～20%，提高的比率不仅随朝向的不同而异，还与双层皮内层幕墙的保温性能有关，内层幕墙的保温性能越高，其整体保温性能提高的比率就越少。

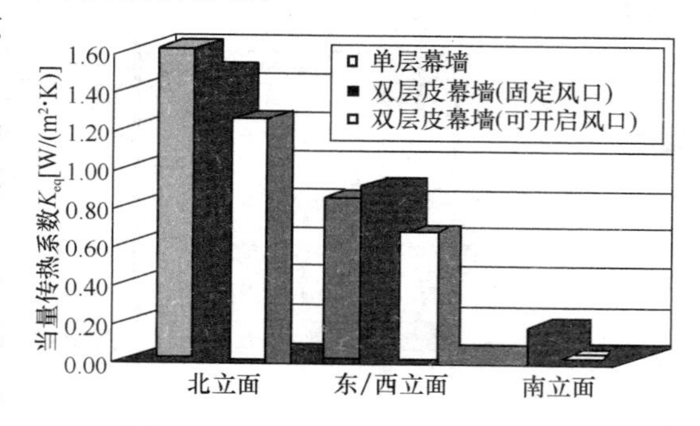

图 7-11　双层皮幕墙当量传热系数

（3）隔热性能

从隔热性能方面考虑，在所有遮阳方式中，内遮阳是最不利的一种遮阳方式，过多的太阳辐射虽然被遮阳帘直接挡住了，但这些辐射热量大部分被遮阳帘和玻璃吸收后通过辐射、对流等方式留在了室内。双层皮幕墙存在同样问题，尽管夹层空腔的百叶挡住了太阳辐射，但被百叶和夹层玻璃吸收的热量同样会被蓄存在夹层内，如何有效地将这部分热量带走，将直接影响双层皮幕墙的隔热性能。

首先，要保持夹层空腔空气具有很好的流动性，也就是夹层空腔内的空气被加热后，能够被快速排走。而夹层宽度、进出风口设置以及夹层空腔内机构的设置，如遮阳百叶的位置等都会对夹层内的空气流动有影响。为保证夹层内空气流动的顺畅，夹层宽度一般不宜小于400mm，在有辅助机械通风的情况下，夹层宽度可以适当减小；进出风口的大小尺寸以及所处立面的位置也会不同程度地影响空气流通通道的阻力。

其次，由于夹层内遮阳百叶具有较高的太阳辐射吸收率，例如普通的铝合金百叶的太阳辐射吸收率为30％～35％，其表面温度会很高，由于对流换热的结果，其周围的空气温度也会比较高。因此，遮阳百叶在夹层中的位置将影响夹层空气温度的分布。一方面，它不能太靠近内层幕墙，否则，高温的空气会通过对流方式向内层幕墙传递热量；而另一方面，由于通风排热的需要，遮阳百叶也不能太靠近外层幕墙。所以遮阳百叶在夹层中的理想位置为位于离外层幕墙1/3夹层宽度的地方。为了避免遮阳百叶与外层幕墙之间过热以及获得有效的通风降温效果，一些幕墙研究机构推荐的遮阳百叶与外层幕墙的最小距离为150mm。

最后，玻璃种类、组成以及遮阳百叶反射特性等也会影响双层皮幕墙的隔热性能。

（4）通风性能

双层皮幕墙独有的特点是它能使高层建筑的高层部分可以进行自然通风，而不影响幕墙的正常隔热功能。

双层皮幕墙通风特性包括夹层空腔与室外的通风及夹层空腔与室内的通风。前者主要发生在炎热的夏季和无须过多太阳辐射热进入的过渡季，其目的是减小双层皮幕墙系统的整体遮阳系数，缩短建筑物空调的使用时间；而后者往往与前者同时发生，实现了室内与室外间接自然通风，这不仅有利于减少室内的空调能耗，而且有助于获得好的室内舒适度——人们对自然通风的需求。

双层皮幕墙的通风主要是烟囱效应（热压）引起的。很强的太阳辐射被双层皮幕墙夹层中的遮阳百叶和外层幕墙吸收后，通过对流换热的形式重新释放到夹层的空气中，使得夹层空气被加热升温并超过室外空气温度，由于内外空气的密度差，在双层皮幕墙下部进风口处会形成一个负压。上部的排风口处形成一个正压，假设外部空气为零压的话。在这样压差的驱动下，室外空气将从下部的进风口进入夹层并从上部的排风口排出，从而形成双层皮幕墙与室外的自然通风现象。

通常状况下排风口处的压力损失系数要比进风口处要大：一是由于总排风口面积一般要小于进风口；二是因为排风口处的空气流形受到诸如遮阳百叶装置以及防水装置的阻挡而变得复杂，对应的压力损失就会大。可开启窗户的局部阻力系数不仅与窗户的开启面积有关，还与窗户的开启方式有关，如上悬窗的有效通风面积就没有内开窗的大。对于夹层通道内的沿程阻力损失，相关研究表明，当夹层通道不小于400mm、遮阳百叶遵循放置离外层幕墙1/3处原则时，其沿程的压力损失可忽略不计。

伦敦汉考克总部办公楼采用了双层幕墙系统，玻璃块的尺度达3m×2.5m，每片质量800kg。幕墙的内外层玻璃间留有140mm的空腔，空腔内配备有遮光百叶，可以控制阳光的入射量。遮光百叶用“钻石白”玻璃来强化其美学效果。室内空气通过顶棚中的管道吸入空腔，然后从屋顶排出。屋顶设置有光敏装置，能够跟踪和自动判断日光照射条件，通过控制遮光百叶的角度来调节室内自然光。当百叶旋转到最大位置时，幕墙系统可以反射太阳辐射热而允许自然光照明，减少了空调能耗，而且自然通风率也达到普通办公室的两倍。

（5）隔声性能

由于比常规单层幕墙多了一层围护结构，双层皮幕墙大概可以提高 7dB（A）的隔声量，这对地处嘈杂市区的建筑来说是非常有用的。由于双层皮幕墙具有更好的保温、隔热效果，可以让建筑师采用大面积的玻璃幕墙设计，而获得更好的室内采光效果。

同时也应该看到，由于双层皮幕墙技术较复杂，又多了一道外幕墙，因此工程造价会较高。此外，由于建筑面积由外墙皮开始计算，建筑使用面积要损失 2.5%～3.5%。

双层皮幕墙工程通常要求很高的设计技术和安装技术。因此多用于商用建筑或者是办公建筑。但随着建筑科技的发展和建筑节能水平的提高，这种节能效果显著的新型幕墙结构也开始出现在住宅建筑中。

7.1.3 门

1. 入户门

入户门具有多功能，一般应具有防盗、保温、隔热等功能。

入户门一般采用金属门板，采取 15mm 厚玻璃棉板或 18mm 厚岩棉板为保温隔声材料。

对于居住建筑，严寒地区户门传热系数不应大于 1.5W/(m^2·K)；寒冷地区户门传热系数应不大于 2.0W/(m^2·K)；夏热冬冷地区户门传热系数一般不大于 3.0W/(m^2·K)；夏热冬暖和温和地区没有具体限制。

对于公共建筑的入户门没有具体限制。

2. 阳台门

目前阳台门有两种类型：一是落地玻璃阳台门，这种可按外窗做节能处理；第二种是有门芯板及部分玻璃扇的阳台门，这种门玻璃扇部分按外窗处理。阳台门下门芯板采用菱镁、聚苯板代替钢质门芯板（聚苯板厚 19mm，菱镁内、外面层 2.5mm 厚，含玻纤网格布），门芯板传热系数为 1.69W/(m^2·K)。表 7-27 为常用各类门的热工指标。

表 7-27　各类门的传热系数和传热阻

门框材料	门的类型	传热系数 K_0 [W/(m^2·K)]	传热阻 R_0 [(m^2·K)/W]
木、塑料	单层实体门	3.5	0.29
	夹板门和蜂窝夹芯门	2.5	0.40
	双层玻璃门（玻璃比率不限）	2.5	0.40
	单层玻璃门（玻璃比率<30%）	4.5	0.22
	单层玻璃门（玻璃比率 30%～60%）	5.0	0.20
金属	单层实体门	6.5	0.15
	单层玻璃门（玻璃比率不限）	6.5	0.15
	单框双玻门（玻璃比率<30%）	5.0	0.20
	单框双玻门（玻璃比率 30%～70%）	4.5	0.22
无框	单层玻璃门	6.5	0.15

7.1.4 建筑幕墙、门窗选用

《建筑幕墙、门窗通用技术条件》（GB/T 31433—2015）于 2015 年 12 月 1 日开始实施。

1. 术语和定义

（1）设计相似性（similar design）

幕墙、门窗的型材、玻璃、五金等部件或装配方式设计的改变不引起性能变化的特性。

（2）代表性试件（representative sample）

可以代表具有设计相似性的同类幕墙、门窗产品性能试验结果的试件。

（3）门窗耐火完整性（fire resistant integrity of windows and doors）

在标准耐火试验条件下，建筑门窗某一面受火时，在一定时间内限止火焰和热气穿透或在背火面出现火焰的能力。

2. 性能分类及选用

幕墙、门窗的性能分类及选用应符合表7-28的规定。

表7-28　幕墙、门窗性能分类及选用

分类	性能及代号	门		窗		幕墙		
		外门	内门	外窗	内窗	透过	不透光	
							密闭式	开缝式
安全性	抗风压性能（P）	※	—	※	—	※	※	※
	平面内变形性能	※	※	—	—	※	※	※
	耐撞击性能	※	※	○	—	※	※	※
	抗风携碎物冲击性能	○	—	○	—	○	○	○
	抗爆炸冲击波性能	○	—	○	—	○	○	○
	耐火完整性	○	○	○	○	—	—	—
节能性	气密性能（q_1，q_2）	※	○	※	○	※	※	—
	保温性能（K）	※	○	※	○	※	※	—
	遮阳性能（SC）	○	—	※	—	※	—	—
适用性	启闭力	※	※	※	※	○	—	—
	水密性能	※	—	※	—	※	※	○
	空气声隔声性能（RW＋CWJRW＋C）	※	○	※	○	※	○	—
	采光性能（Tr）	○	—	※	○	※	—	—
	防沙尘性能	○	—	○	—	○	—	—
	耐垂直荷载性能	○	○	○	○	—	—	—
	抗静扭曲性能	○	○		—	—	—	—
	抗扭曲变形性能	○	○	—	—	—		—
	抗对角线变形性能	○	○	—		—	—	—
	抗大力关闭性能	○	○			—	—	—
	开启限位		—	○	—	○	—	—
	撑挡试验	—	—	○	—	○	—	—

续表

分类	性能及代号	门		窗		幕墙		
		外门	内门	外窗	内窗	透过	不透光	
							密闭式	开缝式
耐久性	反复启闭性能	※	※	※	※	※		—
	热循环性能	—	—	—	—	○	○	—

注：1. “※”为必需性能；“○”为选择性能；“—”为不要求；
2. 平面内变形性能适用于抗震设防设计烈度6度及以上地区；
3. 启闭力性能不适用于自动门。

3. 一般要求

（1）建筑幕墙、门窗的外观、材料、尺寸及装配质量应符合国家现行相应产品标准的规定；

（2）建筑幕墙、门窗面板、型材等主要构配件的设计使用年限不应低于25年；

（3）建筑幕墙的防火、防雷要求应符合《建筑设计防火规范（2018年版）》（GB 50016—2014）和《建筑防雷设计规范》（GB 50057—2010）的规定；

（4）建筑幕墙用钢化玻璃应符合《玻璃幕墙工程技术规范》（JGJ 102—2003）的规定，门窗用钢化玻璃宜符合《建筑用安全玻璃　第4部分：均质钢化玻璃》（GB 15763.4—2009）的规定；

（5）对有耐火完整性要求的外门窗，所用玻璃最少有一层应符合《建筑用安全玻璃　第1部分：防火玻璃》（GB 15763.1—2009）的规定，塑料外门窗、铝塑复合外门窗、钢塑共挤外门窗、铝塑共挤外门窗型材所用加强钢或铝衬应连接成封闭的框架，并在玻璃镶嵌槽口内采取受火后能防止玻璃脱落的措施；

（6）玻璃幕搞、隐框窗的结构胶应符合《建筑用硅酮结构密封胶》（GB 16776—2005）的规定；

（7）建筑门窗的选用宜符合《建筑门窗洞口尺寸协调要求》（GB/T 30591—2014）的规定。

7.2　建筑门窗保温性能检测

建筑外窗是指与室外空气接触的窗户，包括外窗、天窗、阳台门连窗上部镶嵌玻璃的透明部分，建筑外窗的保温性能以传热系数 K 表征。

检测依据为《建筑外门窗保温性能分级及检测方法》（GB/T 8484—2008）。

1. 外窗保温性能级别

外窗的保温性能按其传热系数大小分为10级，分级方法和具体指标见表7-29。

按GB/T 8484—2008规定的分级方法，窗户的传热系数越大，级别顺序号越小，传热系数越小，级别顺序号越大，并且窗户的保温性能分级级别增加到了10级。

表 7-29　外门外窗传热系数分级

分级	1	2	3	4	5
指标值 [W/(m²·K)]	$K \geqslant 5.0$	$5.0>K \geqslant 4.0$	$4.0>K \geqslant 3.5$	$3.5>K \geqslant 3.0$	$3.0>K \geqslant 2.5$
分级	6	7	8	9	10
指标值 [W/(m²·K)]	$2.5>K \geqslant 2.0$	$2.0>K \geqslant 1.6$	$1.6>K \geqslant 1.3$	$1.3>K \geqslant 1.1$	$K<1.1$

玻璃门与外窗抗结露因子 CRF 值分为 10 级，见表 7-30。

表 7-30　玻璃门、外窗抗结露因子分级

分级	1	2	3	4	5
指标值	CRF≤35	35<CRF≤40	40<CRF≤45	45<CRF≤50	50<CRF≤55
分级	6	7	8	9	10
指标值	55<CRF≤60	60<CRF≤65	65<CRF≤70	70<CRF≤75	CRF>75

注：抗结露因子是由试件框表面温度的加权值或玻璃的平均温度与冷箱空气温度的差值除以热箱空气温度与冷箱空气温度的差值计算得到，在乘以 100 后，取所得的两个数值中较低的一个值。

2. 外窗保温性能检测原理

外窗保温性能检测的原理和方法是基于稳定传热原理的标定热箱法，检测窗户保温性能试件一侧为热箱，模拟采暖建筑冬季室内气候条件；另一侧为冷箱，模拟冬季室外气候条件。在对试件缝隙进行密封处理，试件两侧各自保持稳定的空气温度、气流速度和热辐射条件下，测量热箱中电暖气的发热量，减去通过热箱外壁和试件框的热损失，除以试件面积与两侧空气温差的乘积即可计算出试件的传热系数 K 值。通过热箱外壁和试件框的热损失在同一实验室和相同的检测条件下可视为常数，其值经过专门的标定实验确定。

3. 检测装置

外窗保温性能检测装置主要由热箱、冷箱、试件框和环境空间 4 部分组成，如图 7-12 所示。检测仪器主要由温度传感器、功率表、风速仪、数据记录仪等组成。

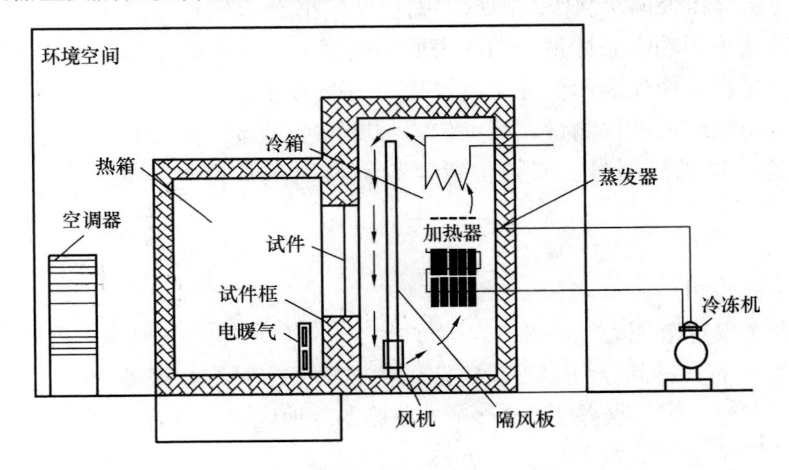

图 7-12　外窗保温性能检测装置示意图

(1) 热箱

热箱开口尺寸不宜小于 2100mm×2400mm（宽×高），进深不宜小于 2000mm，外壁构造应是热均匀体，其热阻值不得小于 3.5m^2·K/W，内表面总的半球发射率应大于 0.85。热箱采用交流稳压电源供电暖气加热，窗台板应高于电暖气顶部。

（2）冷箱

冷箱开口尺寸应与试件框外边缘尺寸相同，进深以能容纳制冷、加热及气流设备为宜，外壁应采用不透气的保温材料，其热阻值不得小于 3.5m^2·K/W，内表面应采用不吸水、耐腐蚀的材料。冷箱通过安装在冷箱内的蒸发器或引入冷空气进行降温，利用隔风板和风机进行强制对流，形成沿试件表面自上而下的均匀气流，隔风板与试件框冷侧表面距离应能调节，隔风板宜采用热阻不小于 1.0m^2·K/W 的板材，隔风板面向试件的表面，其总的半球发射率值应大于 0.85。隔风板的宽度与冷箱净宽度相同，蒸发器下部设置排水孔或盛水盘。

（3）试件框

试件框外缘尺寸应不小于热箱开口处的内缘尺寸，试件框应采用不透气、构造均匀的保温材料，热阻值不得小于 7.0m^2·K/W，其密度应为 20～40kg/m^3。安装试件的洞口尺寸不应小于 1500mm×1500mm，洞口下部应留有不小于 600mm 高的窗台，窗台及洞口周边应采用不吸水、导热系数小于 0.25W/(m·K) 的材料。

（4）环境空间

检测装置应放在装有空调器的实验室内，保证热箱外壁内、外表面面积加权平均温差小于 1.0K，实验室空气温度波动不应大于 0.5K。实验室围护结构应有良好的保温性能和热稳定性，应避免太阳光通过窗户进入室内，实验室内表面应进行绝热处理。热箱外壁与周边壁面之间至少应留有 500mm 的空间。

（5）测试和记录的物理量

外窗保温性能的检测过程中，需要直接测量和记录的参数有冷箱风速、温度和功率，其中冷箱风速用来控制设备运行的状态，不参与结果计算，参与计算结果的参数有温度和功率。

测量温度的温度传感器采用铜-康铜热电偶，必须使用同批生产、有绝缘包皮、丝径为 0.2～0.4mm 的铜丝和康铜丝制作，测量不确定度应小于 0.25K。

热箱的加热功率用功率表计量，功率表的准确度等级不得低于 0.5 级，且应根据被测值的大小能够转换量程，使仪表示值处于满量程的 70%以上。

冷箱风速可用热球风速仪测量，测点位置与冷箱空气温度测点位置相同。不必每次试验都测定冷箱风速，当风机型号、安装位置、数量及隔风板位置发生变化时，应重新进行测量。

4. 试验要求

（1）传热系数检测

热箱空气温度设定范围为 19～21℃，误差为±0.1℃，热箱空气为自然对流，其相对湿度宜控制在 30%左右；冷箱空气温度设定范围为－19～－21℃，误差为±0.3℃（严寒和寒冷地区），或－9～－11℃，误差为±0.2℃（夏热冬冷地区、夏热冬暖地区及温和地区）。

试件冷侧平均风速设定为（3±0.2)m/s。

（2）抗结露因子检测

① 热箱空气平均温度设定为（20±0.5)℃，温度波动幅度不应大于±0.3K。箱空气为自然对流，其相对湿度不高于 20%；

② 冷箱空气平均温度设定范围为（－20±0.5）℃，温度波动幅度不应大于±0.3K。与试件冷侧表面距离符合 GB/T 13475—2008 规定。平面内的平均风速为 3±0.2m/s。试件冷侧总压力与热侧静压力之差为（0±10）Pa。

5. 试件安装

（1）试件安装

被检试件为一件，试件的尺寸及构造应符合产品设计和组装要求，试件在检测时的状态应该与在建筑上使用的正常状态相同，不得附加任何多余配件或特殊组装工艺。

试件安装时单层窗及双层窗外窗的外表面应位于距试件框冷侧表面 50mm 处，双层窗内窗的内表面距试件框热侧表面不应小于 50mm，两玻璃间距应与标定一致。试件与洞口周边之间的缝隙宜用聚苯乙烯泡沫塑料条填塞并密封，试件开启缝应采用塑料胶带双面密封。

（2）温度传感器布置

将待测试件安装好后，在测温点粘贴铜-康铜热电偶，测温点分为空气测温点和表面测温点。

在热箱空间内设置两层热电偶作为空气温度测点，每层均匀布 4 点。冷箱空气温度测点在试件安装洞口对应的面积上均匀布 9 点。测量热、冷箱空气温度的热电偶可分别并联，测量空气温度的热电偶感应头均应进行热辐射屏蔽。

热箱两表面、试件表面和试件框两侧面要布置表面温度测点。热箱每个外壁的内、外表面分别对应布 6 个温度测点；试件框热侧表面温度测点不宜少于 20 个，试件框冷侧表面温度测点不宜少于 14 个。热箱外壁及试件框每个表面温度测点的热电偶可分别并联。测量表面温度的热电偶感应头应连同至少长 100mm 的铜、康铜引线一起紧贴在被测表面上。在试件热侧表面适当布置一些热电偶。

（3）测量空气温度和表面温度的热电偶如果并联，各热电偶的引线电阻必须相等，各点所代表的被测面积相同。

（4）进行传热系数检测时，宜在试件热侧表面适当部位布置热电偶作为参考温度点。

（5）进行抗结露因子检测时，试件窗框和玻璃热侧表面共布置 20 个热电偶供计算使用。

6. 传热系数检测步骤

（1）启动检测装置，设定冷、热箱和环境空气温度。

（2）当冷、热箱和环境空气温度达到设定值后，监测各控温点温度，使冷、热箱和环境空气温度维持稳定。达到稳定状态后，如果逐时测量得到热箱和冷箱的空气平均温度 t_h 和 t_c 每小时变化的绝对值分别不大于 0.1℃和 0.3℃；测量热箱外壁内、外表面温度，进而得到面积加权平均温差 $\Delta\theta_1$，测量试件框热、冷两侧表面温度，进而得到面积加权平均温差 $\Delta\theta_2$，二者每小时变化的绝对值分别不大于 0.1K 和 0.3K，且上述温度和温差的变化不是单向变化，则表示传热过程已达到稳定过程。

（3）传热过程稳定之后，每隔 30min 测量一次参数 t_h、t_c、$\Delta\theta_1$、$\Delta\theta_2$、$\Delta\theta_3$（填充板两侧表面温度，进而得到平均温差）、Q（电暖气加热功率），共进行 6 次测量；

（4）测量结束后，记录热箱内空气相对湿度 Φ、试件热侧表面及玻璃夹层结露或结霜状况。

7. 抗结露因子检测

（1）启动检测设备和冷热箱的温度自控系统，设定冷热箱和环境空气温度；

（2）调节空气压力装置，使热箱静压力和冷箱总压力之间的静压差为（0±10）Pa；

（3）当冷热箱空气温度达到设定值后，每隔 30min 测量各控温点温度，检查是否稳定。如果逐时测量得到热箱和冷箱的空气平均温度 t_h 和 t_c 每小时变化的绝对值与标准条件相比不超过±0.3K，总热量输入变化不超过±2%，则表示抗结露因子检测已经处于稳定状态；

（4）当冷箱空气温度达到稳定后，启动热箱控湿装置，保证热箱内的空气相对湿度 Φ 不高于 20%；

（5）热箱内的空气湿度 Φ 满足要求后，每隔 5min 测量一次 t_h、t_c、t_1、t_2、t_3、…、t_{20}、Φ，共测量 6 次；

（6）测量结束后，记录时间、热侧表面结露或结霜状况。

8. 结果计算

（1）传热系数 K 计算

① 试件的传热系数 K 按式（7-1）计算：

$$K=\frac{Q-M_1\cdot\Delta\theta_1-M_2\cdot\Delta\theta_2-S\cdot\lambda\cdot\Delta\theta_3}{A\cdot\Delta t} \tag{7-1}$$

式中 Q——电暖气加热功率，W；

M_1——由标定试验确定的热箱外壁热流系数，W/K；

M_2——由标定试验确定的试件框热流系数，W/K；

$\Delta\theta_1$——热箱外壁内、外表面面积加权平均温度之差，K；

$\Delta\theta_2$——试件框热侧、冷侧表面面积加权平均温度之差，K；

S——填充板的面积，m^2；

λ——填充板的热导率，$W/(m^2\cdot K)$；

$\Delta\theta_3$——填充板两表面的平均温差，K；

A——试件面积，m^2；按试件外缘尺寸计算，如试件为采光罩，其面积按采光罩水平投影面积计算；

Δt——热箱空气平均温度 t_h 与冷箱空气平均温度 t_c 之差，K。

如果试件面积小于试件洞口面积时，式（7-1）中分子项为聚苯乙烯泡沫塑料填充板的热损失。K 值计算结果保留两位有效数字。

② 热损失标定

在用式（7-1）计算 K 值时，需要先标定 M_1、M_2。M_1、M_2 的标定方法按标准进行。

③ 加权平均温度的计算

热箱外壁内外表面面积加权平均温差 $\Delta\theta_1$ 及试件框热侧、冷侧表面面积加权平均温差 $\Delta\theta_2$ 按式（7-2）～式（7-7）进行计算。

$$\Delta\theta_1=t_{jp1}-t_{jp2} \tag{7-2}$$

$$\Delta\theta_2=t_{jp3}-t_{jp4} \tag{7-3}$$

$$t_{jp1}=\frac{t_1\cdot S_1+t_2\cdot S_2+t_3\cdot S_3+t_4\cdot S_4+t_5\cdot S_5}{S_1+S_2+S_3+S_4+S_5} \tag{7-4}$$

$$t_{jp2}=\frac{t_6\cdot S_6+t_7\cdot S_7+t_8\cdot S_8+t_9\cdot S_9+t_{10}\cdot S_{10}}{S_6+S_7+S_8+S_9+S_{10}} \tag{7-5}$$

$$t_{jp3}=\frac{t_{11}\cdot S_{11}+t_{12}\cdot S_{12}+t_{13}\cdot S_{13}+t_{14}\cdot S_{14}}{S_{11}+S_{12}+S_{13}+S_{14}} \tag{7-6}$$

$$t_{jp4}=\frac{t_{15}\cdot S_{11}+t_{16}\cdot S_{12}+t_{17}\cdot S_{13}+t_{18}\cdot S_{14}}{S_{11}+S_{12}+S_{13}+S_{14}} \tag{7-7}$$

式中 t_{jp1}、t_{jp2}——热箱外壁内、外表面面积加权平均温度,℃;

t_{jp3}、t_{jp4}——试件框热侧表面与冷侧表面面积加权平均温度,℃;

t_1、t_2、t_3、t_4、t_5——热箱5个外壁的内表面平均温度,℃;

S_1、S_2、S_3、S_4、S_5——热箱5个外壁的内表面面积,m^2;

t_6、t_7、t_8、t_9、t_{10}——热箱5个外壁的外表面平均温度,℃;

S_6、S_7、S_8、S_9、S_{10}——热箱5个外壁的外表面面积,m^2;

t_{11}、t_{12}、t_{13}、t_{14}——试件框热侧表面平均温度,℃;

t_{15}、t_{16}、t_{17}、t_{18}——试件框冷侧表面平均温度,℃;

S_{11}、S_{12}、S_{13}、S_{14}——垂直于热流方向划分的试件框面积(图7-13),m^2。

(2)抗结露因子计算

各参数取6次测量的算术平均值,试件抗结露因子CRF值按式(7-8)、式(7-9)计算:

$$CRF_g=\frac{t_g-t_c}{t_h-t_c}\times 100\% \tag{7-8}$$

$$CRF_f=\frac{t_f-t_c}{t_h-t_c}\times 100\% \tag{7-9}$$

式中 CRF_g——试件玻璃的抗结露因子;

CRF_f——试件框的抗结露因子;

t_h——热箱空气平均温度,℃;

t_c——冷箱空气平均温度,℃;

t_g——试件玻璃热侧表面平均温度,℃;

t_f——试件的框热侧表面平均温度的加权值,℃;

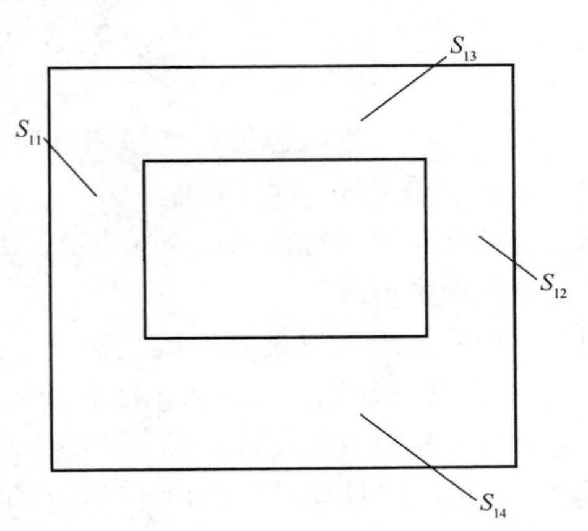

图7-13 试件框面积划分示意图

试件抗结露因子CRF值取CRF_g与CRF_f中较低值,并取2位有效数字。

9. 检测注意事项

(1)被检试件为一件;

(2)感温元件的安装应符合标准要求:测试过程应注意观察感温元件温度显示是否正常;

(3)试件安装应按照室内、外的标注进行,特别是对有Low-E膜等镀膜的试件,要严格注意室内室外的热冷箱空间朝向;

(4)对试件上的可开启部分缝隙和镶嵌缝隙要充分密封;

(5)窗洞口平台板宜高于加热器顶部50mm。

10. 检测报告

检测报告反映检测的全部信息,应包括以下内容:

(1)机构信息:委托和生产单位名称,检测单位名称、住址。

(2)试件信息:试件名称、编号、规格、玻璃品种、玻璃及双玻空气层厚度、窗框面积与窗面积之比。

（3）检测条件：热箱空气温度和空气相对湿度、冷箱空气温度和气流速度。

（4）检测信息：检测依据、检测设备、检测项目、检测类别和检测时间。

（5）检测结果：试件传热系数 K 值和保温性能等级；试件热侧表面温度、结露和结霜情况。

（6）报告责任人：测试人、审核人及签发人等。

11. 成套检测设备

建筑外窗检测时一般的检测原理、检测方法、检测设备条件、检测程序、数据处理、报告编制等内容，过程复杂，数据记录量较大。由于现在电子技术的迅猛发展，可以把设备集成起来实现中央控制，自动化程度很高，在输入试件信息和检测条件后，自动完成检测过程，直至打印出检测报告。

7.3 门窗三性检测

门窗的物理性能包括空气渗透（简称气密性）、雨水渗漏（简称水密性）、抗风压、保温、隔声、采光等。对于保温、隔声、采光等三种性能，目前在全国大部分地区只有特殊要求的门窗才需要进行检测；空气渗透、雨水渗漏、抗风压性能在门窗型式检验中为必须检验的项目，通常所说门窗三性一般是指这三项性能。现在执行的标准是 2008 年重新修订的门窗三性检测标准《建筑外门窗气密、水密、抗风压性能分级及检测方法》（GB/T 7106—2008）。代替《建筑外窗抗风压性能分级及检测方法》（GB/T 7106—2002）、《建筑外窗气密性能分级及检测方法》（GB/T 7107—2002）、《建筑外窗水密性能分级及检测方法》（GB/T 7108—2002）、《建筑外门的风压变形性能分级及其检测方法》（GB/T 13685—1992）和《建筑外门的空气渗透性能和雨水渗漏性能分级及其检测方法》（GB/T 13686—1992）。

1. 建筑外门窗分级

建筑外门窗的气密、水密、抗风压性能分别按表 7-31～表 7-33 的规定指标进行分级。

建筑外门窗气密性能采用在标准状态下压力差为 10Pa 时的单位开启缝长空气渗透量 q_1 和单位面积空气渗透量 q_2 作为分级指标，分级指标绝对值 q_1 和 q_2 的分级见表 7-31。

建筑外门窗水密性能分级采用严重渗漏压力差值的前一级压力差值作为分级指标，分级指标值 ΔP 的分级见表 7-32。

建筑外门窗抗风压性能采用定级检测压力差值 P_3 为分级指标，分级指标值 P_3 的分级见表 7-33。

表 7-31 建筑外门窗气密性能分级表

分级	1	2	3	4	5	6	7	8
单位缝长分级指标值 q_1 [$m^3/(m \cdot h)$]	$4.0 \geqslant q_1 > 3.5$	$3.5 \geqslant q_1 > 3.0$	$3.0 \geqslant q_1 > 2.5$	$2.5 \geqslant q_1 > 2.0$	$2.0 \geqslant q_1 > 1.5$	$1.5 \geqslant q_1 > 1.0$	$1.0 \geqslant q_1 > 0.5$	$q_1 \leqslant 0.5$
单位面积分级指标值 q_2 [$m^3/(m^2 \cdot h)$]	$12.0 \geqslant q_2 > 10.5$	$10.5 \geqslant q_2 > 9.0$	$9.0 \geqslant q_2 > 7.5$	$7.5 \geqslant q_2 > 6.0$	$6.0 \geqslant q_2 > 4.5$	$4.5 \geqslant q_2 > 3.0$	$3.0 \geqslant q_2 > 1.5$	$q_2 \leqslant 1.5$

表 7-32　建筑外门窗水密性能分级表 (Pa)

分级	1	2	3	4	5	6
分级指标 ΔP	$100 \leqslant \Delta P < 150$	$150 \leqslant \Delta P < 250$	$250 \leqslant \Delta P < 350$	$350 \leqslant \Delta P < 500$	$500 \leqslant \Delta P < 700$	$\Delta P \geqslant 700$

注：第 6 级应在分级后同时注明具体检测压力差值。

表 7-33　建筑外门窗抗风压性能分级表 (kPa)

分级	1	2	3	4	5	6	7	8	9
分级指标值 P_3	$1.0 \leqslant P_3 < 1.5$	$1.5 \leqslant P_3 < 2.0$	$2.0 \leqslant P_3 < 2.5$	$2.5 \leqslant P_3 < 3.0$	$3.0 \leqslant P_3 < 3.5$	$3.5 \leqslant P_3 < 4.0$	$4.0 \leqslant P_3 < 4.5$	$4.5 \leqslant P_3 < 5.0$	$P_3 \geqslant 5.0$

注：第 9 级应在分级后同时注明具体检测压力差值。

2. 检测装置及试件

建筑外门窗空气渗透性、雨水渗漏性、抗风压性的检测装置示意图如图 7-14～图 7-16 所示。

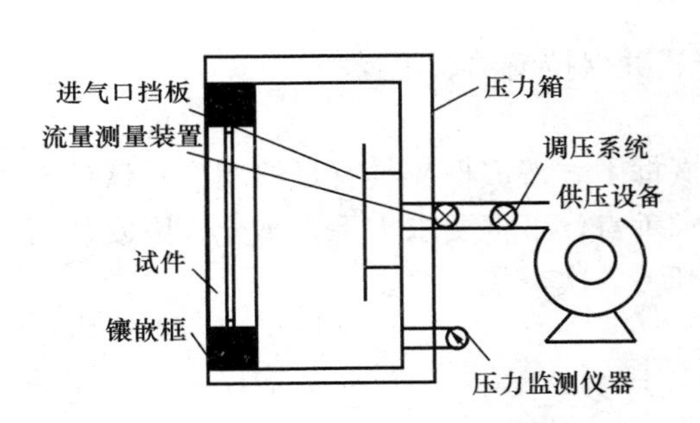

图 7-14　建筑外窗空气渗透性检测装置示意图

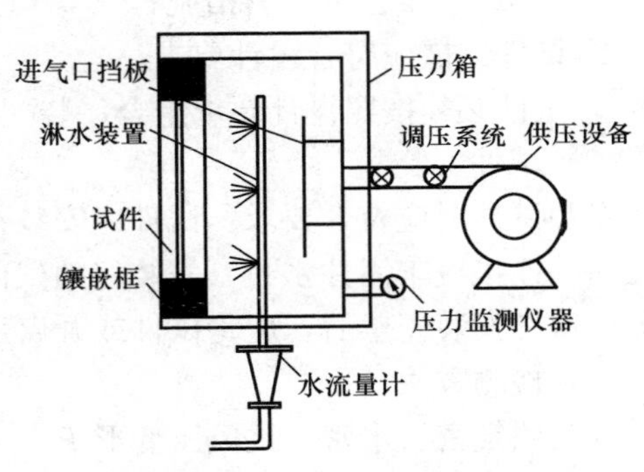

图 7-15　建筑外窗雨水渗漏性检测装置示意图

(1) 检测装置组成及要求

建筑外门窗抗风压性、空气渗透性和雨水渗漏性的检测装置一般是集中在一套装置里面，对各组件的要求如下：

① 压力箱。压力箱一侧开口部位可安装试件，箱体应有足够的刚度和良好的密封性能。箱体开口部位的构件在承受检测过程中可能出现的最大压力差作用下，开口部位的最大挠度值不应超过 5mm 或 1/1000，同时应具有良好的密封性能，且以不影响观察试件的水密性为最低要求。

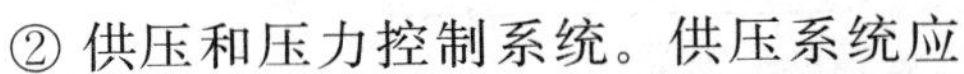

图 7-16　建筑外窗抗风压性能检测装置示意图

② 供压和压力控制系统。供压系统应具备施加正负双向的压力差的能力，静态压力控制装置应能调节出稳定的气流，动态压力控制装置应能稳定地提供 3～5s 周期的波动风压，波动风压的波峰值、波谷值应满足检测要

求。供压和压力控制能力必须满足检测要求。

③ 位移测量仪器。位移计的精度应达到满量程的0.25%，位移测量仪表的安装支架在测试过程中应牢固，并保证位移的测量不受试件及其支承设施的变形、移动所影响。

④ 压力测量仪器。差压计的两个探测点应在试件两侧就近布置，差压计的误差应小于示值的2%。

⑤ 空气流量测量装置。空气流量测量系统的测量误差应小于示值的5%，响应速度应满足波动风压测量的要求。

⑥ 喷淋装置。必须满足在窗试件的全部面积上形成连续水膜并达到规定淋水量的要求。喷嘴布置应均匀，各喷嘴与试件的距离宜相等且不小于500mm；装置的喷水量应能调节，并有保证喷水量均匀性的措施。

（2）检测准备

试件的数量：同一窗型、规格尺寸应至少检测三樘试件。对试件的要求如下：

① 试件应为按所提供的图样生产的合格产品或研制的试件，不得附有任何多余配件或采用特殊的组装工艺或改善措施；

② 试件镶嵌应符合设计要求；

③ 试件必须按照设计要求组合，装配完好，并保持清洁、干燥。

（3）试件安装

安装试件时应符合要求：试件应安装在镶嵌框上，镶嵌框应具有足够刚度；试件与镶嵌框之间的连接应牢固并密封，安装好的试件要求垂直，下框要求水平，不允许因安装而出现变形；试件安装完毕后，应将试件或开启部分开关5次，最后关紧。

（4）检测方法

宜按照气密、水密、抗风压变形 P_1、抗风压反复受压 P_2、安全检测 P_3 的顺序进行。

3. 建筑外窗气密性能检测

（1）检测项目

检测试件的气密性能，是以在10Pa压力差下的单位缝长空气渗透量或单位面积空气渗透量进行评价。

（2）检测方法

检测压差顺序如图7-17所示。

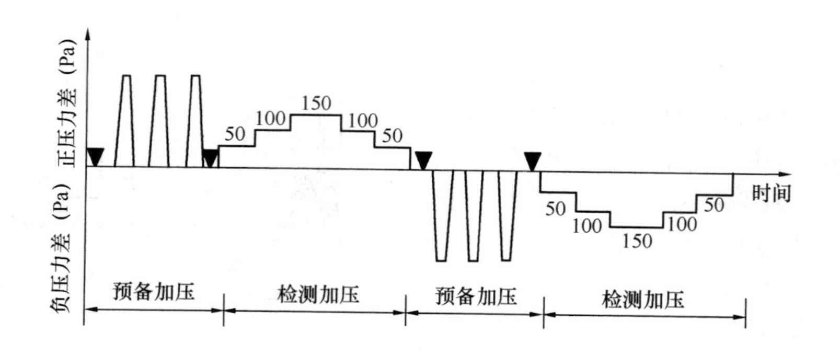

图7-17　建筑外窗气密性检测加压顺序

注：图中符号▼表示将试件的可开启部分开关不少于5次。

① 预备加压

在正负压检测前分别施加3个压力脉冲。压力差值的绝对值为500Pa，加载速度约为100Pa/s。压力稳定作用时间为3s，泄压时间不少于1s。待压力差回零后，将试件上所有可开启部分开关5次，最后关紧。

② 检测程序

附加渗透量的测定：充分密封试件上的可开启缝隙和镶嵌缝隙，或用不透气的盖板将箱体开口部盖严，然后按照图7-17逐级加压，每级压力作用时间约为10s，先逐渐正压，后逐渐负压，并记录各级测量值。附加空气渗透量是指除通过试件本身渗透量以外的通过设备和镶嵌框，以及各部分之间连接缝等部位的空气渗透量。

总渗透量的测定：去除试件上所加密封措施后，打开密封盖板后进行检测。

检测程序同上。

（3）检测值的处理

① 计算

分别计算出升压和降压过程中在100Pa压差下的两个附加渗透量测定值的平均值 q_f 和两个总渗透量 q_z，则窗试件本身在100Pa的压力差下的空气渗透量 q_t 即可按式（7-10）计算：

$$q_t = \bar{q}_z - \bar{q}_f \tag{7-10}$$

然后利用式（7-11）将 q_t 换算成标准状态下的渗透量 q'。

$$q' = \frac{293}{101.3} \times \frac{q_t \cdot P}{T} \tag{7-11}$$

式中 q'——标准状态下通过试件空气渗透量，m^3/h；

P——实验室气压值，kPa；

T——实验室空气温度值，K；

q_t——试件渗透量测定值，m^3/h。

将 q' 除以试件开启缝长度 l，即可得出在100Pa的压力差下，单位开启缝长空气渗透量 q' $[m^3/(m \cdot h)]$，即

$$q'_1 = \frac{q'}{l} \tag{7-12}$$

或将 q' 除以试件面积 A，得到在100Pa的压力差下，单位面积的空气渗透量 q'_2，即

$$q'_2 = \frac{q'}{A} \tag{7-13}$$

正压、负压分别按式（7-10）～式（7-13）进行计算。

② 分级指标值的确定

为了保证分级指标值的准确度，采用由100Pa检测压力差下的测定值 $\pm q'_1$ 或 $\pm q'_2$，按式（7-14）或式（7-15）换算为10Pa检测压力差下的相应值 $\pm q_1$、$\pm q_2$。

$$\pm q_1 = \frac{\pm q'_1}{4.65} \tag{7-14}$$

$$\pm q_2 = \frac{\pm q'_2}{4.65} \tag{7-15}$$

式中 q'_1——100Pa压力差下单位缝长空气渗透量，$m^3/(m \cdot h)$；

q_1——10Pa 压力差下单位缝长空气渗透量，$m^3/(m \cdot h)$；

q'_2——100Pa 压力差下单位面积长空气渗透量，$m^3/(m^2 \cdot h)$；

q_2——10Pa 压力差下单位面积空气渗透量，$m^3/(m^2 \cdot h)$。

将三樘试件的 $\pm q_1$ 和 $\pm q_2$ 分别平均后对照表 7-31 确定按缝长和按面积各自所属等级。最后取两者中的不利级别为该组试件所属等级，正、负压测值分别定级。

4. 建筑外窗水密性检测

检测方法可分别采用稳定加压法和波动加压法。定级检测和工程所在地为非热带风暴或台风地区时，采用稳定加压法；如工程所在地为热带风暴或台风地区，采用波动加压法。已进行波动加压法检测的可不再进行稳定加压法检测，水密性能最大检测压力峰值应小于抗风压定级检测压力差值 P_3。

（1）稳定加压法

按图 7-18 和表 7-34 所示顺序加压。

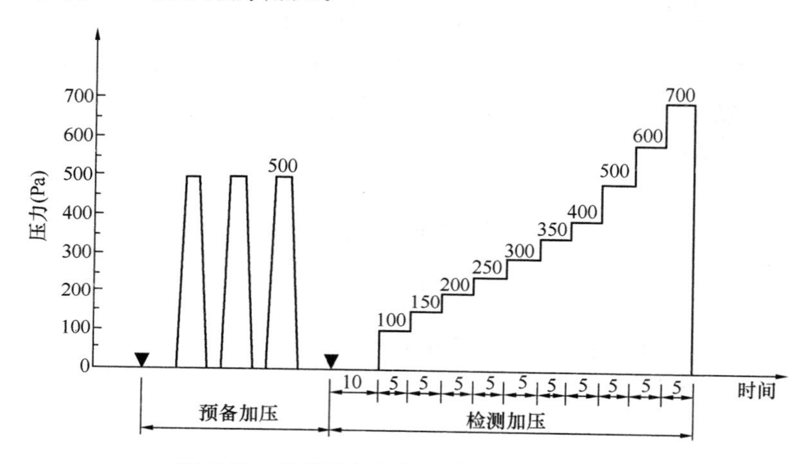

图 7-18　建筑外窗水密性检测稳定加压顺序

表 7-34　建筑外窗水密性检测稳定加压顺序

加压顺序	1	2	3	4	5	6	7	8	9	10	11
检测压力（Pa）	0	100	150	200	250	300	350	400	500	600	700
持续时间（min）	10	5	5	5	5	5	5	5	5	5	5

注：检测压力超过 700Pa 时，每级间的间隔仍是 100Pa。

预备加压：施加 3 个压力脉冲，压力差值为 500Pa，加载速度约为 100Pa/s，压力稳定作用时间为 3s，泄压时间不少于 1s，待压力差回零后，将试件所有可开启部分开关 5 次，最后关紧。

淋水：对整个试件均匀地淋水，淋水量为 $2L/(m^2 \cdot min)$。

加压：在淋水的同时施加稳定压力。定级检测时，逐级加压至出现严重渗漏为止。工程检测时，直接加压至水密性能指标值，压力稳定作用时间为 15 min 或产生严重渗漏为止。

观察：在逐渐升压及持续作用过程中，观察并记录试件渗漏情况。

（2）波动加压法

按图 7-19 和表 7-35 所示顺序加压。

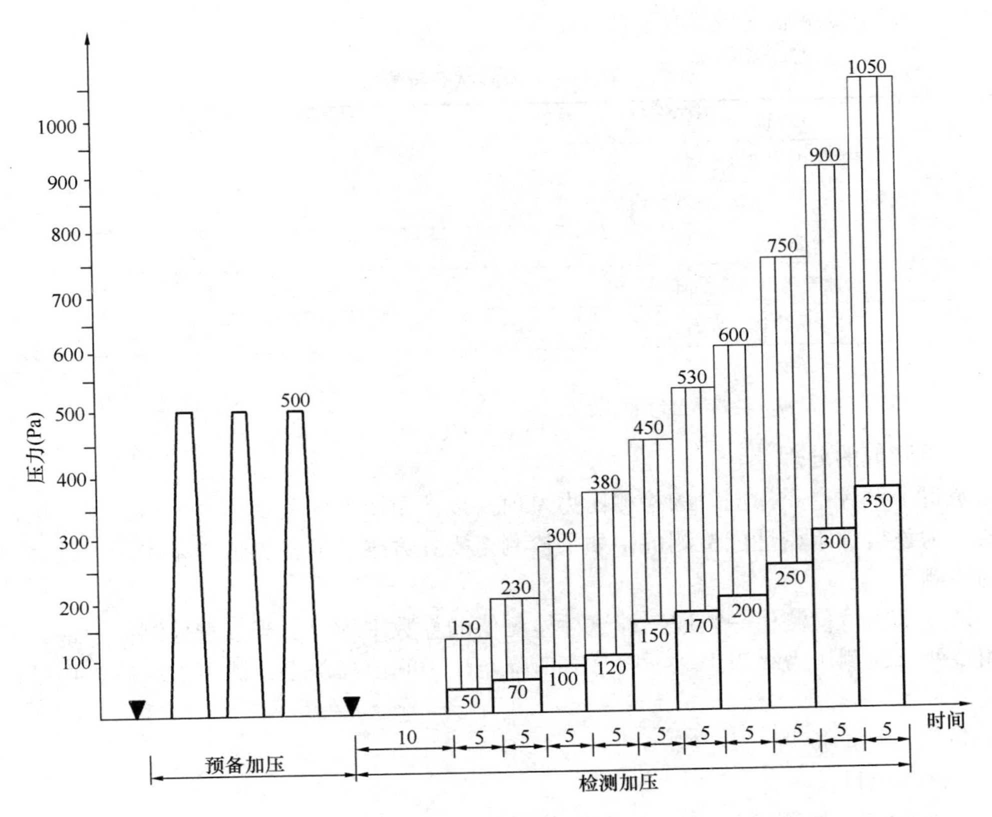

图 7-19　波动加压示意图

注：图中▼符号表示将试件的可开启部分开关 5 次。

预备加压：施加 3 个压力脉冲，压力差值为 500Pa。加载速度为 100Pa/s，压力稳定作用时间为 3s，泄压时间不少于 1s。待压力回零后，将试件所有可开关部分开关 5 次，最后关紧。

淋水：对整个试件均匀地淋水，淋水量为 3L/(m^2·min)。

加压：在稳定淋水的同时施加波动压力，波动压力的大小用平均值表示，波幅为平均值的 50%。定级检测时，逐级加压至出现严重渗漏。工程检测时，直接加压至水密性能指标值，加压速度约 100Pa/s，波动压力作用时间为 15min 或产生严重渗漏为止。

表 7-35　建筑外窗水密性检测波动加压顺序

加压顺序		1	2	3	4	5	6	7	8	9	10	11
波动压力值	上限值（Pa）	0	150	230	300	380	450	530	600	750	900	1050
	平均值（Pa）	0	100	150	200	250	300	350	400	500	600	700
	下限值（Pa）	0	59	70	100	120	150	170	200	250	300	350
波动周期（s）		3～5										
每级加压时间（min）		5										

注：检测压力超过 700Pa 时，每级间的间隔仍是 100Pa。

观察：在各级波动加压过程中，观察并记录试件渗漏情况，直到严重渗漏为止，按表

7-36 的符号记录渗漏状态及部位。

表 7-36 渗漏状态符号表

渗漏状态	符号
试件内侧出现水滴	○
水珠联成线，但未渗出试件界面	□
局部少量喷溅	△
持续喷溅出试件界面	▲
持续流出试件界面	●

注：1. 后两项为严重渗漏；

2. 稳定加压和波动加压检测结果均采用此表。

（3）检测值的处理

记录每个试件严重渗漏时的检测压力差值。以严重渗漏时所受压力差值的前一级检测压力差值作为该试件水密性能检测值。如果检测至委托方确认的检测值尚未渗漏，则此值为该试件的检测值。

三试件水密性检测值一般取三樘试件检测值的算数平均值。当三樘检测值中最高值和中间值相差两个检测压力级以上时，将最高值降至比中间值高两个检测压力级后，再进行算术平均。

5. 抗风压性能检测

（1）检测项目。

① 变形检测。检测试件在逐步递增的风压作用下，测试杆件相对面法线挠度的变化，得出检测压力差 P_1。

② 反复加压检测。检测试件在压力差 P_2（定级检测时）或 P'_2（工程检测时）的反复作用下，是否发生损坏和功能障碍。

③ 定级检测或工程检测。检测试件在瞬时风压作用下，抵抗损坏和功能障碍的能力。定级检测是为了确定产品的抗风压性能分级的检测，检测压力差为 P_3；工程检测是考核实际工程的外窗能否满足工程设计要求的检测，检测压力差为 P'_3。

（2）检测方法

检测顺序如图 7-20 所示。

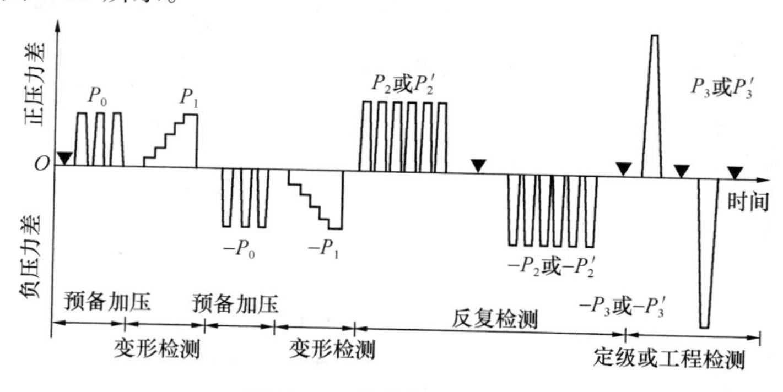

图 7-20 检测加压顺序图

① 确定测点和安装位移计

将位移计安装在规定位置上，测点位置规定为：中间测点在测试杆件中点位置，两端测点在距该杆件端点向中点方向 10mm 处，如图 7-21(a) 所示。当试件的相对挠度最大的杆件难以判定时，也可选取两根或多根测试杆件，分别布点测量，如图 7-21(b) 所示。

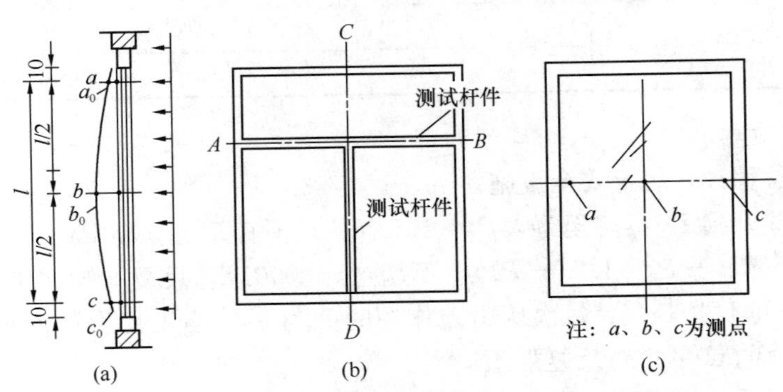

图 7-21　抗风压性能检测示意图

（a）测试杆件测点分布图；（b）测试杆件分布图；（c）单扇固定扇测点分布图

② 预备加压

在进行正负变形检测前，分别提供 3 个压力脉冲，压力差 P_0 绝对值为 500Pa，加载速度约为 100Pa/s，压力稳定作用时间为 3s，泄压时间不少于 1s。

③ 变形检测

建筑门窗一般先进行正压检测，后进行负压检测，检测压力逐渐升、降。每级升降压力差值不超过 250Pa，每级检测压力差稳定作用时间约为 10s。不同类型试件变形检测时对应的最大面法线挠度（角位移）应符合表 7-37 的要求。检测压力绝对值最大不宜超过 ±2000 Pa。记录每级压力差作用下的面法线挠度值（角位移值），利用压力差和变形之间的相对线性关系求出变形检测时最大面法线挠度（角位移）对应的压力差值，作为变形检测压力差值，标以 $\pm P_1$。工程检测中，变形检测最大面法线挠度所对应的压力差已超过 $P'_3/2.5$ 时，检测至 $P'_3/2.5$ 为止；对于单扇单锁点平开窗（门），当 10mm 自由角位移值所对应的压力差超过 $P'_3/2$ 时，检测至 $P'_3/2$ 为止。

杆件中点面法线挠度按式（7-16）计算：

$$B=(b-b_0)-\frac{(a-a_0)+(c-c_0)}{2} \tag{7-16}$$

式中　a_0、b_0、c_0——各测点预备加压后的稳定初始读数值，mm；

a、b、c——某级检测压力差作用过程中的稳定读数值，mm；

B——杆件中间测点的面法线挠度。

单扇单锁点平开窗（门）的角位移值 ε 为 E 测点和 F 测点位移值之差，按式（7-17）计算：

$$\delta=(e-e_0)-(f-f_0) \tag{7-17}$$

式中　e_0、f_0——测点 E 和 F 在预备加压后的稳定初始读数值，mm；

e、f——某级检测压力差作用过程中的稳定读数值，mm。

表 7-37　不同类型试件变形检测对应的最大面法线挠度（角位移值）

试件类型	主要构件（面板）允许挠度	变形检测最大面法线挠度（角位移值）
窗（门）面板为单层玻璃或夹层玻璃	±1/120	±1/300
窗（门）面板为中空玻璃	±1/180	±1/450
单扇固定扇	±1/160	±1/150
单扇单锁点平开窗（门）	20mm	10mm

④ 反复加压检测

检测前取下位移计，装上安全设施。

检测压力从零升到 P_2 后降至零，$P_2=1.5P_1$，且不宜超过 3000Pa，反复 5 次。再由零降至－ P_2 后升至零，$-P_2=1.5(-P_1)$，不超过－3000Pa，反复 5 次。加压速度为 300～500Pa/s，泄压时间不少于 1s，每次压力差作用时间为 3s。当工程设计值小于 P_1 的 2.5 倍时，以工程设计值的 60％进行反复加压检测。

正负反复加压后各将试件开关部分开关 5 次，最后关紧。记录试验过程中发生损坏（指玻璃破裂、五金件损坏、窗扇掉落或被打开以及可以观察到的不可恢复变形等现象）和功能障碍（指外窗的启闭功能发生障碍、胶条脱落等现象）的部位。

⑤ 定级检测或工程检测

定级检测：使检测压力从零升至 P_3 后降至零，$P_3=2.5P_1$；对于单扇单锁点平开窗（门），$P_3=2.0P_1$。再降至 $-P_3$ 后升至零，$-P_3=2.5(-P_1)$，对于单扇单锁点平开窗（门），$-P_3=2(-P_1)$。加压速度为 300～500Pa/s，泄压时间不少于 1s，持续时间为 3s。正负反复加压后各将试件开关部分开关 5 次，最后关紧。记录试验过程中发生损坏和功能障碍的部值，并记录试件破坏时的压力差值。

工程检测：工程检测时，当工程设计值 P'_3 小于或等于 $2.5P_1$（对于单扇平开窗或门，略小于或等于 $2.0P_1$）时，才按工程检测进行。压力加至工程设计值 P'_3；以后降至零，再降至 $-P'_3$ 后升至零。加压速度为 300～500Pa/s，泄压时间不少于 1s，持续时间为 3s。加正、负压后各将试件可开关部分开关 5 次，最后关紧。试验过程中发生损坏和功能障碍时，记录发生损坏和功能障碍的部位，并记录试件破坏时的压力差值。当工程设计值 P'_3 大于 $2.5P_1$（对于单扇平开窗或门，P'_3 大于 $2.0P_1$）时，以定级检测取代工程检测。

（3）检测结果的评定

① 变形检测的评定

以试件杆件或面板达到变形检测最大面法线挠度时对应的压力差值为 $\pm P_1$。对于单扇单锁点平开窗（门），以角位移值为 10mm 时对应的压力差值为 $\pm P_1$。

② 反复加压检测的评定

经检测，如果试件未出现功能障碍和损坏，注明 $\pm P_2$ 值或 $\pm P'_2$；如果试件出现功能障碍和损坏，记录发生损坏和功能障碍的情况及部位，并以试件出现功能障碍或损坏压力差值的前一级压力差定级。工程检测时，如果出现功能障碍或损坏时的压力差值低于或等于工程设计值，该外窗判定为不满足工程设计要求。

③ 定级检测的评定

试件经检测未出现功能障碍和损坏时，注明 $\pm P_3$ 值，按 $\pm P_3$ 中绝对值较小者定级。如果试件出现功能障碍和损坏，记录出现损坏和功能障碍的情况及部位。以试件出现功能障碍或损坏压力差值的前一级压力差定级。

④ 工程检测的评定

试件未出现功能障碍或损坏 P'_3，并与工程设计或标准值 W_k 相比较，大于或等于 W_k 时可判定为满足工程设计要求，否则判定不满足工程设计要求。工程的风荷载标准值 W_k 的确定方法见《建筑结构荷载规范》(GB 50009—2012)。

(4) 三试件综合评定

定级检测时，以三试件定级值的最小值为该组试件的定级值。工程检测时，三试件必须全部满足工程设计要求。

6. 检测注意事项

(1) 宜按照气密、水密、抗风压变形 P_1、抗风压反复变形 P_2、安全检测 P_3 的顺序进行；

(2) 当进行抗风压性能检测或较高压力的水密性能检测时应采取适当的安全措施；

(3) 水密性检测时检测的压力 350Pa 之前是 50Pa 为一个等级；当检测压力自 400Pa 开始 100Pa 为一个等级。

7. 检测报告

检测报告至少应包括下列信息：

(1) 试件的名称、系列、型号、主要尺寸及图样（包括试件立面、剖面和主要节点，型材和密封条的截面、排水构造及排水孔的位置、主要受力构件的尺寸以及可开启部分的开启方式和五金件的种类、数量及位置）。工程检测时宜说明工程名称、工程地点、工程概况、工程设计要求，既有建筑门窗的已用年限；

(2) 玻璃品种、厚度及镶嵌方法；

(3) 明确注出有无密封条，如有密封条则应注出密封条的材质；

(4) 明确注出有无采用密封胶类材料填缝，如采用则应注出密封材料的材质；

(5) 五金配件的配置；

(6) 气密性能单位缝长及面积的计算结果，正负压所属级别，未定级时说明是否符合工程设计要求；

(7) 水密性能最高未渗漏压差值及所属级别。注明检测的加压方法，出现渗漏时的状态及部位，以一次加压（按符合设计要求）或逐级加压（按定级）检测结果进行定级，未定级时说明是否符合工程设计要求 。

(8) 抗风压性能定级检测给出 P_1、P_2、P_3 值及所属级别，工程检测给出 P_1、P'_2、P'_3 值，并说明是否满足工程设计要求，主要受力构件的挠度和状况，以压力差和挠度的关系曲线图表示检测记录值。

7.4 建筑物外窗气密性检测

1. 检测依据

《居住建筑节能检测标准》(JGJ/T 132—2009)；《建筑外窗气密、水密、抗风压性能现场检测方法》(JG/T 211—2007)。

2. 检测方法与原理

在检测开始前，应在首层受检外窗中选择一樘进行检测系统附加渗透量的现场标定，附加渗透量不得超过总空气渗透量的15%。

在检测装置、现场操作人员和操作程序完全相同的情况下，当检测其他受检外窗时，检测系统本身的附加渗透量可直接采用首层受检外窗的标定数据，而不必另行标定。每个检验批检测开始时均应对检测系统本身的附加渗透量进行一次现场标定。环境参数（室内外温度、室外风速和大气压力）应进行同步检测。

3. 检测仪器及设备

（1）检测仪器

窗口整体气密性检测过程中应用的主要仪表是差压表、空气流量表以及环境参数（温度、室外风速和大气压力）检测仪表，其应满足的要求见表7-38。

（2）检测装备

检测装置的安装位置如图7-22(a)所示。当受检外窗洞口尺寸过大或形状特殊，按图7-22(a)执行有困难时，宜以受检外窗所在房间为测试单元进行检测，检测装置的安装如图7-22(b)所示。

（3）检测对象的确定

① 应以一个检验批中住户套数或间数为单位随机抽取确定检测数量。

② 对于住宅，一个检验批中的检测数量不宜超过总套数的3%，对于住宅以外的其他居住建筑，不宜超过总间数的0.6%，但不得少于3套（间）。当检验批中住户套数或间数不足3套（间）时，应全额检测。

③ 每栋建筑物内受检住户或房间不得少于1套（间），当多于1套（间）时，则应位于不同的楼层，当同一楼层内受检住户或房间多于1套（间）时，应依现场条件根据朝向的不同确定受检住户或房间。每个检验批中位于首层的受检住户或房间不得少于1套（间）。

④ 应从受检住户或房间内所有外窗中综合选取一樘作为受检窗，当受检住户或房间内外窗的种类、规格多于一种时，应确定一种有代表性的外窗作为检测对象。

⑤ 受检窗应为同系列、同规格、同材料、同生产单位的产品。

⑥ 不同施工单位安装的外窗应分批进行检验。

表7-38　仪器设备一览表

<table>
<tr><td>标准号</td><td colspan="2">JGJ/T 132—2009</td><td colspan="3">JG/T 211—2007</td></tr>
<tr><td rowspan="8">要求</td><td>仪器</td><td>不确定度</td><td colspan="2">仪器</td><td>误差</td></tr>
<tr><td>风速仪</td><td>≤0.5m/s</td><td colspan="2">压力测量仪器</td><td>≤1Pa</td></tr>
<tr><td>差压表</td><td>≤2.5Pa</td><td rowspan="6">空气流量测量装置</td><td rowspan="3">当空气流量不大于3.5m^3/h时</td><td rowspan="3">≤10%</td></tr>
<tr><td>大气压力表</td><td>≤200Pa</td></tr>
<tr><td>环境温度检测仪</td><td>≤1℃</td></tr>
<tr><td>室外风速计</td><td>0.25m/s</td><td rowspan="3">当空气流量大于3.5m^3/h时</td><td rowspan="3">≤5%</td></tr>
<tr><td>长度尺</td><td>3mm</td></tr>
<tr><td>空气流量测量装置</td><td>13%</td></tr>
</table>

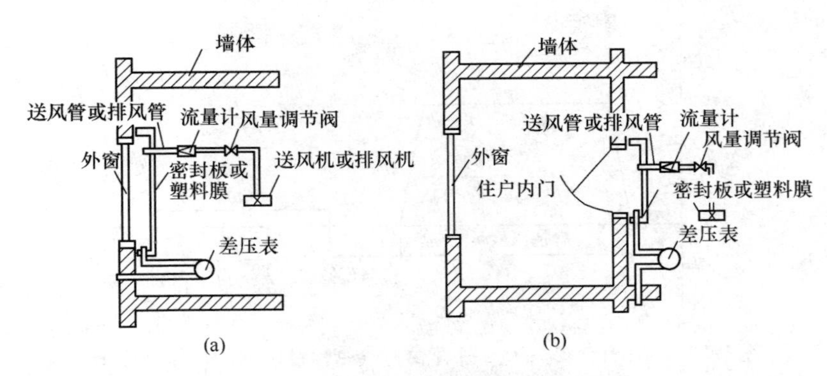

图 7-22　窗口气密性现场检测装置布置图
(a) 检测装置的安装位置；(b) 检测装置的安装

4. 检测条件

建筑物外窗窗口整体气密性能的检测应在室外风速不超过 3.3m/s 的条件下进行。为了保证检测过程中受检外窗内外压差的稳定，对室外风速提出了要求。由于 2 级风以下的天数占全年的大多数，且风速范围为（1.6～3.3)m/s，将 3.3m/s 定为室外风速的允许限值。

5. 检测步骤

(1) 检查抽样确定被检测外窗的完好程度，目检不存在明显缺陷，连续开启和关闭受检外窗 5 次，受检外窗应能工作正常。核查受检外窗的工程质量验收文件，并对受检外窗的观感质量进行检测，若不能满足要求，则应另行选择受检外窗。

(2) 在确认受检外窗已完全关闭后，按图 7-22 安装检测装置。透明薄膜与墙面采用胶带密封，胶带宽度不得小于 50mm，胶带与墙面的粘结宽度应为 80～100mm。检测装置应在受检外窗已完全关闭的情况下安装在外窗洞口处；当受检外窗洞口尺寸过大或形状特殊时，宜安装在受检外窗所在房间的房门洞口处，安装程序和质量应满足相关产品的使用要求。

(3) 检测开始时对室内外温度、室外风速和大气压力进行检测。

(4) 每樘窗正式检测前，应向密闭腔（室）中充气加压，使内外压差达到 150Pa，稳定至少 10min，期间应采用目测、手感或微风速仪对胶粘处进行复检，复检合格后可转入正式检测。

(5) 利用首层受检外窗对检测装置的附加渗透量进行标定，受检外窗窗口本身的缝隙应采用胶带从室外进行密封处理，密封质量的检查程序和方法应符合第（4）条的规定。

(6) 加压过程

① 以《居住建筑节能检测标准》(JGJ/T 132—2009) 为依据；按照图 7-23 中的减压顺序进行逐级减压，每级压差稳定作用时间不少于 3min，记录逐级作用压差下系统的空气渗透量，利用该组检测数据通过回归方程求得在减压工况下，压差为 10Pa 时，检测装置本身的附加空气渗透量。

② 以《建筑外窗气密、水密、抗风压性能现场检测方法》(JG/T 211—2007) 为依据；按照图 7-24 中减压顺序进行逐级加减，正负加压检测前，分别施加 3 个压差脉冲，压差绝对值为 150Pa，加压速度约为 50Pa/s。压差作用稳定时间不少于 3s，泄压时间不少于 1s，

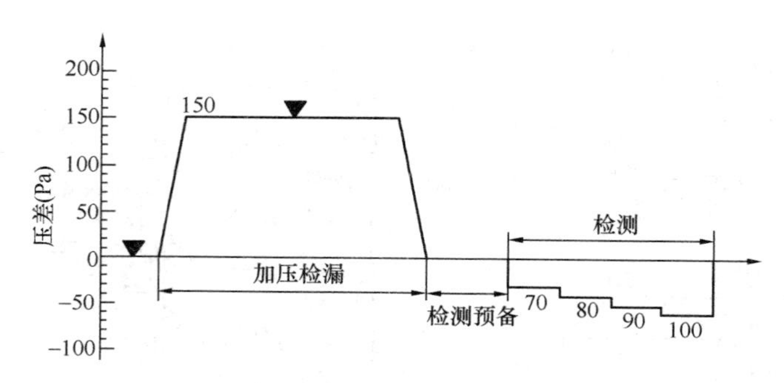

图 7-23　JGJ/T 132—2009 外窗窗口气密性性能检测操作顺序图

注：▼表示检查密处的密质量。

检查密封板和透明膜的密封状态。正式加压时，每级压力作用时间约为 10s，先逐级正压，后逐级负压。

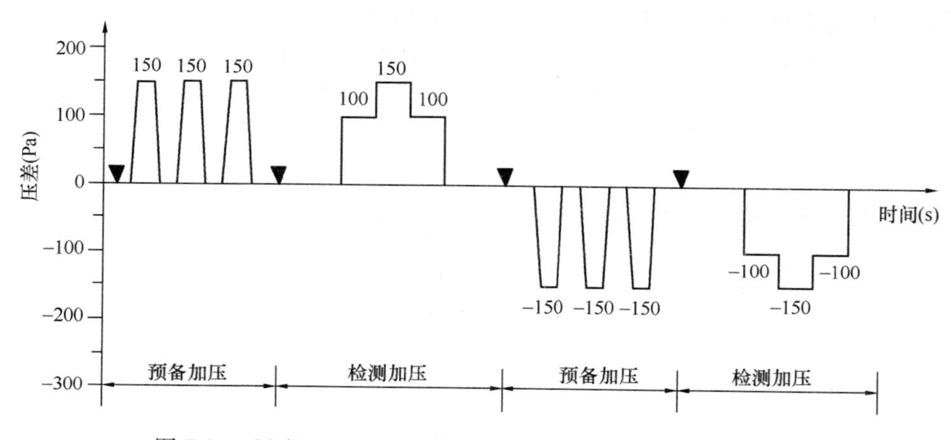

图 7-24　JG/T 211—2007 外窗窗口气密性性能检测操作顺序图

（7）将首层受检外窗室外侧胶带揭去，然后重复第（6）条的操作，计算压差为 10Pa 时，受检外窗窗口的总空气渗透量。

（8）每樘外窗检测结束时应对室内外温度、室外风速和大气压力进行检测并记录，取前后两次的平均值作为环境参数的检测最终结果。

6. 判定方法

（1）以《居住建筑节能检测标准》（JGJ/T 132—2009）为依据，进行计算。

① 每樘受检外窗的检测结果应取连续 3 次检测值的平均值。

② 根据检测结果回归受检外窗的空气渗透量方程，回归方程应采用式（7-18）。

$$L = a(\Delta P)^{c} \tag{7-18}$$

式中　L——现场检测条件下检测系统本身的附加渗透量或总空气渗透量，m^3/h；

ΔP——受检外窗的内外压差，Pa；

a、c——回归系数。

③ 建筑物外窗窗口单位空气渗透量应按式（7-19）～式（7-22）计算。

$$q_a = \frac{Q_{st}}{A_W} \tag{7-19}$$

$$Q_{st}=Q_z-Q_f \tag{7-20}$$

$$Q_z=\frac{293}{101.3}\times\frac{B}{t+273}Q_{za} \tag{7-21}$$

$$Q_f=\frac{293}{101.3}\times\frac{B}{t+273}Q_{fa} \tag{7-22}$$

式中 q_a——标准空气状态下，受检外窗内外压差为10Pa时，建筑物外窗窗口单位空气渗透量，$m^3/(m^2\cdot h)$；

A_w——受检外窗窗口的面积（m^2），当外窗形状不规则时，应计算其展开面积；

Q_{fa}——现场检测条件和标准空气状态下，受检外窗内外压差为10Pa时，检测系统的附加渗透量，m^3/h；

Q_{za}——现场检测条件和标准空气状态下，内外压差为10Pa时，受检外窗窗口（包括检测系统在内）的总空气渗透量，m^3/h；

Q_{st}——标准空气状态下，内外压差为10Pa时，受检外窗窗口本身的空气渗透量，m^3/h；

B——检测现场的大气压力，kPa；

t——检测装置附近的室内空气温度，℃。

（2）以《建筑外窗气密、水密、抗风压性能现场检测方法》（JG/T 211—2007）为依据，进行计算。

该部分计算方法及计算公式见本章“7.3中3. 建筑外窗气密性能检测”的检测值处理部分。

7. 结果评定

（1）建筑物窗洞墙与外窗本体的结合部不漏风，外窗窗口单位空气渗透量不应大于外窗本体的相应指标，检测结果判为合格。

（2）当受检外窗中有一樘检测结果的平均值不满足第（1）条规定时，应另外随机抽取一樘受检外窗，抽样规则不变，如果检测结果满足第（1）条要求，则判定该检验批为合格，否则判定为不合格。

（3）第一次抽取的受检外窗中，不合格的受检外窗数量超过一樘时，应判该检验批不合格。

建筑外窗气密性能分级见表7-39。

表7-39 建筑外窗气密性能分级表

分级	1	2	3	4	5
单位缝长分级指标值 q_1 [$m^3/(m\cdot h)$]	$6.0\geqslant q_1>4.0$	$4.0\geqslant q_1>2.5$	$2.5\geqslant q_1>1.5$	$1.5\geqslant q_1>0.5$	$q_1\leqslant 0.5$
单位面积分级指标值 q_2 [$m^3/(m^2\cdot h)$]	$10\geqslant q_2>12$	$12\geqslant q_2>7.5$	$7.5\geqslant q_2>4.5$	$4.5\geqslant q_2>1.5$	$q_2\leqslant 1.5$

8. 检测注意事项

（1）试验前应仔细检查受检窗的状态，确认锁点和其他连接件完好，紧固。

（2）加压过程应保持均匀，避免加压过快造成的漏风。

（3）为了保证整个系统的密封，应根据现场情况在窗框处加钉木条或其他密封材料。在试验过程中应时时检查是否漏风；

（4）注意正负压力的辨别，向腔内充气为正压，抽气为负压；

（5）JGJ/T 132—2009 和 JG/T 211—2007 两个标准的加压方式和计算公式不同。

9．检测报告

检测报告至少应包括下列信息：

（1）试件的品名、系列、型号、规格、位置（横向和纵向）连接件连接形式、主要尺寸及图纸（包括试件立面和剖面、型材和镶嵌条截面、排水孔位置及大小，安装连接）。工程名称、工程地点、工程概况、工程设计要求，既有建筑门窗的已用年限。

（2）玻璃品种、厚度及镶嵌方法。

（3）明确注出有无密封条，如有密封条则应注出密封条的材质。

（4）明确注出有无采用密封胶类材料填缝，如采用则应注出密封材料的材质。

（5）五金配件的配置。

（6）气密性能单位面积的计算结果，正负压所属级别及综合后所属级别，未定级时，说明是否符合工程设计要求。

（7）水密性能最高未渗漏压差值及所属级别，并注明是以一次加压（按设计指标值）或逐级加压（按定级）检测结果进行定级，未定级时，说明是否符合工程设计要求。

（8）抗风压性能定级检测给出 P_1、P'_3 值及所属级别，未定级时说明是否符合工程设计要求，同时注明是否进行了安全检测。

（9）检测用的主要仪器设备。

（10）对检测结果有影响的温度、大气压、有无降雨、风力等级等试验环境信息以及对各因素的处理。

（11）检测日期和检测人员。

7.5 房间气密性检测

7.5.1 检测方法

建筑物气密性检测方法有两种：示踪气体浓度衰减法（简称示踪气体法）和鼓风门法（也称气压法）。

（1）示踪气体法

在自然条件下，向待测室内通入适量能与空气混合，而本身不发生任何改变，并在很低的浓度下可被测出的示踪气体，在室内、外空气通过围护结构缝隙等部位进行交换时，示踪气体的浓度衰减。根据示踪气体浓度随时间的变化值，计算出室内的换气量和换气次数，从而测试围护结构的气密性。

（2）气压法

鼓风门系统是将电动、带刻度的调速风机密封安装在建筑物一扇外门中，通过风机向建筑物吹进或抽出空气，强制室内外空气通过门窗缝隙等部位交换，使建筑物内外形成压差。测量记录空气通过风机的流量和建筑物的内外气压，通过测量±50Pa 下的建筑物换气量的平均值计算换气次数，从而测量围护结构的气密性。

（3）检测对象的确定

每个单体工程抽检房间应位于不同的楼层，每个户型应抽检1套房间，首层底层不得少于1套，抽检总数量不应少于3套房间。

7.5.2 示踪气体法

1. 检测依据

《公共场所卫生检验方法　第1部分：物理因素》（GB/T 18204.1—2013）；《民用建筑节能现场检验标准》（DB11/T 555—2015）。

2. 检测仪器及所用物质

示踪气体（SF_6、CO_2、六氟环丁烷、三氟溴甲烷等）；气体分析仪、风速仪、流量表、鼓风门等；示踪气体测定仪；电风扇；风速仪：分辨率0.1m/s；卷尺：分辨率1mm。

3. 检测条件

测试时室外风力小于3级，风速仪测试风速小于3.0m/s。

4. 检测步骤

（1）根据竣工图纸计算待测房间换气体积（没有图纸时，现场测量房间长宽高尺寸，进行计算）；

（2）将房间内所有家具等物品清理出待测房间，否则，测量房间内各个物品的体积，从换气体积中减去；

（3）打开房间所有内门，关闭所有外窗，包括阳台外窗。将房间墙壁上的电气管线、房间内的下水管道等与室外相通的管线，没有安装盖板的或安装水槽等排水装置的管线，用胶带密封洞口；

（4）在室内按照对角线或梅花形布置测点，准备进行采样；

（5）在室内释放示踪气体，在释放时，使用电风扇搅动室内空气10min左右，使示踪气体均匀分布在室内空气中；

（6）根据标准规定的时间间隔和检测时间进行测试：

待分析仪读数稳定后，每分钟记录一次气体浓度；稳定后获得不少于50组数据。

平均法：当浓度均匀时采样，测定开始时示踪气体的浓度 c_0，15min或30min时再采样，测定最终示踪气体浓度 c_t；

回归方程法：当浓度均匀时，在30min内按一定的时间间隔测量示踪气体浓度，测量频次不少于5次。以浓度的自然对数对应的时间作图，用最小二乘法进行回归计算（GB/T 18204.1—2013）。

当浓度均匀时采样。测定开始时示踪气体的浓度 c_1，1h后测试示踪气体的浓度 c_2（GB/T 18204.1—2013）。

5. 计算

（1）自然条件下房间的换气次数 N 按式（7-23）计算：

$$c_t = c_0 \cdot e^{-Nt} \tag{7-23}$$

式中 N——换气次数，h^{-1}；

c_t——测试时的示踪气体浓度，mg/m^3；

c_0——测试初始时示踪气体浓度，mg/m^3；

t——测试时间，h。

（2）平均法按式（7-24）计算空气交换率：

$$A = [\ln c_0 - \ln c_t]/t \tag{7-24}$$

式中 A——平均空气交换率，h^{-1}；

c_0——测试开始时示踪气体浓度，mg/m^3；

c_t——时间为 t 时示踪气体浓度，mg/m^3；

t——测试时间，h。

回归方程法按式（7-25）计算空气交换率：

$$\ln c_t = \ln c_0 - At \tag{7-25}$$

式中 A——平均空气交换率，h^{-1}；

c_0——测试开始时示踪气体浓度，mg/m^3；

c_t——时间为 t 时示踪气体浓度，mg/m^3；

t——测试时间，h。

新风量按（7-26）计算：

$$Q = AV \tag{7-26}$$

式中 Q——新风量，m^3/h；

A——空气交换率，h^{-1}；

V——室内空气体积，m^3。

（3）1h 内自然进入室内空气量的计算：

SF_6法按式（7-27）计算：

$$M_a = 2.30257 \times M \times \lg \frac{c_1}{c_2} \tag{7-27}$$

式中 M_a——1h 内自然进入室内空气量，m^3/h；

M——室内空气量，m^3；

c_1——测试开始时空气中 SF_6 含量，mg/m^3；

c_2——1h 后空气中 SF_6 含量，mg/m^2。

CO_2 法按式（7-28）计算：

$$M_a = 2.30257 \times M \times \lg \frac{c_1 - c_a}{c_2 - c_a} \tag{7-28}$$

式中 M_a——1h 内自然进入室内空气量，m^3/h；

M——室内空气量，m^3；

c_1——测试开始时空气中 CO_2 含量，%；

c_2——1h 后空气中 CO_2 含量，%；

c_a——空气中 CO_2 含量，取 0.04%。

小时换气率按式（7-29）计算：

$$E = \frac{M_a}{M} \times 100\% \tag{7-29}$$

式中 E——小时换气率，%；

M_a——1h 内自然进入室内空气量，m^3/h；

M——室内空气量，m^3。

6. 检测注意事项

（1）每个单体工程抽检房间应位于不同的楼层，每个户型应抽检 1 套房间，首层底层不得少于 1 套，抽检总数量不应少于 3 套房间；

（2）在被测房间中如有其他物体，应测量该物体尺寸，计算体积，从换气体积中减去；

（3）示踪气体释放要适量，不能释放过多，尤其是有毒气体；

（4）测试室内新风系统新风量时，可以在测试时房间空调只开新风；

（5）检测时，一定要用电风扇充分搅动室内空气，使示踪气体均匀分布。

7.5.3　气压法

1. 检测依据

《民用建筑节能现场检验标准》（DB11/T 555—2015）北京市地方标准。

2. 检测仪器

鼓风门，压力：5～100Pa，－5～－100Pa，分辨率 5Pa；鼓风门检测系统由 3 个组成部分，分别是有校准孔的风机、门框固定支架、测试风机风速和气压的仪表。测试时，通过门框固定支架，风机可被暂时固定在建筑物的外门上。

干湿球温度计：精确度 0.1%；卷尺：分辨率 1mm；风速仪：分辨率 0.1m/s。

3. 检测条件

测试时室外风力小于 3 级，风速仪测试风速小于 3.0m/s。

4. 检测步骤

（1）根据竣工图纸计算待测房间换气体积（没有图纸时，现场测量房间长宽高尺寸，进行计算）；

（2）将房间内所有家具等物品清理出待测房间，否则，测量房间内各个物品的体积，从换气体积中减去；

（3）打开房间所有内门，关闭所有外窗，包括阳台外窗、密封地漏、出风口等非围护结构渗透源，即将房间墙壁上的电气管线、房间内的下水管道等与室外相通的管线，没有安装盖板的或安装水槽等排水装置的管线，用胶带密封洞口；

（4）安装固定活动门，安装风机仪表；将调速风机密封安装在外密封门框中，根据现场情况可借助红外热像仪，确定建筑物渗透源；

（5）接通电源，调节风速控制器，对室内加压（减压），当室内外压差达到 60Pa 并稳定后，停止加压（减压），记录空气流量；

（6）压差每递减 5Pa，记录一次空气流量。

5. 计算

用压差法检测时，房间的气密性按式（7-30）和式（7-31）计算。

$$N_{50}=\frac{L}{V} \tag{7-30}$$

$$N=\frac{N_{50}}{17} \tag{7-31}$$

式中 N_{50}——房间的压差为50Pa时的换气次数，1/h；

L——压差为±50Pa时空气流量的平均值，m^3/h；

V——被测房间换气体积，m^3；

N——自然条件下的房间换气次数，1/h。

6. 检测注意事项

（1）在被测房间中如有其他物体，应测该物体尺寸，计算体积，从换气体积中减去；

（2）固定活动门一定要安装牢靠，中间用压杆压紧，防止在试验中活动门松脱；

（3）如果房间换气量太小，会造成流量表读数过小，可以使用孔板封住风机进气口，甚至可以将孔板上的部分孔用胶带密封，在计算时根据仪器使用说明书进行修正；

（4）检测时，在室内释放彩烟，可以根据彩烟的流动方向，寻找房间的漏气点；

（5）测试前封堵漏气管道等。

7.5.4 结果评定

当房间气密性检测结果满足建筑物设计要求时，判定被测建筑物该项指标合格。如果建筑物没有气密性设计要求，当房间气密性检测结果满足当地建筑节能设计标准中有关气密性的规定时，判定被测建筑物该项指标合格，否则判被测建筑物该项指标不合格。

7.6 铝合金隔热型材检测

1. 检测依据与术语

（1）检测依据

《铝合金建筑型材 第1部分：基材》（GB/T 5237.1—2017）；《铝合金建筑型材 第6部分：隔热型材》（GB/T 5237.6—2017）；《铝合金隔热型材复合性能试验方法》（GB/T 28289—2012）；《建筑用隔热铝合金型材》（JG/T 175—2011）。

（2）铝合金隔热型材相关术语

穿条式：通过开齿、穿条、滚压，将聚酰胺型材穿入铝合金型材穿条槽口，并使之被铝合金型材咬合的复合方式，具体如图7-25(a) 所示。

浇注式：把液态隔热材料铸入铝合金型材浇铸槽内并固化，切除铝合金型材浇铸槽内的连接桥使之断开金属连接，通过隔热材料将铝合金型材断开的两部分结合在一起的复合方式，具体如图7-25(b) 所示。

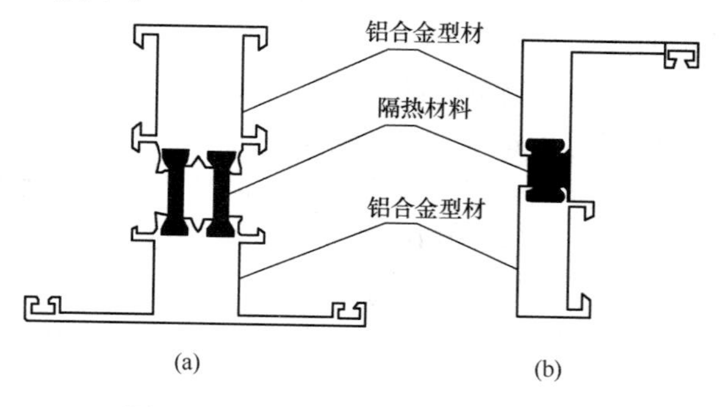

图7-25 隔热型材的复合方式示意图

（a）穿条式；（b）浇注式

隔热型材：以隔热材料连接铝合金型材而制成的具有隔热功能的复合型材。

2. 仪器设备

万能试验机：量程0～20kN，精度1N，最大荷载不小于20kN；游标卡尺：

量程 0～200mm，精度：0.02mm；百分表：0～10mm，精度 0.1mm；温度箱：应满足温度点及精度要求有（23±2)℃、(−30±2)℃、(−20±2)℃、(80±2)℃、(70±2)℃。

3. 检测要求

检测要求见表 7-40。

表 7-40 检测要求

<table>
<tr><td colspan="2" rowspan="2">标准</td><td colspan="2">JG/T 175—2011</td><td colspan="2">GB/T 28289—2012</td></tr>
<tr><td>穿条式产品</td><td>浇注式产品</td><td>穿条式产品</td><td>浇注式产品</td></tr>
<tr><td rowspan="3">试验温度</td><td>室温</td><td>(23±2)℃</td><td>(23±2)℃</td><td>(23±2)℃</td><td>(23±2)℃</td></tr>
<tr><td>低温</td><td>(−30±2)℃</td><td>(−30±2)℃</td><td>(−20±2)℃</td><td>(−30±2)℃</td></tr>
<tr><td>高温</td><td>(80±2)℃</td><td>(70±2)℃</td><td>(80±2)℃</td><td>(70±2)℃</td></tr>
<tr><td colspan="2">状态调节</td><td colspan="2">穿条式试样在室温(23±2)℃;50%±5%湿度的实验室内存放 48h;
浇铸式试样在室温(23±2)℃;50%±5%湿度的实验室内存放 168h。</td><td colspan="2">试样在室温（23±2)℃;50%±5%湿度的实验室内存放 48h;</td></tr>
</table>

4. 纵向剪切试验（JG/T 175—2011）

（1）试件

① 试件数量

每项试验应在每批中取隔热型材 2 根，每根取长（100±1)mm 试样 15 个，其中每根中部取 5 个试样，两端各取 5 个试样，共取 30 个试样，将试样均分 3 份（每份中至少有 3 个中部试样)，做好标识，将试样分别做室温、高温、低温试验。

② 夹具及安装

隔热型材一端紧固在固定装置上，作用力通过刚性支承件均匀传递给隔热型材另一端，固定装置和刚性支承件均不得直接作用在隔热材料上，加载时隔热型材不应发生旋转或偏移。试验装置示意图如图 7-26 所示。

（2）检测过程

在试验温度下放置 10min 后。将试样夹好，以初始速度 1mm/min 逐渐加至 5mm/min 的速度进行加载，记录所加的荷载和相应的剪切位移（负荷-位移曲线)，直至剪切力失效。测量试样上的滑移量。

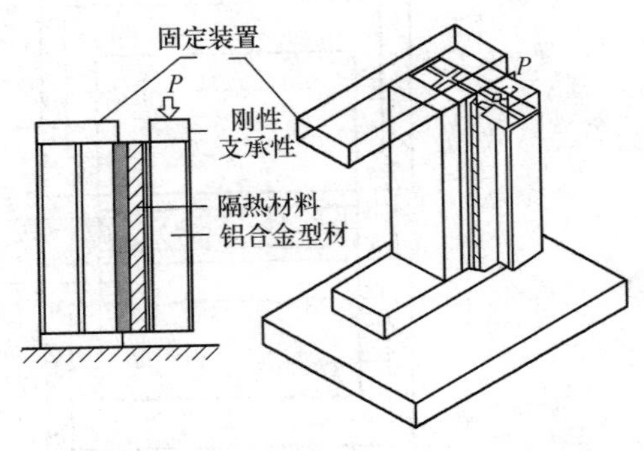

图 7-26 抗剪试验装置示意图

（3）计算

根据《建筑用隔热铝合金型材》（JG/T 175—2011）计算方法如下。

① 按式（7-32）计算抗剪强度 T 值。

$$T_i = F_{1i}/L_i \tag{7-32}$$

式中 T_i——第 i 个试样的纵向抗剪值，N/mm；

F_{1i}——第 i 个试样的最大抗剪力，N；

L_i——第 i 个试样的试样长度，mm。

② 相应样本估算标准差按公式（7-33）计算：

$$S = \sqrt{\frac{\sum_{i=1}^{10} (\bar{T} - T_i)^2}{9}} \tag{7-33}$$

③ 纵向抗剪特征值按式（7-34）计算纵向剪切特征值 T_c。

$$T_c = \bar{T} - 2.02 \times S \tag{7-34}$$

式中 T_c——纵向剪切力特征值，N/mm；

$\bar{T}$——10 个试样单位长度上所能承受的最大剪切力的平均值，N/mm；

S——相应样本估算的标准差，N/mm。

5. 横向拉伸试验（JG/T 175—2011）

（1）试件

① 穿条式隔热型材试样应采用先通过室温纵向抗剪试验抗剪失效后的试样，再做横向抗拉试样；

② 浇注式隔热型材试样直接进行横向抗拉试验；

③ 试件数量

每项试验应在每批中取隔热型材 2 根，每根取长（100±1)mm 试样 15 个，其中每根中部取 5 个试样，两端各取 5 个试样，共取 30 个试样，将试样均分 3 份（每份中至少有 3 个中部试样），做好标识，将试样分别做室温、高温、低温试验。横向抗拉试验的试样长度允许缩短至 50mm。

④ 夹具及安装

隔热型材试样在试验装置的 U 形夹具中受力均匀，拉伸过程不应倾斜和偏移。试验装置示意如图 7-27 所示。

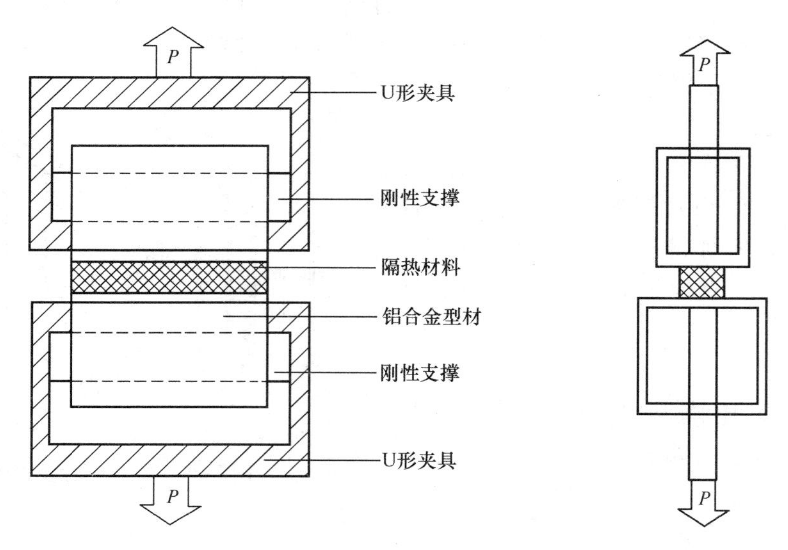

图 7-27 横向抗拉试验装置示意

（2）检测过程

在试验温度下放置 10min 后。将隔热型材试样在 U 形夹具夹好，以初始速度 1mm/min

逐渐加至5mm/min的速度加载进行横向抗拉试验，直至试样抗拉失效（出现型材撕裂、隔热材料断裂、型材与隔热材料滑脱等现象），测定其最大荷载。

（3）计算

根据《建筑用隔热铝合金型材》（JG/T 175—2011）计算方法如下。

① 按式（7-35）计算横向抗拉值：

$$Q_i = P_{2i}/L_i \tag{7-35}$$

式中 Q_i——第 i 个试样的横向抗拉值，N/mm；

P_{2i}——第 i 个试样的最大抗拉力，N；

L_i——第 i 个试样的试样长度，mm。

② 相应样本估算标准差按公式（7-36）计算：

$$S = \sqrt{\frac{\sum_{i=1}^{10}(\bar{Q}-Q_i)^2}{9}} \tag{7-36}$$

③ 按式（7-37）计算试样横向抗拉特征值 Q_c。

$$Q_c = \bar{Q} - 2.02 \times S \tag{7-37}$$

式中 Q_c——横向抗拉特征值，N/mm；

$\bar{Q}$——10个试样单位长度上所能承受的最大抗拉力的算术平均值，N/mm；

S——相应样本估算的标准差，N/mm。

6. 检测注意事项

（1）试件剪裁应规整，试样边缘应平整，无毛刺，断面；

（2）横向抗拉试验应保证受力中心重合，不应使试样产生剪切力。剪切试验应保证受力方向与试件断面垂直，避免角度变化引起横向力；

（3）应确保支撑的刚性接触，使试件固定端处于静止状态，避免位置变化造成的误差；

（4）对于试验过程中位移的记录可以直接通过计算机绘制荷载-位移曲线图，也可选取个别点记录荷载及其对应位移值；

（5）夹具应根据试样尺寸选用，避免因夹具与试件连接处受力面积过小造成测试面的破坏；

（6）环境温度应控制在规定范围内，特别是低温及高温试验，应时刻注意温度变化；

（7）应根据试样的类型及委托方的要求选用标准，避免由于标准选取不当产生争议。

7.7 玻璃传热系数测定

1. 检测依据

《建筑外门窗保温性能分级及检测方法》（GB/T 8484—2008）。

2. 仪器设备

门窗保温性能检测设备如图7-12所示，感温元件测量范围（－30～40）℃，测量不确定度≤0.25K，功率表的测量范围0～1000W，准确度等级不低于0.5级。

3. 检测要求

(1) 试件尺寸宜为 800mm×1250mm 的玻璃板块，尺寸偏差±2mm；试件框洞口尺寸应不小于 820mm×1270mm；

(2) 试件构造应符合产品设计和制作要求，不得附加任何多余的配件或特殊组装工艺；

(3) 试件应完好：无裂纹、缺角、明显变形，周边密封无破损等现象；

(4) 热室一侧设置为 20℃，冷室一侧设置为−20℃。

4. 检测步骤

(1) 将玻璃样品安放到试件框洞口，用检测辅助装置进行固定，在玻璃与试件框洞口之间的缝隙用已知热导率的泡沫塑料板进行填充，泡沫塑料板塞不进去的缝隙可以用发泡聚氨酯进行填充，用透明胶带将接缝处双面密封；

(2) 启动设备，将热室、冷室温度按照标准要求设置，开始检测；

(3) 等到检测进入稳定状态，设备开始采集数据，每半小时采集一次，共采集 6 次，结束试验；

(4) 打印试验数据，关闭电源，拆除玻璃试件。

5. 计算

(1) 试件的传热系数 K 按式（7-1）计算。

(2) 各参数取 6 次测量的平均值。

6. 检测注意事项

(1) 安装中空玻璃时，轻拿轻放，固定好后，应检查一遍试件，边缘有无破损，玻璃有无裂纹；

(2) 标准规定热室一侧设置为 19～21℃，冷室一侧设置为−19～21℃，为避免检测过程中产生温度超出标准限值，所以设置为热室一侧设置为 20℃，冷室一侧设置为−20℃；

(3) 中空玻璃试件周围缝隙一定要密封严密，避免从漏风处损失较多热量，影响到检测结果；

(4) 中空玻璃漏气会造成检测结果远大于设计值，在出现检测结果超出理论值较多时，经检查仪器、传感器没有问题后，更换一个已有结果的留样进行检测，可以进行确认；

(5) 粘贴填充物冷热表面温度传感器探头时，不宜使用带有锡箔面的胶带，避免金属面反射辐射热影响温度测量。

7.8 中空玻璃露点检测

1. 检测依据

《中空玻璃》(GB/T 11944—2012)。

2. 仪器设备

露点仪应满足：测量面为铜质材料，直径为（50±1）mm、厚度为 0.5mm；最低测量温度可以达到−60℃，精度≤1℃，如图 7-28 所示；

测量管：高度为 300mm，测量表面直径为 ϕ50mm；

温度计：测量范围为−80～30℃，精度为 1℃；

秒表：精度为 0.01s。

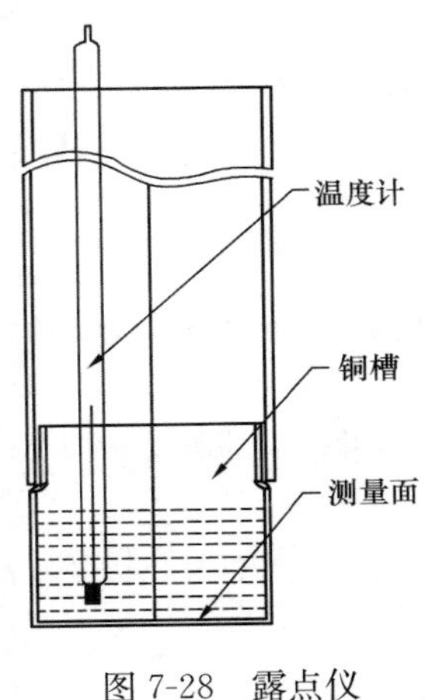

图 7-28　露点仪

3. 试样

试样为制品或与制品相同材料、在同一工艺条件下制作的尺寸为 510mm×360mm 的试样，数量为 15 块。

4. 检测要求

环境温度（23±2)℃；相对湿度 30%～75%的环境中进行；试验前全部试样在该环境中放置至少 24h。

5. 检测步骤

(1) 向露点仪的容器中注入深约 25mm 的乙醇或丙酮，再加入干冰，使其温度冷却到等于或低于－60℃开始露点测试，并在试验中保持该温度；

(2) 将试样水平放置，在上表面涂一层乙醇或丙酮，使露点仪与该表面紧密接触，停留时间按表 7-41 的规定。

表 7-41　不同厚度玻璃试验接触时间

原片玻璃厚度（mm）	接触时间（min）
≤4	3
5	4
6	5
8	7
≥10	10

(3) 移开露点仪，立刻观察玻璃试样的内表面有无结露或结霜；

(4) 如无结露或结霜，露点温度记为－60℃；

(5) 如结露或结霜，将试样放置到完全无结露或结霜后，提高露点仪温度继续测量，每次提高 5℃，直至测量到－40℃，记录试样最高的结露温度，该温度为试样的露点温度；

(6) 对于两腔中空玻璃露点测试应分别测试中空玻璃的两个表面。

6. 结果判定

中空玻璃的露点应＜－40℃；取 15 块试样进行露点检测，全部合格则判定该项性能合格。

7. 检测注意事项

(1) 试验用的干冰要粉状，每次添加时速度要快，以免影响温度；

(2) 试验前用干棉花把试样表面擦拭干净，以免灰尘和乙醇或丙酮混合影响观察试样；

(3) 试样为制品时，制品的数量、规格和试验结果应在报告中注明。

参考文献

[1] 中华人民共和国住房和城乡建设部. 居住建筑节能检测标准：JGJ/T 132—2009[S]. 北京：中国建筑工业出版社，2010.

[2] 中华人民共和国住房和城乡建设部. 公共建筑节能检测标准：JGJ/T 177—2009[S]. 北京：中国建筑工业出版社，2010.

[3] 段恺，费慧慧. 中国建筑节能检测技术[M]. 北京：中国质检出版社，中国标准出版社，2012.

[4] 杨晚生，等. 绿色建筑应用技术[M]. 北京：化学工业出版社，2011.

[5] 田斌守，杨树新，王花枝，等. 建筑节能检测技术[M]. 北京：中国建筑工业出版社，2010.

[6] 王立雄. 建筑节能[M]. 北京：中国建筑工业出版社，2009.

[7] 中华人民共和国国家质量监督检验检疫总局，中国国家标准化管理委员会. 绝热材料稳态热阻及有关特性的测定　防护热板法：GB/T 10294—2008[S]. 北京：中国标准出版社，2009.

[8] 中华人民共和国国家质量监督检验检疫总局，中国国家标准化管理委员会. 建筑材料及制品燃烧性能分级：GB 8624—2012[S]. 北京：中国标准出版社，2013.

[9] 中华人民共和国住房和城乡建设部. 建筑工程饰面砖粘结强度检验标准：JGJ/T 110—2017[S]. 北京：中国建筑工业出版社，2017.

[10] 中华人民共和国建设部. 建筑节能工程施工质量验收规范：GB 50411—2007[S]. 北京：中国建筑工业出版社，2007.

[11] 中华人民共和国国家质量监督检验检疫总局，中国国家标准化管理委员会. 绝热　稳态传热性质的测定　标定和防护热箱法：GB/T 13475—2008[S]. 北京：中国标准出版社，2009.

[12] 中华人民共和国住房和城乡建设部. 民用建筑热工设计规范：GB 50176—2016[S]. 北京：中国建筑工业出版社，2017.

[13] 中华人民共和国国家质量监督检验检疫总局，中国国家标准化管理委员会. 建筑外窗保温性能分级及检测方法：GB/T 8484—2008[S]. 北京：中国标准出版社，2009.

[14] 中华人民共和国国家质量监督检验检疫总局，中国国家标准化管理委员会. 建筑外门窗气密、水密、抗风压性能分级及检测方法：GB/T 7106—2008[S]. 北京：中国标准出版社，2009.

[15] 北京市住房和城乡建设委员会，北京市质量技术监督局. 民用建筑节能现场检验标准：DB11/T 555—2015[S]. 北京，2015.